超深薄互层潮坪相白云岩气藏高效开发工程技术

何　龙　等著

U0290344

科　学　出　版　社
北　京

内 容 简 介

本书介绍的川西气田是都市高含硫大气田"安全环保新典范、高效开发新标杆",建设者为世界上第一个超深层高含硫潮坪相碳酸盐岩气藏量身打造了"一台多井"大斜度井/水平井丛式井组立体开发模式,创新了以超深大斜度井/水平井安全优快钻井技术、高性能钻井液技术、长效固井技术、高效完井酸压投产技术、安全控制与环境保护技术为核心的超深薄互层碳酸盐岩大气田安全、环保、高效开发工程技术体系,高速度、高水平、高效益地建成了川西气田,堪称我国天然气开发理论创新、技术创新、管理创新的典范。

本书可供从事油气勘探开发工作的科研、生产、管理人员阅读参考,也可作为高等院校石油与天然气相关专业的教学参考用书。

图书在版编目(CIP)数据

超深薄互层潮坪相白云岩气藏高效开发工程技术 / 何龙等著. —北京:科学出版社,2024.5

ISBN 978-7-03-074525-5

Ⅰ. ①超… Ⅱ. ①何… Ⅲ. ①碳酸盐岩油气藏－油田开发－研究 Ⅳ. ①TE344

中国版本图书馆 CIP 数据核字(2022)第 254010 号

责任编辑:黄 桥 / 责任校对:彭 映
责任印制:罗 科 / 封面设计:墨创文化

科 学 出 版 社 出版

北京东黄城根北街 16 号
邮政编码:100717
http://www.sciencep.com

成都锦瑞印刷有限责任公司 印刷
科学出版社发行 各地新华书店经销

*

2024 年 5 月第 一 版 开本:787×1092 1/16
2024 年 5 月第一次印刷 印张:22 3/4
字数:570 000

定价:398.00 元
(如有印装质量问题,我社负责调换)

序

　　川西气田是一颗镶嵌在美丽富饶的"天府之国"成都平原上璀璨的清洁能源"明珠"，天然气探明储量 $1140.11 \times 10^8 m^3$，是目前世界上第一个被发现并投入开发的超深层高含硫潮坪相碳酸盐岩大气田，是川渝地区千亿立方米天然气生产基地和四川盆地"气大庆"建设的重要组成部分。川西气田高含硫天然气的开发和利用不仅可以为我国提供大量的清洁能源——天然气，而且可将剧毒的硫化氢转化为我国紧缺的化工原料——硫黄，这对于我国端牢"能源饭碗"、实现"双碳"目标都具有十分重要的战略意义。

　　川西气田开发建设工程是"十四五"国家产供储销体系重大建设工程、四川省重大建设工程，也是中国石油化工集团有限公司继普光气田、元坝气田之后又一高含硫气田开发建设工程项目。川西气田位于四川盆地西部龙门山前逆冲推覆构造带，其中的雷四气藏属于超深层、中高产、高含硫、中含二氧化碳、常压、低-中孔、特低渗、受构造控制的层状白云岩边水气藏，具有超深、高温、高压、高含硫、潮坪相白云岩薄互层储层复杂、气水关系复杂、天然气组分复杂、纵向压力系统复杂、地理生态环境复杂等特点，给气田开发建设工程带来诸多挑战：①产层埋藏超深，雷四产层埋深 $5800 \sim 6300m$，部署的大斜度井/水平井井深可达 8200m，陆相砂泥地层软硬交错和海相碳酸盐岩地层破碎对钻井液体系及性能要求高，巨厚的须家河组地层坚硬致密钻井提速难度大，过路地层多套压力系统裂缝性气、水层发育井控安全风险大，长裸眼窄、间隙大、温差大，井斜角生产尾管下不到位，固井质量难以保证井筒完整性。②潮坪相白云岩薄互层储层复杂，单层厚度小于 10m，纵向白云岩、灰云岩储层与灰岩、云灰岩非储层夹杂，超深大斜度/水平裸眼井段长可达 2200m，岩层破碎、井壁稳定性差、轨迹控制难度大，优质储层钻遇率难保证；储层破裂压力高、层间应力差异大、酸压增产效果难保证。③气藏高温、高压、高含硫、中含二氧化碳，地层压力 $63.31 \sim 67.81MPa$、地层温度 $141.31 \sim 155.50℃$、硫化氢平均含量 4.56%、二氧化碳平均含量 5.26%，天然气腐蚀性强，双抗完井管材选择余地小、地面密闭测试安全风险大。④气水关系复杂，石羊场、金马、鸭子河构造为三个独立的含气构造，上、下气层组具有不同的气水界面，建设趋缝避水高产稳产的超深大斜度井/水平井难。⑤地理生态环境复杂，气田地处成都平原，人口密集、环境敏感、生态脆弱，在平台布局、井位部署、安全集输及净化处理方面存在诸多安全环保挑战。

　　面对挑战，中国石油化工股份有限公司西南油气分公司参与川西气田开发建设的广大科研工作者、工程技术人员和管理干部胸怀"国之大者"，矢志兴气报国，主动融入国家发展大局，紧紧围绕集团公司打造世界领先洁净能源化工公司发展方略，以"为中华民族争气、为中国石化争光、为西南油气田争效"的高度责任感、"我为祖国献石油"的历史使命感、"突破理论束缚、突破技术瓶颈、突破开发禁区"的科技创新精神，以全力打造都市高含硫气田"安全环保新典范，高效开发新标杆"为目标，站在普光气田、元坝气田的肩膀上，为川西气田量身定制了"一台多井"大斜度井/水平井丛式井组立体开发方案，创新了以超深大斜度井/水平井安全优快钻井技术、高性能钻井液技术、长效固井技术、高效完井酸压投产技术、安全控制与环境保护技术为核心的超深薄互层碳酸盐岩大气田安全、环保、高效开发工程技术体系，高速度、高水平、高效益地建成了生产酸气 $20 \times 10^8 m^3/a$、净化气 $17.68 \times 10^8 m^3/a$、硫黄 $13.50 \times 10^4 t/a$ 的都市高含硫气田，推进了西南油气田"转方式调结构、提质增效升级"跨越式发展，支撑了中国石油化工股份有限公司"原油可持续、天然气快增长、改革破困局、创新谋发展"战略，支援了地方经济建设和社会发展，成为我国天然气开发理论创新、技术创新、管理创新的典范。

《超深薄互层潮坪相白云岩气藏高效开发工程技术》一书承载了川西气田开发建设的理论创新、技术创新、管理创新成果，是参与川西气田开发建设的广大科研工作者、工程技术人员和管理干部集体智慧的结晶。该书的出版和发行有助于丰富高含硫气藏开发技术系列，有助于提升我国高含硫气藏开采技术和开发工程建设管理水平，有助于支撑我国高含硫气藏安全、环保、高效开发，特别值得我国油气田开发战线的科研工作者、工程技术人员和管理干部学习借鉴。

中国工程院院士

前　　言

人类在 21 世纪进入低碳经济时代，对于清洁能源的需求与日俱增，世界能源消费结构发生了深刻的变化，天然气大有超过煤炭、取代石油成为世界第一能源的趋势。2020 年世界一次能源消费结构中天然气占比已上升到 24.72%，而我国仅 8.18%。大力推进天然气资源的开发和利用是国家能源发展和安全的迫切需求，也是中国石油化工股份有限公司(简称中国石化)实施绿色低碳发展的战略举措。

世界天然气储量中约 60%含硫、10%高含硫，主要赋存于海相地层。我国四川盆地海相高含硫天然气资源丰富，2000 年以来中国石化、中国石油天然气股份有限公司相继发现了普光气田、元坝气田、安岳气田、川西气田等大型高含硫气田，探明天然气储量超过万亿立方米。安全高效地开发利用高含硫天然气资源不仅可以为我国提供大量的清洁能源——天然气，而且可将剧毒的硫化氢转化为我国紧缺的化工原料——硫黄，这对于建设川渝地区千亿立方米天然气生产基地及四川盆地"气大庆"、端牢"能源饭碗"、实现"双碳"目标都具有十分重要的战略意义。

川西气田是继普光气田、元坝气田之后中国石化投入开发的又一高含硫气田，是目前世界上第一个被发现并投入开发的超深层高含硫潮坪相碳酸盐岩大气田。川西气田位于四川盆地西部龙门山前逆冲推覆构造带，其中的雷四气藏属于超深层、中高产、高含硫、中含二氧化碳、常压、低-中孔、特低渗、受构造控制的层状白云岩边水气藏，具有超深、高温、高压、高含硫、潮坪相白云岩薄互层储层复杂、气水关系复杂、天然气组分复杂、纵向压力系统复杂、地理生态环境复杂等特点。

(1)埋藏超深，雷四产层埋深 5800～6300m，部署的超深大斜度井/水平井井深可达 8200m。

(2)气藏高温、高压、高含硫，地层压力 63.31～67.81MPa，地层温度 141.31～155.50℃，硫化氢平均含量 4.56%。

(3)潮坪相白云岩薄互层储层复杂，单层厚度小于 10m，纵向白云岩、灰云岩储层与灰岩、云灰岩非储层夹杂，设计的超深大斜度/水平裸眼井段长可达 2200m。

(4)气水关系复杂，石羊场、金马、鸭子河构造为三个独立的含气构造，上、下气层组具有不同的气水界面。

(5)天然气组分复杂，硫化氢平均含量 4.56%、二氧化碳平均含量 5.26%；硫化氢分压可达 4.00MPa、二氧化碳分压可达 4.22MPa。

(6)纵向压力系统复杂，地层压力系数差超过 0.2 的高、低压互层有 5 套。

(7)地理生态环境复杂，气田地处成都平原西缘，人口密集、环境敏感、生态脆弱。

川西气田复杂的地质特征和地面工程条件决定了气田效益开发的艰巨性、工程技术的挑战性。

（1）川西气田雷四气藏埋藏深，工程地质条件复杂，钻井工艺挑战多。超深大斜度井/水平井平台直井段防斜防碰打快难；多套地层压力系数差超过 0.2 的高、低压互层共存于同一个裸眼段，防故障措施往往顾此失彼；巨厚的须家河组地层坚硬致密、提速不易，发育的煤夹层、泥页岩夹层易诱发井壁失稳风险；小塘子组发育高压裂缝气层，易诱发井控风险；超长大斜度/水平段薄储层非储层夹杂、岩性破碎，井壁稳定性差，轨迹控制难度大，优质储层钻遇率难保证。

（2）川西气田陆相砂泥地层软硬交错、海相碳酸盐岩地层破碎，对钻井液体系及性能要求高。一开、二开钻遇陆相地层以砂泥岩为主，砂泥岩软硬交错变化大，泥页岩易水化膨胀、坍塌掉块，砂岩微裂缝发育易喷漏失控，采用水基钻井液钻进，对抑制性、封堵性和润滑性要求高；三开超长大斜度/水平段钻遇海相储层非储层夹杂、岩性破碎、微裂缝发育、井壁易失稳，采用油基钻井液钻进，对封堵性、沉降稳定性要求高。

（3）川西气田超深层潮坪相碳酸盐岩气藏开发采用裸眼完井或衬管完井，生产尾管固井具有超深、裸眼井段长、井斜角大、高压大温差、安全窗口窄、酸性气体腐蚀等特点，存在长裸眼套管下不到位、固井质量难以保证井筒完整性的风险。

（4）川西气田雷四气藏完井增产投产环节矛盾突出。超深超长大斜度/水平段高温、高压、高含硫恶劣工况，对井下工具及管柱材质性能要求高，地面测试流程安全风险大；储层厚度薄、应力差异大，高破裂压力储层降破手段有限，实现立体酸压改造难度大，增产措施效果难以保证。

（5）川西气田位于美丽富饶的成都平原，钻井平台部署在彭州市隆丰街道、丽春镇、葛仙山镇附近，靠近彭州市人口密集区，邻近国家中心城市——成都市。彭州市境内分布有多个重要的国家级生态环境敏感区，安全环保要求高。

川西气田开发建设的广大科研工作者、工程技术人员和管理干部面对挑战，站在普光气田、元坝气田的肩膀上，为川西气田量身定制了“一台多井”大斜度井/水平井丛式井组立体开发方案，创新了以超深大斜度井/水平井安全优快钻井技术、高性能钻井液技术、长效固井技术、高效完井测试评价增产投产技术、安全控制与环境保护技术为核心的超深薄互层碳酸盐岩大气田安全、环保、高效开发工程技术体系。

（1）在理论分析、数值模拟、矿场试验的基础上，形成了以井身结构优化设计技术、破碎性地层井眼轨道设计与轨迹控制技术、超深井优快钻井技术、长水平段安全井眼清洁及管柱安全下入技术、超深大斜度井取心技术为核心的川西气田超深大斜度井/水平井优快钻井技术。

（2）在深化钻井液抑制剂、封堵剂作用机理认识的基础上，针对川西气田复杂地层开发了高性能钾基聚磺钻井液、复合盐强抑制聚磺防塌钻井液、强封堵高酸溶聚磺钻井液和强封堵白油基钻井液，形成了川西气田高性能钻井液体系。

（3）在井筒准备、水泥浆体系、固井工艺、固井工具研究的基础上，建立井眼净化模型计算分析井眼清洁情况，利用数值模拟分析水泥环长效密封影响规律，开发出大温差防窜水泥浆体系、防腐防气窜水泥浆体系，配套提高顶替效率等技术，形成了川西气田长效固井技术。

（4）在井下管柱力学分析、防腐材质腐蚀实验评价的基础上，通过超深大斜度井/水平井裸眼(衬管)完井酸压投产管柱一体化、分段分流深度酸压工艺、密闭测试地面控制技术，形成了川西气田高效完井酸压投产技术。

(5)通过持续优化、提升和总结，将环境敏感地区风险识别、平台井组井控工艺、网电钻机减排、测试残酸返排实时除硫、钻井固废资源化利用等安全生产、生态环保技术在工程设计、施工中逐一落实，形成了一套适用于环境敏感地区的川西气田钻完井配套安全控制与环境保护技术，保障气田开发建设工程施工过程中井控、安全、环保严格受控。

川西气田开发建设展示了中国石油化工股份有限公司西南油气分公司利用超深大斜度井/水平井开发复杂油气田的综合技术能力，继普光气田、元坝气田之后进一步巩固了中国石化在超深、高含硫气田开发建设上的领先地位。为了丰富高含硫气藏开采技术系列，提升高含硫气田开发建设工程管理水平，支撑我国高含硫气藏安全、环保、高效开发，我们为全国油气田开发战线的科研工作者、工程技术人员和管理干部推出本书，旨在介绍中国石油化工股份有限公司西南油气分公司利用超深大斜度井/水平井开发川西气田的理论创新、技术创新、管理创新成果。

本书前言由何龙、郭新江撰写；第1章绪论，由郭彤楼、郭新江、刘其明、彭红利、钟敬敏、隆轲撰写；第2章安全优快钻井技术，由何龙、唐宇祥、蒋祖军、李皋、罗成波、范希连、黄河淳、胡大梁、宋朝晖撰写；第3章高性能钻井液技术，由欧彪、杨健、董波、郑义、唐天琪、谢刚、唐涛、任茂、李红涛撰写；第4章长效固井技术，由严焱诚、张继尹、洪少青、王希勇、黄俊力、唐蜜、蔡骞撰写；第5章高效完井酸压投产技术，由刘殷韬、钟森、任冀川、张国东、李友培、杨苏、倪杰、刘啸峰、陈波、冯成军、刘徐慧、王峻峰撰写；第6章安全控制与环境保护技术，由唐宇祥、范希连、杨健、梁霄、史堃、夏海英、王勇、赛彦明撰写。最后由郭新江、唐宇祥、范希连、梁霄统稿，郭彤楼、何龙定稿。

本书在编写过程中，得到了中国石油化工股份有限公司油田勘探开发事业部和科技发展部、中国石化集团石油工程西南有限公司、西南石油大学等单位领导、专家与学者的大力支持和帮助，在此一并表示感谢。

由于作者水平所限，书中难免有不足之处，敬请广大读者批评指正。

目　　录

第1章 绪 论

川西气田位于四川盆地西部龙门山中段前缘由关口断层与彭县断层夹持的石羊镇—金马—鸭子河—云西构造带上,其中的雷四气藏属于超深层、中高产、高含硫、中含二氧化碳、常压、低-中孔、特低渗、受构造控制的层状白云岩边水气藏,具有超深、高温、高压、高含硫、潮坪相白云岩薄互层储层复杂、气水关系复杂、天然气组分复杂、纵向压力系统复杂、地理生态环境复杂等特点,带来了气田效益开发的艰巨性、工程技术的挑战性。中国石油化工股份有限公司西南油气公司通过量身定制世界上第一个超深层高含硫潮坪相碳酸盐岩气藏"一台多井"大斜度井/水平井丛式井组立体开发方案,突破效益开发禁区;通过创新以超深大斜度井/水平井安全优快钻井技术、高性能钻井液技术、长效固井技术、高效完井酸压投产技术、安全控制与环境保护技术为核心的超深薄互层碳酸盐岩大气田安全、环保、高效开发工程技术体系,突破开采技术瓶颈,打造都市高含硫大气田"安全环保新典范、高效开发新标杆"。

1.1 勘探开发历程

1.1.1 预探阶段

2012 年在龙门山前构造带部署实施风险探井彭州 1 井,2014 年 1 月对雷口坡组四段上亚段下储层 5814～5866m 射孔完井酸压测试,获天然气产量 121.05×10⁴m³/d、绝对无阻流量 331.48×10⁴m³/d 的高产工业气流,发现了川西气田雷四气藏。继彭州 1 井突破后,向北东 15km 部署了鸭深 1 井,向南西 19km 部署了羊深 1 井。实钻揭示,鸭深 1 井和羊深 1 井雷四上亚段储层厚度大,累计厚度近 100m,溶蚀孔洞非常发育。钻井过程中,两口井均见良好气显示,测试分别获得 49.49×10⁴m³/d、60.20×10⁴m³/d 的高产工业气流,实现了龙门山前构造带海相勘探的重大突破。

1.1.2 评价阶段

2016 年,在龙门山前构造带构造翼部较低部位又分别部署了彭州 115 井、彭州 113 井、彭州 103 井等评价井。其中,鸭子河构造北翼部署的彭州 103 井在下储层射孔完井酸压测试,获天然气产量 12.66×10⁴m³/d、地层水产量 276m³/d;金马构造南翼部署的彭州 113 井、石羊场构造南翼部署的彭州 115 井钻井证实储层发育但油气显示差,测井综合解释含气水层,射孔完井酸压测试少量产水。上述 3 口评价井的实施明确了川西气田雷四段气藏为构造气藏并查明了气水边界。

1.1.3　开发阶段

2018 年川西气田进入开发准备阶段。2019 年按照"整体部署、评建结合、动态调整、分步实施"的原则有序推进气田产能建设。2021 年 3 月第一轮部署的超深大斜度井/水平井彭州 3-4D 井、彭州 3-5D 井、彭州 4-2D 井、彭州 4-4D 井、彭州 4-5D 井、彭州 5-2D 井、彭州 5-4D 井、彭州 6-2D 井、彭州 6-4D 井、彭州 7-1D 井、彭州 8-5D 井 11 口井全部完钻，平均水平段长 726.46m，平均单井入井酸量 1357.54m³，完井测试平均单井绝对无阻流量 150.41×10⁴m³/d。2022 年 10 月第二轮部署的长水平段超深大斜度井/水平井彭州 5-1D 井、彭州 5-3D 井、彭州 6-1D 井、彭州 6-3D 井、彭州 6-5D 井、彭州 6-6D 井 6 口井全部完钻，已完井测试 6 口井，平均水平段长 1538.53m，平均单井入井酸量 2417.17m³，平均单井绝对无阻流量 206.87×10⁴m³/d；相比第一轮完井测试平均单井绝对无阻流量增加 56.46×10⁴m³/d，增产 37.54%，见表 1.1.1。

表 1.1.1　川西气田开发井完井测试统计表

序号	井名	完钻井深 (m)	完钻时间 (年-月)	气层组	油压 (MPa)	气产量 (10⁴m³/d)	绝对无阻流量 (10⁴m³/d)	水产量 (m³/d)
1	彭州 4-2D	6573.70	2019-09	下	24.30	47.02	100.70	
2	彭州 8-5D	6575.00	2020-05	下	23.30	60.12	115.56	
3	彭州 6-2D	6616.00	2020-06	下	34.16	61.42	157.20	
4	彭州 3-4D	6416.00	2020-07	下	29.40	115.95	320.40	
5	彭州 3-5D	7425.00	2020-05	下	28.70	37.67	57.50	108.00
				上	22.80	40.41	87.15	
6	彭州 7-1D	6687.30	2020-03	下	30.03	47.19	107.00	75.60
				上	31.70	50.20	110.49	
7	彭州 6-4D	6696.00	2020-07	下	30.10	58.88	124.40	
8	彭州 4-5D	6969.00	2020-10	下	29.40	56.25	127.06	
9	彭州 5-2D	6862.00	2020-09	下	26.10	42.04	83.23	
10	彭州 5-4D	7150.00	2021-03	上	27.50	50.37	113.01	
11	彭州 4-4D	7171.00	2021-03	上	31.86	57.62	150.83	
12	彭州 6-3D	7456.00	2022-03	下	30.95	73.98	224.70	
13	彭州 6-1D	7707.00	2022-04	下	28.06	65.25	177.95	
14	彭州 6-6D	8206.00	2022-04	下	27.70	80.44	206.00	
15	彭州 5-1D	8208.00	2022-05	下	30.87	95.25	325.47	
16	彭州 5-3D	7476.00	2022-05	下	23.03	66.66	172.84	
17	彭州 6-5D	7476.00	2022-10	下	19.03	64.77	134.23	

1.2 基本地质特征

1.2.1 构造特征

1. 区域构造特征

四川盆地西部拗陷中段雷口坡组顶面构造特征总体表现为"两隆、两凹、两斜坡","两隆"为龙门山前构造带和新场构造带,"两凹"为成都凹陷和绵竹凹陷,"两斜坡"为广汉斜坡、绵阳斜坡,如图 1.2.1 所示。

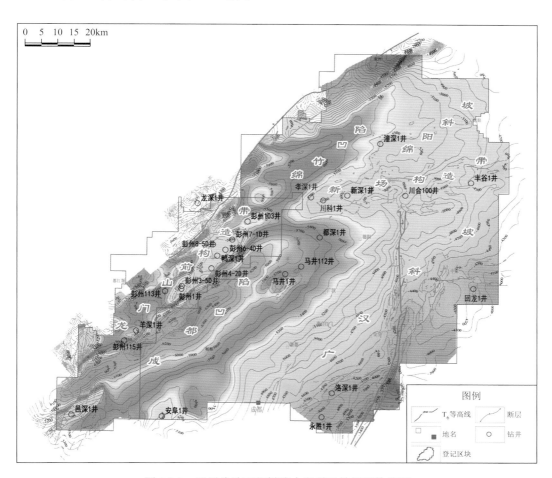

图 1.2.1 四川盆地西部拗陷中段雷口坡组顶构造图

2. 局部构造特征

川西气田位于四川盆地西部龙门山中段前缘由关口断层与彭县断层夹持的石羊镇—金马—鸭子河—云西构造带上,如图 1.2.2 和图 1.2.3 所示,构造要素详见表 1.2.1。

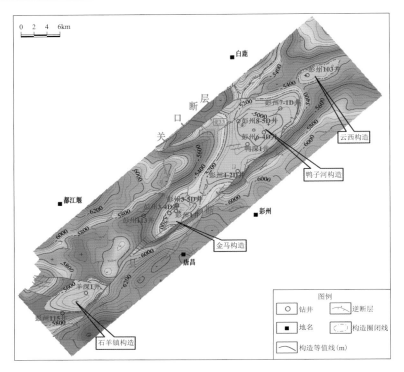

图 1.2.2　川西气田雷四气藏上储层顶面构造图

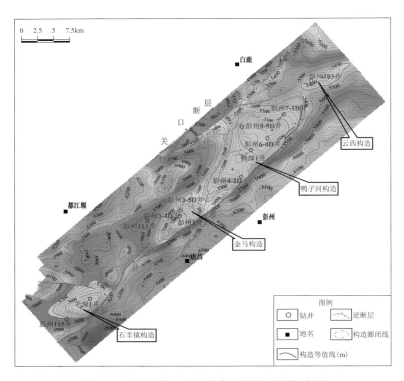

图 1.2.3　川西气田雷四气藏下储层顶面构造图

表 1.2.1 雷口坡组上、下储层顶界构造要素统计表

圈闭名称	地质层位	形态	面积 (km²)	构造圈闭闭合等值线 (m)	幅度或高差 (m)	高点海拔 (m)	轴长		构造走向	可靠程度
							长轴 (km)	短轴 (km)		
石羊镇	下储层顶界	断背	35.1	−5725	207	−5518	10.6	5.4	NE	可靠
	上储层顶界		31.8	−5625	191	−5434	10.4	5.1	NE	可靠
金马	下储层顶界	断背	21.7	−5350	185	−5165	8.1	3.2	NE	可靠
	上储层顶界		18.9	−5250	134	−5116	7.5	3.6	NE	可靠
鸭子河	下储层顶界	断背	125.7	−5350	346	−5004	22.1	9.5	NE	可靠
	上储层顶界		118.5	−5250	313	−4937	21.9	9.5	NE	可靠
云西	下储层顶界	背斜	15.6	−5450	80	−5370	8.3	2.7	NE	可靠
	上储层顶界		12.8	−5375	68	−5307	7.1	2.2	NE	可靠

石羊镇构造：位于关口断层下盘，彭县断层上盘，东与金马构造相邻，西与石板滩构造相接，为 NE 向展布的短轴背斜。雷口坡组顶构造圈闭上发育 3 条次级断层，延伸长度小于 2.5km，断距小于 200m，是圈闭褶皱时形成的伴生断层。

金马构造：位于龙门山前构造带中部，关口断层下盘，彭县断层上盘。主要受控于彭县断层，为 NE 向展布的短轴背斜。东北与鸭子河构造相接，西南邻近石羊镇构造，南为成都凹陷。雷口坡组顶构造圈闭上发育 4 条次级断层，延伸长度 1.3～3.4km，断距小于 100m，是圈闭褶皱时形成的伴生断层。

鸭子河构造：位于龙门山前构造带东北部，关口断层下盘，彭县断层上盘。同时受控于关口断层与彭县断层，为 NE 向展布的断背斜构造。西南与金马构造相接，东北与云西构造相连，南为成都凹陷。雷口坡组顶构造圈闭上发育 3 条次级断层，2 条延伸长度为 1.9～2.5km、断距小于 100m 的伴生断层，1 条断距达 190m、延伸长度达 8.8km 的较大Ⅳ断层。

云西构造：位于构造带的北东翼末梢低部位，上储层顶界圈闭面积为 12.8km²，走向 NE，长轴 7.1km，外围圈闭线−5375m，闭合幅度 68m。

3. 断层特征

川西气田工区内断层主要表现为 NNE 向及近 EW 向，在隆起带的两侧断裂段断层相对集中，受边界逆断层控制，断层走向以 NE 向为主，其次为 NW 向，如图 1.2.4、图 1.2.5 所示，断层延伸长度大于 10km 的断层有 4 条，见表 1.2.2。

(1)隆起带北部关口断裂带(F2)：位于背斜构造北部，主要呈 NE 向展布，延伸长度大于 33.7km，垂直断距为 30～1600m。

(2)隆起带南部彭县断裂带(F3-2)：金马—鸭子河隆起带上局部断背斜构造，主要受彭县断裂带控制，主断裂带由多条雁行排列逆断层组合，主断裂带上断层多呈 NE 向，延伸长度 24.8km，消失在圈闭的东北翼，断距较大(0～500m)，最大垂直断距 500m。在平面上，彭县断裂带有一定的扭曲现象，这与应力分布特征相吻合。

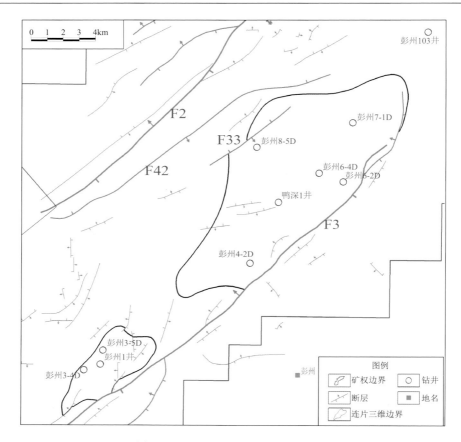

图 1.2.4　川西气田及邻区断层分布图

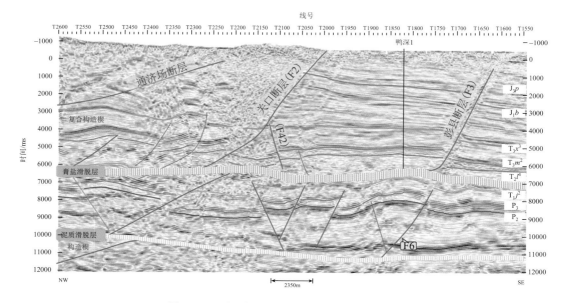

图 1.2.5　川西气田断层系统及断层剖面特征

（3）F42 断层：发育在鸭子河构造北翼的一条反冲断层，走向 NNE-NE，延伸长度大于 20.3km，垂直断距 0～380m，断开层位上至须家河组二段，下至嘉陵江组。

（4）隆起带轴部及两翼，发育次一级的Ⅳ～Ⅴ断层，均为逆断层，以 NEE、NNE、NNW、NWW 走向为主，断距为 10～125m，特别是金马构造、鸭子河的局部构造高点附近Ⅳ、Ⅴ级断层较发育。

表 1.2.2 川西气田及邻区主要断层基本要素表

断层名称及编号		延伸方向	延伸长度(km)	断层倾向	最大倾角(°)	最大垂直断距(m)	断开层位	断层性质
彭县断层	F3-1	NE-NNE	23.5	NW	65	250	Q—T$_1j$	逆断层
	F3-2	NE	24.8	NW	72	500		
	F3-3	NNE	8.8	NWW	58	150		
关口断层	F2	NE	>33.7	NW	60	1600	Q—Z	逆断层
F42		NNE-NE	>20.3	SE	70	380	T$_3x^3$—T$_1j^2$	逆断层
F43		NE	6.2	SE	48	80	T$_3x^3$—T$_2l^4$	逆断层
f27		NE	1.9	NW	60	20	T$_2l^4$	逆断层
f28		NE	1.8	NW	50	10	T$_2l^4$	逆断层
F33		NE	1.4	SE	55	20	T$_2l^4$	逆断层
f34		NNW	1.3	SWW	50	30	T$_2l^4$	逆断层
f40		NNE	1.8	NWW	60	110	T$_3m^2$—T$_2l^4$	逆断层
f44		NE	3.4	NW	70	40	T$_3x^3$—T$_2l^4$	逆断层
f6		NE	2.5	SE	60	100	T$_2l^4$—T$_1j^2$	逆断层
f60		NNE	2.9	SE	50	90	T$_3x^3$—T$_2l^4$	逆断层
f64		NEE	2.2	SSE	60	30	T$_2l^4$—T$_1j^2$	逆断层
f72		NE	2.9	NW	55	70	T$_2l^4$	逆断层
f79		NNE	1.6	NW	50	125	T$_3x^3$—T$_2l^4$	逆断层

1.2.2 地层特征

川西气田地表出露地层为新生界第四系，钻井揭示自上而下依次钻遇新生界第四系（Q）；上侏罗统蓬莱镇组（J$_3p$）和遂宁组（J$_3sn$）、中侏罗统沙溪庙组（J$_2s+x$）和千佛崖组（J$_2q$）、下侏罗统白田坝组（J$_1b$）；上三叠统须家河组（T$_3x$）、小塘子组（T$_3t$）和马鞍塘组（T$_3m$），以及中三叠统雷口坡组（T$_2l$）。地层接触关系和岩性特征见表 1.2.3。

表 1.2.3 彭州 6-4D 井（直）钻遇地层简表

地层				代号	井深(m)	钻厚(m)	岩性简述
系	统	组	段				
第四系				Q	37.00	37.00	上部为棕黄色种植土，中部为棕黄色黏土层，下部为杂色砾石层。与下伏地层呈角度不整合接触

地层					井深(m)	钻厚(m)	岩性简述
系	统	组	段	代号			
侏罗系	上侏罗统	蓬莱镇组		J_3p	919.00	882.00	棕褐、棕色(粉砂质)泥岩与褐灰、浅褐灰、灰、绿灰色细粒岩屑砂岩、(泥质)粉砂岩略等厚-不等厚互层。与下伏地层呈整合接触
		遂宁组		J_3sn	1291.00	372.00	浅灰、浅褐灰色(含砾)细、粉砂岩与棕、棕褐色(粉砂质)泥岩不等厚互层，局部夹杂色砾岩、砂砾岩。与下伏地层呈整合接触
	中侏罗统	沙溪庙组		j_2s+x	1933.00	642.00	棕、棕褐色(粉砂质)泥岩与绿灰、浅绿灰色(含砾)中、细粒岩屑砂岩、粉砂岩略等厚-不等厚互层。与下伏地层呈整合接触
		千佛崖组		J_2q	2031.00	98.00	棕褐、棕色(粉砂质)泥岩与浅绿灰、灰色(含砾)中、细粒岩屑砂岩、粉砂岩略为厚互层，底为杂色砾岩。与下伏地层呈平行不整合接触
	下侏罗统	白田坝组		J_1b	2070.00	39.00	浅灰色含砾中粒岩屑砂岩，顶部为棕褐色泥岩。与下伏地层呈平行不整合接触
三叠系	上三叠统	须家河组	五段	T_3x^5	2769.00	699.00	灰、浅灰色细粒岩屑岩、粉砂岩、泥质粉砂岩与深灰、灰黑、黑色粉砂质页岩、页岩、碳质页岩等厚-略等厚互层
			四段	T_3x^4	3462.00	693.00	上、中部深灰、浅灰、灰白、灰色含砾粗粒岩屑砂岩、中、(含砾)细粒岩屑砂岩、细粒岩屑石英砂岩、粉砂岩、泥质粉砂岩与黑、灰黑色(粉砂质)页岩、碳质页岩略等厚-不等厚互层，局部夹杂色砂砾岩、黑色煤；下部灰、灰白色中粒岩屑石英砂岩、中、细粒岩屑砂岩夹黑、灰黑色页岩、碳质页岩
			三段	T_3x^3	4394.00	932.00	黑、灰黑色(粉砂质)页岩、碳质页岩与灰色中、细粒岩屑砂岩、粉砂岩、泥质粉砂岩略等厚-不等厚互层，局部夹黑色煤
			二段	T_3x^2	4990.00	596.00	灰、灰白色中、细粒岩屑石英砂岩、细粒岩屑砂岩、粉砂岩与灰黑、黑色页岩、碳质页岩不等厚互层。与下伏地层呈整合接触
		小塘子组		T_3t	5442.00	452.00	深灰、灰黑色页岩、粉砂质页岩与灰、浅灰、灰白色中粒岩屑砂岩、(含白云质、碳酸盐)细粒岩屑石英砂岩、(含白云质、灰质)细粒岩屑砂岩、粉砂岩略等厚互层。与下伏地层呈整合接触
		马鞍塘组	二段	T_3m^2	5556.00	114.00	深灰、灰黑、灰色页岩、灰质页岩与灰色细粒岩屑砂岩、粉砂岩不等厚互层，顶部为深灰色陆源碎屑细-粉晶介屑粉屑灰岩，局部夹深灰色微晶泥质灰岩
			一段	T_3m^1	5594.00	38.00	深灰、灰色微晶灰岩、微晶泥质灰岩、白云质微晶灰岩、微晶灰质白云岩、含白云质泥微晶灰岩、砂屑灰岩夹灰黑色页岩。与下伏地层呈平行不整合接触
	中三叠统	雷口坡组	四段	T_2l^4	6054.00	460.00	上部为灰、深灰、浅灰色微晶白云质灰岩、亮晶藻砂屑灰岩、微晶灰岩、微晶白云岩、微晶灰质微晶藻凝块灰岩、白云质微晶藻凝块白云岩、亮晶藻线状灰岩、含晶间孔粉晶白云岩、微-粉晶白云岩、微晶藻凝块白云岩、粉晶白云岩
			三段	T_2l^3	6416.00	362.00	上部为灰色砂屑白云岩、微晶白云岩；中部为微晶白云岩、灰质泥晶白云岩、砂屑白云岩、(白云质)微晶灰岩、(含白云质)微晶灰岩；下部为深灰、灰色(含膏质、含白云质)灰岩、(生砂屑、鲕粒)灰岩、浅灰、灰白色(灰质)膏岩
			二段	T_2l^2	6446.00 (未穿)	30.00	灰色、浅灰色(含膏质、含白云质、白云质)微晶灰岩、浅灰、灰白色(含灰质、灰质、含白云质、白云质)膏岩、灰色(膏质)白云岩

1.2.3 储层特征

1. 沉积特征

雷口坡组四段(雷四段)根据岩性组合及旋回特征划分为 3 个四级层序,对应上、中、下亚段。在四级层序格架内,雷四上亚段又划分为 4 个五级旋回,与开发小层基本对应。依据储层、隔层在五级旋回中的分布,进一步将底部两个五级旋回作为下储层段,分别对应 TL_4^{3-3}、TL_4^{3-4} 开发小层,顶部第一旋回及第二旋回上部作为上储层段,分别对应 TL_4^{3-1}、TL_4^{3-2} 开发小层,第二旋回的下部为灰岩隔层,如图 1.2.6 所示。川西气田雷四上亚段地层分布稳定,厚度变化不大,基本在 150m 左右,且井间高频旋回具有很好的对比性,显示经历了一致的海进海退沉积过程。

雷四上亚段总体以潮坪相沉积为主,亚相包括潮下带、潮间带和潮上带。潮下带亚相:以微晶灰岩、(含)砂屑微晶灰岩、(含)藻屑灰岩等颗粒灰岩为主,主要发育于雷四上亚段下部。潮间带亚相:岩性以云岩为主,典型的岩相有微晶白云岩、(微)粉晶白云岩、(细)粉晶白云岩、藻叠层构造白云岩、藻黏结构造白云岩、(藻)砂屑白云岩,以及纹层状构造白云岩,也可见(藻砂屑)云质灰岩等,主要分布于雷四上亚段下储层的中上部,以及上储层段的上部,是储层发育的有利亚相。潮上带亚相:岩性主要有泥云岩、微晶白云岩,以及含膏白云岩、膏质白云岩,主要发育于雷四上亚段下储层段的底部。

上储层 TL_4^{3-1} 以灰坪为主,局部发育藻砂屑滩。TL_4^{3-2-1} 以云坪、灰云坪为主;彭州 115 井—彭州 113 井一线晶粒白云岩含量大于 30%,为云坪;彭州 1 井—鸭深 1 井一线灰质含量增加,为含灰云坪。TL_4^2 以云坪、藻云坪为主;TL_4^{3-3} 在金马—鸭子河构造高部位云坪最发育,分别向北、向南灰质含量增加,彭州 103 井—鸭深 1 井一线及彭州 115 井区藻云坪发育;TL_4^{3-4} 彭州 113 井向北,再到彭州 103 井一线、羊深 1 井—彭州 115 井向南云坪发育,金马构造与石羊场构造之间灰质含量增加,鸭深 1 井及其西南方向、羊深 1 井及其北西方向藻云坪发育。

2. 岩性特征

TL_4^{3-1} 小层:厚度为 15～35m,岩性以泥微晶灰岩和藻砂屑灰岩为主。

TL_4^{3-2} 小层:累计厚度 20～35m,是一套稳定的白云岩段,岩性为藻砂屑微晶白云岩、泥微晶白云岩、藻白云岩、藻砂屑微晶白云岩,其中微晶白云岩储集性能较好,是主要含气层段,水平井轨迹的穿行段,如图 1.2.7 所示。

中部隔层段岩性主要为灰色-深灰色亮晶藻砂屑灰岩、泥微晶藻灰岩、亮晶藻砂屑白云质灰岩、夹亮晶含砾屑砂屑白云岩。厚 20～25m,横向上分布较稳定,电阻率高,孔隙度普遍小于 1%,为一套典型的致密层段。

TL_4^{3-3} 小层:横向上分布稳定岩性,以灰-深灰色泥-细晶白云岩、粉晶白云岩、含藻泥微晶白云岩为主,是优质的储层发育层段,顶部夹 3～4 层薄层白云质灰岩、灰岩,在井壁稳定性研究过程中发现灰岩坍塌压力相对较高,稳定性较差,通过地质工程一体化研究,第二轮长水平井水平段穿行调整到夹层下部气层中,如图 1.2.8 所示。

TL_4^{3-4} 小层:岩性以藻黏结白云岩和(含)灰质白云岩为主,横向分布稳定,厚度较大。

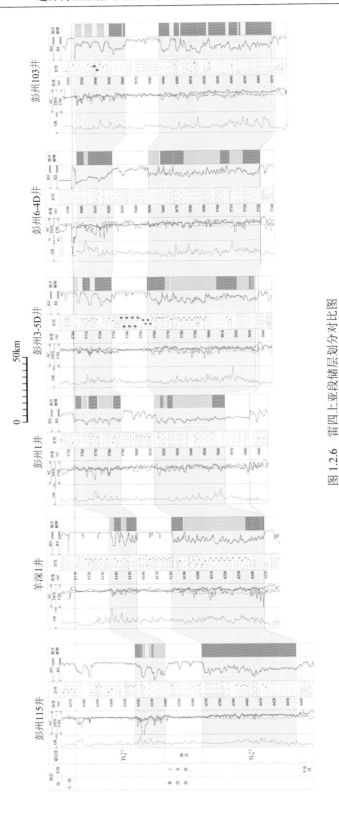

图 1.2.6　雷四上亚段储层划分对比图

GR: 自然伽马，API；AC: 声波时差，μs/ft；DEN: 密度，g/cm³；CNL: 补偿中子，%；
RD: 深侧向电阻率，Ω·m；RS: 浅侧向电阻率，Ω·m；1ft=0.3048m

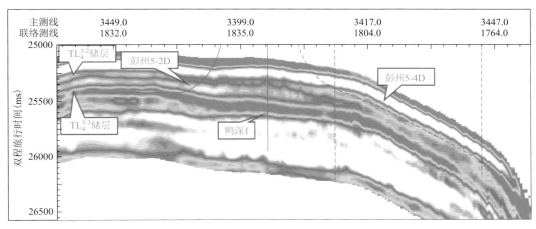

图 1.2.7　彭州 5-4D 井轨迹波阻抗剖面图

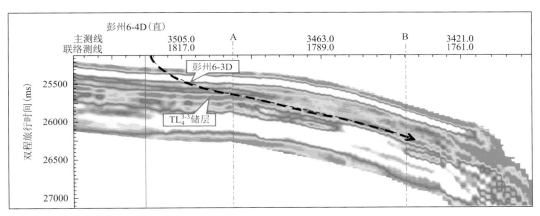

图 1.2.8　彭州 6-3D 井轨迹波阻抗剖面图

3. 储集空间特征

雷四上亚段储层发育多种类型储集空间，主要包括晶间溶孔、晶间孔、藻间溶孔(粒间溶孔)、鸟眼-窗格孔、裂(溶)缝等(图 1.2.9)。

1) 晶间溶孔、晶间孔

晶间溶孔主要发育在白云石化程度中等-强的微-细晶白云岩、微-细晶(含)灰质白云岩及(含)藻砂屑微粉晶白云岩中，晶间溶孔孔径一般为 0.01～0.9mm，面孔率 0.5%～10%。而晶间孔则多与晶间溶孔伴生[图 1.2.9(a)]，孔径相对较小，一般为 0.02～1mm，孔隙形态多呈三角形，边界平直。储层岩石样品的晶间溶孔与晶间孔发育程度越高，其储集物性越好，且裂缝不发育，具良好的孔渗关系。

2) 鸟眼-窗格孔

鸟眼-窗格孔主要发育于由蓝绿藻丝体、藻迹等形成的藻纹层白云岩和少量残余结构的纹层状微粉晶白云岩中[图 1.2.9(b)]，具定向分布特征，孔径一般为 0.02～0.4mm，面孔率 1%～9%，这类孔隙在镜下出现频率约为 8%，虽然出现频率不高，但鸟眼-窗格孔发育程度较高的储层段均可形成Ⅰ类储层。

3）藻间溶孔

藻间溶孔多是在藻间白云石晶间孔及藻间窗格孔等早期孔隙的基础上发育而来，孔隙发育有较高的继承性。该类孔隙分布多受藻及藻颗粒分布的控制，常呈层状或具定向分布[图1.2.9(c)]，在形状不规则的藻砂屑藻凝块黏结的白云岩中较常见，孔径一般为0.01～0.65mm，面孔率1%～5%。藻间溶孔在镜下出现频率一般为16.7%～26.7%，在Ⅰ、Ⅱ类储层中出现频率分别为46%～67%和47%～57%。通过全直径岩心孔渗分析发现，

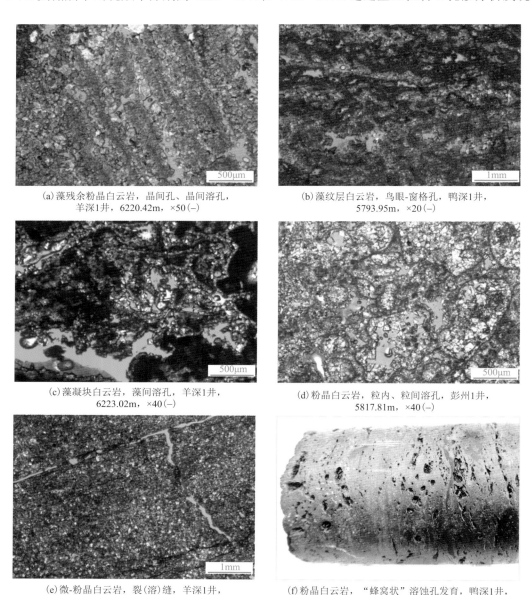

(a) 藻残余粉晶白云岩，晶间孔、晶间溶孔，
羊深1井，6220.42m，×50(−)

(b) 藻纹层白云岩，鸟眼-窗格孔，鸭深1井，
5793.95m，×20(−)

(c) 藻凝块白云岩，藻间溶孔，羊深1井，
6223.02m，×40(−)

(d) 粉晶白云岩，粒内、粒间溶孔，彭州1井，
5817.81m，×40(−)

(e) 微-粉晶白云岩，裂(溶)缝，羊深1井，
6191.74m，×25(−)

(f) 粉晶白云岩，"蜂窝状"溶蚀孔发育，鸭深1井，
5779.81m，钻井岩心

图1.2.9　雷四上亚段储层储集空间特征

这类孔隙的发育对储层水平渗透率的贡献较大，实测藻间溶孔发育的储层样品水平渗透率平均值可达 2.672mD[①]。

4）粒内、粒间溶孔

粒内、粒间溶孔多发育于藻砂屑藻凝块白云岩、藻球粒白云岩中[图 1.2.9(d)]，孔径一般为 0.01～0.4mm，面孔率 0.5%～8%。该类溶孔分布多不均匀，孔隙大小也不均匀，常见微溶缝对相对较大溶孔的沟通，镜下出现频率为 3.3%～15.8%，在 Ⅰ、Ⅱ 类储层中出现频率分别为 33% 和 9%～23%，是雷四上亚段储层常见的孔隙类型。

5）裂（溶）缝

雷四上亚段储层中多发育平行于层面的裂缝和溶缝[图 1.2.9(e)]。通过岩心观察发现，裂缝长度一般为 40～160mm，缝宽 0.2～1.2mm，多为细-中缝，连续-半连续；镜下观察发现，溶缝多为缝宽 0.01～0.15mm 的微缝，面缝率 0.5%～2%。在 Ⅰ 类储层中裂缝和溶缝发育程度较低，镜下出现频率仅为 4%，而 Ⅱ、Ⅲ 类储层中裂缝和溶缝发育程度相对较高，镜下出现频率分别为 15%～32% 和 24%～29%，可见裂缝对 Ⅱ 类储层，特别是Ⅲ类储层渗透率的改善具有重要作用。

综上所述，镜下观察晶间孔、鸟眼-窗格孔等早期孔隙较发育的储层样品均具有较好的储集物性。另外，裂（溶）缝、溶孔发育程度也受岩性控制，白云石含量越高，溶孔、溶洞越发育[图 1.2.9(f)]，方解石含量越高则裂缝越发育。总体上，雷四上亚段发育潮坪相白云岩孔隙型储层，储集空间主要为晶间溶孔、晶间孔、藻间溶孔(粒间溶孔)、鸟眼-窗格孔、裂（溶）缝等。

4. 物性特征

上储层孔隙度 0.09%～23.70%，均值 2.99%；渗透率 0.0008～83.5mD，均值 2.32mD。其中，有效储层样品 42 件，孔隙度 2.01%～23.70%，均值 8.19，有效储层渗透率 0.0009～8.95mD，均值 1.65mD（表 1.2.4）。储层类型以孔隙型为主。

下储层孔隙度 0.07%～20.21%，均值 4.17%；渗透率 0.0007～710mD，均值 7.07mD。有效储层孔隙度 2.00%～20.21%，均值 5.03%；有效储层渗透率 0.0012～710mD，均值 3.39mD（表 1.2.4）。储层类型以孔隙型为主，裂缝-孔隙型储层次之。

表 1.2.4　雷四上亚段储层物性特征

层位	储层段	有效储层孔隙度(%)			有效储层渗透率(mD)		
		最小	最大	均值	最小	最大	均值
雷四上亚段	上储层段	2.01	23.70	8.19	0.0009	8.95	1.65
	下储层段	2.00	20.21	5.03	0.0012	710	3.39

5. 储层分类评价

根据储层分类评价标准，将雷四上亚段储层分为裂缝型、孔隙型和裂缝-孔隙型三大类（表 1.2.5）。

---

① 1mD = 0.986923×10^{-15}m^2。

表 1.2.5　雷四上亚段储层分类评价标准

储层大类 渗透率/mD		裂缝型		孔隙型		裂缝-孔隙型		
		孔隙度(%)	储层类型	孔隙度(%)	储层类型	孔隙度(%)	裂缝发育程度	储层类型
≥1	≥10	≥4.5	I	≥10	I	≥7	发育	I
	1~<10	2~<4.5	II				不发育	I
0.25~<1		<2	III	7.5~<10	II	4.5~<7	发育	I
							不发育	II
0.04~<0.25			非储层	4~<7.5	III	2~<4.5	发育	II
							不发育	III
<0.04				<4	非储层	<2	发育	III
							不发育	非储层

　　储层发育情况统计结果显示(图 1.2.10)，雷四上亚段储层以孔隙型储层为主，占 62.79%，裂缝-孔隙型储层和裂缝型储层相对较少，分别占 20.00%和 17.21%。整体上以 III 类储层为主，占比为 42.32%，其次为 I 类储层，占比为 30.70%，II 类储层占 26.98%。

　　储层岩性纵向发育特征显示，上储层段岩性以含云灰岩、藻灰岩、砂屑灰岩为主，其次为微晶白云岩、藻白云岩；下储层段以藻白云岩、晶粒白云岩为主。从储层分类(图 1.2.11)来看，上储层段以 III 类储层为主，占 74.07%，其次为 II 类储层，占 18.52%，I 类储层发育较少，仅占 7.41%；下储层段 I 类储层占 12.50%，II 类储层占 26.98%，

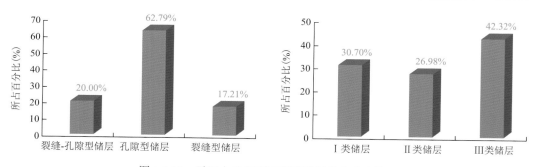

图 1.2.10　雷四上亚段不同类型储层发育分布情况

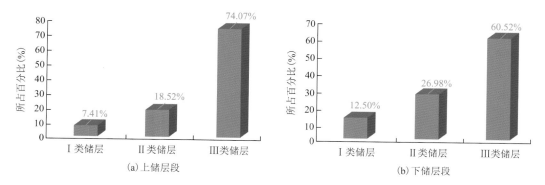

(a) 上储层段　　　　　　　　　　　　(b) 下储层段

图 1.2.11　雷四上亚段不同储层级别分布直方图

III 类储层占 60.52%。根据上、下储层段不同类型储层的发育情况统计(图 1.2.12)来看,上储层段以孔隙型储层为主,占 62.96%,发育 33.34%的裂缝型储层;下储层段主要发育孔隙型储层,占 63.36%,裂缝-孔隙型和裂缝型储层发育相对较少。

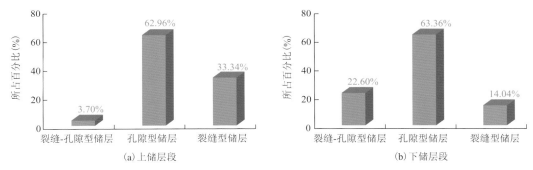

图 1.2.12 雷四上亚段不同储层类型分布直方图

1.2.4 气藏特征

1. 地层压力

雷四气藏实测原始地层压力 63.31~67.81MPa,原始地层压力系数 1.08~1.12(表 1.2.6),属常压气藏。

表 1.2.6 雷四气藏原始地层压力数据表

井号	测压时间(年-月-日)	产层中部垂深(m)	原始地层压力(MPa)	原始地层压力系数
鸭深 1	2015-07-23	5800.00	63.57	1.12
彭州 1	2013-12-20	5839.20	64.26	1.12
彭州 103	2018-03-23	6026.60	65.53	1.11
羊深 1	2015-08-06	6217.00	67.81	1.11
彭州 3-5D	2020-11-21	5900.00	63.31	1.08

2. 地层温度

雷四气藏实测地层温度 141.31~155.50℃,地温梯度 2.27~2.33℃/100m(表 1.2.7),属正常地温梯度。

表 1.2.7 雷四气藏地层温度数据表

井号	测温时间(年-月-日)	测点垂深(m)	测点温度(℃)	地温梯度(℃/100m)
鸭深 1	2015-07-23	5500.00	141.31	2.28
彭州 1	2013-12-20	5839.20	151.70	2.33
彭州 103	2018-03-23	6026.60	155.50	2.32
羊深 1	2015-08-06	5700.00	144.92	2.27
彭州 4-2D	2019-12-26	5805.70	147.20	2.27

3. 流体性质

雷四气藏产出天然气组分见表1.2.8，甲烷(CH_4)平均含量88.81%，乙烷(C_2H_6)平均含量0.14%，二氧化碳(CO_2)平均含量5.26%，硫化氢(H_2S)平均含量4.56%，氦气(He)平均含量0.04%，属于高含硫、中含二氧化碳气藏。

雷四气藏产出地层水水型为$CaCl_2$型，总矿化度99299.8～122730.0mg/L，Cl^-含量51684.6～79392.5mg/L，见表1.2.9。

表 1.2.8　雷四气藏天然气分析数据表

井号	相对密度	CH_4(%)	C_2H_6(%)	C_3H_8(%)	C^{4+}(%)	N_2(%)	H_2(%)	O_2(%)	CO_2(%)	H_2S(%)	He(%)	临界温度(K)	临界压力(MPa)	取样时间(年-月-日)
鸭深1	0.6447	88.42	0.12	0.00	0.00	1.07	0.00	0.02	5.91	4.42	0.04	204.73	4.9440	2018-04-07
彭州1	0.6280	90.21	0.10	0.00	0.00	1.51	0.00	0.06	4.56	3.52	0.04	201.25	4.8615	2014-01-04
彭4-2D	0.6416	88.72	0.16	0.00	0.00	0.96	0.01	0.00	5.49	4.63	0.03	204.76	4.9432	2019-12-26
羊深1	0.6453	88.13	0.12	0.00	0.00	1.44	0.01	0.01	5.79	4.41	0.04	204.34	4.9360	2015-07-31
彭7-1D	0.6491	87.55	0.18	0.00	0.00	0.80	0.03	0.00	5.54	5.86	0.04	207.15	4.9997	2020-07-30
彭3-5D	0.6302	89.81	0.17	0.00	0.00	1.14	0.01	0.03	4.29	4.53	0.02	203.11	4.9031	2020-07-14
均值	0.6398	88.81	0.14	0.00	0.00	1.15	0.01	0.03	5.26	4.56	0.04	204.22	4.9313	

表 1.2.9　雷四气藏水分析数据表

井号	取样深度(m)	水产量(m^3/d)	阳离子 K^++Na^+	阳离子 Ca^{2+}	阳离子 Mg^{2+}	阴离子 Cl^-	阴离子 SO_4^{2-}	阴离子 HCO_3^-	阴离子 CO_3^{2-}	总矿化度(mg/L)	水型
彭7-1D	5964～7075	108.00	28302.5	19702.5	4510	67412.2	409.2	—	—	120336.2	$CaCl_2$
彭3-5D	6170～6257	75.60	28610.0	12130.0	6200	51684.6	675.2	—	—	99299.8	$CaCl_2$
彭州103	5990～6071	276.00	17829.5	18495.0	6810	79392.5	203.0	—	—	122730.0	$CaCl_2$
			18879.5	17405.0	6420	78361.0	216.5	154.98	0.0	121449.7	$CaCl_2$
			17306.5	19265.0	6950	78678.0	237.5	—	—	122437.0	$CaCl_2$
平均			22185.6	17399.5	6178	71105.7	348.28	154.98	0.0	117250.5	$CaCl_2$

离子含量(mg/L)

4. 气藏类型

雷四气藏属于超深层、中高产、高含硫、中含二氧化碳、常压、低-中孔、特低渗、受构造控制的层状白云岩边水气藏，气藏要素见表1.2.10。上、下气层组具有不同的气水界面，如图1.2.13所示。

表 1.2.10　雷四气藏要素表

气田	气藏	气藏类型	驱动类型	气层组	高点海拔(m)	高点埋藏深度(m)	圈闭幅度(m)	气层中深(m)	中部海拔(m)	原始地层压力(MPa)	原始地层压力系数	地层温度(K)	地温梯度(℃/100m)
川西气田	雷四气藏	构造	边水	上气层组	−4929	5583	471	5774.4	−5120.4	63.14	1.12	421.36	2.29
				下气层组	−4990	5644	485	5837.2	−5183.2	63.74	1.12	423.10	2.29

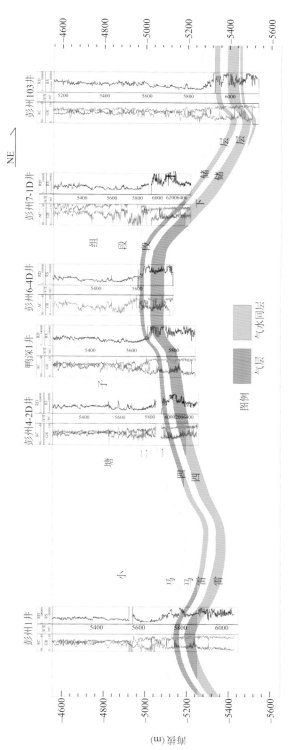

图 1.2.13 雷四气藏剖面图

5. 气井产能主控因素

1) 高角度(网状)缝越发育，直井产能越高

在储层厚度及储层品质相近的情况下，高角度(网状)缝越发育，直井产能越高。彭州 1 井高角度(网状)缝较鸭深 1 井发育，彭州 1 井产能也较鸭深 1 井高(表 1.2.11)。

表 1.2.11 彭州 1 井、鸭深 1 井储层物性及裂缝统计表

井名	有效储层厚度(m)	孔隙度(%)	有效渗透率(mD)	高角度缝(条)	低角度缝(条)	裂缝密度(条/m)	绝对无阻流量(10^4m³/d)
彭州 1	40.7	5.02	1.18	20	66	1.65	331.48
鸭深 1	58.2	6.16	1.21	2	32	0.42	82.00

2) 优质储层段越长，水平井产能越高

气井绝对无阻流量与水平井段Ⅰ+Ⅱ类储层段长度呈线性关系(图 1.2.14)，表明优质储层段越长，水平井产能越高。

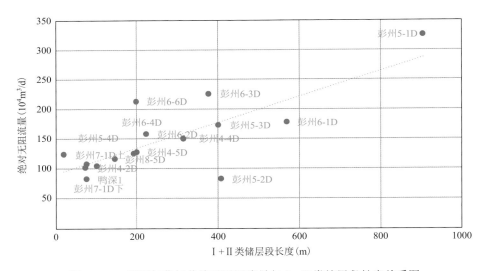

图 1.2.14 雷四气藏气井绝对无阻流量与Ⅰ+Ⅱ类储层段长度关系图

1.3 工程地质特征

1.3.1 岩石力学特征

1. 可钻性特征

川西气田千佛崖组和须家河组四段(须四段)的砂砾岩、砾岩及须家河组二段(须二段)和小塘子组的砂岩、粉砂岩机械钻速慢，可钻性较差，可钻性实验结果见表 1.3.1。

表 1.3.1　可钻性实验结果统计表

层段	岩性	可钻性级值				硬度 (MPa)	研磨性 (mg/5min)
		常温常压		地层条件			
		牙轮钻头	PDC 钻头	牙轮钻头	PDC 钻头		
千佛崖组	砂砾岩	4.82	7.33	7.61	10.00	733.19	23.50
		6.80				1425.26	1.10
		6.72		3.32	10.00	981.63	0.00
		6.17	4.93	6.55	10.00	1744.29	5.40
	均值	6.13	6.13	5.83	10.00	1221.09	7.50
须四段	砾岩	5.88	3.59	5.93	7.36	1040.17	38.90
		4.39	2.07	9.14		360.18	76.00
				8.86		679.21	1.40
	均值	5.14	2.83	7.98	7.36	693.19	38.77
须二段	粗砂岩	3.88	2.88	10.00	8.17	353.17	12.90
	细砂岩			9.51	7.64	1959.25	34.90
	均值	3.88	2.88	9.76	7.91	1156.21	23.90
小塘子组	粉砂岩	8.04	10.00	10.00	8.47	1758.64	12.00
		7.18	5.62	7.80	10.00	1477.97	23.20
		7.79	7.91	10.00	8.90	1251.31	20.40
		6.06	4.80		10.00	1086.17	
	均值	7.27	7.08	9.27	9.34	1393.52	18.53

注：PDC 表示聚晶金刚石复合片（polycrystalline diamond compact）。

1）千佛崖组

千佛崖组砂砾岩岩性致密，硬度中等偏高，研磨性低-中等。常温常压下可钻性级值，牙轮钻头和 PDC 钻头一致，均值都为 6.13；地层条件下可钻性级值，牙轮钻头均值 5.83，PDC 钻头均值 10.00，采用牙轮钻头比 PDC 钻头更适合。

2）须四段

须四段砾岩硬度中等偏高，研磨性中等。常温常压下可钻性级值，牙轮钻头均值 5.14，PDC 钻头均值 2.83；地层条件下可钻性级值，牙轮钻头均值 7.98，PDC 钻头均值 7.36。

3）须二段

须二段砂岩硬度高，研磨性中等。常温常压下可钻性级值，牙轮钻头均值 3.88，PDC 钻头均值 2.88；地层条件下可钻性级值，牙轮钻头均值 9.76，PDC 钻头均值 7.91。

4）小塘子组

小塘子组粉砂岩致密，硬度极高，研磨性中等。常温常压下可钻性级值，牙轮钻头均值 7.27，PDC 钻头均值 7.08；地层条件下可钻性级值，牙轮钻头均值 9.27，PDC 钻头均值 9.34，可钻性非常差。

2. 岩石力学参数

1）抗拉强度实验

巴西实验法结果（表 1.3.2）：白云岩抗拉强度均值 5.79MPa；灰岩抗拉强度均值 4.79MPa，非储集岩灰岩抗拉强度比储集岩白云岩略小。

表 1.3.2 抗拉强度实验结果统计表

井名	岩性	取样深度(m)	长度(mm)	直径(mm)	最大载荷(kN)	抗拉强度(MPa)
彭州1井	灰岩	5810.50~5810.70	17.70	24.95	7.35	10.60
	灰岩		25.29	24.93	3.16	3.20
	灰岩	5811.96~5812.16	23.98	24.97	3.65	3.88
	灰岩		24.37	24.99	3.26	3.41
	灰岩	5812.49~5812.69	23.80	25.02	3.28	3.51
	灰岩		23.91	25.01	2.71	2.89
	白云岩	5822.07~5822.27	17.93	24.90	3.41	4.87
	白云岩		17.37	25.05	1.62	2.37
	白云岩	5825.24~5825.44	17.75	24.91	1.77	2.55
	白云岩		18.55	25.00	3.70	5.09
羊深1井	白云岩	6179.05~6179.33	23.45	25.36	4.03	4.31
	白云岩	6179.05~6179.33	21.13	25.49	4.60	5.44
	白云岩	6179.05~6179.33	21.74	25.30	7.11	8.23
	白云岩	6183.20~6183.50	19.05	25.66	9.14	11.90
	白云岩	6183.20~6183.50	20.47	25.36	7.96	9.76
鸭深1井	灰质白云岩	5731.8~5732.76	23.73	25.21	3.16	3.36
	灰岩	5740.44~5740.65	25.48	23.39	4.63	4.95
	灰岩	5740.44~5740.65	26.26	25.41	4.01	3.83
	灰岩	5740.44~5740.65	23.83	25.31	6.96	7.34
	灰岩	5740.44~5740.65	24.52	25.29	4.17	4.28

2)抗压强度实验

按国家标准,利用美国 GCTS(Geotechnical Consulting and Testing Systems)公司 RTR 三轴岩石力学测试设备,开展 0MPa、15MPa、地层条件三种围压条件下岩石抗压强度实验,结果见表 1.3.3。

表 1.3.3 岩样抗压强度实验结果统计表

井名	井深(m)	岩性	围压(MPa)	泊松比	弹性模量(MPa)	抗压强度(MPa)
彭州1井	5810.54~5810.74	白云质灰岩	73	0.12	42884.90	233.70
	5810.58~5810.78	白云质灰岩	15	0.29	19532.80	151.70
	5810.62~5810.82	白云质灰岩	0	0.22	17653.40	108.10
	5812.03~5812.23	白云质灰岩	73	0.30	31569.50	303.10
	5812.53~5812.73	白云质灰岩	73	0.33	31703.10	203.20
	5813.08~5813.28	白云质灰岩	73	0.20	31089.30	211.40
	5813.11~5813.31	白云质灰岩	15	0.15	26451.70	129.20
	5813.25~5813.35	白云质灰岩	0	0.33	17638.80	136.10

续表

井名	井深(m)	岩性	围压(MPa)	泊松比	弹性模量(MPa)	抗压强度(MPa)
彭州 1 井	5813.85~5813.95	白云质灰岩	73	0.30	27749.40	59.50
	5813.89~5813.99	白云质灰岩	15	0.37	27379.90	103.60
	5813.93~5814.03	白云质灰岩	0	0.31	27063.10	90.60
	5821.03~5821.23	白云岩	73	0.23	23056.00	132.10
	5821.07~5821.27	白云岩	0	0.34	22720.80	117.00
	5822.13~5822.33	白云岩	73	0.25	21213.60	110.10
	5822.16~5822.36	白云岩	73	0.16	21196.20	81.30
鸭深 1 井	5726.96~5727.19	白云质灰岩	0	0.21	19674.50	101.60
	5726.96~5727.19	白云质灰岩	0	0.22	16739.00	103.10
	5776.14~5776.34	白云岩	0	0.27	21613.00	107.70
	5776.14~5776.34	白云岩	0	0.27	16918.50	84.20
	5776.14~5776.34	白云岩	0	0.10	16326.50	106.30
	5723.14~5725.79	白云质灰岩	15	0.17	27790.90	257.20
	5723.14~5725.79	白云质灰岩	15	0.30	28862.20	283.70
	5723.29~5723.57	白云岩	15	0.35	30165.30	221.10
	5723.29~5723.57	白云岩	15	0.28	31813.80	262.50
	5764.08~5764.31	灰质白云岩	15	0.21	34717.90	225.30
	5723.57~5725.33	白云质灰岩	62	0.29	50816.20	528.80
	5723.57~5725.33	白云质灰岩	62	0.24	36903.10	451.70
	5723.57~5725.33	白云质灰岩	62	0.28	55088.20	552.00
	5776.66~5776.83	白云岩	62	0.26	47697.00	473.20
	5776.66~5776.83	白云岩	62	0.23	43226.40	403.80
羊深 1 井	6175.66~6175.89	微晶含白云质灰岩	0	0.19	17087.90	59.30
	6179.05~6179.33	粉晶灰质白云岩	0	0.33	8760.60	163.20
	6179.80~6179.97	粉晶白云岩	0	0.28	9296.40	108.00
	6183.20~6183.50	微晶白云岩	0	0.26	6603.70	62.40
	6183.20~6183.50	微晶白云岩	0	0.22	7481.20	79.80
	6166.85~6167.07	粉晶灰质白云岩	15	0.16	21080.50	241.80
	6166.85~6167.07	粉晶灰质白云岩	15	0.22	23352.80	235.80
	6175.66~6175.89	粉晶灰质白云岩	15	0.20	27972.80	255.80
	6179.05~6179.33	粉晶灰质白云岩	15	0.22	21094.40	227.20
	6183.20~6183.50	微晶白云岩	15	0.24	28587.60	279.00
	6172.67~6172.83	粉晶灰质白云岩	62	0.25	48539.20	319.00
	6172.67~6172.83	粉晶灰质白云岩	62	0.25	41704.60	347.50
	6182.45~6182.75	微晶白云岩	62	0.33	54197.60	377.00
	6182.45~6182.75	微晶白云岩	62	0.28	46062.80	415.50
	6182.45~6182.75	微晶白云岩	62	0.26	45964.80	405.20

　　单轴抗压强度(围压 0MPa)实验结果：白云岩类岩样抗压强度 62.40~163.20MPa，均值 103.58MPa，变化范围较大，非均质性较强；弹性模量 6603.70~22720.80MPa，均值 13715.09MPa；泊松比 0.10~0.34，均值 0.26。灰岩类岩样抗压强度 59.30~136.10MPa，均值 99.80MPa；弹性模量 16739.00~27063.10MPa，均值 19309.45MPa；泊松比 0.19~

0.33，均值 0.25。白云岩类岩样抗压强度均值略高，灰岩类岩样弹性模量均值较高，两类岩样泊松比均值接近。

三轴抗压强度（围压 62MPa、73MPa）实验结果：白云岩类岩样抗压强度 81.30～473.20MPa，均值 306.47MPa；弹性模量 21196.20～54197.60MPa，均值 39285.82MPa；泊松比 0.16～0.33，均值 0.25。灰岩类岩样抗压强度 59.50～552.00MPa，均值 317.93MPa；弹性模量 27749.40～55088.20MPa，均值 38475.46MPa；泊松比 0.12～0.33，均值 0.26。模拟地层条件下白云岩类和灰岩类岩样的抗压强度、弹性模量、泊松比均值都比较接近。

岩样内聚力为 22.15～77.18MPa，主要分布在 30～60MPa，均值 42.83MPa；内摩擦角5.93°～49.23°，均值 31.87°。

将实验结果在测井剖面进行标定，结合测井数据，建立岩石力学参数预测模型，如图 1.3.1所示。其中抗压强度为模拟地层条件下预测模型，通过预测模型可建立力学参数剖面。

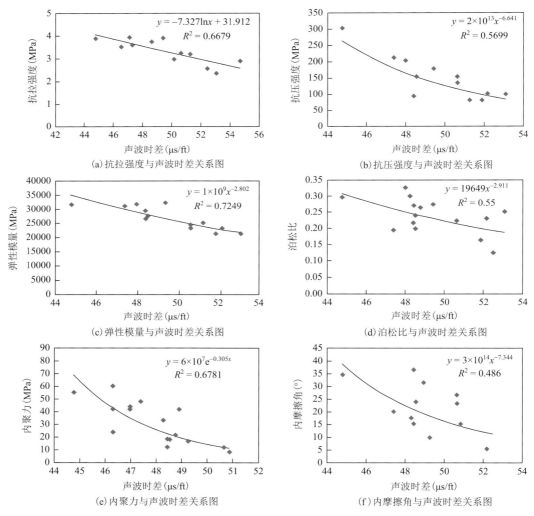

图 1.3.1　岩石力学参数与测井数据关系图

注：1ft = 0.3048m

1.3.2　地应力特征

1. 地应力方向

川西气田雷四上亚段储层地应力方向总体一致，最大主应力近东西向，最小主应力近南北向。但在平面上仍有一定变化，构造带北部地应力方位角 107.5°左右；构造带南部地应力方向角 80.3°左右，有 20°～30°的偏转，如图 1.3.2 所示。

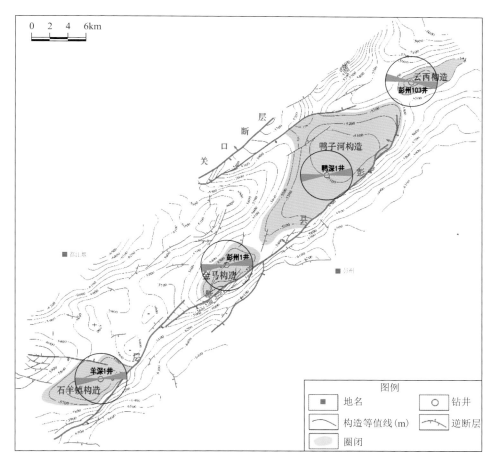

图 1.3.2　川西气田雷四上亚段储层地应力方向图

2. 地应力大小

1）声发射实验

雷四上亚段储层地应力声发射实验结果（表 1.3.4）：最小水平主应力 78.88～95.18MPa，均值 88.21MPa；最大水平主应力 108.98～154.92MPa，均值 126.00MPa。最小水平主应力梯度 1.37～1.63MPa/100m，均值 1.49MPa/100m；最大水平主应力梯度 1.89～

2.67MPa/100m，均值 2.12MPa/100m；破裂压力梯度 2.11～2.40MPa/100m，均值 2.26MPa/100m。地应力状态走滑应力模式。

表 1.3.4 地应力声发射实验结果表

井号	井深 (m)	最大水平主应力 (MPa)	最大水平主应力梯度 (MPa/100m)	最小水平主应力 (MPa)	最小水平主应力梯度 (MPa/100m)	破裂压力梯度 (MPa/100m)
鸭深1井	5755.00	108.98	1.89	78.88	1.37	2.14
	5755.00	112.21	1.95	81.91	1.42	2.24
	5755.00	115.94	2.02	83.77	1.46	2.27
	5755.00	125.68	2.18	83.83	1.46	2.11
	平均	115.70	2.01	82.10	1.43	2.19
羊深1井	6159.84	125.60	2.04	90.35	1.47	2.28
	6159.84	128.84	2.09	92.08	1.50	2.32
	6159.84	132.67	2.15	95.18	1.55	2.40
	6159.84	129.19	2.10	93.26	1.51	2.37
	平均	129.08	2.10	92.72	1.51	2.34
彭州1井	5812.3	154.92	2.67	94.66	1.63	2.20

2）水力压裂法反演

雷四上亚段储层水力压裂资料分析水平主应力结果（表 1.3.5）：最小水平地应力梯度 1.44～2.06MPa/100m，均值 1.77MPa/100m；最大水平地应力梯度 1.73～3.55MPa/100m，均值 2.82MPa/100m。统计已压开层段破裂压力梯度 2.02～2.66MPa/100m，均值 2.35MPa/100m；破裂压力 117.40～160.30MPa，表现出较高的破裂压力，施工压力较高，对压裂设备和酸压工艺要求较高，如彭州 113 井未压开，鸭深 1 井、羊深 1 井等井通过多次震荡才压开地层，对压裂设备和酸压工艺要求高。

表 1.3.5 水力压裂资料分析水平主应力结果表

层位	井深(m)	最大地应力 (MPa)	最大水平地应力梯度(MPa/100m)	最小地应力 (MPa)	最小水平地应力梯度(MPa/100m)	破裂压力 (MPa)	破裂压力梯度 (MPa/100m)	井号
J_2sn	1961.00	75.25	3.84	45.69	2.33	46.20	2.41	聚源1
J_2s	1790.00	52.56	2.94	33.97	1.90	34.60	1.93	金马2
J_2s	1896.00	63.23	3.34	44.00	2.32	58.70	3.10	金马2
J_2s	2287.00	95.79	4.19	54.00	2.36	52.00	2.27	金马2
J_2s+x	2764.00	100.95	3.65	69.10	2.50	70.50	2.55	聚源1
J_1b	3038.00	102.22	3.36	74.30	2.45	83.80	2.76	聚源1

层位	井深(m)	最大地应力(MPa)	最大水平地应力梯度(MPa/100m)	最小地应力(MPa)	最小水平地应力梯度(MPa/100m)	破裂压力(MPa)	破裂压力梯度(MPa/100m)	井号
T_3x^4	3130.00	106.94	3.42	74.00	2.36	77.80	2.49	鸭3
T_3x^4	3252.00	118.87	3.66	79.00	2.43	79.30	2.44	鸭3
T_3x^2	4538.00	169.04	3.73	114.00	2.51	122.00	2.69	鸭3
T_3x^2	4758.00	191.41	4.02	120.00	2.52	131.00	2.75	金深1
T_3x^2	4952.00	192.77	3.89	119.00	2.40	108.00	2.18	金深1
T_3t	5326.00	201.36	3.78	133.00	2.50	142.00	2.67	鸭3
T_2l^4	5811.00	100.51	1.73	80.77	1.44	117.40	2.02	彭州1
T_2l^4	5780.00	175.24	3.03	119.00	2.06	134.70	2.33	鸭深1
T_2l^4	6210.00	182.10	2.93	124.00	1.71	153.40	2.47	羊深1
T_2l^4	5943.50	150.65	2.53	90.33	1.52	122.34	2.10	彭州103
T_2l^4	6030.00	188.70	3.13	115.00	1.90	160.30	2.66	彭州103
T_2l^4	6332.50	224.70	3.55	126.00	1.99	158.30	2.49	彭州115

3. 地应力剖面特征

1）地应力预测模型

地应力研究利用实验和矿场压裂法可以获得单点地应力参数认识，但测量数据有限，不能得到连续地应力剖面。测井资料具有连续性好、分辨率高的特点，通过测井资料可以获得连续的地应力剖面。目前地应力计算模型较多，具有代表性的模型有马修斯-凯利（Matthews-Kelly）模型、伊顿（Eaton）模型、安德森（Anderson）模型、纽贝里（Newberry）模型、黄氏模型、组合弹簧模型等。国内常用的主要是黄氏模型和组合弹簧模型。黄氏模型主要用于构造平缓地区，组合弹簧模型多用于构造应变较剧烈地区。川西气田处于龙门山前构造带，组合弹簧模型更适用于该地区，相关地应力模型关键参数确定如下：

$$\begin{cases} \sigma_H = \dfrac{\mu}{1-\mu}\sigma_v + \dfrac{E\varepsilon_H}{1-\mu^2} + \left(\dfrac{1-2\mu}{1-\mu}\right) \times \eta P_p + \dfrac{\mu E\varepsilon_h}{1-\mu^2} \\ \sigma_h = \dfrac{\mu}{1-\mu}\sigma_v + \dfrac{E\varepsilon_h}{1-\mu^2} + \left(\dfrac{1-2\mu}{1-\mu}\right) \times \eta P_p + \dfrac{\mu E\varepsilon_H}{1-\mu^2} \end{cases} \quad (1.3.1)$$

式中：σ_v 为垂向地应力，MPa；σ_H 为最大水平地应力，MPa；σ_h 为最小水平地应力，MPa；E 为岩样弹性模量，MPa；μ 为岩样泊松比，量纲一；ε_H 为最大水平地应力方向构造应变系数，量纲一；ε_h 为最小水平地应力方向构造应变系数，量纲一；P_p 为地层孔隙压力，MPa。

　　根据地应力模型，弹性模量、泊松比通过力学参数研究获取，垂向地应力可通过密度测井数据计算，构造应变系数 ε_H、ε_h 可通过公式(1.3.1)反算出。研究发现，构造应变系数不是常数，随埋深增加而增大，对构造应变系数与深度进行拟合，得到构造应变系数随深度变化的关系(图1.3.3、图1.3.4)。

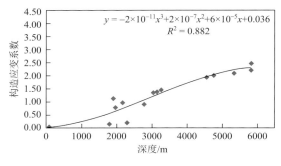

图1.3.3　构造应变系数(ε_h)与深度拟合

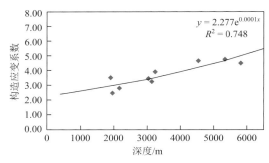

图1.3.4　构造应变系数(ε_H)与深度拟合

　　2)雷四上亚段储层分层地应力特征

　　根据求取的地应力构造应变系数及岩石力学参数、地层孔隙压力等参数，代入地应力预测模型，就可建立地层纵向分层地应力剖面。羊深1井、彭州1井、鸭深1井雷四上亚段储层地应力统计见表1.3.6。

表1.3.6　雷四上亚段储层分层地应力统计表　　　　　　　　(单位：MPa)

井号	上储层		隔层		下储层	
	最小水平地应力	最大水平地应力	最小水平地应力	最大水平地应力	最小水平地应力	最大水平地应力
羊深1	$\dfrac{120\sim166}{147}$	$\dfrac{185\sim264}{223}$	$\dfrac{120\sim165}{147}$	$\dfrac{185\sim244}{221}$	$\dfrac{94\sim180}{140}$	$\dfrac{148\sim262}{211}$
彭州1	$\dfrac{100\sim139}{120}$	$\dfrac{132\sim191}{161}$	$\dfrac{110\sim153}{127}$	$\dfrac{149\sim206}{171}$	$\dfrac{102\sim155}{127}$	$\dfrac{136\sim208}{172}$
鸭深1	$\dfrac{103\sim147}{118}$	$\dfrac{167\sim206}{183}$	$\dfrac{103\sim123}{113}$	$\dfrac{168\sim187}{177}$	$\dfrac{102\sim150}{119}$	$\dfrac{155\sim217}{183}$

注：横线下方的数值为平均值。

　　受储层非均质影响，雷四上亚段储层地应力特征复杂，分层地应力剖面特征变化相对较大，规律性较差，如图1.3.5所示。隔层与上下储层应力关系表现出不同的特征，如羊深1井隔层与上储层最小水平地应力平均值相等，鸭深1井隔层最小水平地应力平均值比上下储层小，这两种情况都难以控制裂缝高度，不利于储层深度改造。同时储层内部地应力高低间差值较大，在5~15MPa，阻碍了裂缝在储层内部纵向延伸，不利于对所有的优质储层进行充分改造。同时，灰岩段地应力较高，也导致灰岩段坍塌压力相对较高，稳定性较差。

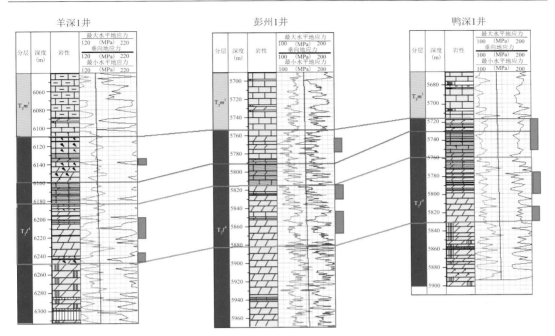

图 1.3.5 雷四上亚段储层地应力剖面特征图

1.3.3 地层三压力剖面特征

川西气田地层三压力剖面如图 1.3.6 所示。

1. 地层孔隙压力

川西气田上部过路地层缺少实测地层压力数据。应用伊顿法建立地层孔隙压力预测模型,通过测井资料建立地层孔隙压力剖面,再进行实钻校正获得川西气田地层孔隙压力。据图 1.3.6 可知川西气田地层纵向压力系统复杂,地层压力系数差超过 0.2 的高、低压互层有 5 套。各地层孔隙压力分布特征:蓬莱镇组—遂宁组是常压带,预测孔隙压力梯度 1.00～1.20MPa/100m;沙溪庙组—白田坝组压力梯度逐渐增高,预测孔隙压力梯度由 1.20MPa/100m 增高到 1.55MPa/100m;须家河组五段(须五段)—须家河组三段(须三段),地层压力较稳定,地层压力梯度 1.60～1.75MPa/100m;须家河组二段(须二段)较上部压力有所下降,预测孔隙压力梯度 1.35～1.50MPa/100m;小塘子组—马鞍塘组二段(马二段)砂、页岩地层,压力有所增高,预测孔隙压力梯度 1.60～1.75MPa/100m;马鞍塘组一段(马一段)—雷四段,压力突降为常压,预测孔隙压力梯度 1.10～1.20 MPa/100m,见表 1.3.7。

2. 地层破裂压力

破裂压力预测应用黄荣樽模型并通过实测数据进行校正。地层破裂压力变化较大,破裂压力梯度 2.20～3.50MPa/100m,远高于地层孔隙压力,但有裂缝发育时,地层漏失压力梯度通常在 1.85MPa/100m 左右,钻井和固井过程中漏失也常见,如彭州 5-2D 井在沙溪庙组遇裂缝性气层,压井过程中钻井液密度由 1.50g/cm³ 提高到 1.85g/cm³ 时发生井漏。

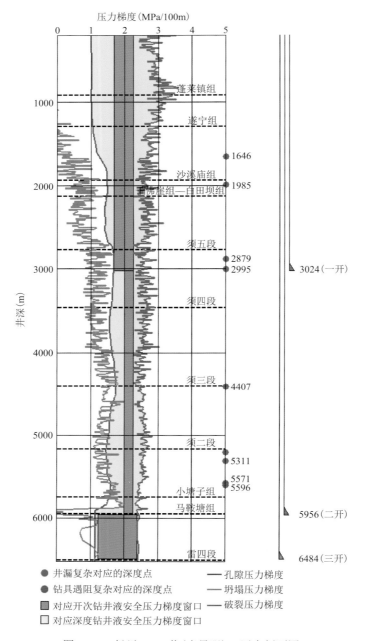

图 1.3.6 彭州 6-4D 井(直导眼)三压力剖面图

表 1.3.7 地层孔隙压力预测表

序号	地层	预测孔隙压力梯度(MPa/100m)	实测孔隙压力梯度(MPa/100m)	压力带
1	蓬莱镇组—遂宁组	1.00～1.20		常压带
2	沙溪庙组—白田坝组	1.20～1.55	川鸭 609 井沙溪庙组：1.37	增压带
3	须五段—须三段	1.60～1.75	鸭 3 井须四段：1.70	稳压带

续表

序号	地层	预测孔隙压力梯度/(MPa/100m)	实测孔隙压力梯度/(MPa/100m)	压力带
4	须二段	1.35～1.50		降压带
5	小塘子组—马二段	1.60～1.75		增压带
6	马一段—雷四段	1.10～1.20	彭州 1 井、鸭深 1 井雷四段：1.12	常压带

3. 地层坍塌压力

雷四气藏开发井井型是大斜度井和水平井，斜井段主要在小塘子组—雷四段地层，其中小塘子组—马鞍塘组地层井斜角 0°～60°，雷四段井斜角 60°～90°。研究表明地应力方向和井斜角对坍塌压力影响较大，斜井段坍塌压力预测需要考虑井眼轨迹。雷四气藏储层非均质性强，井位部署是不规则井网，因此，实际设计与施工过程中需要根据各井情况，设计井眼轨迹并进行坍塌压力预测。

1）须二段以上直井段坍塌压力

直井段坍塌压力总体上较地层孔隙压力低，稳定性较好，仅在须三段底部有少量坍塌压力略高于地层孔隙压力，以孔隙压力设计钻井液密度基本上能维持井眼稳定(图 1.3.6)。

2）小塘子组—马二段坍塌压力

小塘子组—马二段地层岩性和压力相近，井斜角 0°～60°，从坍塌压力当量密度与井斜角、方位角饼状图来看，在最大主应力方向，坍塌压力最小，梯度 1.45～1.63MPa/100m，在井斜角为 45°时最大；在最小主应力方向，坍塌压力随井斜角增大而增大，在井斜角为 60°时，坍塌压力梯度为 1.80MPa/100m。由于上部地层压力梯度最高为 1.75MPa/100m，钻井液密度超过 1.90g/cm³，因此，尽管坍塌压力较大，本开次钻井液密度仍能维持井壁稳定，如彭州 6-3D 井靠近最小水平主应力方向，预测坍塌压力梯度为 1.80MPa/100m，如图 1.3.7 所示。

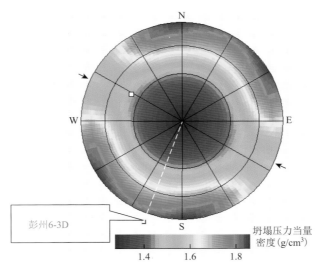

图 1.3.7　彭州 6-3D 井小塘子组—马二段地层坍塌压力当量密度随井斜角和方位角变化图

3）马一段坍塌压力

马一段岩性主要是灰岩夹少量页岩，灰岩坍塌压力与下部雷口坡组接近，但页岩坍塌压力较大。根据设计马一段井斜角60°，在最大水平主应力方向坍塌压力梯度为1.35～1.45MPa/100m，在最小水平主应力方向坍塌压力梯度为 1.62～1.72MPa/100m，远高于雷口坡组地层压力。若与雷口坡组设计在一开次，为维持井壁稳定，密度过高容易导致压差卡钻，密度小于 1.6g/cm³ 易导致掉块卡钻。因此，马一段页岩是与下部雷口坡组之间的一个必封点，如彭6-3D井马一段页岩预测坍塌压力梯度为1.65MPa/100m，如图1.3.8所示。

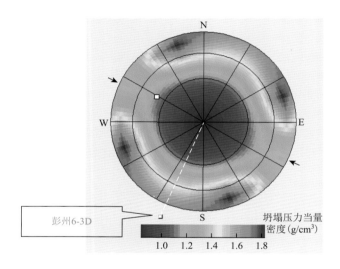

图1.3.8　彭州6-3D井马一段页岩坍塌压力当量密度随井斜角和方位角变化图

4）雷四段坍塌压力

雷四上亚段岩性主要是灰岩和白云岩，井斜角40°～90°，从坍塌压力当量密度与井斜角、方角位饼状图来看，不同井井方向坍塌压力变化较大，如图 1.3.9 所示。最大水平主应力方向坍塌压力梯度最小为 1.00～1.10MPa/100m，井斜角 60°时最大稳定性较好，钻井也比较顺利。最小水平主应力方向，坍塌压力梯度随井斜角增大而增大，由 1.35MPa/100m 增大到 1.50MPa/100m，水平段坍塌压力梯度最大（彭州 6-3D 井1.48MPa/100m）；但地层压力梯度小于 1.20MPa/100m，钻井液密度过高容易导致压差卡钻，如彭州 4-4D 井钻井液密度达到 1.55g/cm³ 导致压差卡钻，钻井液密度小于1.50g/cm³ 易导致掉块卡钻，如彭 7-1D 井。根据彭州6-3D井设计轨迹计算钻井三压力分层特征，结果见表1.3.8。实钻也证明最大水平主应力方向复杂情况相对较少，井眼扩径较小，最小水平主应力方向掉块卡钻复杂情况相对较多，扩径较大，见表1.3.9。第二轮长水平段大斜度井/水平井多数处于最小水平主应力方向，坍塌压力较高，稳定性较差，安全钻井液密度窗口极窄。

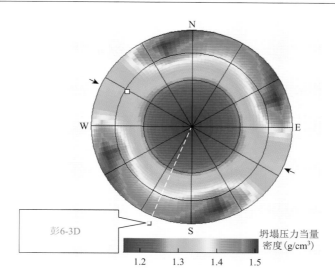

图 1.3.9 彭州 6-3D 井雷四段坍塌压力当量密度随井斜角和方位角变化图

表 1.3.8 彭州 6-3D 井三压力统计表

层位	孔隙压力梯度(MPa/100m)		破裂压力梯度(MPa/100m)		坍塌压力梯度(MPa/100m)	
	下限	上限	下限	上限	下限	上限
蓬莱镇组—遂宁组	1.00	1.20	2.30	3.50	0.00	1.00
沙溪庙组	1.20	1.40	2.25	2.80	0.50	1.10
千佛崖组—白田坝组	1.40	1.55	2.35	3.50	1.00	1.25
须五段—须三段	1.60	1.75	2.45	3.00	1.20	1.55
须二段	1.30	1.50	2.25	3.00	1.35	1.60
小塘子组—马二段	1.60	1.75	2.50	3.50	1.60	1.80
马一段	1.10	1.20	2.30	3.50	1.25	1.65
雷口坡组	1.10	1.20	2.20	2.70	1.25	1.48

表 1.3.9 部分井钻后评估统计表

指标	彭州 4-2D 井	彭州 3-4D 井	彭州 3-5D 井	彭州 8-5D 井	彭州 6-2D 井	彭州 6-4D 井	彭州 7-1D 井
与最大水平主应力夹角(°)	40	10	35	87	10	15	80
坍塌压力梯度(MPa/100m)	1.31	1.15	1.28	1.41	1.15	1.18	1.43
钻井液密度(g/cm³)	1.50	1.45~1.46	1.47	1.48~1.50	1.50	1.49~1.52	1.50
扩径率(%)或复杂情况	10.4	13.4	20.4	21.7	11.5	12.5	掉块卡钻

1.3.4 裂缝对井壁稳定性的影响

除了地应力方向影响坍塌压力外，裂缝对井壁稳定性也有较大影响，如雷四上亚段井壁掉块形态以颗粒状、菱形状、厚块状为主，为典型裂缝原因导致。裂缝对井壁稳定性的影响主要表现在两个方面：一是裂缝导致岩石强度降低增大坍塌压力；二是钻井液易沿裂缝进入地层，导致地层孔隙压力、地应力增大，增大坍塌压力。为定量评价裂缝对雷四上亚段井壁稳定性的影响，开展了大量实验和研究工作，为优化设计与施工提供科学依据。

1. 裂缝特征实验

1) 裂缝宽度可视化实验

岩心观察结果表明，雷四上亚段裂缝宽度为 1～8mm，但岩心从地下到地面应力释放后裂缝宽度会增大。为确定裂缝在地下高围压条件下的真实宽度，为钻井防漏堵漏提供依据，开展了应力加载条件下的裂缝宽度变化可视化表征实验。

(1) 实验方法及步骤。

实验时把裂缝岩样装入岩心夹持器，让裂缝岩样端面与岩心夹持器端面平行，显微镜物镜对准岩样出露的端面，打开辅助光源，调节物镜与岩样端面距离，使与目镜连通的图像信息采集系统能够清楚采集到岩心端面放大的图像信息，然后传输到计算机数据分析系统。应用物性测量系统可以测量对应裂缝宽度下的裂缝渗透率。

具体步骤为：

①选取直径为 2.5cm、长度为 5cm 左右的岩心柱塞，人工劈裂造缝后烘干；

②设定加载的围压点为 3MPa、5MPa、10MPa、15MPa、20MPa；

③在 MPPS-I 上测定某围压点下的裂缝岩样渗透率；

④采集该围压点所对应的裂缝图像；

⑤重复步骤③、④，测量下一围压点对应的裂缝岩样渗透率及裂缝图像；

⑥实验结果处理。

(2) 实验结果分析。

实验结果见表 1.3.10，彭州 103 井 1-56/57 岩心在 20MPa 下的缝宽为 3.457μm；彭州 115 井 1-28/57 岩心在 20MPa 下的缝宽为 7.427μm；彭州 115 井 1-39/57 岩心在 20MPa 下的缝宽为 15.617μm；彭州 115 井 1-42/57 岩心在 20MPa 下的缝宽为 6.750μm。

表 1.3.10 应力加载条件下缝宽变化

岩样	不同围压下的缝宽 (μm)					
	0MPa	3MPa	5MPa	10MPa	15MPa	20MPa
彭州 103 井 1-56/57	14.451	12.154	11.423	9.043	5.457	3.457
彭州 115 井 1-28/57	33.423	19.754	15.243	13.433	13.425	7.427
彭州 115 井 1-39/57	63.981	54.375	44.720	30.071	27.394	15.617
彭州 115 井 1-42/57	16.553	15.483	12.345	10.820	10.430	6.750

如图 1.3.10 所示，综合分析各岩样实验结果发现，随着围压的加大，缝宽显著降低，降幅 47.7%～71.3%；初始增压阶段，围压由 0MPa 增大到 5MPa 过程中，缝宽降幅较大；围压从 5MPa 增大到 20MPa 时，缝宽变化较小，尤其是围压从 15MPa 增大到 20MPa 时，缝宽基本未变化，表明围压 20MPa 时缝宽与地下缝宽非常接近。据此折算到地下缝宽，其主要在 0.05～0.42mm，个别在 0.53～1.45mm。

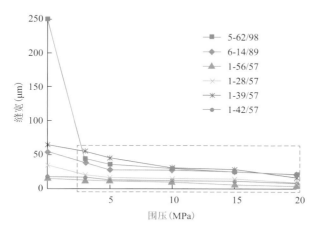

图 1.3.10　应力加载条件下缝宽变化图

2) CT 扫描实验

采用 MicroXCT-400 型计算机断层扫描（computer tomography，CT）机，选取岩样进行微 CT 扫描实验，以期获得岩样裂缝、孔隙结构信息。根据 CT 扫描结果，TL_4^{3-2} 储层发育裂缝和少量溶蚀孔隙，裂缝呈充填、半充填状态；TL_4^{3-3} 储层发育裂缝和大量溶蚀孔隙，裂缝呈全充填状态，总的来说，TL_4^{3-3} 储层较 TL_4^{3-2} 储层孔缝发育（表 1.3.11）。

表 1.3.11　CT 静态扫描实验结果

井号	层位	三维截面图	三维重构图	裂缝剖面图	结论
彭州 103	TL_4^{3-2}				岩样内部裂缝较为发育，可见少量溶蚀孔隙，缝内无矿物充填
彭州 103	TL_4^{3-3}				岩样内部裂缝较为发育，发育溶蚀孔隙，裂缝呈全充填状态

2. 钻井液对裂缝封堵性能实验

1) 充填物接触角测试

储层的润湿性特征是影响压裂液滞留和储层潜在损害程度的重要参数。实验采用德国 KRÜSS 液滴形状分析仪，测试充填物的润湿性。

测试结果表明，雷四上亚段储集岩均呈现弱亲水性，与水的接触角为 59.48°～60.01°；与钻井液的接触角为 31.4°～34.64°，说明钻井液对雷四上亚段储集岩裂缝壁面具有中等偏强的润湿能力，能在一定程度上促进钻井液自吸（表 1.3.12）。

表 1.3.12　充填物接触角测试结果

岩样	实验溶液	测试结果(°)		
彭州 103 井 1-45/57	水	59.48	59.86	60.01
	钻井液	31.4	34.16	34.64

2) 裂缝自吸液实验

(1) 实验方法。

①将岩心放入烘箱中烘干并称重。

②将烘干岩心放入近平衡自吸装置，并将岩心端面浸没（约 2mm）在实验流中。

③自吸开始后，记录岩心质量的变化数据，自吸时间为 48h。

④绘制岩心质量随时间的变化曲线，计算岩心自吸量。

(2) 实验结果。

如图 1.3.11 所示，雷四上亚段储集岩自吸曲线呈现显著的裂缝自吸特征，初始阶段自吸量快速上升，而后缓慢增长。钻井液自吸进入裂缝，能够弱化裂缝面胶结强度，增大潜在井壁失稳风险。

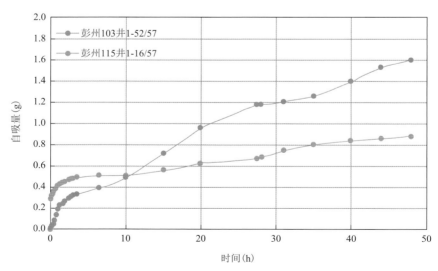

图 1.3.11　岩心自吸量（室内无围压条件）与时间的关系图

3) 钻井液封堵裂缝能力评价

（1）实验方法。

① 选取实验岩样，裂缝岩样预处理消除应力敏感性，气测渗透率。

② 抽真空饱和地层水，浸泡 48h，正向测地层水渗透率，并计量累积流量。

③ 在高温高压动态损害评价仪上，反向进行钻井完井液损害实验模拟，高压端压力 3.5MPa，剪切速率 $v=150\text{s}^{-1}$，时间 $t=60\text{min}$，计量滤液体积。

④ 在实验仪器上，分别在围压 3.5MPa、4.5MPa、5.5MPa、6MPa 下，测定 3min、6min、9min、…、60min 时刻的累积滤失量。

（2）实验结果。

3 块岩样中 1 块岩样无滤失，彭州 115 井 1-16/57（缝宽 88.5μm）和彭州 103 井 1-45/57（缝宽 101.1μm）有少量滤失，均为 0.4mL，说明钻井液有较好的封堵能力。实验结果表明（表 1.3.13、图 1.3.12），钻井液对缝宽<100μm 封堵能力强，能实现高效封堵，承压能力达 6MPa 以上；缝宽>100μm 时，滤失量增加，封堵能力逐渐降低；雷口坡组裂缝宽度主要为 50～420μm，需增加较粗的堵漏材料。

表 1.3.13　钻井液封堵能力的实验结果

编号			彭州 103 井 1-52/57	彭州 115 井 1-16/57	彭州 103 井 1-45/57
缝宽（μm）			77.8	88.5	101.1
不同围压、不同时刻的累积滤失量（mL）	3.5MPa	3min	0	0	0
		6min	0	0	0
		9min	0	0	0
		12min	0	0	0
		15min	0	0	0
	4.5MPa	18min	0	0	0
		21min	0	0	0
		24min	0	0	0
		27min	0	0	0
		30min	0	0	0.1
	5.5MPa	33min	0	0	0.1
		36min	0	0.1	0.1
		39min	0	0.1	0.2
		42min	0	0.2	0.2
		45min	0	0.3	0.2
	6MPa	48min	0	0.3	0.2
		51min	0	0.3	0.2
		54min	0	0.3	0.3
		57min	0	0.4	0.3
		60min	0	0.4	0.4

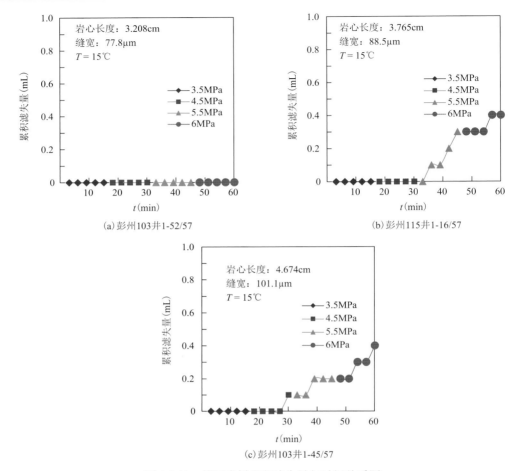

图1.3.12 储层岩样累积滤失量与时间关系图

通过观察裂缝面的粗糙情况，比较拥有不同粗糙程度裂缝面的岩心的滤失量，可以明显看出，裂缝面较为平整的岩心有一定的滤失量，裂缝面较为粗糙的岩心均无滤失，说明裂缝面的粗糙程度对钻井液的封堵能力有一定影响，即裂缝面越粗糙，钻井液对裂缝的封堵能力越强。

3. 裂缝摩擦系数实验

钻井液浸泡前后裂缝摩擦系数变化是评价钻井液性能的指标之一，由于在雷四上亚段应用了水基和油基两种钻井液体系，因此测试裂缝面在两种钻井液条件下的摩擦系数。

1) 水基钻井液实验条件

(1) 将需要测试的裂缝岩心放入恒温干燥箱，干燥温度设为60℃，干燥48h后取出放入干燥器中备用。

(2) 把干燥好的裂缝岩心制成不同粗糙度的裂缝面。

(3) 将标重为50g的砝码放入感量为0.1mg的精密天平上称重，然后打开摩擦系数测量装置，调节电压控制旋钮将电压设置为20V并使牵引支架复位，将称重后的砝码悬挂在牵引支架的弹簧端，读出此时拉力传感器所记录的拉力值。

（4）将测得的拉力值除以重力加速度（取 9.8m/s²），并与天平记录的砝码重量值对比，若误差小于 1%，表明摩擦系数传感器准确，可继续开展实验，否则需预先校正拉力传感器，直至误差小于 1%。

（5）将摩擦滑板固定在支架上，保持裂缝面朝上，并将称重后的抛光岩片（重量记为 W_N）平放在滑板最左端（不超出滑板左端边界，抛光面与裂缝面接触），将加重的砝码轻放在岩片上端面中心位置并固定，并用细钢丝将滑块和弹簧连接，保持细钢丝处于松弛状态。

（6）调节电压至设定值，点击软件数据记录按钮，开启电机启动开关开始摩擦系数测量实验。

（7）当滑块移动至摩擦滑板最右端时停止实验，保存数据，取出实验样品，将牵引支架复位至初始位置并重复同一组实验，直到测试数据稳定方可开展下一组实验。

（8）提取摩擦力等数据，采用公式计算摩擦系数。

（9）如需测试钻井液作用后岩样的摩擦系数，向恒温液槽内缓慢注入钻完井液，直至液面没过接触界面 2mm 左右，且岩样与钻井液作用 4h 后再重复步骤（1）～步骤（7）。

2）水基钻井液实验结果

水基钻井液浸泡前后裂缝面摩擦系数实验结果（表 1.3.14、图 1.3.13）：彭州 115 井 1-16/57 岩心裂缝面摩擦系数浸泡前 0.4409，浸泡后 0.2799，下降 36.52%；1-18/57 岩心裂缝面摩擦系数浸泡前 0.5196，浸泡后 0.3844，下降 26.02%。水基钻井液浸泡后岩心裂缝面摩擦系数下降，主要是受水基钻井液润湿系数影响。

表 1.3.14　彭州 115 井岩心水基钻井液浸泡前后裂缝面摩擦系数实验结果

岩心编号	浸泡前后	摩擦力 F_f/(N)	摩擦滑块质量 W_N/(kg)	摩擦系数 μ_f
彭州 115 井 1-16/57	浸泡前	0.6512	0.1507	0.4409
	浸泡后	0.4134	0.1507	0.2799
彭州 115 井 1-18/57	浸泡前	0.7017	0.1378	0.5196
	浸泡后	0.5191	0.1378	0.3844

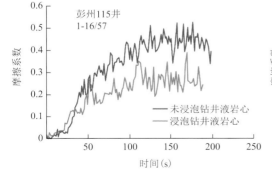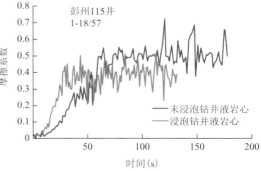

图 1.3.13　彭州 115 井岩心水基钻井液浸泡前后裂缝面摩擦系数变化图

3) 油基钻井液实验结果

同一位置非储集岩灰岩无论浸泡前还是浸泡后，裂缝面摩擦系数均低于储集岩白云岩，说明灰岩地层更易垮塌（图 1.3.14）；油基钻井液浸泡后裂缝面摩擦系数下降 11%～14%（平均 12.8%），同等地应力条件下，油基钻井液浸润作用后可以提高裂缝滑动错位程度（图 1.3.15）。实验表明，油基钻井液并不比水基钻井液对井壁稳定性的影响大。

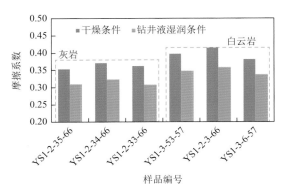

图 1.3.14　不同岩性摩擦系数对比图　　　　图 1.3.15　不同岩性平均摩擦系数对比

4. 裂缝渗流对井周地层压力模拟

1) 裂缝渗流井周地层压力变化规律

钻完井过程中，井筒内压力和地层压力不一致时，井壁周围地层孔隙压力会在压力差流动过程中逐渐改变。根据井区岩心裂缝渗透率测试，增压过程应力敏感系数为 0.72～1.07，平均值为 0.87，应力敏感程度为强。卸压过程应力敏感系数为 0.19～0.83，平均值为 0.49，应力敏感程度为中等。

（1）井壁渗流数值分析模型建立。

为避免边界影响，在井周地层压力分析模型中建立了近井模型及远井模型，近井模型由井筒及半径 2m、高 2m 的圆柱形地层组成，远近模型由长、宽均为 40m，高 2m 的长方体组成。软件分析中，根据对称原则，建立 1/4 对称模型（图 1.3.16）。

垂直井筒截面网格划分上，重点细化井壁附近区域网格，对远井区域网格划分则逐渐粗化；井筒轴向上，按性质相同分析，无须网格细化。模型总共划分六面体网格 8200 个（图 1.3.17）。

（2）渗流条件下井壁压力特征。

根据雷四气藏地质特征及钻井施工情况，参数取值上，按地层垂深 5800m、地层压力梯度 1.1MPa/100m、钻井液密度 1.45g/cm^3 进行模拟。在裂缝渗透率取值上，根据岩心室内试验测试分析结果，最小值、最大值及中间值分别为 0.02mD、6.70mD 及 1.85mD。

根据模拟结果，井壁压力变化速度因渗透率不同差异明显，裂缝渗透率小时地层压力变化慢，裂缝渗透率大时地层压力变化非常快。具体数据如图 1.3.18 所示。

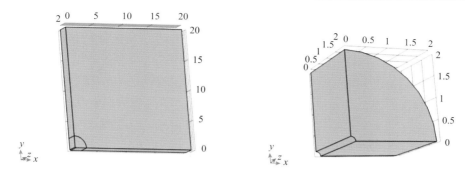

图 1.3.16　井周地层压力分析几何模型(单位：m)

左图：近井模型 + 远井模型；右图：近井模型放大图

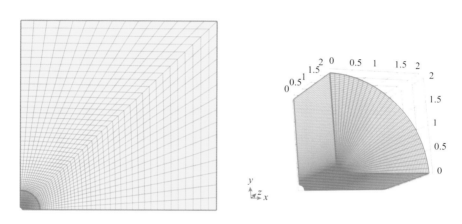

图 1.3.17　井周地层压力分析模型网格划分(单位：m)

左图：近井模型 + 远井网格；右图：近井网格

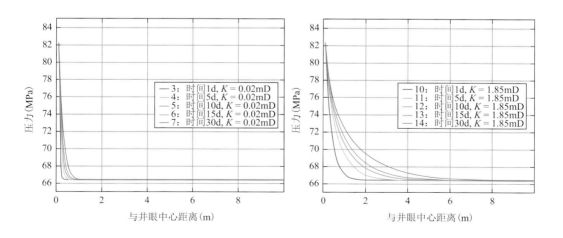

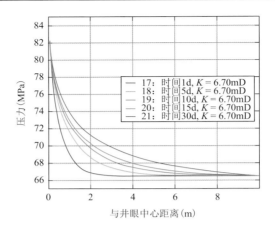

图 1.3.18　储层揭开不同时间的井壁压力分布特征

渗透率 $K = 0.02\text{mD}$ 时，地层揭开 30d，井筒外有压力增加的范围不到 1m。

渗透率 $K = 1.85\text{mD}$ 时，地层揭开 1d，井筒外有压力增加的范围约 1.5m。

渗透率 $K = 6.70\text{mD}$ 时，地层揭开 1d，井筒外有压力增加的范围约 2.5m。

受钻井正压差作用，井壁压力变化特征因裂缝渗透率差异而不同，且裂缝渗透率高时，井筒压力向地层波及更远。

如图 1.3.19 所示，在地层压力梯度为 1.1MPa/100m、钻井液密度为 1.45g/cm^3 的钻井施工条件下，井壁正压差作用下孔隙压力具有升高的特征，正压差作用时间为 5d，三幅图分别为模拟 $K = 0.02\text{mD}$、$K = 1.85\text{mD}$、$K = 6.70\text{mD}$ 对应的井壁地层压力分布。可见，$K = 0.02\text{mD}$ 时，井壁只有几厘米的范围受到钻井液高压的影响出现压力升高；$K = 1.85\text{mD}$ 时，井壁约 1m 范围内受到钻井液正压差影响出现不同程度压力升高；$K = 6.70\text{mD}$ 时，井壁超过 2m 范围都受到钻井液正压差影响出现压力升高。

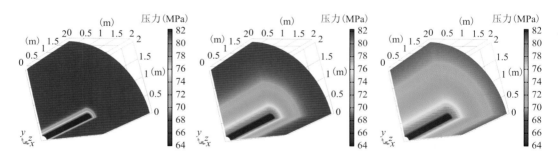

图 1.3.19　不同渗透率地层揭开 5d 的井壁压力分布特征

左图：$K = 0.02\text{mD}$；中图：$K = 1.85\text{mD}$；右图：$K = 6.70\text{mD}$

图 1.3.20 和图 1.3.21 描述了井壁具体位置 $r = 2R \sim 5R$（R 为井筒半径，m）处，地层压力随时间推移逐步升高的特征。模拟结果表明，在正压差作用下，井壁压力开始增大很快，之后逐渐变慢。其中渗透率为 1.85mD 和 6.70mD 时，压力增大趋势比较一致，

可能渗透率超过某个值时,近井地带压力很快就达到与井筒一致;而渗透率 $K = 0.02\text{mD}$ 时，压力增大则非常缓慢。

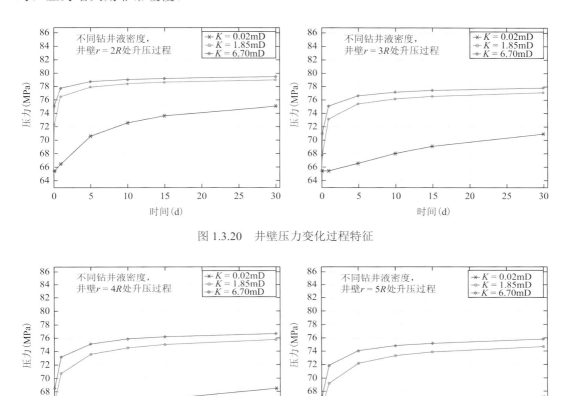

图 1.3.20　井壁压力变化过程特征

图 1.3.21　井壁压力变化过程特征

　　图 1.3.22 描述了在使用不同钻井液密度条件下，井壁压力的变化特征。其中，地层揭开 1d 时，压力扰动范围 1.5m 左右；地层揭开 30d 时，压力扰动范围 4～6m。

　　在不同钻井液密度条件下，压力波及范围差别不大，扰动幅值受压差控制，密度越高，井壁正压差越大，地层压力增值越大。

　　图 1.3.23 描述了在使用不同钻井液密度条件下，井壁 $r = 2R$ 和 $r = 5R$ 处地层压力变化过程。总体上，不管是近井地带 $r = 2R$ 处，还是较远距离的 $r = 5R$ 处，地层压力在初期 1～5d 内压力增大速度较快，后期增大缓慢。压力增加幅度仍然受钻井液正压差值控制。

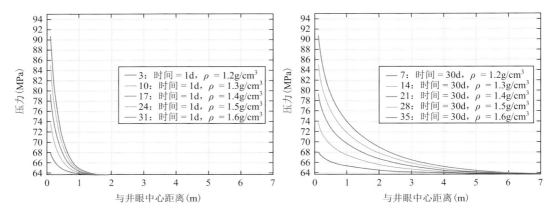

图 1.3.22　使用不同钻井液密度的井壁压力变化特征

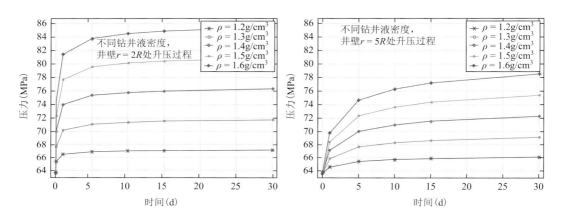

图 1.3.23　使用不同钻井液密度的井壁压力变化过程

2) 裂缝渗流对井周地应力影响

常规正压差钻井作业时，井筒内液柱压力大于地层孔隙压力，钻井液在压差作用下沿裂缝进入井壁，引起井周地层应力变化，图 1.3.24～图 1.3.26 展示了裂缝渗流对地应力的影响规律。

根据模拟分析结果，地层孔隙压力在井筒与地层之间呈指数过渡特征。根据模拟实例分析结果，近井壁地层孔隙压力与井筒压力一致，为 82MPa；远井壁地层孔隙压力与原始地层压力一致，为 66MPa。井壁区域孔隙压力分布特征如图 1.3.24～图 1.3.26 中下半组曲线所示。其中，不同曲线代表 0.1d、1d、5d、10d、30d 等不同的地层揭开时间。

图 1.3.24～图 1.3.26 中上半组曲线，分别表示井筒截面方向（X 方向、Y 方向）、井筒轴向岩石骨架应力分布特征。近井区域岩石骨架应力受地应力及裸眼井筒液柱压力共同控制，同时受到井壁孔隙压力影响。按模拟分析结果，随钻井液浸入，地层压力增幅虽较大，但地应力变化较小。如 $r = 0.2\text{m}$ 处，孔隙压力由 68MPa 升高到 77MPa，地应力仅

有 2～3MPa 的变化。分析其原因,一是因为雷口坡组岩石致密、孔弹性系数较低,受孔隙压力影响小;二是因为岩石强度高,变形量较小。

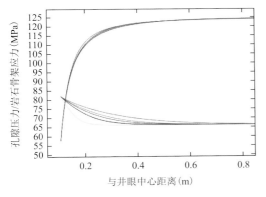

图 1.3.24 X 方向孔隙压力与岩石骨架应力分布特征

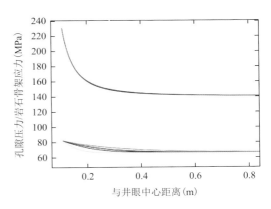

图 1.3.25 Y 方向孔隙压力与岩石骨架应力分布特征

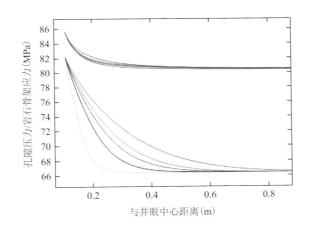

图 1.3.26 井筒轴向孔隙压力与岩石骨架应力分布特征

3) 裂缝渗流对井壁稳定性的影响

裂缝渗流对井壁稳定性的影响主要体现在两个方面。一方面,裂缝渗流导致井壁岩石骨架应力变化,改变井壁稳定性特征;另一方面,井壁岩石在裂缝渗流过程中力学属性受到影响,也导致井壁稳定性特征受到影响。

(1) 井壁岩石骨架应力改变导致的井壁稳定性变化。

井壁岩石骨架应力的改变,主要来源于井壁孔隙压力变化。由于地应力变化较小,该原因导致的井壁稳定性变化也较小。

如图 1.3.27 所示,从上至下依次为井壁附近区域应力(岩石骨架应力和井壁孔隙压力)、莫尔-库仑(Mohr-Coulomb,MC)准则计算结果。为描述井壁稳定性特征,岩石骨架应力描述为最大主应力与最小主应力的差值,差值越大,则井壁越容易破坏失稳,从图中可见，应力差超过 100MPa 集中在近井筒区域。根据模拟结果，在同一钻井液密度条件下，钻井液经裂缝渗流改变井周应力环境过程中，井壁坍塌压力当量钻井液密度增大 0.015g/cm³，且在 1d 以后就达到平衡。

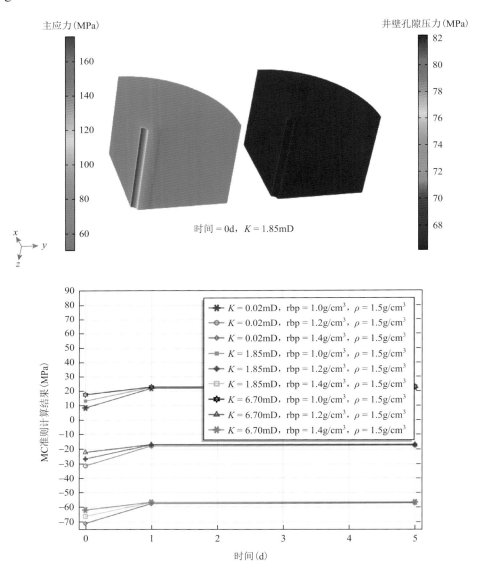

图 1.3.27　井壁附近区域应力及 MC 准则分析图

注：计算结果大于 0 为失稳状态；rbp 表示拟用钻井液密度

(2)岩石力学属性改变所导致的井壁稳定性变化。

为明确储层岩石力学属性受钻井液作用影响规律，开展钻井液作用条件下岩石摩擦系数测试。如图 1.3.28 所示,受钻井液作用后,岩石摩擦系数均值由 0.4359 下降至 0.3068,后岩石抗压强度下降 11.4%～17.5%。

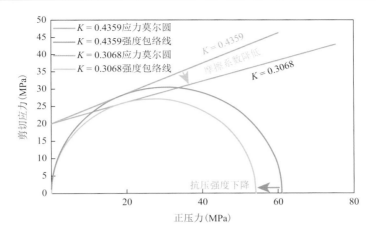

图 1.3.28　岩石摩擦系数对抗压强度影响特征

　　根据钻井液影响雷四段储层岩石摩擦系数，导致岩石抗压强度改变，应用 GMI 软件模拟井壁稳定性特征，如图 1.3.29 所示。在现今地应力环境下，抗压强度每降低 10MPa，坍塌压力升高 0.05g/cm³。分析结果显示，受钻井液润湿储层裂缝面影响，地层坍塌压力当量钻井液密度由 1.38g/cm³ 上升到 1.49g/cm³，即坍塌压力当量钻井液密度增加 0.11g/cm³，进一步加重了井壁失稳风险。

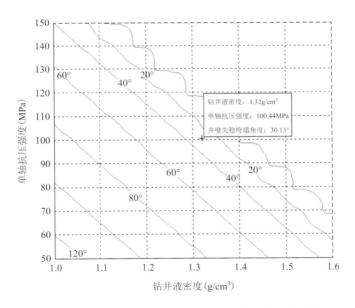

图 1.3.29　雷四段储层坍塌压力与岩石抗压强度关系图

注：图中红色曲线表示(垮塌角度/垮塌宽度)等值线

1.4　工程技术挑战

1.4.1　川西气田雷四气藏产能建设方案

1. 开发方式

采用衰竭式开采，其原因：一是气藏原始地层孔隙压力高，适合衰竭式开采；二是干气气藏衰竭式开采不会有重组分凝析出来残留在地下而影响天然气采收率；三是衰竭式开采比其他开发方式经济、简便易行；四是类似气藏也采用衰竭式开采。

2. 开发层系

将上、下两套储层作为一套开发层系，以下储层为主，兼顾上储层，采用大斜度井/水平井立体开发动用，以降低开发成本。

(1)钻井揭示雷四段储层有效厚度 38～56m，平均 49m；纵向上分上、下储层，两套储层间有相对稳定分布的隔层；上、下储层合采井控储量大。

(2)数模表明分采和合采方案上、下储层产量贡献基本相当，单独开发上、下储层不能获得较好的经济效益。

(3)上、下储层纵向叠合程度较高，全井段合采有利于单井高产稳产；同时可以大幅度减少生产井数和投资，提高经济效益。

(4)根据四川盆地碳酸盐岩气藏开发经验，上、下储层合采对气藏最终采收率影响不大。

3. 开发井网

(1)不规则井网：雷四段储层稳定，但非均质性强，有效厚度变化大，裂缝局部发育，气水关系复杂，不规则井网能够最大限度动用地质储量。

(2)大斜度井/水平井井型：上、下储层之间有明显的隔层，同时下储层有效储层与非储层纵向叠置，呈现薄互层状。尽管直井可以纵向兼顾上、下储层提高储层纵向动用程度，但动用半径小井控储量有限、气井产能低达不到经济极限。只有大斜度井/水平井才能实现效益开发。

(3)丛式井组布井：气田位于成都平原西缘，人口稠密、环境敏感、生态脆弱，井位选择空间小，只有采用丛式井组布井，一个丛式井组井工厂平台实施 4～6 口大斜度井/水平井。

4. 方案部署

2019 年，川西气田雷四气藏产能建设方案部署丛式井组井工厂平台 6 座，总井数 30 口，其中新钻开发井 29 口(表 1.4.1、图 1.4.1)，动用天然气地质储量 $850 \times 10^8 m^3$，建成混合气 $34 \times 10^8 m^3/a$、净化气 $30 \times 10^8 m^3/a$ 产能。

表 1.4.1　方案部署井参数简表

平台	方案井名	井型	A 靶前位移 (m)	B 靶点垂深 (m)	造斜点 (m)	最大井斜角 (°)	井底位移 (m)	设计井深 (m)
3#平台	彭州 3-1D	大斜度井	1064	5944	5100	82.77	1882	7288
	彭州 3-2D	大斜度井	609	5934	5300	82.23	1189	6761
	彭州 3-3D	大斜度井	1009	5944	5100	84.99	1838	7263
	彭州 3-4D	大斜度井	817	5899	5200	85.94	1903	7379
	彭州 3-5D	大斜度井	942	6014	5030	80.48	2045	7443
4#平台	彭州 4-1D	大斜度井	948	5919	5100	82.06	1551	6968
	彭州 4-2D	大斜度井	574	5884	5300	80.73	1063	6615
	彭州 4-3D	大斜度井	1247	5969	5000	81.97	1985	7328
	彭州 4-4D	大斜度井	1718	5884	4900	87.73	2253	7485
	彭州 4-5D	大斜度井	1086	5854	5100	87.14	1587	6979
	彭州 4-6D	大斜度井	1457	5884	4900	84.25	2232	7468
5#平台	彭州 5-1D	水平井	996	5922	5000	79.61	1544	6903
	彭州 5-2D	大斜度井	398	5750	5380	93.83	1388	6980
	彭州 5-3D	大斜度井	1006	5887	5000	80.61	1641	6978
	彭州 5-4D	大斜度井	846	5892	5100	81.46	1475	6888
6#平台	彭州 6-1D	大斜度井	936	5757	5000	86.25	1347	6660
	彭州 6-2D	大斜度井	1002	5880	5000	83.9	1651	6997
	彭州 6-3D	大斜度井	1054	5787	5000	88.6	1668	6985
	彭州 6-4D	大斜度井	1283	5837	4900	86.62	1681	6933
7#平台	彭州 7-1D	大斜度井	949	5861	5000	77.58	1455	6785
	彭州 7-2D	大斜度井	1334	5800	4800	82.22	1832	6987
	彭州 7-3D	大斜度井	1035	5761	4900	84.93	1715	6952
	彭州 7-4D	大斜度井	937	5751	5000	85.41	1433	6737
	彭州 7-5D	大斜度井	938	5881	5000	83.87	1636	6991
8#平台	彭州 8-1D	大斜度井	1046	5783	4900	82.67	1485	6714
	彭州 8-2D	大斜度井	538	5810	5230	79.38	981	6468
	彭州 8-3D	大斜度井	1180	5920	5000	82.97	1885	7212
	彭州 8-4D	大斜度井	892	5778	5000	83.73	1377	6694
	彭州 8-5D	大斜度井	788	5780	5050	80.99	1396	6737

5. 方案实施及优化调整

1）方案实施

2019 年，按照"整体部署、评建结合、动态调整、分步实施"的原则有序推进气田产能建设，第一轮部署井彭州 3-4D 井、彭州 3-5D 井、彭州 4-2D 井、彭州 4-4D 井、彭州 4-5D 井、彭州 5-2D 井、彭州 5-4D 井、彭州 6-2D 井、彭州 6-4D 井、彭州 7-1D 井、彭州 8-5D

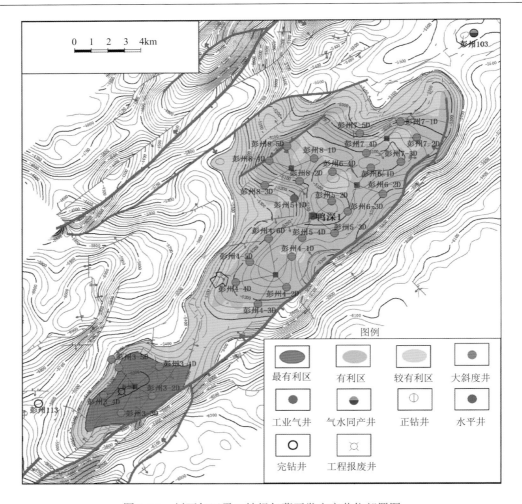

图 1.4.1 川西气田雷口坡组气藏开发方案井位部署图

井 11 口井启动实施。2020 年 11 月，先期实施带评价性质的 4 口开发井(彭州 4-2D 井、彭州 7-1D 井、彭州 8-5D 井、彭州 3-5D 井)完成测试评价。其中，近彭县断裂带的彭州 4-2D 井上、下储层酸压合测，受井底落鱼影响，在稳定油压 24.30MPa 下测试气产量 47.02×10⁴m³/d。彭州 8-5D 井上、下储层分 4 段酸压合测，在稳定油压 23.3MPa 下气产量 60.12×10⁴m³/d。彭州 3-5D 井，上储层酸压后在稳定油压 22.8MPa 下测试气产量 40.41×10⁴m³/d；下储层酸压后在稳定油压 28.70MPa 下测试气产量 37.67×10⁴m³/d、水产量 108m³/d。彭州 7-1D 井，下储层酸压后在稳定油压 30.03MPa 下测试气产量 47.19×10⁴m³/d、水产量 75.60m³/d；上储层酸压后在稳定油压 31.70MPa 下测试气产量 50.20×10⁴m³/d。

2)方案优化

4 口带有评价性质开发井完钻后的地质认识表明，气水界面较之前认识上移，含气面积及储量减少较大，据此对原开发方案部署进行优化。雷四段储层埋藏深、厚度薄、非均质性强，下储层厚度相对较大，物性普遍较好，是最有利的优质储层。根据已测试井产能情况，分析认为在裂缝不发育情况下，钻遇优质储层段越长，气井产能越高，优化调整井应尽可能钻遇优质储层，因此部署长水平段水平井钻遇下储层可获得较高的气井产能。

优化调整原则：坚持"实事求是、效益优先、少井高产、依法合规、有效接替、持续稳产"，充分合理利用油气资源，依靠配套技术提高单井产量和经济效益，实现科学高效开发。优化原则：以上储层为主，兼顾下储层分压合采；为延缓水侵，新部署井靶点垂向高于气水界面100m以上，平面距离气水界面1km以上，距离彭县断裂大于 1km；设计长水平段水平井（大于 1500m），提高储量控制程度及单井产能，尽可能实现"少井高产"；地下-地面结合，优先利用构造位置高、产量规模大的平台。

优化调整部署：位于鸭子河构造的5#和6#平台构造高（高于气水界面100m以上）、累计储层厚度大（55~80m）、储量大（547×10⁸m³）、丰度高（9.12×10⁸m³/km²），具有集中部署、优先开发的条件。利用 5#、6#平台以上储层为主，兼顾下储层，部署第二轮开发井 6 口（图 1.4.2、表 1.4.2），水平段长设计为 1356~1893km。第二轮部署井 A、B 靶点均位于构造有利、储层厚度大的区域，距气水界面较高。

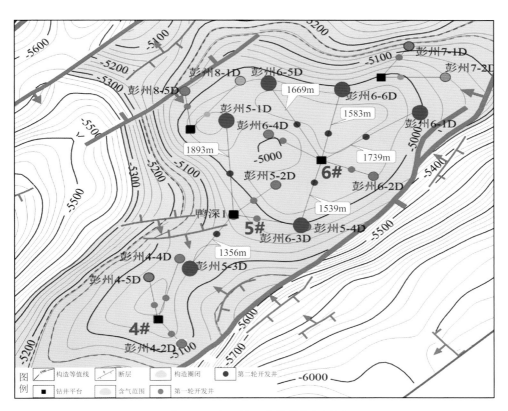

图 1.4.2　第二轮开发井井位部署图

表 1.4.2 第二轮部署井参数简表

方案	井号	靶前距 (m)	最大井斜角 (°)	设计井深 (m)	闭合距 (m)	水平段长 (m)	裸眼段长(m)	坍塌压力梯度 (MPa/100m)
第二轮 开发井	彭州 5-1D	1498	90.14	8373	3611	1893	2141	1.48
	彭州 5-3D	822	88.36	7585	2178	1356	1592	1.45
	彭州 6-1D	1488	87.53	8300	2781	1739	2014	1.50
	彭州 6-3D	786	87.24	7613	2354	1539	1797	1.48
	彭州 6-5D	1792	87.51	8144	3337	1669	1940	1.46
	彭州 6-6D	915	87.07	7768	2526	1583	1848	1.45

1.4.2 川西气田开发建设工程技术挑战

川西气田位于四川盆地西部龙门山前逆冲推覆构造带，雷四气藏属于超深层、中高产、高含硫、中含二氧化碳、常压、低-中孔、特低渗、受构造控制的层状白云岩边水气藏，具有超深、高温、高压、高含硫、潮坪相薄互层白云岩储层复杂、气水关系复杂、天然气组分复杂、纵向压力系统复杂、地理生态环境复杂等特点，带来了气田开发建设工程技术的挑战。

(1)气藏埋藏深，工程地质条件复杂，钻井工艺挑战多。超深大斜度井/水平井平台直井段防斜防碰打快难；多套地层压力系数差超过 0.2 的高、低压互层共存同一个裸眼段，防故障措施往往顾此失彼；巨厚的须家河组地层坚硬致密提速不易，发育的煤夹层泥页岩夹层易诱发井壁失稳风险；小塘子组发育高压裂缝气层易诱发井控风险；超长大斜度/水平段薄储层非储层夹杂、破碎，井壁稳定性差，轨迹控制难度大，优质储层钻遇率难保证。

(2)陆相砂泥地层软硬交错、海相碳酸盐岩地层破碎对钻井液体系及性能要求高。一、二开钻遇陆相地层以砂泥岩为主，砂泥岩软硬交错变化大，泥页岩易水化膨胀坍塌掉块，砂岩微裂缝发育易喷漏失控，采用水基钻井液钻进对抑制性、封堵性和润滑性要求高；三开超长大斜度/水平段钻遇海相储层非储层夹杂、岩性破碎、微裂缝发育、井壁易失稳，采用油基钻井液钻进对封堵性、沉降稳定性要求高。

(3)采用裸眼完井或衬管完井，生产尾管固井具有超深、裸眼井段长、井斜角大、高压大温差、安全窗口窄、酸性气体腐蚀等特点，存在长裸眼套管下不到位、固井质量难以保证井筒完整性的风险。

(4)完井增产投产环节矛盾突出。超深超长大斜度/水平段高温、高压、高含硫恶劣工况，对井下工具及管柱材质性能要求高，地面测试流程安全风险大；储层厚度薄，应力差异大，高破裂压力储层降破手段有限，实现立体酸压改造难度大，增产措施效果难以保证。

(5)气田位于美丽富饶的成都平原，钻井平台部署在彭州市隆丰街道、丽春镇、葛仙山镇附近，靠近彭州市人口密集区，邻近国家中心城市成都市。彭州市境内分布有多个重要的国家级生态环境敏感区，安全环保要求高。

只有打造都市高含硫大气田"安全环保新典范、高效开发新标杆"，创新以超深大斜度井/水平井安全优快钻井技术、高性能钻井液技术、长效固井技术、高效完井酸压投产技术、安全控制与环境保护技术为核心的超深薄互层碳酸盐岩大气田安全、环保、高效开发工程技术体系，才能高速度、高水平、高效益建成川西气田。

第2章 安全优快钻井技术

川西气田雷四气藏埋藏深，工程地质条件复杂，钻井工程面临的主要难题有：裸眼段长且同一个裸眼段压力系统复杂；须家河组发育煤及泥页岩夹层易诱发井壁失稳；小塘子组有高压裂缝气层，存在井控风险；同平台多口井，防斜打快难度较高；定向井段钻速慢，效率低；须家河组地层坚硬致密，提速难度大；优质储层厚度薄，多层叠置，岩性变化频繁，水平段轨迹控制难度大；超深长水平段水平井井眼清洁及长水平段延伸难度大，完井管柱下入难度大(路保平等，2019)。

针对以上工程难题，运用实验分析、理论及数值模拟分析，实践后再优化，形成了以超深井井身结构优化设计、难钻破碎地层井眼轨道设计与轨迹控制、超深井优快钻井、超深长水平段安全钻井和超深大斜度井取心及长水平段衬管安全下入为核心的技术体系，建成了 17 口 7000m 以深的超深井，创造了中石化及四川盆地多项钻井纪录。其中，彭州 6-6D 井完钻井深 8206.00m，靶前位移 1433.53m，水平段长 1893.00m，闭合距 3321.73m。

2.1 超深井井身结构优化设计技术

2.1.1 四川盆地超深井井身结构现状

四川盆地超深井钻探通常应用 $\Phi508mm \times \Phi339.7mm \times \Phi244.5mm \times \Phi177.8mm \times \Phi127mm$ 的 API(American Petroleum Institute，美国石油学会)标准套管程序(何龙和胡大梁，2014；刘言等，2014；韩烈祥，2019；万夫磊等，2020；伍贤柱等，2020)，但实钻表明具有以下工程难题。

(1)不确定的地质因素较多，部分地质设计与实钻差异较大，特别是地层压力系统和流体性质难以准确预测。因此，部分井钻井复杂与故障频发，钻井速度降低，钻井成本大幅增加，甚至可能实现不了地质目标。

(2)同一个裸眼段可能存在多个复杂工况。由于常规井身结构套管层次不可能将复杂层段完全封隔开，同一个裸眼井段内可能出现喷、漏、塌、卡等同时发生的复杂工况。

为了解决上述工程难题，进一步形成了非常规井身结构优化方案(表 2.1.1)，配合 $\Phi720mm$ 加深导管可拓展为七开非标井身结构完钻。

表 2.1.1 非常规井身结构示意表

序号	钻头尺寸(mm)	套管尺寸(mm)
1	$\Phi660.4$	$\Phi508.0$
2	$\Phi444.5$	$\Phi365.1$

序号	钻头尺寸(mm)	套管尺寸(mm)
3	$\Phi333.4$	$\Phi273.05$
4	$\Phi241.3$	$\Phi219.08$
5	$\Phi190.5$	$\Phi168.3$
6	$\Phi139.7$	$\Phi114.3$

　　川西北九龙山气田超深井采用的非标井身结构使套管程序达到 7 层(图 2.1.1)；川西南部大兴场气田设计套管程序 6 层，备用 7 层(图 2.1.2)；川东北元坝气田超深水平井采用五开制井身结构(图 2.1.3)。

2.1.2　钻遇地层工程地质特征分析

　　川西气田纵向存在多压力系统，地层压力梯度系数从 1.0↑1.80↓1.60↑2.0↓1.2MPa/100m。须四段和须三段异常高压，须二段低压易漏，小塘子组存在高压裂缝气层，这些问题易导致"喷漏同存"情况发生；地层非均质性强，页岩和煤层广泛分布，造成井壁稳定性问题突出(谢强等，2022)。为有效封隔不同压力体系和复杂层位，探井采用四开制井身结构，以保障钻井安全。然而，二开 $\Phi333.4$mm 大尺寸井眼长约 3100m，其中千佛崖组—须家河组可钻性为 6～9 级，高研磨性地层大尺寸钻头钻井效率低。与 $\Phi241.3$mm 钻头相比，$\Phi333.4$mm 钻头的平均机械钻速低 30%，而且同等进尺破岩产生的岩屑和废弃物等增加 1 倍左右，需优化井身结构为安全高效钻井提供支撑。

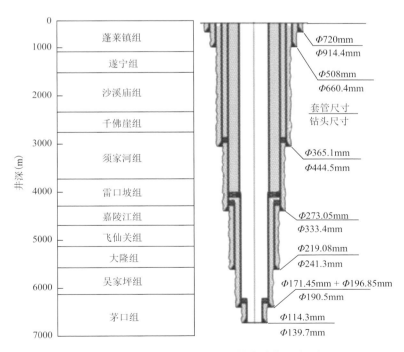

图 2.1.1　九龙山气田超深井井身结构示意图

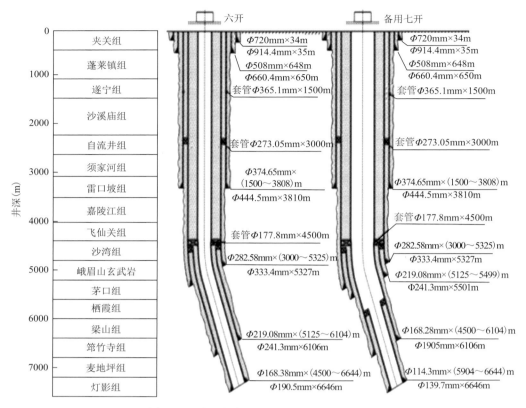

图 2.1.2　大兴场气田超深井井身结构示意图

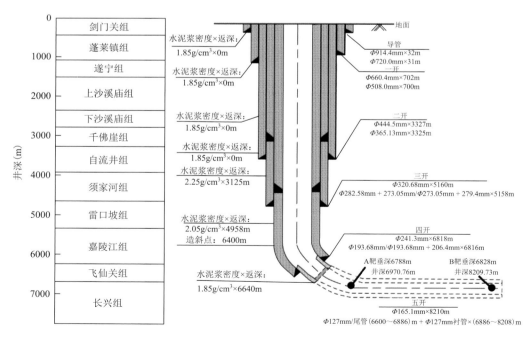

图 2.1.3　元坝气田超深水平井五开制井身结构示意图

探井考虑钻遇复杂工况下可增加井身结构调整空间，采用四开制井身结构。评价开发阶段，为了解决效益开发难题，同时满足安全快速钻进需要，第一轮开发井优化设计为三开制井身结构，第二轮开发井鉴于新部署井钻井难度更大，对现有三开制井身结构适当优化，一开封须四段，二开封马一段第一套页岩。实钻表明，进一步优化后的三开制井身结构能够满足安全快速钻进需求。

川西气田雷四气藏目的层埋深 5800~6300m，TL_4^{3-2} 储层厚度 8~16m，TL_4^{3-3} 储层厚度 30~45m。参考彭州 1 井和鸭深 1 井实钻资料，预测的地层孔隙压力系数、破裂压力系数和坍塌压力系数见表 2.1.2。

表 2.1.2 地层三压力系数预测

系	组	垂深(m)	孔隙压力系数	破裂压力系数	坍塌压力系数
侏罗系	蓬莱镇组—遂宁组	1407	1.00~1.20	2.30~3.50	0~1.00
	沙溪庙组	2099	1.20~1.40	2.25~2.80	0.50~1.10
	千佛崖组—白田坝组	2216	1.40~1.60	2.35~3.50	1.00~1.25
三叠系	须五段	3042	1.50~1.80	2.45~3.00	1.20~1.55
	须四段—须三段	4499	1.50~1.80	2.45~3.00	1.20~1.55
	须二段	5112	1.35~1.60	2.25~3.00	1.20~1.42
	小塘子组—马二段	5692	1.80~2.00	2.50~3.50	1.30~1.72
	马一段	5739	1.25~1.35	2.30~3.50	1.25~1.57
	雷四段	5889	1.10~1.20	2.20~2.70	1.00~1.34

据邻井压裂曲线和室内实验结果，雷四段最小水平应力梯度 1.44~2.06MPa/100m，平均 1.77MPa/100m；最大水平应力梯度 1.73~3.55MPa/100m，平均 2.82MPa/100m，垂向应力梯度 2.02~2.66MPa/100m，平均 2.35MPa/100m。

应用 GMI 地应力分析软件建立井的井壁稳定模型并进行分析。结果表明，雷四段水平地应力方向比较一致，最大水平主应力方向为近东西向，方位角 74°~84°(平均 80°)，坍塌压力系数为 1.10~1.20；最小水平主应力方向为近南北向，平均方位角 170°，坍塌压力系数最高 1.45，沿最小水平主应力方向钻井的井眼失稳风险最大。图 2.1.4 为彭州 4-2D 井小塘子组—马二段、马一段和雷四段坍塌压力当量密度图。

根据井轨迹，设计井方位角为 139°，造斜层位是小塘子组，小塘子组—马二段井斜角为 0°~58°，从图 2.1.4 可知，该段坍塌压力梯度最高可达 1.72MPa/100m；马一段为稳斜段，井斜角为 58°，坍塌压力梯度最高为 1.57MPa/100m；雷四段井斜角为 58°~90°，坍塌压力梯度最高为 1.34MPa/100m 左右。

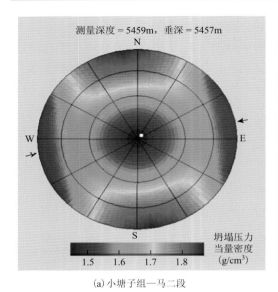

(a) 小塘子组—马二段

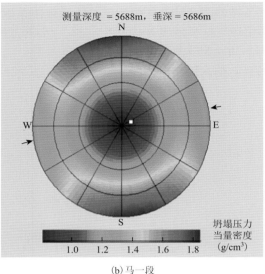

(b) 马一段

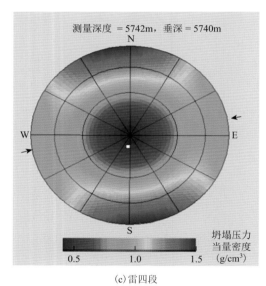

(c) 雷四段

图 2.1.4　彭州 4-2D 井小塘子组—马二段、马一段和雷四段坍塌压力当量密度图

2.1.3　井身结构优化思路

1. 四开制井身结构存在的问题

川西气田雷四气藏,在前期勘探和评价阶段累计完钻 13 口井,均采用四开制井身结构。一开采用 Φ444.5mm 钻头钻至蓬莱镇组中部(井深约 800m),下入 Φ346.1mm 套管封隔第四系及蓬莱镇组中上部的不稳定、易漏、易坍塌地层,为二开可能钻遇的气层提供井口控制条件;二开采用 Φ320.68mm 钻头钻至须三段上部(井深约 3800m),下入组合套管

（Φ282.6mm＋Φ273.1mm）封须五段易垮塌地层和须四段裂缝气层；三开采用 Φ241.3mm 钻头钻至马一段（井深约 5800m），下入 Φ193.7mm 尾管封隔马二段以浅高压地层；四开采用 Φ165.1mm 钻头钻至设计井深完钻，先下入 Φ139.7mm 尾管固井，再回接 Φ193.7mm 套管至井口（胡大梁等，2020）。四开制井身结构设计方案如图 2.1.5 所示。

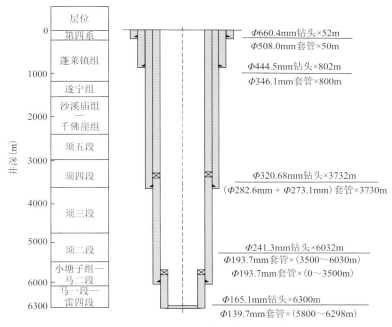

图 2.1.5　四开制井身结构设计方案

在前期勘探评价阶段，四开制井身结构可以有效分隔不同压力体系和复杂地层，能够满足现场安全钻进要求，并实现地质目标。但随着勘探开发的不断深入，钻井提速和经济高效开发的要求越来越高，此时四开制井身结构逐渐表现出局限和不足，主要表现在以下方面。

（1）开次较多，中完作业时间较长，占钻井周期的 26%以上。

（2）套管层次多，套管用量较大，全井下入套管总重量约达 780t。

（3）二开采用大尺寸钻头（Φ320.68mm 钻头），机械钻速较低。二开井段采用 Φ320.68mm 钻头钻进约 3000m，与使用 Φ241.3mm 钻头相比，平均机械钻速低 30%，岩屑等废弃物量增加 60%以上。

因此，为了提高开发气藏的勘探开发经济效益，降低钻井成本，增加优质储层钻遇进尺，提高单井产量，需要整体优化井身结构。

2. 优化思路

针对四开制井身结构存在的开次多、大尺寸井段长和机械钻速低等问题，首先考虑减少开次，对必封点进行优化调整。为此，2017 年在彭州 113 井和彭州 115 井开展了三开制井身结构先导试验，将须家河组、小塘子组、马鞍塘组和雷口坡组置于同一裸眼段，实钻过程中在小塘子组钻遇高压裂缝性气层，钻井液密度最高达到 2.25g/cm³，高密度钻井液条件下雷四段井漏、卡钻风险高，表明该方案难以兼顾高压和低压层位。因此，在保证雷口坡组专层专打的基础上，保留雷四段顶部的必封点，对目的层以上井段进行优化，如图 2.1.6 所示，具体思路如下。

(1)优化合并必封点，减少开次，由四开制井身结构优化为三开制井身结构，从而节省一个开次的中完作业时间(即通井、测井作业、下套管、固井作业、候凝、扫水泥塞、试压等工序花费的时间)。

(2)缩短大尺寸井眼长度，充分发挥 $\Phi241.3\text{mm}$ 钻头的提速优势，同时减少钻井液用量及废弃物处理量。

(3)减少大尺寸套管下入长度和水泥浆用量。

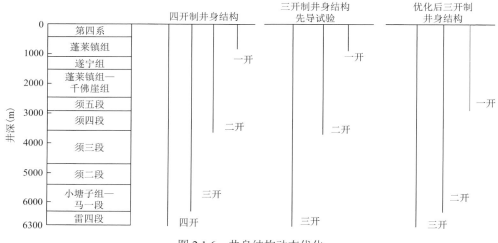

图 2.1.6　井身结构动态优化

2.1.4　三开制井身结构设计

1. 必封点设置

根据雷四气藏三压力剖面和井壁稳定性研究结果，认为陆相千佛崖组—小塘子组地层具备在同一裸眼段实施的可行性。据此将前期的 3 个必封点优化为 2 个必封点：设计必封点 1 位于须五段中下部稳定地层，封隔须五段页岩和主要的煤层；考虑马二段底部可能发生井眼失稳、马一段含页岩夹层等情况。设计必封点 2 位于进入雷四段顶部斜深 5m 处，为专层开发雷四段储层提供有利的井筒条件。设计的必封点位置如图 2.1.7 所示。

2. 井身结构设计

由内而外、自下而上逐层确定各开次钻头和套管的直径，尽量选择 API 标准尺寸。具体设计方案为：导管封隔上部易漏层及浅层水；表层套管封隔须五段页岩和煤层，为二开井段钻井提供井控条件；二开进入雷四段顶部斜深 3～5m，技术套管封隔马鞍塘组及以浅地层，保障目的层专封专打；三开钻至设计井深完钻。优化设计后的新三开制井身结构见表 2.1.3(彭州 5-1D 井)，图 2.1.8 为井身结构示意图。

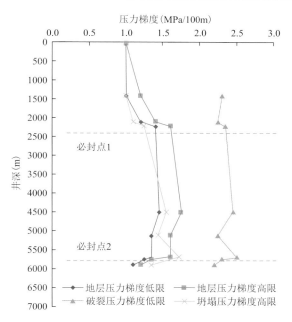

图 2.1.7　必封点设置示意图

表 2.1.3　优化设计后的新三开制井身结构

开钻程序	钻头程序		套管程序	
	井眼尺寸(mm)	设计深度(m)	套管尺寸(mm)	设计深度(m)
导管	Φ444.5	822	Φ365.1	820
一开	Φ333.4	3542	Φ282.6 + Φ273.1	3540
二开	Φ241.3	6031	Φ193.7	6029
三开	Φ165.1	8140	Φ127	—

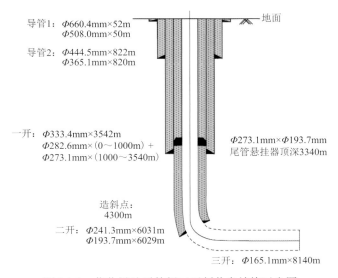

图 2.1.8　优化设计后的新三开制井身结构示意图

3. 可行性分析

井身结构由四开制优化为三开制，会产生以下三个主要工程难题。

(1) 原来的800m长表层套管变为导管，能否满足下一开次的井控安全要求。

(2) 技术套管下入深度由须四段中部上移至须五段下部或下移至须三段上部，能否满足下一开次小塘子组高压气层的井控安全要求。

(3) 裸眼段增加至3300～4000m，能否保证长裸眼的井壁稳定性。

分析川西气田雷四气藏的工程地质特征，结合现有工程工艺情况，可知蓬莱镇组、遂宁组和沙溪庙组大多为微含气层，实际钻井液密度一般低于1.60g/cm³，基本能够压稳气层。因此，将导管长度设置为200m左右，能够满足浅层气井控要求。一开表层套管下至须家河组五段下部，套管鞋处地层破裂压力由74.6MPa降至61.7MPa，但受上层 Φ273.1mm套管抗内压强度(48.8MPa)限制，两种井身结构条件下最大关井压力不变。二开井段钻遇须家河组、小塘子组、马鞍塘组和雷四段，通过封隔须五段煤层和页岩，强化钻井液封堵和抑制性，能够保证井壁稳定。因此，三开制井身结构可行。

彭州5-1D井为川西气田雷四气藏超深大斜度井，设计采用三开制井身结构，彭州5-1D井实钻井身结构见表2.1.4。为有效封隔各复杂地层，确保钻达地质目标，实钻各开次的必封点与优化设计结果基本一致。

(1) 一开设计钻至须三段上部，表层套管封隔页岩夹层和煤层，但实际钻进中在蓬莱镇组—沙溪庙组钻遇微含气层，未在须五段和须四段钻遇气层，钻井液密度1.40～1.95g/cm³，具备将须五段和须四段全部揭穿的有利地质条件，因此将一开加深至须三段顶部，适当缩短了二开井段长度，降低了二开钻井难度。

(2) 二开井段应用复合盐强抑制聚磺防塌钻井液，解决了长裸眼长周期井壁稳定问题。

(3) 三开井段应用白油基钻井液，返出岩屑大小均匀无掉块，解决了破碎地层井壁稳定和大斜度井段润滑防卡问题。

表 2.1.4 彭州 5-1D 井实钻井身结构

开钻程序	钻头程序		套管程序		必封点设计
	井眼尺寸 (mm)	实钻深度 (m)	套管尺寸 (mm)	实钻深度 (m)	
导管	Φ444.5	820	Φ365.1	819	封上部易漏层及浅水层
一开	Φ333.4	3542	Φ282.6 + Φ273.1	3540	进入须三段顶部 5m
二开	Φ241.3	6046	Φ193.7	6045	封马一段底部页岩
三开	Φ165.1	8208	Φ127(衬管)	8150	—

井身结构优化设计技术为川西气田超深井安全高效建井提供了技术支撑。彭州5-1D井完钻井深8208m，衬管下至井深8100m，彭州6-6D井完钻井深8206m，钻井周期240.39d，创工区井深超8000m钻井周期最短、水平井井深最深、超深井水平段最长等纪录。

2.2　难钻破碎地层井眼轨道设计与轨迹控制技术

川西气田雷四气藏超深大斜度定向井深超过 7500m，最大垂深 6300m，钻井施工难度及安全风险较大，主要表现在以下方面（王宗宝和汪加亮，2015；张继尹等，2017；梁坤和张霞玉，2019；胥豪等，2020）。

（1）摩阻扭矩大，钻具失效风险高，定向井段钻速低。埋深 5800~6300m，第二轮部署井水平段长度大幅增加（平均 1585m），摩阻扭矩比常规定向井大得多，而且超长钻柱的自重也在 2000kN 以上，造成钻具负荷大，接近钻具极限力学性能，失效风险高，同时定向段钻速低。

（2）地层产状复杂，导致靶点的精确位置难以控制。埋藏深、储层薄的长水平井对地层倾角预测精度要求高。地层倾角预测精度受限于：①区域实钻资料较少；②构造断裂复杂程度；③是否有厚度分布稳定的标准层。研究区内探井数量少，影响地震速度场精度；整体长条状背斜呈北东—西南向，南翼陡、北翼缓，受彭县断层和派生断层的影响，局部构造断裂较发育，地层产状受构造影响发生变化；厚度稳定的标志层有利于提升入靶角度的准确度。

（3）目的层优质储层厚度薄，岩性变化频繁，提高优质储层钻遇率难度大。TL_4^{3-2} 储层段厚度为 8~16m，TL_4^{3-3} 储层段厚度为 30~45m，与夹层呈不等厚叠置，俗称"五花肉"储层。目前，通过邻井对比、地震反演、小层地质建模等手段，可以对储层进行基本的识别。然而，潮坪相沉积环境的迅速变化，导致地层岩性变化较快，白云岩储层中夹有灰岩薄层；地层剖面上优质储层上、下部岩性无明显差异，长水平段岩性旋回特征不明显。上述沉积特征导致优质储层纵向展布预测精度不高，钻井轨迹的精确判断困难较大。

（4）井眼尺寸小，定向工具仪器高温高压下故障率高。川西气田三开井眼尺寸为 $\Phi 165.1mm$，目前，国内外旋转导向工具应用较为成熟的多为 $\Phi 215.9mm$ 井眼。川西气田三开井底静止温度 145~155℃，80~90MPa 高压环境，传统旋转导向在高温环境下失效率较高；同时三开雷口坡组地层埋藏深度大于 5500m，发育灰岩和白云岩，岩石硬度大，井眼尺寸较小，因而下部钻具组合振动剧烈，旋转导向工具易损坏和疲劳失效。

2.2.1　轨道设计优化

1. 造斜点优选原则

根据川西气田雷四气藏开发方案，造斜点设计井深 4760~5300m，造斜点所处层位主要集中在须二段—小塘子组难钻地层；井眼轨道剖面以"直—增—稳—增—稳"五段制剖面为主，造斜率设计（16°~18°）/100m，设计井深 6438~7418m，平均 6935m，井斜角 77.17°~85.68°。依据已钻 5 口直井资料（鸭深 1 井、彭州 1 井、彭州 103 井、彭州 113 井和彭州 115 井），造斜段钻遇地层机械钻速和钻井工艺统计见表 2.2.1。

表 2.2.1　造斜段钻遇地层机械钻速和工艺统计表

层位	钻井工艺	总进尺 (m)	总纯钻时间 (h)	平均机械钻速 (m/h)
须三段	国产 PDC + 常规	309.50	233.50	1.33
	国产 PDC + 螺杆	1233.80	544.00	2.27
	进口 PDC + 螺杆	608.50	289.50	2.10
	进口 PDC + 扭力冲击器	287.20	124.50	2.31
须三段	混合钻头 + 螺杆	537.60	206.00	2.61
	孕镶钻头 + 螺杆	656.50	502.00	1.31
	孕镶钻头 + 涡轮	434.13	171.00	2.54
	三牙轮钻头 + 常规	54.00	86.50	0.62
须二段	进口 PDC + 常规	1300.75	1047.00	1.24
	国产 PDC + 常规	636.40	327.70	1.94
	国产 PDC + 螺杆	543.31	346.00	1.57
	孕镶钻头 + 螺杆	323.00	227.50	1.42
小塘子组	进口 PDC + 常规	626.50	428.00	1.46
	国产 PDC + 常规	492.00	317.81	1.55
	三牙轮钻头 + 常规	424.74	477.50	0.89
	混合钻头 + 常规	64.30	54.50	1.18
	国产 PDC + 螺杆	155.16	138.67	1.12
	孕镶钻头 + 螺杆	284.00	242.00	1.17

从表 2.2.1 可知，已钻井试验了多种提速工具，具有平均机械钻速偏低等问题。因此，在满足靶前位移设计要求的情况下，造斜点优选原则为降低须家河组—小塘子组难钻地层的造斜率或进尺，充分考虑地层的可钻性和地层的自然增斜趋势，从而达到缩短定向井段周期的目的(杜征鸿等，2019)。

2. 造斜率优化分析

由于川西海相气藏地质条件复杂，在钻井开始之前对待钻井目的层的了解一般都是基于地震资料以及邻井测、录井资料，使得目的层的垂深预测存在不确定性，导致在设计目标靶点垂深时存在一定的误差；同时，已钻井资料表明，二开斜井段整体存在单趟进尺少、机械钻速低等技术难点。"直—增—稳—增—稳"井眼轨道剖面设计上存在以下几方面问题(王汉卿等，2020)。

(1)造斜点设计井深 4760～5400m，定向初期工具面不稳，实际造斜率无法满足设计造斜率［(16°～18°)/100m］要求。

(2)二开斜井段稳斜井段长，控制难度大。

（3）须家河组—马鞍塘组地层可钻性差，机械钻速低。根据统计数据，小塘子组和马一段地层机械钻速最慢，分别为 1.23m/h 和 0.77m/h。

（4）储层上部标志层不明显，加上地层倾角的影响，轨迹矢量入靶难度大。

为降低施工难度，提高定向效率和井眼轨迹控制精度，须对井眼轨道剖面设计进行逐步优化，设计出一套在现有装备工艺情况下最容易实现的井眼剖面，见表 2.2.2。

表 2.2.2 井眼轨道造斜率设计范围表

井段	井斜角变化范围（°）	设计造斜率[（°）/100m]	地层	备注
第一增斜段	0～（15～20）	10～15	须家河组	避免初期造斜率不足
第一调整段	（15～20）～（25～30）	2～7	小塘子组	降低小塘子组地层增斜率；利用复合自然增斜趋势，快速钻穿小塘子组地层
第二增斜段	（25～30）～（50～55）	13～18	马二段	缩短易形成岩屑床井段长度，降低井下安全风险
第二调整段	（50～55）～（60～65）	5～10	马一段	降低设计增斜率，利于目的层垂深调整
第三增斜段	（60～65）～70	13～18	雷四段	提高机械钻速，缩短定向周期
第三调整段	70 至设计的井斜角	8～13	雷四段	降低雷四段顶部风化壳地层卡钻风险；利于目的层垂深调整

优化后的井眼轨道剖面具有"优、快、好、省"的特点，整个工程设计从造斜点开始到进入靶点可分为以下几个阶段。

第一增斜段：在造斜初期，由于设计造斜点井深在 4500m 以上、井斜角小、地层可钻性差等因素的影响，实钻过程中工具面不稳定，造成初期实际造斜率很难达到设计造斜率要求。为避免此类问题的出现，在进行轨道设计时，须将第一增斜段的造斜率由（16°～18°）/100m，降至（10°～15°）/100m。

第一调整段：钻遇地层为小塘子组。本井段地层可钻性相对较差，滑动钻进机械钻速低，因此本段以微增调整为主，以提高机械钻速和降低因直井段位移对后续井段井眼轨迹控制的影响。

第二增斜段：钻遇地层为马二段。本井段地层可钻性相对较好、工具面易摆放到位、不易"托压"，缩短了易形成岩屑床井段的长度，从而更有利于井下安全。

第二调整段：钻遇地层为马一段。由于井斜角已增至50°以上，因此该井段不但易形成岩屑床，而且"托压"现象也越发突出，故在设计时应降低增斜率，以提高机械钻速和降低"压差卡钻"风险。同时，降低本井段的造斜率，可提高轨迹可调整空间，避免实钻轨迹无法满足地质靶点调整要求，而填井侧钻。

第三增斜段：钻遇地层为雷四段顶部，为出套管后 50～100m 范围内井段，可钻性较好，通过提高该井段增斜率，可有效降低后续施工井段难度。

第三调整段：由于目的层垂深的不确定性，降低了本井段的造斜率，可提高轨迹可调整空间，避免实钻轨迹无法满足地质靶点调整要求，而填井侧钻。

3. 分层"多增-多调"井眼轨道优化设计

1）不同轨道剖面设计

彭州 5-1D 井造斜点井深 4300.00m，二开斜井段主要钻遇小塘子组（垂厚 356.27m）、马二段（垂厚 132.66m）、马一段（垂厚 65.82m）；三开主要钻遇雷四段。须三段垂深 3926～4786m、须二段垂深 4799.44～5255.44m、小塘子组垂深 5228.65～5611.65m、马二段垂深 5614.31～5744.31m、马一段垂深 5747.13～5810.13m，如将造斜点移至小塘子组以下，将导致造斜率增至 24°/100m，不利于完井工具下入。

以彭州 5-1D 井为例，在不改变井口坐标和靶点数据的基础上，设计了不同造斜点井深和造斜率的井眼轨道剖面。

设计造斜点井深 5300.00m，设计井眼轨道剖面分段数据见表 2.2.3。

表 2.2.3　彭州 5-1D 井设计剖面分段数据（方案一）

井深 (m)	井斜角 (°)	方位角 (°)	垂深 (m)	南北位移 (m)	东西位移 (m)	视位移 (m)	造斜率 (°/100m)	控制点
0.00	0.00	0.00	0.00	0.00	0.00	0.00	0.00	
5300.00	0.00	0.00	5300.00	0.00	0.00	0.00	0.00	造斜点
5655.94	56.95	138.26	5600.16	−121.48	108.39	162.78	16.00	
5910.53	56.95	138.26	5739.00	−280.72	250.45	376.15	0.00	雷口坡组顶
5942.55	56.95	138.26	5756.46	−300.75	268.32	402.99	0.00	
6086.42	79.91	140.00	6469.00	−401.35	355.15	535.88	15.96	A 靶点
8140.16	89.97	352.65	6584.00	3112.41	−389.36	3136.67	0.00	B 靶点

造斜点井深 5300.00m 不变，增斜钻进主要在小塘子组和马二段，优化后剖面分段数据见表 2.2.4。

表 2.2.4　彭州 5-1D 井设计剖面分段数据（优化设计：造斜点井深 5300.00m）（方案二）

测深 (m)	段长 (m)	井斜角 (°)	方位角 (°)	垂深 (m)	南北位移 (m)	东西位移 (m)	投影位移 (m)	闭合距 (m)	闭合方位 (°)	全角变化率 (°/100m)	控制点
0.00	0.00	0.00	0.00	0.00	0.00	0.00	0.00	0.00	0.00	0.00	
5300.00	5300.00	0.00	0.00	5300.00	0.00	0.00	0.00	0.00	0.00	0.00	造斜点
5572.97	272.97	32.00	138.10	5559.00	−55.28	49.60	74.23	74.27	138.10	11.72	小塘子组底
5770.23	197.26	62.00	138.10	5692.00	−161.44	144.85	216.77	216.89	138.10	15.21	马二段底
5877.47	107.24	66.00	138.10	5739.00	−233.16	209.20	313.08	313.26	138.10	3.73	雷口坡组顶
5904.17	26.70	66.00	138.10	5749.86	−251.31	225.49	337.46	337.65	138.10	0.00	
5980.00	75.83	71.96	138.99	5777.05	−304.35	272.32	408.19	408.40	138.18	7.94	
6111.60	131.60	79.91	140.00	6469.00	−401.35	355.15	535.74	535.92	138.49	6.09	A 靶点
8199.85	428.25	79.91	140.00	6584.00	−724.35	626.15	957.37	957.47	139.16	0.00	B 靶点

造斜点井深上调至 5250.00m，增斜钻进主要在小塘子组、马二段和雷四段，优化后剖面分段数据见表 2.2.5。

表 2.2.5　彭州 5-1D 井设计剖面分段数据(优化设计：造斜点井深 5250.00m)(方案三)

测深 (m)	段长 (m)	井斜角 (°)	方位角 (°)	垂深 (m)	南北位移 (m)	东西位移 (m)	投影位移 (m)	闭合距 (m)	闭合方位 (°)	全角变化率 (°/100m)	控制点
0.00	0.00	0.00	0.00	0.00	0.00	0.00	0.00	0.00	0.00	0.00	
5250.00	5250.00	0.00	0.00	5250.00	0.00	0.00	0.00	0.00	0.00	0.00	造斜点
5577.91	327.91	34.00	138.20	5559.00	−70.43	62.97	94.46	94.47	138.20	10.37	小塘子组底
5772.66	194.76	59.00	138.20	5692.00	−174.91	156.38	234.59	234.62	138.20	12.84	马二段底
5869.63	96.96	63.00	138.20	5739.00	−238.12	212.90	319.37	319.41	138.20	4.13	雷口坡组顶
5896.32	26.69	63.00	138.20	5751.12	−255.85	228.75	343.15	343.20	138.20	0.00	
5973.40	77.08	73.11	138.68	5779.89	−309.28	276.11	414.54	414.60	138.24	13.12	
6098.26	124.86	79.91	140.00	6469.00	−401.35	355.15	535.88	535.92	138.49	5.55	A 靶点
8162.03	428.25	79.91	140.00	6584.00	−724.35	626.15	957.47	957.47	139.16	0.00	B 靶点

造斜点井深上调至 5000.00m，增斜钻进主要在须二段、马二段和雷四段，优化后剖面分段数据见表 2.2.6。

表 2.2.6　彭州 5-1D 井设计剖面分段数据(优化设计：造斜点井深 5000.00m)(方案四)

测深 (m)	段长 (m)	井斜角 (°)	方位角 (°)	垂深 (m)	南北位移 (m)	东西位移 (m)	投影位移 (m)	闭合距 (m)	闭合方位 (°)	全角变化率 (°/100m)	控制点
0.00	0.00	0.00	0.00	0.00	0.00	0.00	0.00	0.00	0.00	0.00	
5000.00	5000.00	0.00	0.00	5000.00	0.00	0.00	0.00	0.00	0.00	0.00	造斜点
5113.29	113.29	15.00	138.20	5112.00	−10.99	9.83	14.74	14.75	138.20	13.24	须二段底
5589.58	476.29	25.00	138.20	5559.00	−132.28	118.27	177.41	177.44	138.20	2.10	小塘子组底
5761.11	171.53	52.00	138.20	5692.00	−211.14	188.78	283.19	283.23	138.20	15.74	马二段底
5845.23	84.12	60.00	138.20	5739.00	−263.09	235.23	352.86	352.91	138.20	9.51	雷口坡组顶
5871.92	26.70	60.00	138.20	5752.35	−280.32	250.64	375.98	376.03	138.20	0.00	
5949.00	77.08	70.07	139.13	5784.84	−332.74	296.71	445.76	445.82	138.28	13.11	
6042.43	93.43	79.91	140.00	6469.00	−401.35	355.15	535.88	535.92	138.49	10.57	A 靶点
8117.56	428.25	79.91	140.00	6584.00	−724.35	626.15	957.47	957.47	139.16	0.00	B 靶点

造斜点井深下调至 5350.00m，增斜钻进主要在小塘子组、马二段和雷四段，优化后剖面分段数据见表 2.2.7。

表 2.2.7　彭州 5-1D 井设计剖面分段数据(优化设计：造斜点井深 5350.00m)(方案五)

测深 (m)	段长 (m)	井斜角 (°)	方位角 (°)	垂深 (m)	南北位移 (m)	东西位移 (m)	投影位移 (m)	闭合距 (m)	闭合方位 (°)	全角变化率 (°/100m)	控制点
0.00	0.00	0.00	0.00	0.00	0.00	0.00	0.00	0.00	0.00	0.00	
5350.00	5350.00	0.00	0.00	5350.00	0.00	0.00	0.00	0.00	0.00	0.00	造斜点
5567.56	217.56	28.00	138.00	5559.00	−38.72	34.87	52.10	52.11	138.00	12.87	小塘子组底
5754.87	187.32	60.00	138.00	5692.00	−134.17	120.81	180.51	180.55	138.00	17.08	马二段底
5858.45	103.57	66.00	138.00	5739.00	−202.72	182.53	272.73	272.79	138.00	5.79	雷口坡组顶
5876.46	18.01	66.00	138.00	5746.33	−214.95	193.54	289.18	289.24	138.00	0.00	
5944.03	67.57	75.26	138.65	5768.71	−262.52	235.87	352.85	352.92	138.06	13.73	
6131.50	187.47	79.91	140.00	6409.00	−401.35	355.15	535.88	535.92	138.49	2.58	A 靶点
8196.31	428.25	79.91	140.00	6584.00	−724.35	626.15	957.47	957.47	139.16	0.00	B 靶点

2)摩阻扭矩分析

(1)基础数据。假设大钩悬重为 250kN，钻井液密度为 1.95g/cm³，塑性黏度(plastic viscosity，PV)为 43mPa·s，动切力(yield point，YP)为 13Pa，排量为 32L/s，钻压为 120kN，输出扭矩为 7kN·m，套管内摩擦系数为 0.3，裸眼段摩擦系数为 0.35，井身结构及套管参数取彭州 5-1D 井设计参数。

(2)钻具组合。$\varPhi$241.3mm 钻头×0.3m + $\varPhi$185mm 单弯螺杆(1.25°)×7.89m + 411×410 浮阀×0.5m + $\varPhi$177.8mm 无磁钻铤×9.17m + $\varPhi$172mm MWD①短接×0.96m + $\varPhi$127mm 加重钻杆×427.5m + $\varPhi$127mm 钻杆×2405m + 411×520 接头×0.72m + $\varPhi$139.7mm 钻杆。

(3)不同轨道剖面设计摩阻分析。运用摩阻扭矩分析软件对上述 5 种方案进行摩阻分析，不同工况下井口大钩载荷和扭矩随井深变化关系如图 2.2.1～图 2.2.5 所示。

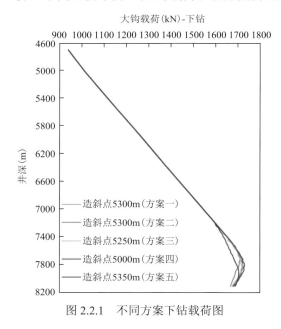

图 2.2.1　不同方案下钻载荷图

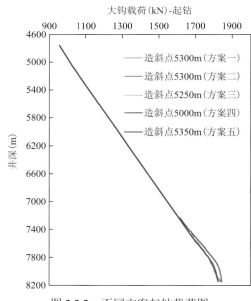

图 2.2.2　不同方案起钻载荷图

---

① MWD：measurement while drilling，随钻测量。

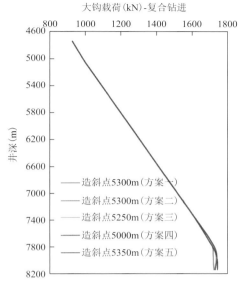

图 2.2.3　不同方案复合钻进载荷图

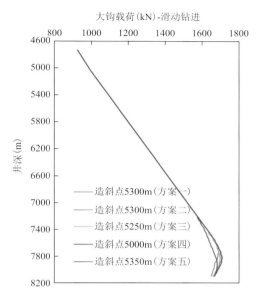

图 2.2.4　不同方案滑动钻进载荷图

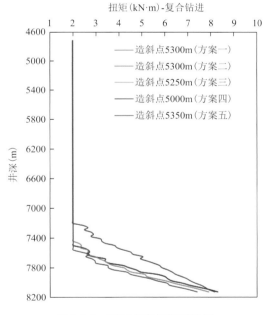

图 2.2.5　不同方案扭矩对比图

3) 轨道优化结果

综合考虑复合钻进自然增斜、不同地层的地质特征、井下安全和后期完井作业等情况，并结合不同剖面的摩阻扭矩分析结果，推荐将造斜点上调至须二段。彭州 5-1D 井井眼轨道剖面见表 2.2.5，轨道剖面对比效果如图 2.2.6 所示。

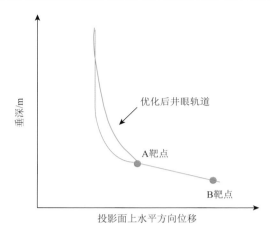

图 2.2.6　轨道剖面对比示意图

优化后的井眼轨道剖面具有以下优点。

(1)将造斜点由小塘子组地层上调至须二段,造斜率控制在 13°/100m,提高了机械钻速,缓解了因工具面不稳,造成造斜率无法达到设计要求的情况。

(2)将小塘子组地层造斜率控制在 3°/100m 左右;利用复合钻进自然增斜的方式,钻穿难钻地层(小塘子组),提高了机械钻速。

(3)将马二段增斜率控制在 16°/100m;本井段地层可钻性相对较好、工具面易摆放到位、不易"托压",取消了稳斜调整段,缩短了易形成岩屑床井段的长度,从而更有利于井下安全。

(4)马一段由于井斜角已增至 50°以上,因此该井段不但易形成岩屑床,而且"托压"现象也越发突出,故在设计时应降低增斜率,以提高机械钻速和降低"压差卡钻"风险。同时,降低本井段的造斜率,提高轨迹可调整空间,避免实钻轨迹无法满足地质靶点调整要求,而填井侧钻。

(5)钻遇地层为雷四段顶部,为出套管后 50～100m 范围内井段,通过提高该井段增斜率,可有效降低后续施工井段难度。

(6)更有利于目的层垂深调整后井眼轨迹的控制,保障目的层垂深大幅调整后井眼轨迹的圆滑和轨迹控制精度。

(7)优化后井眼轨道剖面更贴合现场定向施工特点,降低了轨迹控制难度,提高了定向效率和井眼轨迹控制精度,达到了优、快、精的目的。

优化后形成的提高复合钻增斜比例的轨道设计技术,与"直—增—稳—增—稳"剖面相比,摩阻大 40～80kN,扭矩大 3.5～7kN·m,在安全可控范围以内,但复合钻井比例由 73%提高至 90%以上,斜井段机械钻速同比提高 36.1%。

2.2.2　轨迹控制技术

1. 地质工程一体化轨迹控制技术(何莹等,2022)

针对川西气田开发过程中的地质特点与难点,基于储层物性快速评价、薄储层高分辨率波形指示反演精细预测、小层地质建模精确导向等技术手段，在川西气田实践形成了"两优三控"的井眼轨迹控制技术（陈瑶棋等，2021；贾鹏飞等，2021）。

1）两优技术

围绕"地质-工程、地下-地面、技术-经济一体化"，实现储量动用和效益最大化的原则制定水平井的优化方案。

（1）优化靶点。在进入产层前，通过各标志层与区域邻井的对比情况，预测靶点深度，提前对水平段 A、B 靶点深度进行调整。A 靶点的优化调整主要根据上部地层产状动态评价，B 靶点的优化则需要根据钻井实钻过程中的具体情况进行调整。

数值模拟表明，多数井 B 靶点距边水距离越近，气井见水时间越早、产水量越高、稳产期越短、气井累计产量越低。因此，按照开发指标稳产期 6 年对 B 靶点进行优化调整，需满足以下条件。

①垂向高于气水界面 100m 以上（表 2.2.8）。

②平面距离气水界面大于 1000m。

③平面距离彭县断裂大于 1000m。通过薄储层高分辨率波形指示反演精细预测储层展布，在此基础上，根据储层岩性、物性、含气性，对 B 靶点的位置进行调整，适当延长，从而提高储量控制程度和单井产能。

表 2.2.8　实际模型距边水平面距离与垂直高度对应表

距边水平面距离(m)	距边水垂直高度(m)
200	35
400	54
600	62
800	85
1000	106

（2）优化靶框。雷四段上部 TL_4^{3-3} 储层横向延展性较好，为保障井眼轨迹平滑，减少钻井施工难度，实施中将 B 靶半靶框宽度适当放宽。在满足地质要求的前提下，对 B 靶半靶框进行优化，由 30m 放宽至 60m。

2）三控技术

A. 控标志层

控标志层技术是以碳酸盐岩高频层序地层沉积旋回为基础，以测、录井多方法综合运用为手段，通过"标志层逼近控制技术"+"高精度叠前深度实时校正"实现目的层精细卡准、小层及夹层的精确卡层，确保现场精确卡准各小层界面及夹层套数，为井轨迹优化提供可靠基础。

受构造起伏的影响，由洼地向隆起方向，地层厚度逐渐减薄。结合地震剖面、岩性标志、地层厚度趋势、古生物、气测显示、弱暴露面均可以对雷口坡组顶部进行有效识别。

（1）岩性标志。在钻头进入储层之前，将钻遇几套区域标志层，分别为马二段顶部泥质灰岩、马一段中下部薄层页岩、雷四段顶部藻灰岩、隔层段灰岩以及$T_2l_4^{3-3}$小层中上部灰岩夹层。上述标志层岩性、电性特征区别明显，在区域上分布稳定，现场可根据元素录井、岩屑薄片鉴定、核磁共振录井等手段进行岩性分析判断。岩性变化导致雷四上亚段、马二段及小塘子组底部地震剖面图上具有较明显的同相轴，易于分辨(图2.2.7)，为通过井震结合精细标定建立地质模型提供基础。

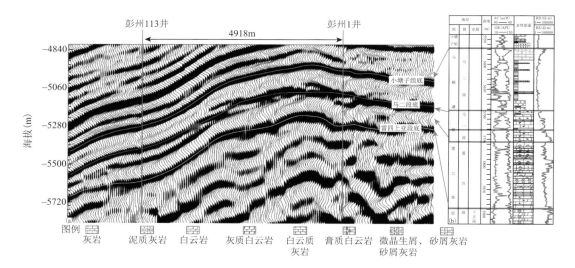

图 2.2.7 彭州 113 井—彭州 1 井地震剖面图(a)及彭州 1 井中-上三叠统综合柱状图(b)

(2)生物碎屑。雷口坡组内的生物碎屑类型与数量均与上覆地层有明显差异，可以作为地层识别的依据。具体来说，地层中马鞍塘组生物碎屑含量高，鲕粒及造礁生物丰富，进入雷口坡组后，地层中生物碎屑含量明显下降且以藻屑为主。

(3)弱暴露不整合面。雷口坡组顶部发育不整合面，其出现可以作为进入雷口坡组的识别标志。不整合面取心和岩石薄片中见钙结壳断块、悬垂胶结、溶洞垮塌的砂砾屑等古喀斯特作用的标志。

(4)气测显示。气测显示的变化在录井和测井解释运用均较为明显。多口井的录井及测试结果对比表明，进入雷四上亚段后油气显示活跃：彭州 1 井雷四上亚段录井过程中气测显示较好，在泥浆密度(1.62～1.67g/cm³)下全烃值 0.4%～7.337%(裂缝较发育)；鸭深 1 井在泥浆密度(1.47～1.56g/cm³)下全烃值 0.1%～3.9%；彭州 113 井在泥浆密度(1.45～1.5g/cm³)下全烃值 0.238%～3.917%；彭州 4-2D 井在泥浆密度(1.49～1.51g/cm³)下全烃值 0.278%～14.432%。测井解释表明进入雷口坡组后以气层、含气层为主。

B. 控入靶角度

川西气田地层产状变化大，是影响井身轨道设计、实施的关键因素。钻井施工中随钻实时计算、预测地层产状，并据此不断修正地质模型是保证准确入靶的重要措施。川西雷口坡组气藏地质导向中应用效果较好的地层倾角计算方法为地层等厚法。该方法根据计算出的地层视倾角，结合叠前深度域地震资料预测待钻地层产状，从而达到准确指导定向轨迹施工的目的。

地层等厚法是根据施工井与邻井地层埋厚相等的原则建立地质模型，通过对施工井钻遇各标志层的视垂厚差值与轨迹穿行地层水平位移之间的关系，结合邻井该地层埋厚（真垂厚）数值，进行地层视倾角计算，分下倾和上倾两种情况。

（1）下倾地层视倾角计算。

下倾地层视倾角计算如图 2.2.8 所示。

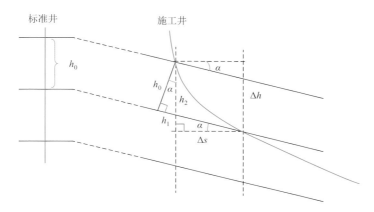

图 2.2.8　下倾地层视倾角计算示意图

从图 2.2.8 可知，施工井钻穿地层的视垂厚 Δh 可分为 h_1 和 h_2 两段，即：

$$\Delta h = h_1 + h_2, \quad h_1 = \tan \alpha \cdot \Delta s, \quad h_2 = h_0 / \cos \alpha \tag{2.2.1}$$

式中：Δh 为地层视垂厚，m；Δs 为轨迹在该地层穿行的水平位移，m；h_0 为地层实际垂厚（即标准井地层厚度），m；α 为地层视倾角，（°）。

进一步计算可以得到下倾地层视倾角的三角函数公式：

$$\sin \alpha = \frac{\Delta h \sqrt{\Delta h^2 + \Delta s^2 - h_0^2} - h_0 \Delta s}{\Delta h^2 + \Delta s^2} \tag{2.2.2}$$

在地层倾角较小时，可以将地层的真垂厚视为地层的垂直投影厚度，近似计算地层的视倾角，其计算公式为

$$\tan \alpha = h_1 / \Delta s = (\Delta h - h_2) / \Delta s \approx (\Delta h - h_0) / \Delta s \tag{2.2.3}$$

（2）上倾地层视倾角计算。

上倾地层视倾角计算如图 2.2.9 所示。

从图 2.2.9 可知，施工井钻穿地层的真垂厚 h_0 可分为 h_1 和 h_2 两段，即：

$$\Delta h = h_1 + h_2, \quad h_1 = \sin \alpha \cdot \Delta s, \quad h_2 = \cos \alpha \cdot \Delta h \tag{2.2.4}$$

进一步计算可以得到上倾地层视倾角的三角函数公式：

$$\sin \alpha = \frac{h_0 \Delta s - \Delta h \sqrt{\Delta h^2 + \Delta s^2 - h_0^2}}{\Delta h^2 + \Delta s^2} \tag{2.2.5}$$

在地层倾角较小时，工程上一般将图 2.2.8 中地层的 h_2 近似取值为地层的视垂厚 Δh，近似计算地层的视倾角，其计算公式为

$$\sin \alpha = h_1 / \Delta s = (h_0 - h_2) / \Delta s \approx (h_0 - \Delta h) / \Delta s \qquad (2.2.6)$$

已施工井计算表明，在地层倾角小于10°的情况下，近似计算地层视倾角与准确计算误差为0.1°，满足工程计算要求。

地层等厚法可以获得最新揭示地层的地层倾角，确定钻头位置附近地层的倾斜幅度是趋于平缓还是进一步加大，这对认识后续地层的变化趋势有较高的参考指导作用。

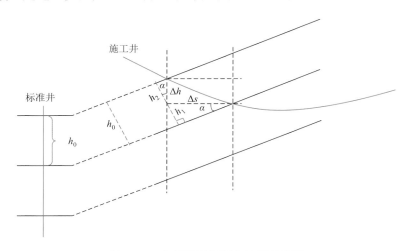

图 2.2.9　上倾地层视倾角计算示意图

(3)控水平段轨迹。

川西气田雷四段储层高角度(网状)缝越发育，产能越高(表2.2.9)。

表 2.2.9　川西气田雷四段储层裂缝发育程度与产量统计表

井号	测试井段 (m)	有效储层厚度 (m)	孔隙度 (%)	渗透率 (mD)	高角度缝 (条)	低角度缝 (条)	裂缝密度 (条/m)	无阻流量 ($10^4\mathrm{m^3/d}$)
羊深1	70	58.5	4.29	0.73	0	69	0.99	104.23
彭州1	52	40.7	5.02	1.18	20	66	1.65	331.48
鸭深1	81	58.2	6.16	1.21	2	32	0.42	81.96

在裂缝不发育情况下，产能与钻遇优质储层长度，以及储层长度×孔隙度具有良好的正相关关系(表2.2.10)。

表 2.2.10　川西气田鸭子河构造测试无阻流量与优质储层长度×孔隙度关系表

井号	优质储层长度 L(m)	孔隙度 ϕ(%)	L(m)$\times\phi$(%)	测试无阻流量($10^4\mathrm{m^3/d}$)
彭州 8-5D	329.6	6.18	2037.42	115.56
彭州 6-4D	341.8	7.27	2485.83	124.4
彭州 6-2D	420.6	6.95	2921.35	157.2
彭州 4-5D	339.6	6.94	2357.13	127.06

川西气田主力产层 TL_4^{3-3} 层中上部发育由 3～4 套灰岩薄夹层组成的夹层带，灰岩夹层物性、含气性差，在其之下发育约 15m 厚的优质储层。因此，施工中应控制轨迹快速穿过灰岩夹层带，长穿下部优质储层。由工区构造复杂，地层产状变化大，施工过程中应针对性优化调整井身轨迹，从而保证长穿优质储层(图 2.2.10)。

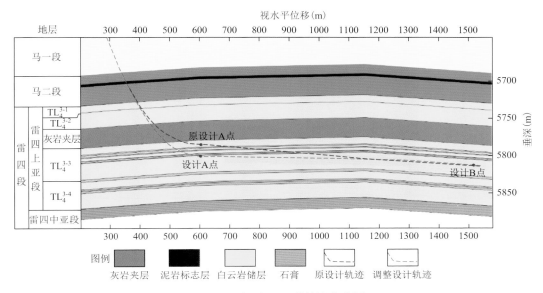

图 2.2.10 彭州 4-5D 井轨迹优化图

2. 旋转导向钻井技术

川西气田三开井底静止温度 145～155℃，80～90MPa 高压环境，旋转导向在高温环境下失效率较高；同时三开雷口坡组地层埋藏深度大于 5500m，发育灰岩和白云岩，岩石硬度大。

1) 第一轮井旋转导向工具应用效果

统计川西气田第一轮 11 口开发井资料，旋转导向工具及滑动导向工具应用情况见表 2.2.11。

表 2.2.11 川西气田第一轮 11 口井三开钻进机械钻速统计表

井号	钻井方式	趟数	井尺(m)	平均进尺(m)	钻速(m/h)	备注
彭州 4-2D	旋转导向	3	660.77	220.26	4.59	全程旋转导向
彭州 7-1D	旋转导向	6	408.51	68.09	3.88	
	滑动导向	3	345.82	115.27	2.67	
彭州 3-4D	旋转导向	3	82.07	27.35	6.10	
	滑动导向	2	359.93	179.97	6.05	
彭州 6-2D	旋转导向	4	438.00	109.50	3.21	
	滑动导向	2	313.00	156.50	4.48	

续表

井号	钻井方式	趟数	井尺（m）	平均进尺（m）	钻速（m/h）	备注
彭州 6-4D	旋转导向	3	221.00	73.67	4.37	
	滑动导向	2	480.00	240.00	7.83	
彭州 5-2D	旋转导向	6	664.16	110.69	4.13	
	滑动导向	3	238.68	79.56	5.01	
彭州 3-5D	滑动导向	13	1214.00	93.38	4.61	全程滑动导向
彭州 8-5D	滑动导向	4	715.00	178.75	4.18	全程滑动导向
彭州 4-5D	滑动导向	6	1187.00	197.83	3.98	全程滑动导向
彭州 4-4D	滑动导向（侧钻三趟）	12	1331.00	110.92	0.49	全程滑动导向
彭州 5-4D	滑动导向	4	1221.00	305.25	4.51	全程滑动导向

川西气田第一轮 11 口井使用旋转导向单趟钻进尺 98.98m，常规导向为 138.67m，旋转导向较滑动导向低 40.01%。

工区使用的旋转导向工具都具有仪器不稳定、故障率高、钻井时效低的特点。小尺寸工具强度较常规尺寸偏小，井下频繁振动加剧了工具的损坏和疲劳失效；同时选用抗温 150℃工具，抗温性能稍差，橡胶件使用寿命大大缩短，导向头没有信号，高故障率导致起下钻频繁、单趟进尺缩短。此外，在较为恶劣的井况下，"噪声"影响信号的现象也时有发生，钻进过程中需要大量时间进行信号调试，进而导致旋转导向纯钻率低。

川西气田第一轮施工井旋转导向与滑动导向钻进机械钻速对比如图 2.2.11 所示。

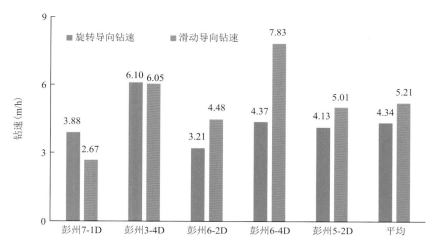

图 2.2.11　川西气田第一轮施工井旋转导向与滑动导向钻进机械钻速对比

从图 2.2.11 可知，在使用两种钻进工艺的井中，彭州 7-1D 井、彭州 3-4D 井旋转导向钻速较滑动导向钻速高，主要是因为在造斜井段，滑动导向时钻具无法旋转，摩阻较大，机械钻速低；而旋转导向技术在钻进过程中钻具整体式旋转，有效防止了托压造成的机械钻速慢，同时钻具在旋转过程中破坏了井底的岩屑床，避免岩屑的堆积造成的重复破碎，有效提高了钻头使用率和行程钻速。彭州 5-2D 井、彭州 6-2D 井、彭州 6-4D 井旋转导向钻速较滑动导向钻速低，其原因是为减小井下振动和降低旋转导向故障率，钻进时弱化了钻井参数。

总体分析，旋转导向钻速较滑动导向钻速略低，在川西气田第一轮三开井段钻进过程中旋转导向提速效果不明显。

基于第一轮井旋转导向钻井技术的使用效果分析，后续井建议进行以下改善优化(杨洁等，2021)。

(1)川西气田应选用抗温 175℃金属密封旋转导向系统，同时匹配与地层相适应满足造斜要求的工具和聚能减震器，降低工具故障率，减少起下钻趟数，提高纯钻率。

(2)综合考虑井眼轨迹规则平滑程度和造斜段旋转导向机械钻速优势，川西气田推荐着陆前及着陆后一趟钻采用旋转导向，井眼规则平滑，可为后续完井管柱的顺利下入提供有力保障，后续采用滑动导向钻井技术。

2)第二轮井旋转导向工具应用效果

A. 工具优选

第二轮井优选最新一代抗 175℃高温小井眼旋转导向仪器，两种旋转导向仪器性能参数对比见表 2.2.12。

表 2.2.12　两种旋转导向仪器性能参数对比表

井眼尺寸	Φ149.23mm～171.45mm	Φ149.23mm～171.45mm
适用钻井液	水基，油基，合成油基	水基，油基，合成油基
最高作业温度	175℃	导向头 165℃，OnTrak MWD150℃
理论最大狗腿度	15°/30m	10°/30m
工具外径	120.65mm	120.65mm
排量范围	454～1325L/min	475～1325L/min
排量配置	低排，中排，高排	低排，中排，高排
最高承压	207MPa	207MPa
最高转速	400r/min	400r/min
最大抗扭	18kN·m	18kN·m
最大抗拉	210t/25℃；190t/175℃	210t

B. 底部钻具组合优化。

针对前期使用旋转导向底部钻具组合(bottom hole assembly，BHA)刚性较强及与环空间隙小的问题，将尾部扶正器去掉，通过降低钻具组合刚度的方法实现降低钻具振动的目的，以及将测斜单元扶正器尺寸由 Φ162mm 优化至 Φ145mm，通过减小底部钻具本体扶正器尺寸降低卡钻风险，优化后的底部钻具组合如图 2.2.12 所示。

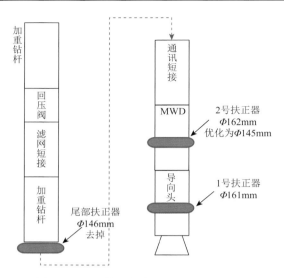

图 2.2.12　旋转导向底部钻具组合优化图

C. 抗温抗震效果

第二轮井旋转导向工具使用情况见表 2.2.13。

表 2.2.13　第二轮井旋转导向工具使用情况统计表

井号	趟数	入井深度（m）	出井深度（m）	进尺(m)	循环时间（h）	纯钻时间（h）	机械钻速（m/h）	最高温度（℃）
彭州 6-1D	1	5810	6162	352	185.8	73.5	4.79	142.3
彭州 6-1D 侧	7	5868	7115	1149	866.36	312.15	3.68	153.0
彭州 6-3D	9	5728	6916	1188	592.33	298.58	3.98	148.6
彭州 6-6D	4	6032	7233	1201	542.47	315.66	3.80	151.2
彭州 5-1D	4	6070	7019	951	662.16	406.74	2.34	152.0
彭州 5-3D	5	6231	6675	444	398.93	227.89	1.95	147.7

从表 2.2.13 可知，优选后的旋转导向工具在彭州 5、6 号平台共施工 5 口井，累计进尺 5285m。其中 6 号平台三口井已完成施工，彭州 6-1D（含侧钻）井共施工 8 趟钻，累计进尺 1501m；彭州 6-3D 井共施工 9 趟钻，累计进尺 1188m；彭州 6-6D 井共施工 4 趟钻，累计进尺 1201m。

从统计数据可知，5 口井总共施工 30 趟钻，没有因为井底温度过高导致仪器故障起钻，Lucida 旋转导向工具在温度超过 145℃的情况下依旧表现出了很高的稳定性。

图 2.2.13 为彭州 6-3D 井底部钻具组合优化前后横向振动、轴向振动、高频扭转振动和黏滑振动监测数据图，图 2.2.14 为彭州 6-6D 井底部钻具组合优化前后横向振动、轴向振动、高频扭转振动和黏滑振动监测数据图。

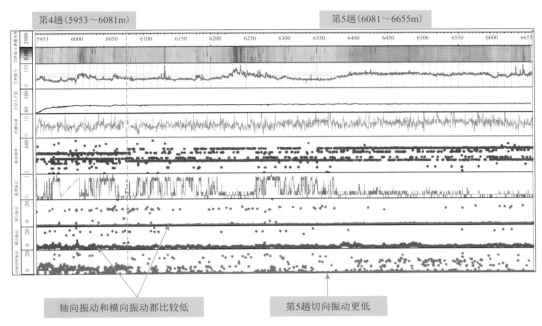

图 2.2.13　彭州 6-3D 井底部钻具组合优化前后振动对比图

注：测量深度，m；自然伽马，API；近钻头井斜角，(°)；机械钻速，m/h；振动频率，Hz；黏滑振动、轴向振动、横向振动、高频扭转振动，g(重力加速度，m/s²)

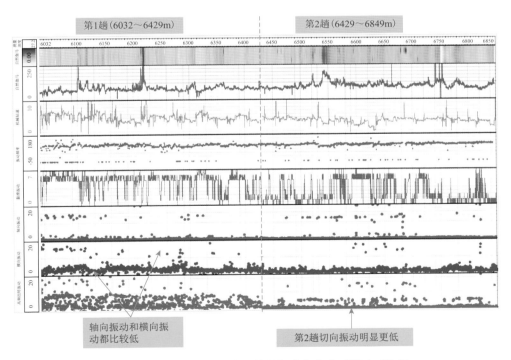

图 2.2.14　彭州 6-6D 井底部钻具组合优化前后振动对比图

从图 2.2.13 可知，彭州 6-3D 井三开水平段第 4 趟钻带扶正器(外径 146mm)，第 5 趟钻不带扶正器，两种底部钻具组合的轴向振动和横向振动都比较低，特别明显的是不加扶正器以后，第 5 趟钻的高频扭转振动衰减明显，增加了旋转导向的一趟钻服役时间。

从图 2.2.14 可知，彭州 6-6D 井三开水平段第 1 趟钻带扶正器(外径 146mm)，第 2 趟钻不带扶正器，两种底部钻具组合的轴向振动和横向振动都比较低，特别明显的是不加扶正器以后，第 2 趟钻的高频扭转振动衰减明显，增加了旋转导向的一趟钻服役时间。

因此，优化后的底部钻具组合基本解决了旋转导向工具的抗温抗震稳定性问题，同时减小了小井眼卡钻的风险。

通过"两优三控"轨迹优化及旋转导向钻井技术，对水平井进行适时优化微调轨迹，保证水平段轨迹在靶窗内优快平滑推进。前期实践水平段长穿潮坪相薄层优质储层，储层平均测井钻遇率由前期的 83%提高到 94.5%(表 2.2.14)。其中，彭州 8-5D 井储层钻遇率高达 99.4%，主要目的层油气显示钻遇率 100.0%；彭州 5-1D 井深 8208.0m，垂深 5732.81m，测井段长 1843.0m，储层钻遇率 100.0%，创川西气田主要目的层油气显示钻遇率最高纪录。长水平段水平井通过"两优三控"技术可以有效动用储量，具有重大的提升边界气田开发效益的意义。

表 2.2.14　川西气田各井雷四上亚段目的层储层钻遇率统计表

井号	完钻井深(m)	目的层顶深(m)	目的层底深(m)	测井段长(m)	储层段长(m)	钻遇率(%)
彭州 3-4D	6416.0	6152.3	6400.0	247.7	231.6	93.5
彭州 4-5D	6969.0	5931.5	6950.0	1018.5	995.9	97.8
彭州 6-2D	6616.0	6046.2	6602.0	555.8	539.8	97.1
彭州 6-4D	6696.0	6214.5	6680.0	465.5	447.4	96.1
彭州 8-5D	6575.0	6005.0	6523.9	518.9	515.6	99.4
彭州 4-2D	6573.8	6110.0	6548.0	438.0	430.3	98.2
彭州 7-1D	6687.3	6183.1	6540.0	356.9	327.0	91.6
彭州 3-5D	7482.0	6321.4	7184.0	862.6	751.9	87.2
彭州 6-1D	7707.0	5986.0	7707.0	1843.0	1653.5	89.7
彭州 6-3D	7456.0	5893.0	7456.0	1537.0	1443.4	93.9
彭州 6-6D	8206.0	6229.0	8206.0	1951.0	1746.4	89.5
彭州 5-1D	8208.0	6081.0	8208.0	1843.0	1843.0	100.0
平均钻遇率						94.5

2.3　超深井优快钻井技术

川西海相雷口坡组气藏平均埋深 5300～6400m，造斜点深，直井段较长、防斜防碰同时打快难度大。该区主体采用丛式井组开发模式，每个井组 4～5 口井，其中 3 号、7 号、8 号平台设计为 5 口井，4 号平台设计为 6 口井，5 号、6 号平台设计为 4 口井。井间距最小为 12m，由于造斜点深度为 4900～5300m，施工过程中既要防斜打直还要打快，又要为同台后续井预留井眼空间，避免井间相碰，直井段施工防斜任务严峻。对于蓬莱镇组—沙溪庙组，常规钻井采取轻压吊打来控制井斜，但仍存在水平位移持续增大的问题，需要使用单弯螺杆控斜钻进，严重影响钻井效率，如彭州 115 井 3 次纠斜，机械钻速降低 50%以上（唐嘉贵，2015）。

上三叠统须家河组埋深为 2000～4500m、厚度为 1700～3050m、地层压力系数为 1.85～2.0、岩石致密坚硬、岩石可钻性级值高达 8.0，须二段—小塘子组地层属铁质胶结，石英含量达 72%，钻头磨损快，机械钻速低且单趟进尺低，前期评价阶段的直井在相应井段的平均机械钻速为 1.41～2.22m/h。

2.3.1　山前构造带易斜地层防斜打快技术

1. 地层各向异性特征分析

龙门山前构造带表现出不对称的向斜，地层倾角较陡，可达到 15°～25°（图 2.3.1），地层侧向应力集中，自然造斜率强。鸭 3 井引进垂直钻井系统，井斜角最大为 3.3°，都深 1 井三开出现井斜角超标（25.95°/5298.12m），回填侧钻，报废进尺 250m。部分井采用轻压吊打技术，限制了钻压，因此导致机械钻速较低。

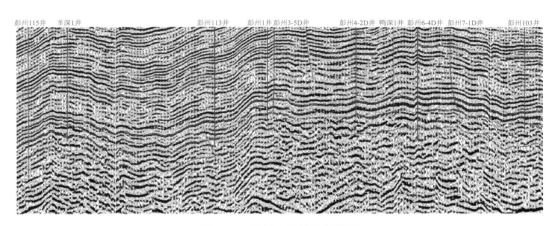

图 2.3.1　地层三维地震剖面图

陆相地层砂泥岩互层，导致岩石强度非均质性突出；须二段下部及小塘子组胶结致密，石英含量高，研磨性强，岩石强度高。另外，地层抗压强度数值越大、离散程度越大和变化频率越高，地层软硬交错程度越严重，钻头稳定性越差。采用地层软硬交错指数来指导钻井方式的选择，地层软硬交错指数见式（2.3.1）。

$$I_{\mathrm{s}} = \frac{S_{\mathrm{UCa}} R_{\mathrm{MS}} D_{\mathrm{SS}}}{2 \times 10^5} \tag{2.3.1}$$

式中：I_{s} 为地层软硬交错指数，量纲一；S_{UCa}、R_{MS}、D_{SS} 分别为数米地层内的平均单轴抗压强度、单轴抗压强度的均方根和单轴抗压强度峰值之和，MPa。

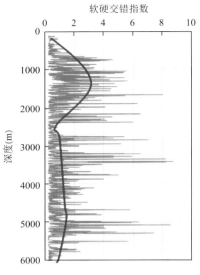

图 2.3.2　地层软硬交错指数曲线
（彭州 1 井）

从图 2.3.2 可知，在金马构造上的彭州 1 井，2200m 以浅的蓬莱镇组—沙溪庙组陆相地层砂泥岩互层、岩石强度非均质性突出，尤其在 700～2200m 层段，软硬交错指数大于 2。2800～3000m 的须五段、3100～3300m 的须四段、5000～5200m 的须二段下部地层也表现出较强的非均质性，钻井过程中容易导致井斜，防斜难度比较大。

2. 中浅部非均质地层自然造斜规律

由于钻井的各向异性指数和地层倾角的影响，钻头所受的阻力在各个方向上是不均匀的，地层下倾方向的阻力大于上倾方向的阻力，因此，钻头必受一个来自地层下倾方向的力的作用，迫使钻头向上倾方向倾斜，这就是井斜产生的主要原因。导致井斜的主要地质影响因素包括地层倾角、地层的层状结构、岩性交替变化等，当地层倾角小于 45°时，井眼一般沿上倾方向偏斜；当地层倾角大于 60°时，井眼将顺着地层面下滑发生偏斜；而地层倾角在 45°～60°时是不稳定区，即有时向上倾斜，有时向下倾斜，这个不稳定区的范围随各地区地层条件而不同。此外断层也常常会引起井斜。这是由于多数断层在发生错动时，往往不是沿着一个面，而是沿着一个破碎带。由于破碎带的岩石疏松后，受力不均，工作不稳定，也容易产生井斜。

国内外学者为了比较科学、定量地描述地层因素对井斜的影响，试图利用地层造斜力 F 来综合反映该因素的大小。根据地层各向异性理论，利用各向异性指数 h 的概念和井斜是钻头前进的轨迹偏离原井眼轴线的基本定义，推导出了地层造斜力的计算式：

$$F = 0.5 \times [h \sin 2(\beta - \alpha) \times P] \tag{2.3.2}$$

式中：F 为地层造斜力，N；β 为地层倾角，（°）；α 为井斜角，（°）；P 为钻压，kN；h 为地层各向异性指数，量纲一。

3. 预弯曲动力学防斜打快技术

预弯曲动力学防斜打快钻井技术主要利用预弯曲动力学防斜打快钻具组合在井眼中的涡动特征，在钻头上形成一个远大于钟摆降斜力的防斜力，从而使井眼保持垂直。预弯曲动力学防斜打快钻具组合是一种带预弯曲结构的特种钻具组合，钻进时，其在井眼内形成特定的涡动轨迹，引起钻具组合以较大的不平衡概率向下井壁方向振动，从而实现向下井壁的冲击力。常规钟摆和满眼钻具组合的工作原理都是力求钻具组合发生尽可能小的变形，减小钻具组合因变形引起的增斜力。预弯曲动力学防斜打快钻具组合则肯定了钻具组合变形不可避免的事实，利用带预弯曲结构特种钻具组合较为有序的变形来实现钻具组合运动特征的控制，从而实现防斜打快目的。该钻具组合主要是由单弯动力钻具＋扶正器组成，在复合钻井过程中，通过利用动力钻具的高速旋转和钻具的涡动作用，实现防斜打快，在井斜角较大的情况下，结合 MWD 测量仪器，能够实现定向纠斜作业。图 2.3.3 为双稳定器预弯曲动力学防斜打快钻具组合示意图。

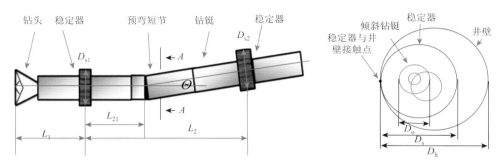

图 2.3.3　预弯曲动力学防斜打快钻具组合(右图为 *A-A* 剖面)

对于带预弯曲结构的下部钻具组合来说，弯曲结构的存在，使得其在任何一个瞬态的受力变形都有其独有的特征。这个特征主要来源于预弯曲结构的弯曲面，或称工具面。这种钻具组合旋转钻井时的特点可以归纳为一个工具面不断有规律改变的过程，其总体导向效果可以用钻柱旋转一周内钻头上的合侧向力矢量来表述：

$$F_s = \frac{1}{n}\sqrt{F_{s\alpha}^2 + F_{s\varphi}^2} \tag{2.3.3}$$

即为利用导向力计算的非等力合成数学模型，式中：$F_{s\alpha}$ 为合造斜力，N；$F_{s\varphi}$ 为合方位力，N；n 为计算点数，量纲一。

利用转子动力学理论，建立了下部钻具组合三维动力学模型。将带预弯曲结构的钻具组合按其质量分布规律简化成一偏心转子，并且考虑稳定器与井眼之间的间隙、转子与井壁的弹塑性碰撞摩擦、预弯曲变形对恢复力的非线性扰动、井斜引起的非轴向重力等因素，建立预弯曲动力学防斜打快钻具组合三维动力学模型：

$$[\beta(r'' + ir\theta'' + 2ir'\theta' - r\theta'^2)$$
$$+ \xi|r' + ir\theta'|(r' + ir\theta') + Q_k]\exp(i\theta)$$
$$= (\varepsilon + a\zeta)\eta^2\exp(i\eta\tau + i\xi_0) - iQ_g \tag{2.3.4}$$

图 2.3.4 为准动力学模型计算结果，其计算结果表明产生了很大的防斜力，约 −6.82kN。准动力学模型的计算结果表明，在小井斜角情况下，预弯曲动力学防斜打快钻具组合的防斜力是钟摆钻具组合降斜力的 10 余倍，甚至几十倍，且随井斜角的变小逐步增大，这与钟摆钻具组合具有相反的规律(图 2.3.5、图 2.3.6)。

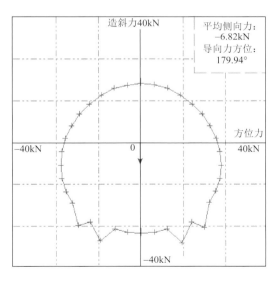

图 2.3.4　预弯曲动力学防斜打快钻具组合导向力准动力学模型计算结果

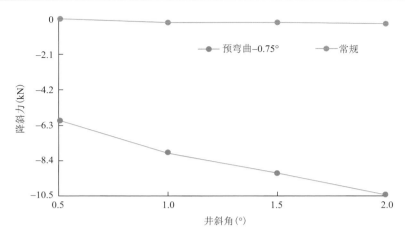

图 2.3.5　钻头降斜力对比

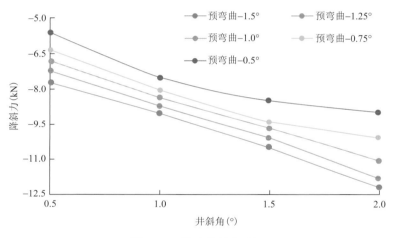

图 2.3.6　钻头降斜力对比

　　针对不同螺杆弯度预弯曲组合受力进行了计算分析，通过对比预弯曲钻具组合和常规吊打防斜力后发现，预弯曲动力钻具的钻头降斜力明显大于轻压吊打钻具组合，螺杆弯角越大降斜力增加幅度越大，有较好的防斜打快效果。结合该区域地层自然造斜规律分析，建议地层倾角小于 25° 时，软硬交错指数（各向异性指数）小于 3，地层造斜力为 6～8kN，地层可采用预弯曲防斜纠斜组合，螺杆角度 0.75°～1.0°，扶正器 330mm/238mm 能够平衡地层的增斜力。因此优选钻具组合如下。

　　方案一：Φ333.4mm 钻头 +（0.75°～1°）Φ244mm 单弯螺杆 + 短钻铤 1 根（3～5m）+ Φ330mm 扶正器 + 钻柱。

　　方案二：Φ241.3mm 钻头 +（0.75°～1°）Φ185mm 单弯螺杆 + 短钻铤 1 根（3～5m）+ Φ238mm 扶正器 + 钻柱。

　　彭州 3-5D 井蓬莱镇组—沙溪庙组应用预弯曲动力学钻井技术，采用 Φ333.4mm 5 刀翼 PDC 钻头 + Φ244mm 0.75° 单弯螺杆 + Φ330mm 稳定器复合钻井，钻进井段 807～

2272m，进尺 1465m，平均机械钻速 6.65m/h，比前期同井段钻速提高 50.10%，最大井斜角仅 0.56°，为平台后续井的施工提供了技术保障。多口井的应用效果见表 2.3.1。

表 2.3.1　预弯曲动力学钻井技术应用情况统计表

井号	钻井技术	应用井段(m)	进尺(m)	平均机械钻速(m/h)
彭州 3-5D	预弯曲动力学	807～2272	1465	6.65
彭州 103	预弯曲动力学	810～1956	1146	7.14
彭州 113	预弯曲动力学	798～1893	1095	6.56

使用预弯曲动力钻具组合，防斜打直效果好，替代了垂直钻井技术。直井段的井斜角均小于 1.3°，超过 97%的井段井斜角小于 1°，全部安全钻过易相碰井段(图 2.3.7)。

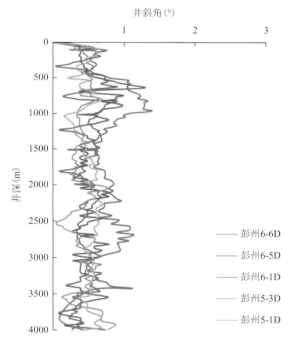

图 2.3.7　防斜打直效果图

2.3.2　难钻地层钻井提速技术

1. 难钻地层岩石特征分析

影响机械钻速最关键的工程地质参数是岩石硬度、可钻性级值和研磨性，根据所获取的岩心进行室内实验，测得须家河组四段(须四段)和须家河组二段(须二段)的关键工程地质参数(表 2.3.2)，为钻头选型和提速工具优选提供了依据。

表 2.3.2　须四段及须二段井下岩心可钻性实验数据表(毛帅等, 2017)

层段	岩性	可钻性级值				岩石硬度(MPa)	岩石研磨性(mg/5min)
		常温常压条件		模拟井底条件			
		牙轮钻头	PDC 钻头	牙轮钻头	PDC 钻头		
须四段	细砂岩	5.88	3.59	8.25	7.15	1040.17	38.90
	砾岩	4.39	2.07	8.36	7.58	360.18	76.00
	中砂岩	5.31	4.48	8.86	7.00	756.18	45.00
	平均值	5.19	3.38	8.49	7.24	718.84	53.30
须二段	粗砂岩	3.88	2.88	8.96	7.42	353.17	12.90
	细砂岩	4.12	3.40	9.51	7.64	1443.12	25.50
	石英砂	4.68	3.24	10.00	8.17	1959.25	34.90
	平均值	4.23	3.17	9.49	7.74	1251.85	24.43

从表 2.3.2 可知,须四段岩性以砾岩、中砂岩、细砂岩为主,从实验结果可以看出,岩石硬度为 360.18～1040.17MPa,平均硬度为 718.84MPa,其中细砂岩硬度为 1040.17MPa,中砂岩硬度为 756.18MPa,砾岩硬度为 360.18MPa,硬度中等偏高;岩石研磨性为 38.90～76.00mg/5min,平均研磨性为 53.30mg/5min,研磨性中等。在常温常压条件下牙轮钻头可钻性级值为 4.39～5.88,平均可钻性级值为 5.19,PDC 钻头可钻性级值为 2.07～4.48,平均可钻性级值为 3.38;在模拟井底条件下,牙轮钻头可钻性级值为 8.25～8.86,钻头平均可钻性级值为 8.49,PDC 钻头可钻性级值为 7.00～7.58,平均可钻性级值为 7.24,PDC 钻头比牙轮钻头可钻性级值低。根据三项实验数据、岩性、井段长度、钻头寿命,推荐高效 PDC 或混合钻头为主要破岩工具。

须二段岩性以细砂岩和粗砂岩为主,局部含石英砂。测试岩石硬度为 353.17～1959.25MPa,平均硬度为 1251.85MPa,硬度较高。岩石研磨性为 12.90～34.90mg/5min,平均研磨性为 24.43mg/5min,研磨性中等。在常温常压条件下牙轮钻头平均可钻性级值为 4.23,PDC 钻头平均可钻性级值为 3.17;在模拟井底条件下,牙轮钻头平均可钻性级值为 9.49,PDC 钻头平均可钻性级值为 7.74,PDC 钻头比牙轮钻头可钻性级值低,优选研磨性强的 PDC 钻头进行钻进破岩。

2. 难钻地层钻头优选

须家河组普遍存在夹层包含砾石层,采用常规的 PDC 钻头和牙轮钻头无法兼顾钻井提速和延长使用寿命。为充分发挥两类钻头的优势,在"犁削＋挤压"混合破岩机理基础上,通过优选切削齿和三轮次的试验改进,研制出"斧形齿＋锥形齿"新型 PDC 钻头和高效混合钻头(图 2.3.8、图 2.3.9),新型 PDC 钻头的特性是采用更锋利的切削刃和更厚的金刚石层,提高切削效率。通过强化保径、加强主切削齿和内锥齿强度,提高钻头攻击性(刘伟,2020)。同时,选择的锥形齿可提高钻头抗冲击性及耐磨性,有效提高单只钻头进尺。

图 2.3.8　混合钻头　　　　　　　　　　　图 2.3.9　新型 PDC 钻头

彭州 5-2D 井通过优选 PDC 钻头，一趟钻钻穿须五段进尺 749m，平均机械钻速达到 4.8m/h，须四段地层 PDC 钻头单趟最高进尺为 499m，日进尺为 140m；新型 PDC 钻头在彭州 7-1D 井须三段应用，单只钻头进尺为 442.5m，平均机械钻速为 3.41m/h；彭州 4-2D 井在须四段—须三段地层应用，钻进井段为 3445～3763m，总进尺为 318m，平均机械钻速为 4.33m/h。混合钻头切屑齿采用进口复合片提高钻头抗研磨性，采用孕镶齿强化钻头保径，优化牙轮轴承结构提高螺杆钻具钻进安全性，有效解决致密页岩夹层造成的 PDC 钻头先期破坏，提高单只钻头进尺和机械钻速。彭州 7-1D 井采用混合钻头 5 只，进尺为 1192m，在致密坚硬的须二段平均机械钻速为 2.92m/h，须二段底部机械钻速达到 3.46m/h，减少起下钻 3～5 趟（江波等，2019）。

根据前期钻头使用情况和地层岩性、岩石可钻性综合优选刀翼数量和布齿。砂岩、细砂岩地层使用 16mm 齿 6 刀翼钻头增加攻击性，含砾岩和石英的地层使用 13mm 齿 7 刀翼或 6 刀翼钻头提高抗研磨性，高含石英的须二段地层，优选耐磨性更强的 13mm/16mm 齿 7 刀翼钻头。彭州 3-5D 井钻穿须三段仅用了 2 趟钻，彭州 7-1D 井钻穿须二段仅用了 2 趟钻，钻井周期较前期完钻井大幅缩短，钻完须家河组地层平均钻井趟数从前期 22 趟逐渐降到 12.5 趟，彭州 6-2D 井仅 8 趟（表 2.3.3），提速提效明显。

表 2.3.3　须家河组钻头数量前后期应用对比表

井段	钻头数量/只						
	前期平均	彭州 3-4D	彭州 3-5D	彭州 6-2D	彭州 7-1D	彭州 8-5D	彭州 4-2D	应用井平均
须五段	3	2	3	1	3	3	2	2.33
须四段	6	3	4	1	4	2	6	3.33
须三段	6	3	2	3	3	3	5	3.17
须二段	7	3	3	3	2	5	6	3.67
合计	22	11	12	8	12	13	19	12.50

注：在正常钻进状态下，钻头数量通常与钻进趟数相同。

3. 辅助破岩工具优选

针对须家河组硬地层特性，以延长钻头使用寿命、提高切削效率为原则优选辅助破岩工具。经现场应用和评估发现，垂直钻井工具、大扭矩螺杆、扭力冲击器、射流冲击器有利于须家河组硬地层钻井提速提效。

垂直钻井工具防斜打直效果受钻压影响较小，是释放钻压、提高钻井速度、控制井斜的有效方案，主要应用于高陡构造。由钻速方程可知，须家河组硬地层提高钻压比提高转速增加的比例更大，提高钻压更有利于钻井提速提效。基于此理念，将垂直钻井技术应用于川西气田上部硬地层，鸭深 1 井在二开 Φ316.5mm 井眼入井 3 次，进尺为 1824m，平均机械钻速为 7.27m/h，出井钻头无崩齿，新度达 80%，最大井斜角为 0.7°。

动力钻具作为辅助破岩工具已广泛应用在川西气田，针对钻头尺寸、可钻性级值，以增加输出扭矩为目的，与厂家联合研制了大扭矩螺杆，在彭州 4-2D 等井推广应用。须五段采用 Φ244.5mm 大尺寸等应力螺杆，降低应力幅值，保证输出扭矩与功率平稳，改善井底钻具震动，输出扭矩超过 18000N·m；须四段—须二段采用 Φ185mm 低速等壁厚大扭矩螺杆，配备螺旋扶正器，造斜井段采用 1.5° 单弯螺杆，缩短弯点距，提高造斜率，须二段最大造斜率为 7.14°/30m。

扭力冲击器能将钻井液的流体能量转换成高频、均匀稳定的机械冲击能量并直接传递给 PDC 钻头，减弱或消除井下钻头破岩过程中的黏滑现象，整个钻柱的扭矩保持稳定和平衡，可延长钻头及钻具的寿命。彭州 115 井在须三段应用国产扭力冲击器工具，进尺为 287m，平均机械钻速为 2.31m/h；彭州 6-4D 井在须三段应用，进尺为 117m，平均机械钻速为 2.54m/h，出井钻头新度 90%～95%，与应用前相比，须三段平均机械钻速提高了 38.3%～52.1%。

射流冲击器与扭力冲击器的工作原理相似，以钻井液流体为工作介质，通过冲击器的射流元件产生按一定频率变化的射流，形成冲击器腔体内不同部位的压力变化，从而推动活塞与冲锤上下往复运动，将流体能量转化为机械能量。通过抗冲蚀材质优选、流道结构和压盖结构优化，目前国内已研制出 Φ228mm 和 Φ177.8mm 两类较为成熟的工具，适用于 Φ215.9～333.4mm 井眼的硬地层。彭州 4-2D 井在须五段和须四段应用 Φ228 射流冲击器，进尺为 294m，平均机械钻速为 3.95m/h，与上部相邻复合钻井井段机械钻速 3.3m/h 相比，提高了 19.7%，较邻井鸭深 1 井同层段螺杆 + PDC 钻进时平均机械钻速 2.5m/h 提高了 58%。

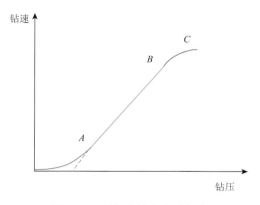

图 2.3.10　钻压-钻速关系曲线

4. 钻进参数强化

1) 钻压对钻速的影响

在钻进过程中，钻头牙齿在钻压作用下吃入地层破岩，钻压的大小决定了吃入地层的深度和岩石破碎体积的大小。大量现场实践表明，在其他条件保持不变的情况下，钻压与钻速的关系曲线如图 2.3.10 所示。其中，直线 AB 在钻压轴上的截距为门限钻压，相当于牙齿开始吃入地层时的钻压，其值大小主要取决于岩石性质，并具有较强的区域性。目前实际钻井中通用的钻压取值一般都是在图中 AB 这一线性关系范围内变化，原因在于：A 点之前钻压太低,钻速很慢,在 B 点之后,钻压过大,岩屑量过多,甚至牙齿完全吃入地层,井底条件难以改善,钻头磨损加剧,钻速改进效果不明显,甚至使钻进效果变差。

2) 转速对钻速的影响

在合适的范围内,随转速的提高,钻速是以指数关系变化,但转数指数一般都小于 1,这主要是转速提高后,钻头工作刃与岩石接触时间短,每次接触时的岩石破碎深度减小,因此转速反映了岩石破碎时的时间效应。在钻压和其他钻井参数保持不变的情况下,转速与钻速的关系曲线如图 2.3.11 所示。

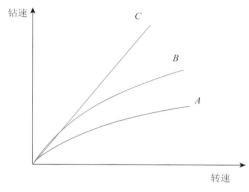

图 2.3.11 转速-钻速关系曲线

在转速较低时,井底净化条件好,钻速基本随转速呈线性增加,超出这个值后,钻速就与地层岩性、井底净化程度有关。在软地层,如井底净化充分,钻速与转速呈正比关系(如图 2.3.11 中的 C 曲线),若井底净化不充分,钻速与转速的关系如图 2.3.11 中的 B 曲线;在中硬地层,钻头是靠剪切、冲击、压碎作用破岩的,对转速的敏感程度较低,钻速与转速不再呈正比关系,一般要用中等转速和中-高钻压配合来提高钻速,A 曲线代表硬地层净化不充分;在深井及硬地层中,钻头牙齿与岩石接触的时间必须大于破岩所需的时间,才能提高破岩效率,因此提高转速对钻速影响不大,一般是用低转速和高钻压。

3) 钻进参数强化效果

通过强化钻井参数有利于提高机械钻速,在其他参数不变的情况下,机械钻速随着钻压的增加、转速的增大而增大,与累积进尺成反比。根据工程地质研究成果,结合川西气田须家河组地层岩石特性,分层段确定了钻压、转速、水力参数和钻井液密度差等相关系数,定量预测出须家河组四个井段各参数下的机械钻速。现场要求配备 52MPa 高压钻井泵及 70MPa 循环管线,以保证钻井参数的有效释放。

以 2.1 节中优化后的三开制井身结构、井眼尺寸 Φ241.3mm 为例,钻遇地层为须三段,对井深为 4600m、钻井液密度为 2.00g/cm^3、施工排量为 35L/s 的井进行计算,当顶驱转速维持在 70r/min 不变,钻压由 80kN 逐步提高到 250kN 时,机械钻速将提高 9 倍;当钻压维持在 140kN 不变,转速由 60r/min 逐步提高至 230r/min 时,机械钻速将提高 2.57 倍,因此,提高须家河组钻井速度可最大限度地强化钻井参数,并配合使用螺杆、扭力冲击器等提速工具,须五段推荐钻压为 170~210kN,顶驱转速为 50~80r/min,排量为 45~55L/s;须四段—须二段推荐钻压为 140~170kN,顶驱转速为 60~80r/min,排量为 35~43L/s。

6 口开发井在须家河组通过强化钻井参数,在提高钻压、转速和施工排量的基础上,每米钻时大幅缩短,须家河组平均每米钻时为 13.94~22.08min,彭州 6-4 井在须五段井深为 2070~2769m 井段施工时,在钻压、扭矩、转速降低的情况下,通过提高钻井液排量,平均泵压 28.77MPa,泵压提高了 31.37%,平均每米钻时仅 9.8min;彭州 5-2D 井在须四段井深为 2847~3537m 井段,钻压提高 53.65%、泵压提高 41.31% 的情况下,平均每米钻时为 12.37min；须三段在钻压提高 47.66%、扭矩提高 13.91%、泵压提高 20.92% 的情况下，平均每米钻时为 21.02min，因地层含页岩夹层，3 口井定向钻进，提速效果不明显，还需要进一步优选破岩工具；须二段平均每米钻时为 22.08min，在钻压、扭矩、转速、排量均提高的情况下，钻时显著下降。

5. 钻头钻柱一体化动力学分析技术

1）钻具组合优化

本书开展了涵盖钻柱、钻具及钻头的底部钻柱系统动力学分析，定量分析了各种工况下结构参数对钻柱横向振动、井斜控制、工具面控制的影响，优化螺杆钻具扶正器直径、安放位置和弯点距，提高底部钻柱安全性和施工效率。

2）钻头钻柱一体化优化方案

针对强化参数钻井工况，通过对地层及实钻情况进行分析，开展井底钻柱动力学研究（图 2.3.12～图 2.3.15），不断优化钻头钻具方案，形成了钻头钻柱一体化提速提效方案，见表 2.3.4。

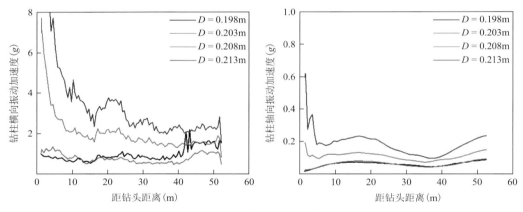

图 2.3.12　螺杆扶正器外径对钻柱振动的影响

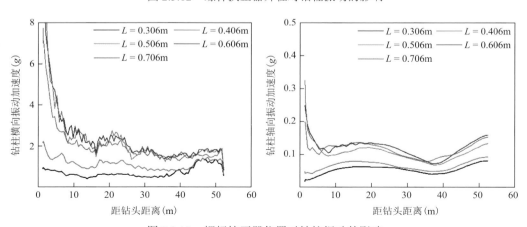

图 2.3.13　螺杆扶正器位置对钻柱振动的影响

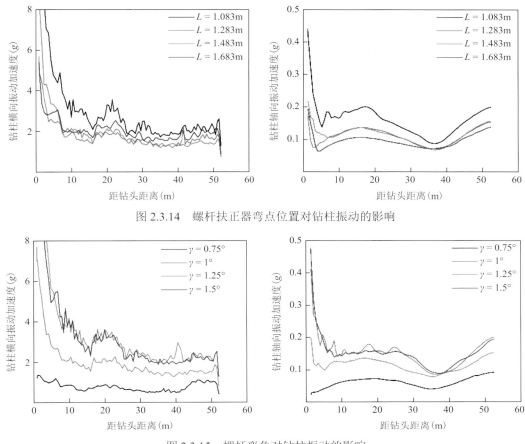

图 2.3.14 螺杆扶正器弯点位置对钻柱振动的影响

图 2.3.15 螺杆弯角对钻柱振动的影响

如图 2.3.12 所示，随着螺杆扶正器外径从 0.198m 逐渐增加至 0.213m，钻柱的横向振动和轴向振动加速度皆逐渐增大，且离钻头越近的区域，振动越强烈；如图 2.3.13 所示，随着螺杆扶正器位置从 0.306m 逐渐上移至 0.706m，钻柱的横向振动和轴向振动加速度皆逐渐增大，且离钻头越近的区域，振动越强烈；如图 2.3.14 所示，随着螺杆扶正器弯点位置从 1.083m 逐渐上移至 1.683m，钻柱的横向振动和轴向振动加速度皆逐渐减弱，且离钻头越近的区域，振动越强烈；如图 2.3.15 所示，随着螺杆弯角从 0.75° 逐渐增加至 1.5°，钻柱的横向振动和轴向振动加速度皆逐渐增加，且离钻头越近的区域，振动越强烈。

表 2.3.4 钻头钻柱一体化提速提效方案

序号	层位	工程难点	优选技术组合
1	须家河组直井段	地层软硬交错，岩石强度变化大，机械钻速低	PDC 钻头、扭冲工具、等壁厚大扭矩螺杆
2	须家河组定向段	摩阻扭矩大，定向效率低	长寿命混合钻头、等壁厚大扭矩螺杆、水力振荡器
3	须家河组稳斜段	存在掉块、裂缝及断层，增大井漏及卡钻风险	防卡 PDC、混合钻头、等应力大扭矩螺杆、防滞动工具

6. 难钻地层降压提速分析

根据不同的钻井液密度，分析井底岩石的力学参数、抗钻特性参数及机械钻速定量化预测。

1）不同钻井方式下岩石力学参数与抗钻性评价模型

（1）单轴条件下岩石力学参数获取方法。

依据莫尔-库仑准则，围压下岩石抗压强度为

$$\sigma_{\text{ccs}} = 2C\frac{\cos\varphi}{1-\sin\varphi} + \sigma_{\text{dp}}\frac{1+\sin\varphi}{1-\sin\varphi} \tag{2.3.5}$$

单轴下的岩石抗压强度（此时 $\sigma_{\text{dp}}=0$），即无围压下单轴岩石抗压强度为

$$\sigma_{\text{u}} = \frac{2C\cos\varphi}{1-\sin\varphi} \tag{2.3.6}$$

式中：

$$C = 5.44 \times 10^{-15} \rho_{\text{b}}^2 v_{\text{p}}^4 \left(\frac{1+\nu}{1-\nu}\right)(1-2\nu)(1+0.78V_{\text{cl}}) \tag{2.3.7}$$

校正单轴岩石抗压强度：单轴状态下岩石抗压强度计算需要获得地层岩石密度、横波速度、纵波速度和自然伽马测井参数。

$$\sigma_{\text{ucs}} = \frac{4.8 \times 10^{-3} \cos\varphi}{1-\sin\varphi}\left(\frac{\rho_{\text{ma}}}{\Delta t_{\text{c}}^2} - \frac{4\rho_{\text{ma}}}{3\Delta t_{\text{s}}^2}\right)\left[8V_{\text{cl}} + 4.5(1-V_{\text{cl}})\right]\left[\frac{2.68 \times 10^{10} \rho_{\text{ma}}(1-\nu)}{\Delta t_{\text{s}}^2}\right] \tag{2.3.8}$$

式（2.3.5）～式（2.3.8）中：σ_{ccs} 为围压下岩石抗压强度，MPa；σ_{u} 为单轴岩石抗压强度，MPa；σ_{dp} 为岩石受到的围压，MPa；C 为岩石内聚力，MPa；v_{p} 为纵波波速，m/h；σ_{ucs} 为校正后单轴条件下岩石抗压强度，MPa；φ 为岩石内摩擦角，（°）；ρ_{ma} 为岩石密度，g/cm^3；Δt_{c} 为纵波传播时差，$\mu s/m$；Δt_{s} 为横波传播时差，$\mu s/m$；V_{cl} 为泥质含量；ν 为泊松比。

（2）过平衡钻进条件下井底岩石抗压强度求取方法。

对于渗透性岩石，井底围压为在钻进条件下当量循环密度产生的压力与原始地层孔隙压力之差。

$$\sigma_{\text{ccs-dp}} = \sigma_{\text{ucs}} + \sigma_{\text{dp}} + 2\sigma_{\text{dp}}\sin\varphi/(1-\sin\varphi) \tag{2.3.9}$$

式中：$\sigma_{\text{ccs-dp}}$ 为渗透性岩石在钻进过程中的井底岩石抗压强度，MPa；σ_{dp} 为岩石受到的围压（即当量循环密度产生的压力与原始地层孔隙压力之差），MPa。

对于非渗透性岩石，其围压为当量循环密度产生的压力与斯肯普顿孔隙压力之差。

$$\sigma_{\text{ccs-sk}} = \sigma_{\text{ucs}} + \sigma_{\text{dp-sk}} + 2\sigma_{\text{dp-sk}}\sin\varphi/(1-\sin\varphi) \tag{2.3.10}$$

式中：$\sigma_{\text{ccs-sk}}$ 为非渗透性岩石在钻进过程中的井底岩石抗压强度，MPa；$\sigma_{\text{dp-sk}}$ 为当量循环密度产生的压力与斯肯普顿孔隙压力之差，MPa。斯肯普顿孔隙压力 $P'_{\text{p}} = P_{\text{p}} - B(\sigma_{\text{z}} - P_{\text{h}})/3$，其中 P_{p} 为地层孔隙压力，MPa；P_{h} 为液柱压力，MPa；σ_{z} 为上覆岩层压力，MPa；B 为与岩性相关的常数，泥岩为 0.5，砂岩为 0.8。

上述求取井底岩石围压的方法是针对高渗透性和低渗透性岩石，对于渗透性介于两

者之间的岩石应用岩石有效孔隙度来判断岩石的渗透性和非渗透性，应用 $C_{\text{ccs-mix}}$ 来表示围压下岩石抗压强度。

$$\sigma_{\text{ccs-mix}} = \begin{cases} \sigma_{\text{ccs-dp}} = \sigma_{\text{ucs}} + \sigma_{\text{dp}} + \dfrac{2\sigma_{\text{dp}}\sin\phi}{(1-\sin\phi)} & \phi \geqslant 0.2 \\[3mm] \sigma_{\text{ccs-sk}} = \sigma_{\text{ucs}} + \sigma_{\text{dp-sk}} + \dfrac{2\sigma_{\text{dp-sk}}\sin\phi}{(1-\sin\phi)} & \phi \leqslant 0.05 \\[3mm] \dfrac{\sigma_{\text{ccs-dp}}(\phi-0.05)}{0.15} + \dfrac{\sigma_{\text{ccs-sk}}(0.2-\phi)}{0.15} & 0.05 < \phi < 0.2 \end{cases} \tag{2.3.11}$$

式中：ϕ 为岩石孔隙度。

（3）过平衡钻进条件下井底岩石抗压强度求取方法。

通过围压条件下岩石力学性质与可钻性进行回归，可获得岩石可钻性与围压之间的数学模型：

$$K_{\text{d}} = 1.26\sigma_{\text{ccs}}^{0.335} \tag{2.3.12}$$

式中：K_{d} 为岩石可钻性级值。该式相关系数为 0.93。

将围压下岩石抗压强度计算代入抗压强度与可钻性关系模型中，就得到应用岩石内聚力和内摩擦角来表示的围压下岩石可钻性模型：

$$K_{\text{d}} = 1.26\left(\frac{2C\cos\varphi}{1-\sin\varphi} + \sigma_{\text{dp}}\frac{1+\sin\varphi}{1-\sin\varphi}\right)^{0.335} \tag{2.3.13}$$

然后依据岩石孔隙特性，将围压条件下岩石可钻性依据渗透性划分为三类，方法与围压条件下力学性质划分类似。

牙轮钻头与 PDC 钻头可钻性级值关系模型：

$$K_{\text{dp}} = 3.537\text{e}^{0.115K_{\text{dc}}} \tag{2.3.14}$$

式中：K_{dc} 为 PDC 钻头可钻性级值；K_{dp} 为牙轮钻头可钻性级值。该式相关系数为 0.92。

2）机械钻速评价模型

（1）机械比能参数求取。

$$E_{\text{MH}} = \frac{40W_{\text{e}}}{\pi d_{\text{b}}^2} + \frac{110TN}{V_{\text{pc}}d_{\text{b}}^2} + \frac{4\eta\Delta P_{\text{b}}Q}{\pi d_{\text{b}}^2 V_{\text{pc}}} \tag{2.3.15}$$

式中：W_{e} 为有效钻压，且 $W_{\text{e}} = W - \eta F_{\text{j}}$（其中 η 为钻头水功率的主要影响参数，W 为钻压，kN；F_{j} 为射流冲击力，kN）；E_{MH} 为机械比能，MPa；d_{b} 为钻头直径，cm；T 为扭矩，kN·m；N 为转速，r/min；V_{pc} 为机械钻速，m/h；Q 为泥浆的排量，L/s；ΔP_{b} 为钻头压力降，MPa。

依据二重积分相关定理，钻进时扭矩 T 表示为

$$T = \int_0^{\frac{d_{\text{b}}}{2}}\int_0^{2\pi}\rho^2\frac{4\mu W_{\text{e}}}{\pi d_{\text{b}}^2}\text{d}\rho\text{d}\theta = \int_0^{\frac{d_{\text{b}}}{2}}\frac{8\mu W_{\text{e}}}{d_{\text{b}}^2}\rho^2\text{d}\rho = \frac{\mu W_{\text{e}}d_{\text{b}}}{3} \tag{2.3.16}$$

赫克托（Hector）通过大型实验建立了钻头的滑动摩擦系数与围压下岩石抗压强度、泥浆密度及钻头直径之间的关系模型：

$$\mu = (0.3402\times\text{e}^{-8\times10^{-870}-870\sigma_{\text{ccs-mix}}})[1.963\ln(\rho_{\text{d}}) + 2.998](0.0697d_{\text{b}} + 0.667) \tag{2.3.17}$$

式中，μ 为钻头滑动摩擦系数；$\sigma_{ccs\text{-}mix}$ 为围压下岩石抗压强度，MPa；ρ_d 为泥浆密度，g/cm³。

通常情况下牙轮钻头、PDC 钻头滑动摩擦系数分别为 0.21 与 0.8 左右。

对于 η 的求解过程如下。

钻进时喷嘴出口处的流体对井底施加射流冲击力，根据牛顿第三定律，同样对钻头作用一个相同的反作用力，使得有效钻压降低。

射流冲击力为

$$F_j = \frac{\rho_d Q^2}{100 A_0} \tag{2.3.18}$$

式中：F_j 为射流冲击力，kN；Q 为泥浆的排量，L/s；A_0 为喷嘴出口截面积，cm²。

钻头水功率为

$$N_b = \Delta P_b Q \tag{2.3.19}$$

式中：N_b 为钻头水功率，kW；ΔP_b 为钻头压力降，MPa。

影响钻头水功率的主要因素 (η) 包括喷嘴流速 V_n 与泥浆上返速度 V_f 的比值 A_v、喷嘴直径以及喷嘴位置。通常情况下环空区域是钻头面积的 15%。因此，A_v 可以由下式表达：

$$A_v = \frac{V_n}{V_f} = \frac{0.15 d_b^2}{j_n d_n^2} \tag{2.3.20}$$

式中：j_n 为钻头喷嘴个数；d_n 为喷嘴直径，cm；

喷嘴直径与喷嘴位置对钻头水功率的影响因素：

$$C_e = \frac{d_n + 2L_n \tan(j_a/2)}{d_n + 2D_n \tan(j_a/2)} \tag{2.3.21}$$

式中：j_a 为射流扩散角，(°)；L_n 为射流等速核潜在长度，cm；D_n 为喷嘴距井底的距离，cm。

因此，η 可由下式表达：

$$\eta = \frac{(1 - A_v^{-0.122})}{C_e^2} \tag{2.3.22}$$

式中：A_v 为喷嘴流速与泥浆上返速度的比值；C_e 为喷嘴直径与喷嘴位置对钻头水功率的影响因素。

(2)机械钻速预测。

结合上述机械比能的求取方法，则钻进时钻头传递机械能量效率为

$$\eta_e = \frac{E_{MH(min)}}{E_{MH}} \times 100\% \tag{2.3.23}$$

破岩比能的最小值通常等于围压下岩石抗压强度。即

$$E_{MH(min)} = C_{ccs\text{-}mix} \tag{2.3.24}$$

Hector 通过大型实验建立了钻头传递机械能量效率与井底岩石围压、泥浆密度的关系模型：

$$\eta_e = (0.0247 \sigma_{ccs\text{-}mix} + 11.319)[2.15 \times \ln(\rho_d) + 3.2836] \tag{2.3.25}$$

牙轮钻头、PDC 钻头传递机械能量效率分别为 35%～40% 和 30%～35%。

因此经过机械比能模型推导，机械钻速模型表述如下：

$$V_{\mathrm{pc}} = \frac{110\pi\mu W_{\mathrm{e}}d_{\mathrm{b}}N + 12\eta\Delta P_{\mathrm{b}}Q}{3\pi d_{\mathrm{b}}^2\left(\dfrac{C_{\mathrm{ccs\text{-}mix}}}{\eta_{\mathrm{e}}} - \dfrac{40W_{\mathrm{e}}}{\pi d_{\mathrm{b}}^2}\right)} \tag{2.3.26}$$

(3)评价结果——彭州 1 井地层提速潜力预测。

图 2.3.16 和图 2.3.17 为计算得到的不同泥浆密度条件下须家河组—马鞍塘组中岩石的抗压强度。计算结果显示，在围压条件下的岩石抗压强度明显大于单轴条件下的岩石抗压强度，且围压较大时(即高泥浆密度时)岩石抗压强度更大，进而会对机械钻速产生影响。

图 2.3.18、图 2.3.19 是计算得到的不同泥浆密度条件下须家河组—马鞍塘组中岩石的可钻性级值。结果显示，没有液柱压力条件下可钻性级值一般为 3～6，而泥浆产生的液柱压力会使可钻性级值增加到 6～9，由原来中等硬度的岩石变为硬到极硬。此外，不同泥浆密度对可钻性级值的影响差距并不是很大。

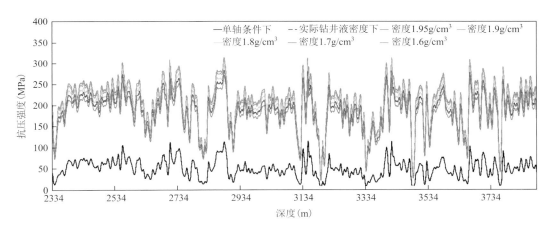

图 2.3.16　须家河组五段、四段中岩石的抗压强度对比曲线

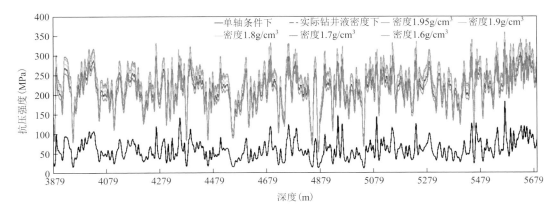

图 2.3.17　须家河组三段和二段、小塘子组及马鞍塘组中岩石的抗压强度曲线

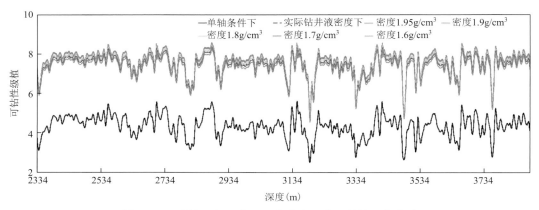

图 2.3.18　须家河组五段、四段中岩石的可钻性级值曲线

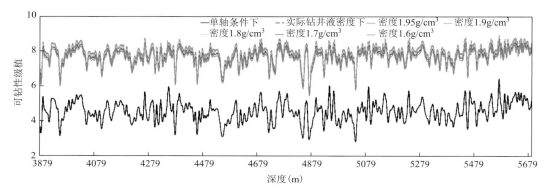

图 2.3.19　须家河组三段和二段、小塘子组及马鞍塘组中岩石的可钻性级值曲线

　　图 2.3.20 和图 2.3.21 是根据上述机械比能理论计算得到的不同泥浆密度条件下须家河组—马鞍塘组不同地层中的机械钻速。各个地层中的机械钻速随泥浆密度的降低都会有所提高，降低泥浆密度至 1.7g/cm³，预计须家河组五段提速达到 40%～60%，须家河组四段提速达到 40%～60%，须家河组三段提速达到 50%～80%，须家河组二段提速达到 40%～60%，小塘子组提速达到 30%～60%，马鞍塘组提速可达 40%～80%。

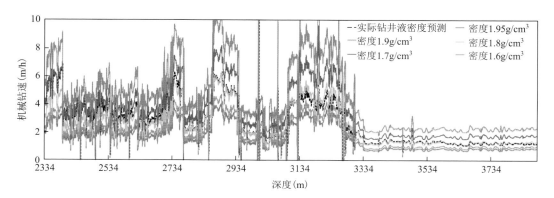

图 2.3.20　须家河组五段、四段在不同泥浆密度下的机械钻速预测

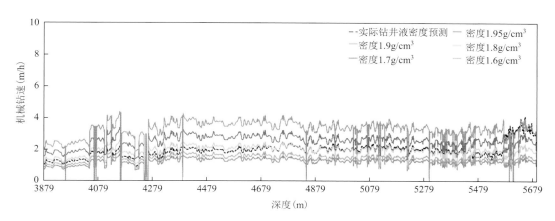

图 2.3.21　须家河组三段和二段、小塘子组及马鞍塘组不同泥浆密度下的机械钻速预测

将形成的川西气田须家河组难钻地层钻井提速关键技术应用于彭州 4-2D 井等 17 口开发井，应用井均为三开制井身结构，须家河组五段(须五段)钻头尺寸为 Φ320.6mm，须家河组四段—二段钻头尺寸为 Φ241.3mm。通过钻头和破岩工具优选、强化钻井参数，实现了硬地层钻井速度大幅提升，其中须五段平均每米钻时为 13.95min，较前期彭州 115 井提速 113%；须家河组四段(须四段)平均每米钻时为 16.22min，提速 33%；须家河组三段(须三段)平均每米钻时为 21.05min，提速 18%；须家河组二段(须二段)平均每米钻时为 22.06min，提速 49%(表 2.3.5)。须家河组平均机械钻速为 3.39m/h，钻井周期为 84d。

表 2.3.5　部分开发井须家河组机械钻速对比统计表

井段	机械钻速(m/h)									提速比例/%
	彭州115	彭州3-5D	彭州5-2D	彭州6-4D	彭州7-1D	彭州8-5D	彭州4-2D	应用前平均	应用后平均	
须五段	2.02	3.22	5.42	6.12	4.40	4.31	3.62	2.02	4.30	113
须四段	2.78	4.23	4.85	3.65	3.49	3.61	2.93	2.78	3.70	33
须三段	2.41	2.96	3.48	2.54	3.39	3.07	2.17	2.41	2.85	18
须二段	1.82	3.05	3.25	2.48	2.90	3.10	2.27	1.82	2.72	49

2.4　超深长水平段安全钻井技术

金马、鸭子河构造具有不同的气水界面，目的层气水界面较原方案上移，导致含气面积、地质储量大幅减小。由于气水界面抬升，含气高度变低、裂缝发育，距气水边界较近的井需合理控制采气速度，已实施开发井的平均单井产气能力不达预期。

第一轮实施 11 口井，平均完钻井深 6836m，平均水平段长 717m。第二轮实施 6 口井，平均井深 7964m，最深井深 8208m，平均水平段长 1630m，最长水平段长 1893m。采用长水平段水平井提高单井产能及储量动用程度，实现"少井高产"。但水平段加长，面临长水平段井眼清洁、管柱安全下入及溢漏同存难题。

2.4.1 超深长水平段岩屑运移规律和井眼清洁技术

井眼清洁是长水平段水平井的关键技术难点，因重力作用在长水平段及大斜度井段岩屑易发生堆积形成岩屑沉积床，使环空间隙变小，导致起下钻遇阻、卡钻等井下复杂情况。认识井眼清洁的本质并建立井眼清洁控制技术已成为长水平段钻井作业迫切需要解决的问题。

1. 超深长水平段岩屑运移规律

1）井斜角与岩屑床

环空中岩屑颗粒受到的作用力有：重力、钻井液黏滞阻力、冲击力及浮力。在水平井钻井施工过程中，由于井斜角大，重力的作用使钻具偏离井眼轴线，偏离井眼轴线而靠近井眼低边的钻具与井壁之间的钻井液流速大大降低，几近为 0，失去了悬浮、携带能力的岩屑沉积于井眼低边形成岩屑床是不可避免的，且其厚度随时间的增加而加大。研究表明，井斜角达到第一临界值 25°～35°时，岩屑会在重力作用下沉至井眼低边并向下滑动，井斜角达到第二临界值 55°～65°时，井眼低边上的岩屑停止下滑。因此，井斜角 30°～60°的井段是最易形成岩屑床的井段，而且随着井斜角的增大，确保岩屑有效上返的临界返速比直井要求的临界返速越来越大，由于地面设备受到限制，不可能没有节制地提高返速，因此，井斜角越大，岩屑床越厚。

2）岩屑床厚度预测理论模型

国内石油工作者从定向井岩屑运移的理论模型和直井岩屑沉降的规律入手，建立了计算大斜度井段及水平段岩屑厚度的数学公式，用前人的实测试验数据对公式进行修正，得出岩屑床厚度的预测公式：

$$T_c = 0.015 D_h (\mu_e + 6.15 \mu_e^{0.5})(1 + 0.587\lambda)(V_L - V_a) \tag{2.4.1}$$

$$\mu_e = k[(2n+1)/3n]^n (D_h - d_o)^{1-n} (12V_a)^{n-1} \tag{2.4.2}$$

$$V_c = 0.55 \left[\frac{\rho_s - \rho_f}{\rho_f} d_s \right]^{0.667} \left[\frac{1 + 0.71\theta + 0.55\sin 2\theta}{(\rho_f \mu_e)^{0.333}} \right] \tag{2.4.3}$$

式中：T_c 为岩屑床高度，m；D_h 为井眼或套管内径，m；d_o 为钻杆内径，m；μ_e 为钻井液有效黏度，Pa·s；λ 为钻杆偏心度，量纲一；V_L 为临界环空返速，m/s；V_a 为平均环空返速，m/s；k 为钻井液稠度系数，Pa·s^n；n 为钻井液流变指数，量纲一；ρ_s 为岩屑密度，kg/m³；ρ_f 为钻井液密度，kg/m³；d_s 为平均颗粒直径，m；θ 为井斜角，（°）。

考虑岩屑质量力、岩屑床与井壁之间的摩擦力、岩屑床与悬浮层之间的剪切力、岩屑床中流体与井壁之间的切应力，以及井壁坍塌、掉块岩屑所产生的质量力等，建立了随时间变化的岩屑运移不稳定模型。

连续性方程：

$$\frac{\partial(\rho_s A_s)}{\partial t} = -\frac{\partial(\rho_s \upsilon_s A_s)}{\partial x} - (1-C_b)\frac{\rho_s V_s}{C_b} \tag{2.4.4}$$

$$\frac{\partial(\rho_b A_b)}{\partial t} = -\frac{\partial(\rho_b \upsilon_b A_b)}{\partial x} + \frac{\rho_b V_s}{C_b} \tag{2.4.5}$$

式中：ρ_s 为岩屑床层等效密度，kg/m^3；A_s 为岩屑床层的截面积，m^2；υ_s 为岩屑床层固相颗粒的运移速度，m/s；C_b 为岩屑床中的岩屑体积分数；V_s 为井壁坍塌掉块的量，$m^3/(m\cdot s)$；ρ_b 为悬浮层的等效密度，kg/m^3；A_b 为悬浮层的截面积，m^2；υ_b 为悬浮层固相颗粒的运移速度，m/s。

运动方程：

$$\frac{\partial \upsilon_s}{\partial t} = -\frac{1}{\rho_s}\frac{\partial p}{\partial x} - \upsilon_s\frac{\partial \upsilon_s}{\partial x} - \frac{\tau_s S_s}{\rho_s A_s} - \frac{\tau_I S_I}{\rho_s A_s} - g\cos\theta \tag{2.4.6}$$

$$\frac{\partial \upsilon_b}{\partial t} = -\frac{1}{\rho_b}\frac{\partial p}{\partial x} - \upsilon_b\frac{\partial \upsilon_b}{\partial x} - \frac{\tau_b S_b}{\rho_b A_b} - \frac{\tau_b S_b}{\rho_b A_b} + \frac{\tau_I S_I}{\rho_b A_b} - \frac{F}{\rho_b A_b} - \frac{\upsilon_b}{A_b C_b}V_s - g\cos\theta \tag{2.4.7}$$

式中：p 为压强，Pa；τ_s、τ_b、τ_I 分别为悬浮层与井壁之间的剪切应力、岩屑床层与井壁之间的剪切应力、悬浮层与岩屑床层交界面的剪切应力，Pa；S_s、S_b、S_I 分别为悬浮层润湿周长、岩屑床层的润湿周长、悬浮层与岩屑床层交界面的润湿周长，m；F 为单位长度上岩屑床与井壁间的水动力摩擦力，N/m；θ 为井斜角，$(°)$；g 为重力加速度，等于 $9.81m/s^2$。

边界条件：

$$p = \overline{\rho}gL_v + \Delta p_f \tag{2.4.8}$$

$$A_b = \frac{A_t}{C_b}\frac{Q_s}{Q_s + Q_f} \tag{2.4.9}$$

$$Q_s = ROP\frac{d_b^2}{4}\pi \tag{2.4.10}$$

式中：$\overline{\rho}$ 为混合物平均密度，kg/m^3；L_v 为井眼垂深，m；Δp_f 为井口至计算井段的沿程摩阻压降，Pa；A_t 为环空截面积，m^2；Q_s 为岩屑生成量，m^3/h；Q_f 为钻井液排量，m^3/h；ROP 为机械钻速，m/h；d_b 为钻头直径，m。

以上模型表明：①高黏度钻井液在稳态时所形成的岩屑床比低黏度钻井液在稳态时所形成的岩屑床要低一些；②在一定流速条件下长时间循环钻井液可以完全除去岩屑床；③在环空返速相同的条件下，井眼底部的岩屑很容易被除去；④钻速越高，预期的稳定岩屑床也越高，达到稳态的时间越长；⑤在一定条件下，环空流动达到稳定状态需要很长时间。

在实际施工过程中，水平井段并非真正的水平，无论是旋转钻井还是滑动钻井，井眼往往都是螺旋形，井径扩大率不规则，井眼大小和形状不规则。因此，岩屑床的堆积并非与模拟的统一厚度一致。正因为井眼的不规则，岩屑常堆积于下井壁凹陷处，在起下钻过程中常发生卡钻事故。

3）岩屑床形成与井眼清洁数值模拟

根据岩屑不稳定流动模型对彭州 6-6D 井长水平段岩屑床高度进行分析，分析结果如下。

A. 彭州 6-6D 井基本数据

彭州 6-6D 井是针对雷口坡组四段部署的一口超深长水平段水平井，设计完钻井深 8102m，水平段长 1727m，完钻井眼尺寸 Φ165.1mm，钻井液性能：密度 1.50g/cm^3，马氏漏斗黏度 75s，塑性黏度 50mPa·s，动力力 5～15Pa，Φ193.7mm 套管下深 6120m，井深 6375m 进入水平段，水平段井斜角 88.04°。钻具组合：Φ165.1mmPDC×1 + Φ127mm 单弯螺杆（0.75°～1.25°）×1 + 钻具回压阀×2 + Φ101.6mm 无磁承压钻杆×1 根 + MWD 短接×1 + Φ101.6mm 无磁承压钻杆×1 根 + Φ101.6mm 钻杆 + Φ101.6mm 加重钻杆×30 根 + 随钻震击器×1 + Φ101.6mm 加重钻杆×15 根 + 钻具旁通阀×1 + Φ101.6mm 钻杆 + Φ149.2mm 钻杆×3200m。

B. 岩屑床影响因素分析

钻井液性能、井径扩大率、机械钻速、钻具转速、钻井液排量等是岩屑床高度的重要影响因素，以下作详细分析。

（1）钻井液动切力对井眼净化的影响。

基本假设：水平段井斜角 88.04°，密度 1.50g/cm^3，马氏漏斗黏度 75s，塑性黏度 50mPa·s，Φ193.7mm 套管下深 6120m，井径扩大率 5%。

在其他条件不变的情况下，调整钻井液动切力值，分别对钻井液排量 16～24L/s 时井眼净化情况进行分析。

从图 2.4.1 可知，随着动切力值的增大，岩屑床高度减低，动切力越大，维持井眼清洁所需的最小排量越小；动切力等其他参数相同时，排量越大，岩屑床高度越低。排量等其他参数相同时，动切力越大，岩屑床高度越低。因此，在现场施工过程中，需要提高钻井液动切力到某一值才能在现有排量下有效携岩。

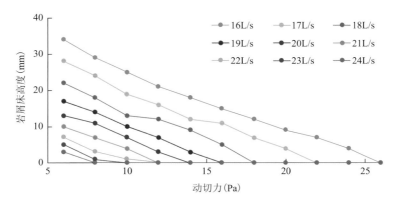

图 2.4.1　钻井液动切力/排量对水平段井眼净化影响分析

（2）钻井液塑性黏度对井眼净化的影响。

基本假设：水平段井斜角 88.04°，密度 1.50g/cm³，马氏漏斗黏度 65s，动切力 10Pa，Φ193.7mm 套管下深 6120m，井径扩大率 5%。

在其他条件不变的情况下，调整钻井液塑性黏度，分别对钻井液排量 16～24L/s 时井眼净化情况进行分析。

从图 2.4.2 可知，塑性黏度对岩屑床的影响比动切力对岩屑床的影响弱。随着塑性黏度的提高，岩屑床高度逐渐降低；低排量时，岩屑床高度随着塑性黏度的增加变化较快，高排量时，变化较缓。因此，在现场施工过程中，特别是排量不足时，提高钻井液塑性黏度能有效携带岩屑。

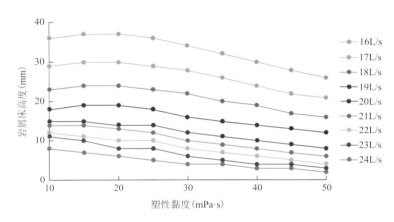

图 2.4.2　钻井液塑性黏度对水平段井眼净化的影响分析

（3）钻井液密度对井眼净化的影响。

基本假设：水平段井斜角 88.04°，马氏漏斗黏度 75s，塑性黏度 50mPa·s，动切力 10Pa，Φ193.7mm 套管下深 6120m，井径扩大率 5%。

在其他条件不变的情况下，调整钻井液密度，分别对钻井液排量 16～24L/s 时井眼净化情况进行分析。

从图 2.4.3 可知，随着钻井液密度的提高，井眼净化程度提高，岩屑床高度降低，在不同排量下，变化规律和变化幅度基本一致。因此，在现场施工过程中，若出现井眼净化不良，可提高钻井液密度洗井。高密度钻井液用量应根据水平段长度、井眼尺寸、密度值和地层漏失压力综合确定，当量密度不能大于地层漏失压力。

从上述分析可知，钻井液性能对井眼净化至关重要，提高钻井液动切力、塑性黏度和密度能大幅改善井眼净化效果。

（4）井径扩大率对井眼净化的影响。

基本假设：水平段井斜角 88.04°，密度 1.50g/cm³，马氏漏斗黏度 75s，塑性黏度 55mPa·s，动切力 10Pa，Φ193.7mm 套管下深 6120m。

在其他条件不变的情况下，调整井眼直径扩大率，分别对钻井液排量 16～24L/s 时井眼净化情况进行分析。

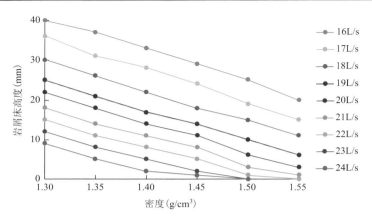

图 2.4.3　钻井液密度对水平段井眼净化的影响分析

　　从图 2.4.4 可知，随着井径的增加，井眼净化难度增大。理论计算，当钻遇夹层、垮塌层，扩径严重时(按扩径率 20%计算)，排量 27L/s 以上，能够保证岩屑床清除。采用油基钻井液，可以减少井壁掉块的发生，得到一个较小的井径扩大率，从而有利于岩屑床的清除。

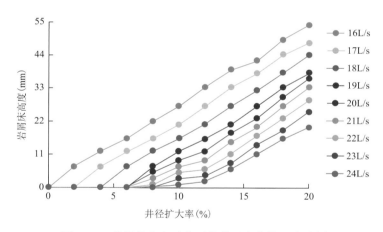

图 2.4.4　井径扩大率对水平段井眼净化的影响分析

　　(5)机械钻速对井眼净化的影响。

　　基本假设：水平段井斜角 88.04°，密度 1.50g/cm³，马氏漏斗黏度 75s，塑性黏度 55mPa·s，动切力 10Pa，Φ193.7mm 套管下深 6120m，井径扩大率 5%。

　　在其他条件不变的情况下，调整机械钻速，分别对钻井液排量 15～19L/s 时井眼净化情况进行分析。

　　从图 2.4.5 可知，当排量一定时，随着机械钻速的增加，岩屑床高度增加。机械钻速越大，对应所需井眼清洁的最小排量越大。当机械钻速达到 12m/h 时，对应井眼清洁的最小排量为 19L/s。增大排量会增加井底钻井液当量循环密度(equivalent circulating density，ECD)值，相应增加井漏风险。在控制井漏风险的前提下，为确保水平段较大机械钻速，可适当增大排量以清除井底岩屑。

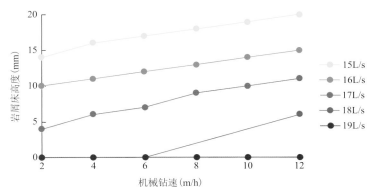

图 2.4.5　机械钻速对水平段井眼净化的影响分析

(6)转盘转速对井眼净化的影响。

基本假设：水平段井斜角 88.04°，密度 1.50g/cm³，马氏漏斗黏度 75s，塑性黏度 55mPa·s，动切力 10Pa，Φ193.7mm 套管下深 6120m，井径扩大率 5%，机械钻速 20m/h。

在其他条件不变的情况下，调整转盘转速，分别对钻井液排量 15～19L/s 时井眼净化情况进行分析。

从图 2.4.6 可知，当井内钻具转动时，岩屑容易被携带出井；转速为 0 时，岩屑床厚度最大；随着转速的逐渐提高，岩屑量迅速下降，在转速低于 10r/min 时，下降速率最快；当转速高于某一"定值"后，在此排量下，能够将岩屑迅速清除，不会存在岩屑床堆积；排量越大，"定值"越小，达到有效携岩的转速越小。排量不足时，需要采用较大转速来达到井眼清洁效果。

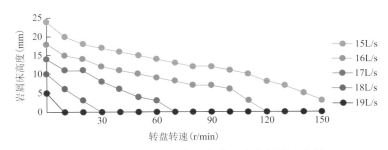

图 2.4.6　转盘转速对水平段井眼净化的影响分析

2. 超深长水平段井眼清洁技术

从上述井眼净化影响因素分析可以看出，岩屑床与钻井液性能、井径扩大率、机械钻速、转盘转速、钻井液排量等关系密切，但只是在限定其他条件不变的基础上进行的分析，并未考虑地面泵注设备工作能力、钻具结构等。因此，应综合考虑各种因素，最终达到井眼净化效果(邢星等，2020)。

1)转速与排量

(1)转速。

引入井筒与钻杆横截面积比系数 H，用于确定是大井眼还是小井眼，进而确定水平段携带岩屑的最优转速。

$$H = \frac{D^2}{d^2} \tag{2.4.11}$$

式中，H 为井眼与钻杆横截面积比，量纲一；D 为井筒直径，m；d 为钻杆直径，m。

由表 2.4.1 可知，当 $H > 3.25$ 时，适用大井眼法则；当 $H \leqslant 3.25$ 时，适用小井眼法则。

表 2.4.1 不同井眼尺寸与钻杆尺寸配合情况下有效井眼清洁的转速要求

H	适用法则	转速要求
$H \geqslant 6.5$	大井眼法则	最低 120r/min，最优 180/min
$3.25 < H < 6.5$	大井眼法则	最低 120r/min
$H \leqslant 3.25$	小井眼法则	最低 60~70r/min，最优 120/min

川西气田三开长水平段井眼尺寸 $\varPhi$165.1mm，钻杆尺寸为 $\varPhi$101.6mm，井眼与钻杆横截面积比 H 为 2.64。参照井径扩大率 10%计算，井眼与钻杆横截面积比 H 为 3.2，皆小于 3.25，按照小井眼法则进行施工，转速最低 60~70r/min，最优 120/min。再结合具体的井眼轨迹、井身结构、钻具组合等因素，不同井采用不同的转速以达到最佳的井眼清洁效果，如表 2.4.2 所示。

表 2.4.2 不同井采用不同的转速表

井号	完钻井深/垂深(m)	井斜角(°)	三开裸眼段长(m)	转速(r/min)
彭州 5-1D	8208/5732	90.3	2162	80~90
彭州 5-3D	7476/5817	88.3	1610	70~80
彭州 6-6D	7707/5759	85.4	1915	90~100
彭州 6-3D	7456/5768	81.5	1745	100~110

(2) 排量。

排量和环空返速同样影响水平段携岩效果。某一特定排量下，井筒截面上总有一部分区域的流速比其余区域快，而更大的排量可以扩展有效流动区域面积。

有效井眼清洁的环空返速要求：环空返速 1m/s，为理想状态；环空返速 0.75m/s，为对于井筒清洁而言的最低要求；环空返速 0.5m/s，为很差的井筒清洁，会导致重晶石沉积。基于此原理，根据三开水平段参数(表 2.4.3)反算得出，最佳排量为 16~20L/s。

表 2.4.3 不同井采用不同的排量表

井号	完钻井深/垂深(m)	井斜角(°)	三开裸眼段长(m)	排量(L/s)
彭州 5-1D	8208/5732	90.3	2162	18~20
彭州 5-3D	7476/5817	88.3	1610	18~22
彭州 6-3D	7456/5768	81.5	1745	20~21

2)配备 5 缸 52MPa 高压泥浆泵

配备高压大功率 5 缸 52MPa 钻井泥浆泵,较传统三缸泵在强化钻井参数(大排量、高泵压和降低能耗等)方面优势明显,从强化水力参数方面为井眼清洁提供支撑。性能参数见表 2.4.4。

表 2.4.4　5 缸 52MPa 高压泥浆泵性能参数表

额定功率	最大额定压力	冲程	最大排量	额定泵速	压力波动	重量	最小缸套尺寸	最大缸套尺寸
1641kW	52MPa	30.5cm	27.8L/s	135min⁻¹	7%	30.6t	102mm	191mm

彭州 6-6D 井水平段钻进过程中,基于 5 缸 52MPa 高压泥浆的功能,水平段实施大排量、高泵压钻进,不仅可提高机械钻速,而且可提高长水平段环空流体的携岩能力,如图 2.4.7 所示。

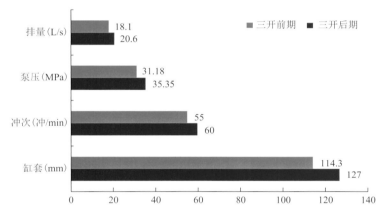

图 2.4.7　水平段 5 缸 52MPa 钻井泥浆工作参数图

3)调整钻井液性能优化

(1)合理调整钻井液性能。

通过上述单因素分析可知,塑性黏度、动切力、钻井液密度越大,越容易清除岩屑。但同时也增大了施工泵压和钻井成本。不能只靠调整钻井液性能来净化井眼。

通过对三种钻井液复配性能分析发现,高密度、高黏度、高动切力形成的泵压最高,但相同井段岩屑床高度最低,如图 2.4.8 和图 2.4.9 所示。

实际施工过程中,可调整钻井液性能,适当降低流性指数,提高动塑比,使钻井液处于紊流流态钻进,钻进过程间断泵入一定量的比原浆黏度低的钻井液,使其成为紊流态循环,再配合泵入比原浆黏度高的钻井液来清除环空岩屑。

(2)加强短程起下钻,清除死角岩屑。

执行定时间、定井段短起下钻作业,起下钻过程中分段循环,循环时要上下活动钻具或旋转钻具,对井斜角 30°~60°最易形成岩屑床的井段,要进行划眼处理机械破坏岩屑床。

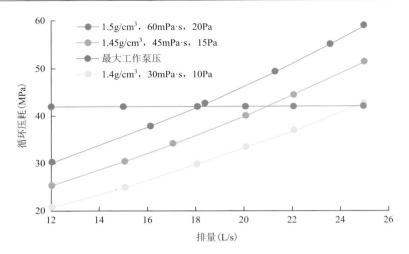

图 2.4.8　不同钻井液性能条件下循环压耗随排量变化分析

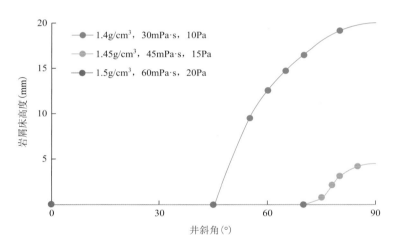

图 2.4.9　6L/s、60r/min 时不同钻井液性能条件下岩屑床高度随井斜角变化分析

（3）综合选择钻井液性能参数及钻井工艺参数清除岩屑床。

形成岩屑床的重要原因是产生的岩屑不能及时清除，可能是井壁垮塌掉块，或者是一定钻速条件下排量偏小、转速偏小，或者是钻井液的携岩能力不够。因此，井眼净化应综合考虑确保井壁稳定、增强钻井液携带岩屑能力，在地面机泵能力范围内采用适当的排量和转速来清除井底岩屑床。

如图 2.4.10 所示，转速 60r/min 时，采用密度为 1.4g/cm³、塑性黏度 30mPa·s、动切力 10Pa 的钻井液（排量为 19L/s），岩屑床高度为 20mm，无法满足井眼清洁要求。但在使用该钻井液的条件下，增大排量至 20L/s，此时最大泵压约 32MPa，岩屑床高度为 0。一定条件下，井眼清洁状况不良时，可以在地面机泵条件允许时，尝试采用增大转速、排量，或井壁稳定条件下改变钻井液的性能，提高钻井液携带岩屑的能力来改善井眼清洁状况，或者综合采用改变钻井参数及钻井液性能参数的方法来改善井眼清洁状况。

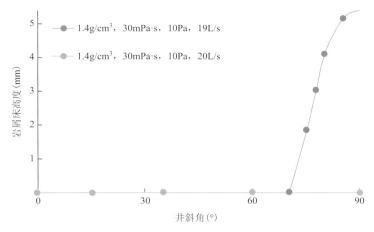

图 2.4.10　不同排量下岩屑床高度随井斜角变化分析

4)优化钻具结构，减少循环压耗

计算 Φ149.2mm 钻杆 + Φ101.6mm 钻杆 + Φ101.6mm 加重钻杆(组合一)、Φ139.7mm 钻杆 + Φ101.6mm 钻杆 + Φ101.6mm 加重钻杆(组合二)、Φ139.7mm 钻杆 + Φ101.6mm 钻杆 + Φ88.9mm 加重钻杆(组合三)三种钻具组合的循环压耗。对比分析三种钻具组合发现，在钻井液性能、最高循环压力相同的情况下，钻具尺寸越小，泵压越高；采用 Φ149.2mm 钻杆 + Φ101.6mm 钻杆 + Φ101.6mm 加重钻杆钻进产生的循环压耗最小，泵压最低，有利于提高排量和清洁井眼。在最高泵压相同条件下，Φ149.2mm 钻杆 + Φ101.6mm 钻杆 + Φ101.6mm 加重钻杆相比 Φ139.7mm 钻杆 + Φ101.6mm 钻杆 + Φ88.9mm 加重钻杆排量有所提高(图 2.4.11)。

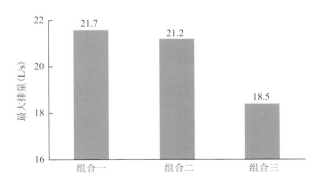

图 2.4.11　不同钻具组合限压 35MPa 时的最大排量

2.4.2　长水平段钻井井筒流动安全控制技术

1. 长水平段钻井裂缝内重力置换规律(乐宏等，2021)

1)研究与评价方法

室内可视化实验是目前长水平段钻井气液重力置换最直观的手段。模拟实验装置如

图 2.4.12 所示，装置由水平井筒、垂直裂缝模拟单元、注液泵、高压气瓶、水罐、数据采集系统等部分组成，装置最大承压 0.8MPa。装置主要性能参数：模拟水平井筒长度240cm，内径 14cm，壁厚 1cm；模拟钻杆长度 250cm，外径 6.3cm，壁厚 0.3cm；垂直裂缝模拟单元长 100cm，高 60cm，为单板缝，裂缝宽度 0.5mm。实验过程中，在清水中添加不同剂量的羧甲基纤维素钠(sodium carboxymethyl cellulose，CMC-Na)配置不同黏度的液体，采用氮气模拟气相流体。

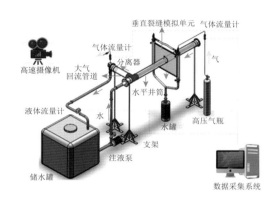

图 2.4.12　水平井钻遇裂缝性地层气液重力置换模拟实验装置

室内模拟实验装置能够直观地评价气液重力置换现象，但由于装置的承压低于0.8MPa，且只能开展室温下的模拟实验，无法模拟实际钻井过程中的井底流动环境。针对这一情况，可借助数值仿真技术开展井下真实温度压力等流动环境下的水平井钻井气液重力置换研究。

2) 气液重力置换特征

利用图 2.4.12 所示的实验装置分别开展清水、黏度 4mPa·s 和 10mPa·s 三种黏度流体的模拟实验，利用在清水中添加羧甲基纤维素钠来调节黏度，气侵速率采用转子流量计测量。同时，为验证数值仿真技术的计算精度，开展同等流体及压力等条件的重力置换模拟，漏失速率和气侵速率模拟与实验数据的对比如图 2.4.13、图 2.4.14 所示。可以看出，模拟数据与实验值吻合很好，漏失速率平均计算误差为 9.4%，气侵速率的误差略大，平均为 18.3%。图 2.4.15 为数值仿真得到的气液界面与可视化实验现象的对比。可见，重力置换发生时，裂缝及环空内均存在明显的气液界面，环空内气液两相流动表现出典型的分层流特征，仿真得到的气液界面分布规律与实验现象高度吻合。

数值仿真得到的井下环境下气液重力置换现象如图 2.4.16 所示。模拟计算使用的主要参数见表 2.4.5。可见，裂缝及水平环空内均存在明显的气液界面，与地面低压条件下重力置换现象类似(图 2.4.15)。同时，裂缝内的气液界面并不是平直的，而是从裂缝的两侧向中间逐渐隆起，并与水平环空相交，且环空内的气相是以气膜的形式分布在水平环空的高边位置，并不存在平直的气液界面，也即典型的水平管流气液两相分层

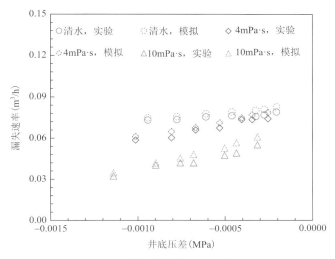

图 2.4.13　漏失速率模拟与实验数据对比图

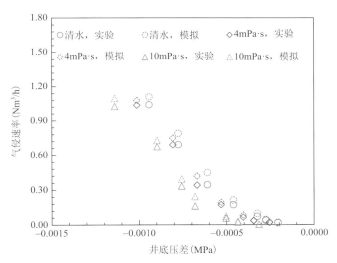

图 2.4.14　气侵速率模拟与实验数据对比图

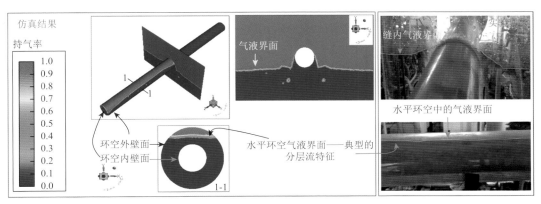

图 2.4.15　气液界面的数值仿真与实验分布规律对比图

流现象，这与地面低压条件下的气液重力置换现象存在显著差异。裂缝内气液界面两侧存在明显的压差，液相在压差的作用下逐渐驱替气相，并向裂缝两侧流动，如图 2.4.17 所示。

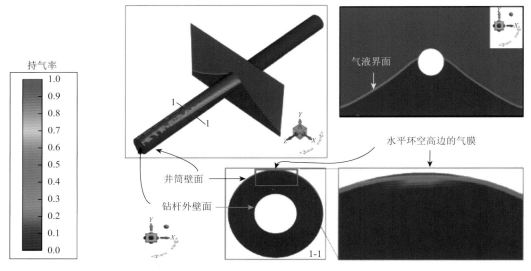

图 2.4.16　水平井钻遇垂直裂缝的气液重力置换现象图

表 2.4.5　模拟计算主要参数表

参数	数值
裂缝宽度(mm)	1
裂缝倾角(°)	90
钻井液密度(kg/m³)	1200
钻井液黏度(mPa·s)	20
裂缝内初始压力(MPa)	80.001
裂缝内初始温度(K)	400
水平段环空初始压力(MPa)	80
水平段环空初始温度(K)	400
钻井液入口速度(m/s)	2
环空出口压力(MPa)	80

3)气液重力置换影响因素

为找出影响重力置换的主要因素，明确其发生条件，分别开展不同井底压差、裂缝宽度等条件下的重力置换模拟仿真，分析各参数对置换现象的影响规律。

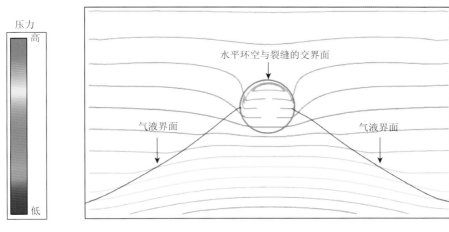

图 2.4.17　垂直裂缝及水平环空截面的压力等值线图($z = 0$)

A. 井底压差的影响

图 2.4.18 为裂缝宽度 1mm 时漏失速率和气侵速率随井底压差的数值仿真变化曲线，模拟计算中仅改变井底压差，其他参数保持恒定(表 2.4.5)。由图 2.4.18 可以看出，随着井底压差的变化，漏失速率和气侵速率急剧变化，仅井底压差为–0.01～0MPa 时才会同时存在漏失和气侵，也即重力置换现象；当井底压差大于 0MPa 时只有井漏；而当井底压差低于–0.01MPa 时则只会发生气侵。可以将上述三个井底压差区间分别定义为重力置换窗口、气侵区和漏失区，如图 2.4.18 所示。需要指出的是，上述三个特征区域是在裂缝宽度 1mm 和特定的钻井液密度、地层压力等参数(表 2.4.5)下得到的，若这些参数发生变化，三个特征区域也会相应地改变。可以看出，重力置换现象只在井底处于微欠平衡状态时才会发生，且漏失速率和气侵速率对于井底压差高度敏感。钻井施工中可通过调控井底压力，使井底压差处于

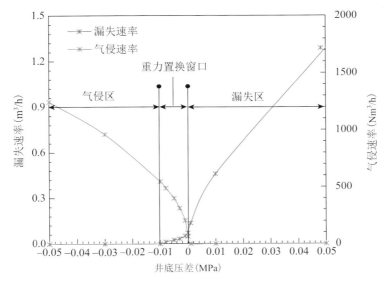

图 2.4.18　1mm 宽裂缝漏失速率和气侵速率随井底压差的变化图

微过平衡状态来抑制重力置换。井底处于微过平衡状态时虽存在井漏，但是井漏速率很低，可通过随钻堵漏封堵裂缝，解决井漏问题，实现安全钻进。

B. 裂缝宽度的影响

不同裂缝宽度条件下漏失速率和气侵速率随井底压差的变化如图 2.4.19～图 2.4.21 所示，模拟计算中其他参数保持不变。由图 2.4.19 可以看出，重力置换对于裂缝宽度高度敏

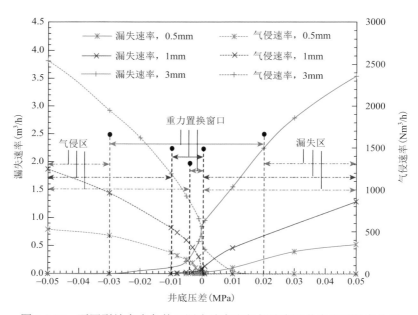

图 2.4.19　不同裂缝宽度条件下漏失速率和气侵速率随井底压差的变化图

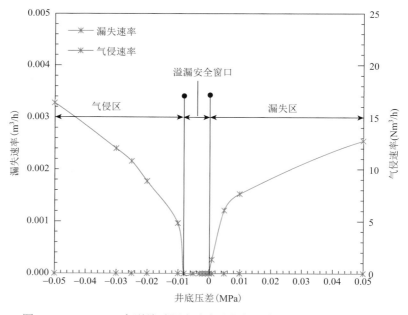

图 2.4.20　0.05mm 宽裂缝时漏失速率和气侵速率随井底压差的变化图

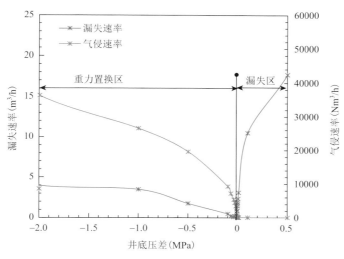

图 2.4.21　5mm 宽裂缝漏失速率和气侵速率随井底压差的变化图

感，随着裂缝宽度的增加，漏失速率和气侵速率均大幅增加，且置换窗口急剧拓宽。同时，由图 2.4.20 可以看出，当裂缝宽度为 0.05mm 时不会发生重力置换，在气侵区和漏失区之间的井底压差区间内，既不存在气侵，也不存在漏失，此区间也即是溢漏安全窗口。此外，由图 2.4.21 可以看出，当裂缝宽度为 5mm 时，只要井底压力处于欠平衡状态，就一定会发生重力置换，不会出现纯气侵的情况。可见，裂缝宽度是重力置换发生的决定性因素，存在一个重力置换发生的临界裂缝宽度，只有钻遇大于临界宽度的裂缝时才可能发生重力置换，在本例中其介于 0.05～0.50mm。钻井施工中，当水平井钻遇微裂缝发生重力置换时，可通过将井底压差控制在微过平衡状态来抑制气侵，也可适当地增加欠压值将重力置换转换为纯气侵，实现可控欠平衡钻井；但当钻遇大裂缝或断层时，只能通过将井底压差控制在微过平衡状态的方式来抑制重力置换，且需严格控制井底压差，尽可能减少漏失速率。

C. 钻井液密度的影响

图 2.4.22 为不同钻井液密度下漏失速率和气侵速率随井底压差的数值仿真变化曲线，模拟计算中其他参数保持不变。

由图 2.4.22 可以看出，随着钻井液密度的增大，气侵速率几乎不变，而漏失速率则显著上升，重力置换发生的临界井底压差下限明显左移，重力置换窗口变宽。在地层压力恒定的条件下，裂缝内的气相密度恒定，钻井液密度增大，钻井液与地层气相的密度差相应地增大，二者的重力势能也相差越大，因此重力置换现象加剧。理论上，降低钻井液密度可抑制重力置换，但因其与地层气相的密度差较大，且实际钻井中钻井液密度降低的空间有限，不推荐通过降低钻井液密度来抑制重力置换。此外，由于重力置换主要发生在井底处于欠平衡时，降低钻井液密度会增大欠压差，可能造成气侵速率过大，井控风险增加。

D. 钻井液黏度的影响

不同钻井液黏度条件下漏失速率与气侵速率随井底压差的变化曲线如图 2.4.23 所示，模拟计算中其他参数保持恒定。

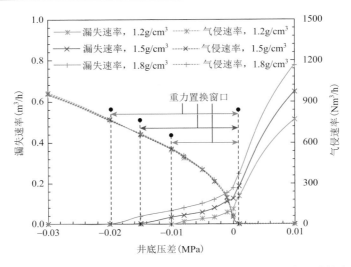

图 2.4.22　不同钻井液密度条件下漏失速率和气侵速率随井底压差的变化图

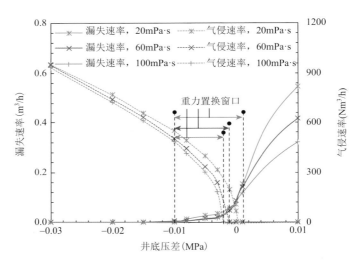

图 2.4.23　不同钻井液黏度条件下漏失速率和气侵速率随井底压差的变化图

　　由图 2.4.23 可以看出，随着钻井液黏度的增加，漏失速率和气侵速率均显著降低，且重力置换现象发生的临界井底压差上限左移，置换窗口明显收窄。钻井液黏度的增加显著增强了气液两相间及钻井液与裂缝壁面的流动摩擦阻力是造成这一变化的主要原因。增大钻井液黏度对于重力置换现象具有一定的抑制作用，但钻井施工中钻井液黏度极少超过 100mPa·s，改变黏度的作用有限，且增加钻井液黏度也会导致环空压耗的增加，因此不应将其作为抑制重力置换的主要手段。

　　E. 地层压力的影响

　　图 2.4.24 为不同地层压力条件下漏失速率和气侵速率随井底压差的数值仿真变化曲线，模拟计算中其他参数保持恒定。

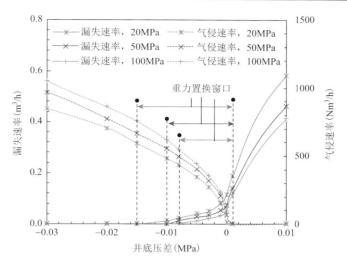

图 2.4.24　不同地层压力条件下漏失速率和气侵速率随井底压差的变化图

由图 2.4.24 可知，随着地层压力的增加，漏失速率显著降低，而气侵速率则呈现出相反的变化，重力置换发生的临界井底压差下限右移，重力置换窗口变小。地层压力的增加，增大了裂缝内气相的密度，在钻井液密度恒定的条件下，地层压力越大，钻井液与地层流体的密度差越小，二者的重力势能也越接近，因此重力置换也就越弱。对于深部高压地层，在裂缝尺度等参数相同的前提下，虽然重力置换窗口相较于浅部低压地层有所收窄，但一旦发生置换其气侵速率更大，井控风险也更高，更需注意抑制重力置换。

F. 裂缝倾角的影响

图 2.4.25 为不同裂缝倾角下漏失速率和气侵速率随井底压差的数值仿真变化曲线，模拟计算中其他参数保持恒定。由图 2.4.25 可知，随着裂缝倾角的增大，置换区内漏失速率略微有所增加，气侵速率则显著上升，重力置换发生的临界井底压差上限明显右移，

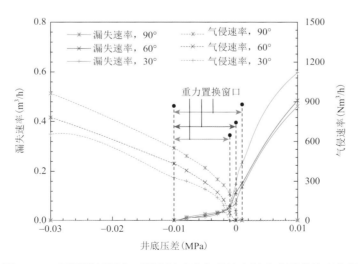

图 2.4.25　不同裂缝倾角下漏失速率和气侵速率随井底压差的变化图

重力置换窗口有所拓宽。可见，相较于低角度裂缝，水平井钻遇垂直及高角度裂缝时更易发生重力置换，且置换区内气侵速率更大，井控风险更高。此外，在纯漏失区内漏失速率随裂缝倾角的增加有所降低，而在纯气侵区内气侵速率的变化则正好相反，裂缝倾角越大，气侵越严重。因此，考虑到长宁区块龙马溪组页岩地层裂缝倾角大的地层特性，更需要将井底压力精细地控制在微过平衡状态，以尽可能地消除或抑制重力置换现象和气侵问题。

G. 钻遇双裂缝时的气液置换规律

图 2.4.26 为钻遇单裂缝及两条不同间距的垂直裂缝时漏失速率和气侵速率随井底压差的数值仿真变化曲线。模拟计算中裂缝宽度均为 1mm，其他参数保持恒定，钻遇双裂缝时的裂缝间距分别考虑 2m 和 5m 两种情况。

由图 2.4.26 可以看出，相较于钻遇单条垂直裂缝的情况，当水平井钻遇双垂直裂缝时漏失速率和气侵速率均大幅增加，且漏失速率增加的幅度要远大于气侵速率，重力置换现象发生的临界井底压差上限基本不变，而其下限则左移，重力置换窗口明显变宽。同时，也可以看出，两条垂直裂缝的间距越大，漏失速率和气侵速率越大，重力置换窗口也越宽。需要指出的是，图 2.4.26 中的漏失速率和气侵速率为两条裂缝的数据总和，此处将"一条裂缝气侵，另一条裂缝井漏"、"一条裂缝气侵，另一条裂缝重力置换"和"一条裂缝重力置换，另一条裂缝井漏"的情况也归为重力置换。上述三种情况与典型的重力置换现象在工程上均表现为"溢漏同存"，难以区分，且本例中两条裂缝内的压力相等，因此可将其理解为水平井钻遇裂缝系统时发生的重力置换现象。就具体钻井而言，随着水平段的延伸，钻遇越来越多的裂缝，重力置换现象发生的概率会显著增加，置换的强度也会越来越大，这也是制约裂缝发育页岩地层水平段延伸能力的一个重要因素。

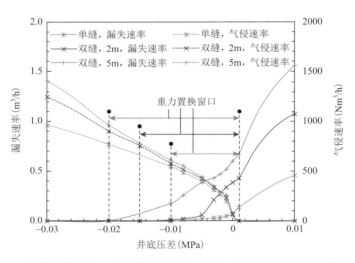

图 2.4.26　钻遇单裂缝及双垂直裂缝时漏失速率和气侵速率随井底压差的变化图

4) 气液重力置换框架型规律及数学模型

根据大量的室内实验和理论研究，可以提取出如图 2.4.27 和图 2.4.28 所示的框架型规律模型，框架型规律模型所体现的规律特征可概括为以下几点。

(1) 对于孔隙性储层，只在井底欠压差情况下才存在气侵溢流问题，随着井底欠压差的增大，气侵溢流速率越大；气侵溢流速率与储层渗透率有关，在井底欠压差相等的情况下，高渗、中渗、低渗三种孔隙性储层的气侵溢流速率是依次递减的；孔隙性储层只在井底过平衡情况下才会发生井漏，过平衡压差越大，漏失速率越高，在井底正压差相等的情况下，低渗储层漏失速率最小，高渗储层漏失速率最大。

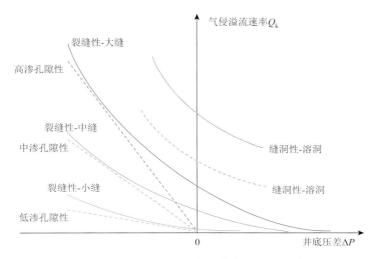

图 2.4.27　气侵溢流速率与井底压差的关系

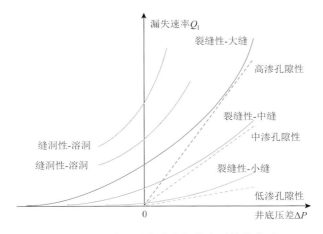

图 2.4.28　地层漏失速率与井底压差的关系

(2) 对于裂缝性储层，存在明显的重力置换现象；井底欠压差情况下，欠压差越大，气侵溢流速率越大，漏失速率越小，并逐渐趋近于零；井底压差为正时，随着井底压差的增加，漏失速率急剧上升，气侵溢流速率则显著下降，并逐渐趋于零；裂缝性地层重力置换现象的严重程度与缝的大小有关，同等井底压力下，存在大缝的地层其漏失速率及气侵溢流速率要远高于存在中缝和小缝的地层，小缝地层最小。

(3)对于存在溶洞的缝洞性地层，其重力置换规律与裂缝性地层一致，但在井底压差一定的情况下，其漏失速率和气侵溢流速率要大得多。

将图 2.4.27 和图 2.4.28 所示的不同类型地层、不同井底压差情况下的漏失速率及气侵溢流速率规律统一由图 2.4.29 所示，这样可以更加清晰地体现裂缝性地层的重力置换规律，以便于框架型理论模型的建立。

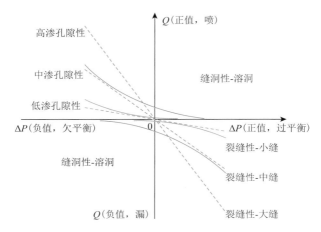

图 2.4.29　地层漏失速率、气侵溢流速率与井底压差的关系

基于图 2.4.27～图 2.4.29 所示的框架型规律模型，采用斜勾函数建立描述气液重力置换规律的数学模型，如下所示。

气侵溢流速率与井底压差的关系：

$$\Delta P = \frac{b_1}{Q_k} - a_1 Q_k \tag{2.4.12}$$

漏失速率与井底压差的关系：

$$\Delta P = a_2 Q_l - \frac{b_2}{Q_l} \tag{2.4.13}$$

式中：Q_k 为气侵溢流速率，m^3/s；Q_l 为漏失速率，m^3/s；a_1、a_2、b_1 和 b_2 为系数，量纲一，可由随钻漏喷测试得出。

对实际地层重力置换规律的描述，只能以上述框架模型为基础，通过现场记录的漏喷实际数据确定其中的待定系数，具体的随钻漏喷测试程序如下。

①记录当前的返出流量、注入排量、井下压力、立管压力(简称立压)、套管压力(简称套压)等数据。

②关井测压。

a. 停止循环，关闭井口，待套压上升趋于稳定，读井下压力得到地层压力。

b. 关井测压一定要在发现溢流后立即进行，防止大量气体进入环空后滑脱膨胀，造成虚高的地层压力。

c. 如果只漏不涌，则先降低钻井液密度治漏；如果仍然只漏不涌，则钻过纯漏层，按钻井治漏处理。

③变井底压力进行漏喷测试。

a. 无回压，按设计钻井液排量循环至出口稳定（需要 3～5min），记录此时 $Q_进$、$Q_出$、$P_井底$、$P_立$、$P_套$。

b. 无回压，减少排量 1/3，循环至出口稳定，记录 $Q_进$、$Q_出$、$P_井底$、$P_立$、$P_套$。

c. 无回压，再减少排量 1/3，循环至出口稳定，记录 $Q_进$、$Q_出$、$P_井底$、$P_立$、$P_套$。

d. 按设计排量循环，关节流阀，施加中等回压（套压），循环至稳定（出口），记录 $Q_进$、$Q_出$、$P_井底$、$P_立$、$P_套$。

e. 按设计排量循环，再关节流阀，施加高回压（套压），循环至稳定（出口），记录 $Q_进$、$Q_出$、$P_井底$、$P_立$、$P_套$。

f. 将上述 5 个测试点对应的井底压力 $P_井底$ 与出口流量差 $\Delta Q = Q_出 - Q_进$ 绘制成图，如图 2.4.30 所示。如果整条测试曲线偏下，则漏多溢少，说明钻井液密度偏大，以井漏为主；如果整条测试曲线偏上，说明钻井液密度偏低，以井涌为主。将 ΔQ 为正值的部分按照井下温度、压力折算成标态下气量，则得到产气量与负压差的关系。

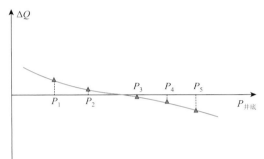

图 2.4.30　5 个测试点井底压力 $P_井底$ 与出口流量差 ΔQ 之间的关系

根据所做的漏喷测试结果，分别拟合描述井涌和井漏的斜勾函数，如图 2.4.31 所示。依据该测试结果，确定钻穿窄安全密度窗口地层的最佳井底压力，尽量使井漏、井涌都控制在安全可行的范围内，以此设计钻井液密度、钻井液排量、井口回压等参数的最佳组合，以此组合钻穿窄窗口地层。

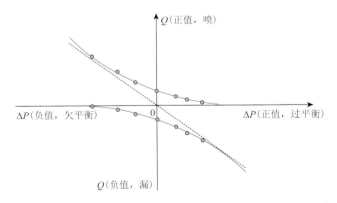

图 2.4.31　依据漏喷测试拟合得到的井涌、井漏斜勾函数曲线

钻穿窄窗口时需注意"窄窗口随钻扩大"的现象，即刚钻遇窄安全窗口地层时所做的漏喷测试是针对刚钻开储层的，此时对应一定压差变化，漏、喷程度不是太严重；但随着钻开储层长度的增加，相对应的压差变化增大，其漏、喷程度变得更加严重，如图 2.4.32

所示。也就是说，随着钻开储层长度的增加，容纳安全压差变化的窗口变得更窄。尽管窗口的宽度随着储层钻开的长度变窄，但窗口平衡点的位置没有改变，因此，控压钻井走钢丝的中心点没有变，只是压差可控余量变小了。

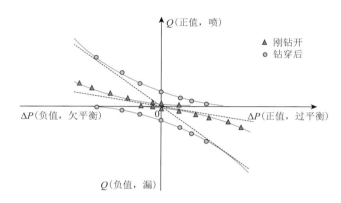

图 2.4.32　刚钻开和钻穿后井涌、井漏斜勾函数曲线

2. 长水平段钻井井筒复杂流动规律及安全控制技术研究

井筒的气液两相流瞬态流动情况复杂，目前多相流研究领域针对不同的气液两相流流动特性及研究目的提出了均相流模型、两流体模型、漂移流动模型等多种气液两相流模型。相对而言，漂移流动模型具有形式简单、计算量小、计算过程易于收敛，且模型计算精度可以满足工程需求等优势。因此，本书基于漂移流动模型建立控压降密度钻井井筒气液两相瞬态流动数学模型。

1) 基本假设

鉴于井筒气液两相瞬态流动问题的复杂性，在建立控压降密度钻井井筒气液两相瞬态流动模型之前，需作如下假设。

(1) 假设井筒气液两相流为一维流动。

(2) 井筒流体为气液两相系统。

(3) 钻井液及岩屑、固相等均为均质流。

(4) 井壁、套管、钻柱为刚形体，不考虑其弹性变形。

(5) 忽略管柱的偏心。

(6) 气液两相流动发生过程中不考虑温度的瞬态变化。

(7) 不考虑相变问题。

2) 基本控制方程

基于以上假设，建立控压降密度钻井井筒气液两相瞬态流动的一维流动基本控制方程：

$$\frac{\partial \rho_g \alpha_g}{\partial t} + \frac{\partial \rho_g \alpha_g u_g}{\partial x} = 0 \tag{2.4.14}$$

$$\frac{\partial \rho_l \alpha_l}{\partial t} + \frac{\partial \rho_l \alpha_l u_l}{\partial x} = 0 \tag{2.4.15}$$

$$\frac{\partial \rho_g \alpha_g u_g}{\partial t} + \frac{\partial \rho_g \alpha_g u_g^2 + \alpha_g p}{\partial x} = p\frac{\partial \alpha_g}{\partial x} - \rho_g \alpha_g g\sin\theta - F_{gl} - F_{fg} \tag{2.4.16}$$

$$\frac{\partial \rho_l \alpha_l u_l}{\partial t} + \frac{\partial \rho_l \alpha_l u_l^2 + \alpha_l p}{\partial x} = p\frac{\partial \alpha_l}{\partial x} - \rho_l \alpha_l g\sin\theta + F_{gl} - F_{fl} \tag{2.4.17}$$

式中：ρ_g、ρ_l 分别为气相、液相的密度，kg/m³；α_g、α_l 分别为气相、液相的体积分数，即持气率、持液率，量纲一；u_g、u_l 分别为气相、液相的速度，m/s；F_{gl} 为气液两相的相间作用力，N/m；F_{fg}、F_{fl} 分别为气相、液相的壁面剪切力，N/m。

气液两相的体积分数满足式(2.4.18)所示的归一化关系：

$$\alpha_g + \alpha_l = 1 \tag{2.4.18}$$

将式(2.4.16)和式(2.4.17)合并可得

$$\frac{\partial \rho_g \alpha_g u_g + \rho_l \alpha_l u_l}{\partial t} + \frac{\partial \rho_g \alpha_g u_g^2 + \rho_l \alpha_l u_l^2}{\partial x} + \frac{\partial p}{\partial x} = -\rho_m g\sin(\theta) - \frac{2 f_m \rho_m u_m |u_m|}{d_a - d_{po}} \tag{2.4.19}$$

式中：ρ_m 为气液两相混相的密度，kg/m³；u_m 为气液两相混相的速度，m/s；f_m 为气液两相混相的摩擦系数，量纲一；d_a 为井筒的直径，m；d_{po} 为钻杆外径，m。

式(2.4.14)、式(2.4.15)和式(2.4.19)便构成了控压降密度钻井环空多相流的漂移流动模型的主要控制方程。上述控制方程组对于非出气和非漏失层段环空气液两相流是适用的，对于出气层段和漏失井段的环空来讲，还需在连续性方程中考虑源项的影响。据此，将连续性方程改写为式(2.4.20)和式(2.4.21)。

$$\frac{\partial \rho_g \alpha_g}{\partial t} + \frac{\partial \rho_g \alpha_g u_g}{\partial x} = Q_{kp} \tag{2.4.20}$$

$$\frac{\partial \rho_l \alpha_l}{\partial t} + \frac{\partial \rho_l \alpha_l u_l}{\partial x} = Q_{lp} \tag{2.4.21}$$

式中：Q_{kp} 为单位长度的气侵速率，m³/s；Q_{lp} 为单位长度的液侵速率，m³/s；

式(2.4.19)～式(2.4.21)便构成了考虑井漏、气侵等情况下井漏和气侵井段的井筒气液两相流控制方程组。

上述基于漂移流动模型建立的环空气液两相流控制方程组中没有单相流体的运动速度方程，也即气相速度和液相速度的约束关系，所以引入气液两相之间的漂移关系［式(2.4.22)］，以使得控制方程组封闭。

$$u_g = C_0 u_m + u_d \tag{2.4.22}$$

式中：C_0 为气体分布系数，量纲一；u_d 为气体漂移速度，m/s。

3) 模型定解条件

控压降密度钻井过程中，若环空出现气液两相流，即出现地层气侵或溢流时，井口

的气体和液体流量、压力等是已知的，可以通过测量得到，但井底的情况是未知的，据此可以定义其边界条件为

$$\begin{cases} u_g(0,t) = u_g(t)_{st} \\ u_1(0,t) = u_1(t)_{st} \\ \rho_g(0,t) = \rho_g(t)_{st} \\ \rho_1(0,t) = \rho_1(t)_{st} \\ p(0,t) = p(x)_{st} \end{cases} \qquad (2.4.23)$$

当然，实际情况可能会有所不同，若控压降密度钻井施工过程中使用了随钻压力测量（PWD）等设备，则井底压力同样是已知的，其边界条件会有所变化。

4）长水平段钻井井筒压力瞬态演变规律研究

以彭州 6-5D 井三开段实钻参数为例，分析地层出气状况下的控压措施。如图 2.4.33 所示，在钻井液密度为 1.95g/cm³ 时，不控压井底压力下降 5.1MPa，控压情况下井底压力最大下降 1.9MPa，循环 3h 后控制井底压力。在 0.5h 内，由于井口未发现溢流现象，未采用任何控压措施，导致气体已经侵入一段时间。在 0.5～1h，逐渐增大井口回压，由于气体膨胀，导致井筒内气体被置换，所以井底压力还有下降趋势，直到气体达到井口，井底压力下降到最低值，随着控制压力的上升，井底压力出现明显上升。但是井筒内还是有残存气体，这部分气体向上移动的过程中会继续膨胀，产生置换，导致井底压力有所下降，当这部分气体完全被置换时，井筒内液体达到平衡状态，井底压力回归到初始值。如果不采用控压措施，当井底气体到达井口时，最大压力下降 5.1MPa，同时进气量会增大，导致井筒内更多气体进入，发生更严重的溢流风险。

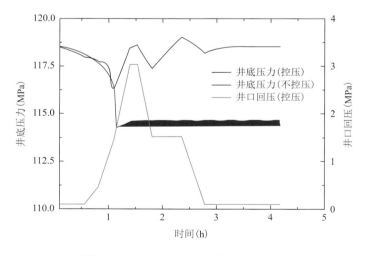

图 2.4.33　控压与不控压井筒压力演变

针对高密度的钻井液，分析同样的控压过程，高密度的钻井液井筒内压力更高，产

生的压力波动更大，最大压力下降为 2.5MPa，控制时间与低密度的钻井液相差不大，均在 3h 后能够循环控制住。

研究还分析了漏失对井底压力的影响，在 0.45m³/h 漏失速率下，漏失压力下降 0.38MPa，在 0.30m³/h 漏失速率下，漏失压力下降 0.26MPa，在 0.15m³/h 漏失速率下，漏失压力下降 0.14MPa（图 2.4.34）。漏失过程是单相流的过程，立压和套压都会产生变化。当流入的气体进入裂缝空间，会与裂缝空间内的气体产生置换。气侵导致井筒压力下降，产生溢漏同存，同时溢流的膨胀量会抵消漏失的钻井液量，造成更为严重的后果。

（1）不同气侵量。气体侵入量直接影响井筒流动动态，对环空压力的影响也十分明显，如果不加以控制，井底压力会持续降低，影响钻井安全。本书分析过程中分别设置了 $2.0 \times 10^4 m^3/d$、$1.5 \times 10^4 m^3/d$ 和 $0.5 \times 10^4 m^3/d$ 三种不同大小的气侵量（图 2.4.35）。当井筒内达到气液两相平衡时，井筒的压力降分别为 7.14MPa、5.86MPa、3.93MPa，可见气侵量越大，造成的井底压力亏空就越大，越容易产生复杂事故，必须在钻井过程中加以控制。在三种不同气侵量下，达到井口的时间分别是 6780s、6800s 和 9580s。气侵量越大，气液两相的速度就越大，同时液体也被顶替得越多，在井口也容易更早检测到。可以通过早期检测，提前判断溢流量的大小，以采取针对性措施。

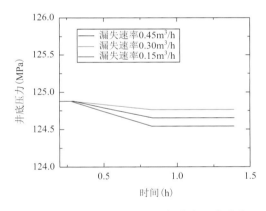

图 2.4.34　不同漏失速率下的井底压力分布

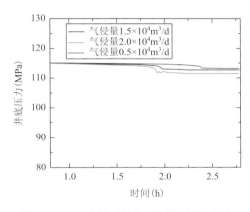

图 2.4.35　不同气侵量下的井底压力分布

（2）不同密度。钻井液的密度直接影响井筒内环空压力的分布。在钻井工程设计过程中，需要通过邻井的压力剖面来设计合理的钻井液密度，以避免复杂的情况。对于多压力地层，钻井液密度的选择更为重要。本书分析过程中分别设置了 1900g/m³、1950g/m³ 和 2000g/m³ 三种钻井液密度，压力降分别为 7.42MPa、5.66MPa、3.45MPa，钻井液密度升高 100g/m³，井底压力升高 10MPa（图 2.4.36）。钻井液密度的增加对改变井底压力的绝对值有明显的影响，但是压力下降幅度不会有明显的变化。

在三种钻井液密度下，达到井口的时间分别是 7640s、7800s 和 8260s。钻井液密度越大，井底压力越大，气体流度速度越慢，到达井口的时间也就越长。通过改变钻井液密度调整井底压力直接有效，但具有时间上的滞后性，在钻进过程中，需要采取调整回压的方式控制井底压力。

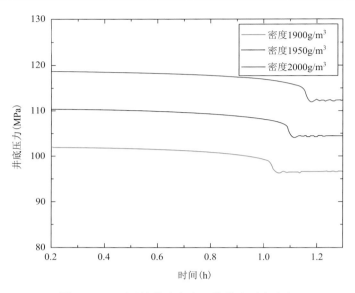

图 2.4.36　不同钻井液密度下的井底压力分布

（3）不同排量。钻井液排量的大小直接影响到井筒内气液两相的分布，同时对井底压力有着明显的影响。排量越大，则摩擦力越大，附加的流动摩阻也就越大，井底压力下降也就越小。本书分析过程中分别设置了 17L/s、20L/s、23L/s 三个排量（图 2.4.37）。钻井液排量越大，液体流动速度越快，带动气体的流动速度也加快，到达井口的时间也就越短。在三种钻井液排量下，达到井口的时间分别是 6540s、7320s 和 8260s。

（4）不同回压。井口回压是控压钻井井筒环空流体返出时在井口的压力，如果是开井，井口不加回压，则井口回压等于当地大气压力。井口回压的调节主要是通过节流阀实现，节流阀的调整反映到井口压力的变化。本书分析过程中分别设置了 0.1MPa、2.0MPa、4.0MPa 三种井口回压，压力降分别为 7.32MPa、5.46MPa、3.25MPa（图 2.4.38），达到井口的时间分别是 7540s、7320s 和 7160s。

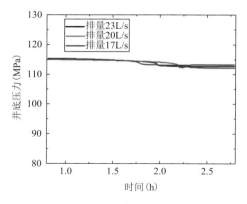

图 2.4.37　不同钻井液排量下的井底压力分布

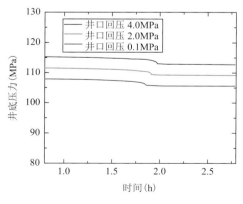

图 2.4.38　不同井口回压下的井底压力分布

2.4.3　超深长水平段水平井钻具动力学性能及延伸能力分析

水平段的延伸长度受多方面因素制约，主要包括：①小井眼水平井具有环形空间小、环空压耗大以及钻井液携岩困难等特点，并且地层承压能力和地面设备能力有限，限制了水平段的延伸；②随着水平段的不断延长，摩阻增大，托压现象凸显，钻压传递困难，当钻具出现屈曲变形，无法给钻头施加钻压时，水平段就不能继续延伸；③小井眼钻水平井一般采用小尺寸钻具，钻具抗扭强度低，随着水平段的延伸，扭矩不断增大，当扭矩达到钻具的抗扭极限时，水平段就不能继续延伸。总之，水平段极限延伸长度的制约因素主要有托压导致钻具屈曲、额定泵压、水平段破裂压力和钻具强度限制等。

水平井钻井过程中，当井斜角超过 60° 后，容易出现托压现象。随着水平段的延伸，托压现象越来越明显，钻压传递效率低，钻头无法获得真实有效的钻压。为了克服摩阻给钻头施加钻压，持续送钻过程中钻具会出现屈曲变形。当施加的钻压超过钻具正弦临界屈曲力时，钻柱会发生正弦屈曲；若继续增加钻压，将导致钻柱的轴向载荷继续增大，若超过钻具临界螺旋屈曲力，钻柱将由正弦屈曲过渡到螺旋屈曲，此时钻压很难传递到钻头上，甚至发生钻具自锁或者疲劳破坏。因此，为了保证井下钻具的安全，维持小井眼侧钻水平井安全高效钻进，需要预测钻井过程中钻具是否会发生正弦弯曲或者螺旋弯曲。当预测井下钻具出现屈曲时，就需要缩短水平段长度或者改变钻进方式，否则无法继续钻进。

1. 水平井极限延伸能力影响因素分析

水平井极限延伸能力的影响因素主要包括钻机载荷能力、钻柱安全系数、地层承压能力及额定泵压（刘茂森等，2016；高德利等，2019）。

1）钻机载荷能力

钻机的载荷能力包括提升能力和扭矩输出能力。为保证钻机在水平段钻进过程中能够正常工作，需要准确地预测不同工况下的井口大钩载荷和井口扭矩。通常采用软杆模型进行计算即可满足精度要求，其理论模型如下：

$$F_i \cos\frac{\Delta\varphi}{2}\cos\frac{\Delta\alpha}{2} = w_e\Delta L\sin\bar{\alpha} + F_G + F_{i-1}\cos\frac{\Delta\varphi}{2}\cos\frac{\Delta\alpha}{2} \quad (2.4.24)$$

$$T_{n(i)} = R\mu|N_i| + T_{n(i-1)} \quad (2.4.25)$$

式中：F_i 为作用在钻柱单元上端面的轴向力，N；$\Delta\varphi$ 为钻柱单元的方位角变化，rad；$\Delta\alpha$ 为钻柱单元的井斜角变化，rad；w_e 为钻柱单位长度浮重，N/m；ΔL 为钻柱单元长度，m；$\bar{\alpha}$ 为钻柱单元的平均井斜角，rad；F_G 为钻柱单元的摩阻力，N；$T_{n(i)}$ 为作用在钻柱单元上端面的扭矩，N·m；N_i 为钻柱单元对井筒施加的正压力，N；R 为钻柱半径，m；μ 为摩擦系数，量纲一。

2）钻柱安全系数

钻柱在井筒中的受力情况十分复杂，当钻柱的安全系数小于工程上规定的安全系数临界值时，就有可能导致钻柱失效，所以有必要对水平井中钻柱的延伸进行强度校核。可利用摩阻扭矩模型计算得到钻柱轴向力和扭矩，根据第四强度理论校核钻柱强度。

$$n(z) = \frac{Y_{\mathrm{m}}}{\sqrt{\sigma^2(z) + 3\tau^2(z)}} \tag{2.4.26}$$

式中：$n(z)$ 为长度为 z 时的钻柱安全系数，量纲一；Y_{m} 为钻柱的最小屈服强度，MPa；$\sigma(z)$ 为钻柱的轴向应力，MPa；$\tau(z)$ 为钻柱轴向的剪切应力，MPa。

3）地层承压能力

水平井钻井过程中，钻井液当量循环密度（ECD）不能大于地层破裂压力当量密度，否则会压破地层。同时，钻井液的液柱压力又必须大于地层孔隙压力。还应该考虑坍塌压力当量密度和漏失压力当量密度的影响，所以钻井液当量循环密度必须满足：

$$\max(\rho_{\mathrm{p}}, \rho_{\mathrm{t}}) < \mathrm{ECD} = \rho_{\mathrm{m}}(1 - C_{\mathrm{r}}) + \rho_{\mathrm{r}}C_{\mathrm{r}} + \frac{\Delta P}{0.00981H} < \max(\rho_{\mathrm{l}}, \rho_{\mathrm{f}}) \tag{2.4.27}$$

式中：ρ_{p} 为地层孔隙压力当量密度，$\mathrm{g/cm^3}$；ρ_{t} 为地层坍塌压力当量密度，$\mathrm{g/cm^3}$；ρ_{m} 为钻井液密度，$\mathrm{g/cm^3}$；ρ_{r} 为钻屑密度，$\mathrm{g/cm^3}$；C_{r} 为岩屑浓度，量纲一；ΔP 为循环压耗，MPa；H 为井深，m；ρ_{l} 为地层漏失压力当量密度，$\mathrm{g/cm^3}$；ρ_{f} 为地层破裂压力当量密度，$\mathrm{g/cm^3}$。

4）额定泵压

随着水平段不断延伸，井筒内的循环压耗逐渐增加，当循环压耗超过钻井泵的额定泵压时，钻井液将无法循环，这将限制水平段的延伸。

$$\sum_{i=1}^{n}\left(\frac{\mathrm{d}P_{\mathrm{p}i}}{\mathrm{d}L_i}L_i\right) + \sum_{i=1}^{n}\left(\frac{\mathrm{d}P_{\mathrm{a}i}}{\mathrm{d}L_i}L_i\right) + \Delta P_{\mathrm{b}} + \Delta P_{\mathrm{m}} + \Delta P_{\mathrm{l}} < P_{\mathrm{e}} \tag{2.4.28}$$

式中：$\dfrac{\mathrm{d}P_{\mathrm{p}i}}{\mathrm{d}L_i}$ 为钻柱压降梯度，MPa/m；$\dfrac{\mathrm{d}P_{\mathrm{a}i}}{\mathrm{d}L_i}$ 为环空压降梯度，MPa/m；L_i 为水平井段长度，m；ΔP_{b} 为钻头压降，MPa；ΔP_{m} 为井下动力钻具压降，MPa；ΔP_{l} 为地面管汇压降，MPa；P_{e} 为额定泵压，MPa。

在进行水平段环空压耗计算时，岩屑床的影响不可忽略。岩屑床会减小环空的流通面积，增大循环压耗，严重时还可能造成憋泵，影响钻井安全和工作效率。考虑岩屑床影响的环空压耗经验公式为

$$\Delta P_{\mathrm{a}i} = \frac{0.026H\Delta P_0}{f}\left[\frac{v^2}{g(d_{\mathrm{o}} - d_{\mathrm{i}})(S - 1)}\right]^{-1.25} + (1 + 0.00582H)\Delta P_0 \tag{2.4.29}$$

式中：H 为岩屑床高度，量纲一；ΔP_0 为岩屑床高度为 0 时的环空压耗，MPa；f 为环空摩阻系数，量纲一；v 为环空返速，m/s；d_{o} 为井筒直径，m；d_{i} 为钻柱外径，m；S 为岩屑与钻井液密度的比值，量纲一。

2. 小井眼长水平段钻井水力学参数分析

（1）以现有工艺条件，估算水平段延伸长度。

（2）井眼轨道：以彭州 6-6D 井优化轨道为例，分析水平段延伸能力。

（3）机泵：ZJ70D 加强型钻机，3 台 1176kW 泵，额定泵压 52MPa，最大钩载 4500kN，最高水龙头转速 300r/min。

（4）钻进方式：考虑常规滑动与复合、旋转导向两种方式。

（5）井身结构：Φ193.7mm 套管下至井深约 6120m，三开 Φ165.1mm 钻头钻进。

（6）钻具组合：PDC+螺杆+MWD+4″（1in = 25.4mm）钻杆（长度可调）+4″加重钻杆+5 7/8″钻杆。

（7）钻井液：油基，密度 1.50g/cm^3，温度 150℃，PV 值 55mPa·s，YP 值 15Pa。

（8）摩阻系数：套管内 0.26，裸眼内 0.4（根据彭州 4-4D 井 7113m 附近起下钻实际反演，并附加一定安全系数）。

（9）钻进条件：螺旋屈曲为安全延伸条件，极限条件发生螺旋屈曲，钻头有 40kN 钻压。

（10）井眼清洁：排量满足岩屑床清除。

（11）井斜角：第二轮 6 口长水平段水平井井斜角 88°～92°。

（12）上层套管封隔井深：6120m。

（13）根据模拟计算井筒结构、钻井液性能，保持井眼清洁的最小排量为 17.3L/s，对应泵压约 44MPa，如图 2.4.39 所示。

该维持井眼清洁所需最小排量与水平段延伸长度关系不大，特定条件下，基本为恒定值。

从图 2.4.40 可知，随水平段长度增加，井底当量循环密度增加，当井深约 9000m，水平段长约 2700m 时，井底当量循环密度为 1.74g/cm^3，该值低于地层破裂压力当量密度 1.80g/cm^3，在未钻遇裂缝情况下，井下仍能安全钻进不发生井漏。

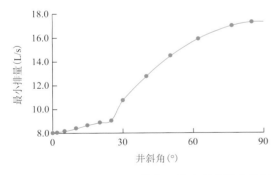

图 2.4.39　长水平段水平井井眼清洁所需最小排量

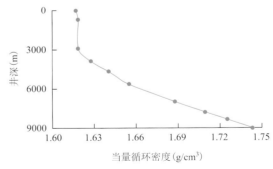

图 2.4.40　长水平段水平井井底当量循环密度

从图 2.4.41、图 2.4.42 看出，随水平段延长，循环压耗增加。维持井眼清洁的最低排量 17.3L/s，在水平段长约 1900m（井深约 8200m）时，对应循环压耗约 38MPa，当水平段长 2700m（井深约 9000m）时，循环压耗 43MPa。采用模拟所用的钻井设备，可以满足钻井水力学需要。

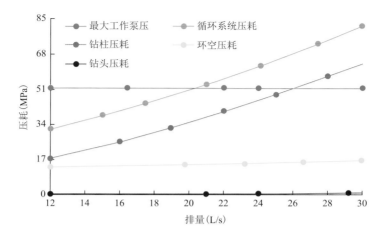

图 2.4.41　井深约 9000m、水平段长约 2700m 时的循环压耗

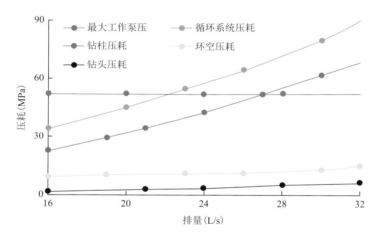

图 2.4.42　井深约 8200m、水平段长约 1900m 时的循环压耗

3. 不同摩阻系数与钻进方式对应的水平段延伸能力分析

1) 油基钻井液条件下套管与裸眼内摩阻系数反演

以川西气田某井油基钻井液条件下的实钻情况，进行摩阻系数反演。7113m 起钻大钩载荷约 1956kN，下钻大钩载荷约 1733kN，井底开动顶驱钻进大钩载荷约 1736kN，钻井液密度 1.42g/cm³，得套管内摩擦系数约为 0.10，裸眼内摩阻系数约为 0.20。

2) 不同摩阻系数及钻井方式条件下的水平段延伸能力

水平段采用滑动导向钻进时的摩阻大于复合钻进或旋转导向钻进时的摩阻，水平段延伸长度较大时，导致钻具屈曲或发生自锁、钻具损坏等而无法继续钻进。不同摩阻系数及钻进方式下的最大水平段钻井延伸长度(以钻具下入或钻进过程中，未发生疲劳超限或力学破坏，未发生螺旋屈曲为钻进极限)见表 2.4.6。

表 2.4.6　钻机承载能力满足要求时摩阻系数对水平段延伸长度影响因素分析表

套管内、裸眼内摩阻系数	旋转导向钻井极限		滑动导向钻井极限		衬管下入极限		钻进终止原因	衬管下入情况
	井深(m)	水平段长(m)	井深(m)	水平段长(m)	井深(m)	水平段长(m)		
0.10、0.20	12000	5700	12000	5700	11900	5600	旋转钻进超出上扣扭矩	管柱锁死
0.12、0.22	11300	5000	11300	5000	11300	5000		
0.14、0.24	10800	4500	10800	4500	10800	4500		
0.16、0.26	10400	4100	10400	4100	10400	4100		
0.18、0.28	10000	3700	10000	3700	10000	3700		
0.20、0.30	9700	3400	9600	3300	9700	3400	滑动钻进螺旋屈曲；旋转钻进超出上扣扭矩	螺旋屈曲下入
0.22、0.32	9400	3100	9200	2900	9400	3100		
0.24、0.34	9200	2900	8900	2600	9200	2900		
0.26、0.36	8900	2600	8600	2300	8900	2600		
0.26、0.38	8800	2500	8400	2100	8800	2500		
0.26、0.40	8600	2300	8200	1900	8600	2300		

　　通过摩阻系数模拟分析，随着套管-裸眼摩阻系数由 0.20 增加至 0.40，水平段极限延伸长度逐渐缩短。其中，摩阻系数为 0.20~0.28 时，旋转导向钻进的水平段极限延伸长度与滑动导向钻进的水平段极限延伸长度一致，在摩阻系数较大时，旋转导向钻进的水平段极限延伸长度略大于滑动导向钻进的水平段极限延伸长度(图 2.4.43)。对水平段延伸能力起主导作用的是水平段钻进能力，在屈曲条件下衬管均可下入。

　　表 2.4.7 为川西气田第二轮超深长水平段水平井关键参数统计。

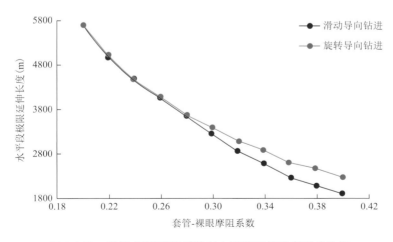

图 2.4.43　套管-裸眼摩阻系数对水平段延伸长度影响分析

表 2.4.7   川西气田第二轮超深长水平段水平井关键参数统计

序号	井号	完钻井深(m)	完钻垂深(m)	水平位移(m)	水平段长(m)
1	彭州 5-1D	8208.00	5732.81	3160.78	1843.00
2	彭州 5-3D	7476.00	5817.23	2187.71	1081.00
3	彭州 6-1D	7707.00	5759.73	2538.13	1636.00
4	彭州 6-3D	7456.00	5768.11	2118.08	1443.00
5	彭州 6-5D	7800.00	5780.78	2845.91	1335.73
6	彭州 6-6D	8206.00	5713.95	3321.73	1893.00
平均		7808.83	5762.10	2695.39	1538.62

从表 2.4.7 可知，川西气田第二轮 6 口超深长水平段水平井平均完钻井深 7808.83m，平均完钻垂深 5762.10m，平均水平位移 2695.39m，平均水平段长 1538.62m，其中彭州 6-6D 水平段长 1893.00m。

基于超深长水平段井眼清洁和井筒流动安全控制技术的成功应用，以上 6 口井水平段钻进期间环空携岩良好，未出现沉砂卡钻现象，超深长水平段的溢漏实现了安全控制，为川西气田产能建设提供了技术支撑。

2.5   超深大斜度井取心及长水平段衬管安全下入技术

根据川西气田储层物性进一步评价的需求，需要在彭州 8-5D 井雷四段取心。由于取心层段深度超过 6000m，同时取心层段井斜角为 90°左右，国内关于超深大斜度井取心的案例不多，可借鉴的技术和经验较少。

根据资料调研分析，超深大斜度井段取心主要存在以下难点(李春林等，2012)。

(1)取心工具的轴线与重力成直角，取心工具平躺在井眼轴线方向，易出现托压的情况，井底实际钻压不易判断。

(2)水平段钻进和割心是近似平行于层理的方向，抗拉强度大，割心显示难以观察；如出现割心困难的问题，使用开泵、甩动割心的方法，会导致岩心的部分丢失。

(3)Φ165.1mm 近水平井眼，井壁失稳，沉砂较多，可能存在掉块，同时取心进尺慢，长时间在井底可能导致卡钻，起下钻风险也较大。

(4)由于水平井受重力作用取心钻具下侧受力大，可能在取心过程中出现扭矩极大或扭矩变化极大的现象。

(5)雷口坡组地层岩心极其破碎，易堵心，导致单趟进尺少，收获率低，且岩心质量差。

2.5.1   超深大斜度井取心技术

1. 取心工具

选用定向井或水平井取心工具，并具备以下特点：外筒采用高强度螺纹提高抗拉抗扭能力；外筒采用高强度材质，保证工具的稳定能力和抗弯能力；内筒和外筒之间具有扶正装置，保证内筒、外筒、取心钻头中心点一致，取心过程中内筒相对静止、不旋转。

外筒本体长度 4.6m，差值短接 0.5m，总长度为 5.6m，增加了工具整体的刚度，使取心工具外筒具有最大的稳定能力和抗弯能力，限井眼曲率为 48°/100m（表 2.5.1）。水平井取心由于扭矩比常规取心大，取心工具外筒螺纹采用高强度螺纹，在同等材料条件下增强了工具螺纹部位强度；上扣扭矩、最大扭矩是常规工具的 2.5 倍以上，螺纹疲劳寿命是常规工具的 10 倍以上，其机械性能比常规螺纹高 40%以上。在旋转总成内部设计有径向轴承，卡箍座与钻头之间设计有滚柱轴承，支撑在水平井取心过程中内筒和岩心的重量，保证了在取心过程中内筒相对静止、不旋转，同时对卡箍座进行扶正，与钻头内孔居中，有利于岩心进入，保证收获率（图 2.5.1）。

表 2.5.1　取心工具参数

型号	有效长度 (mm)	外筒 (mm)	内筒 (mm)	钻头尺寸 (in)	岩心直径 (mm)	限井眼曲率 (°/100m)
SPQ133-70	4600	$\Phi133\times101$	$\Phi89\times75$	5 7/8～6 1/2	70	48

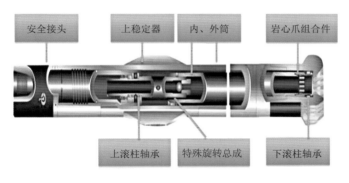

图 2.5.1　取心工具图

2. 取心钻头

雷口坡组白云岩地层破碎，取心难度高，为保证岩心收获率，建议水平井取心钻头为水平井工具配套的专用取心钻头，设计的钻头喉部较短，有 4 个对称的支撑点和配合滚柱轴承的凹槽，主要有 PDC、金刚石、巴拉斯钻头（图 2.5.2）。

$\Phi163.5\times70$mm 钻头可以降低取心完毕后的扩眼难度，但会增加起下钻风险；$\Phi150.9\times70$mm 钻头可降低起下钻划眼和卡钻风险。

3. 取心岩心爪

常规自锁式岩心爪（图 2.5.3）优点：成柱性好的地层取心收

图 2.5.2　取心钻头图

获率高。双岩心爪组合件(弹簧片 + 自锁式)优点：更适宜地层破碎的地层。

常规自锁式岩心爪缺点：破碎、疏松岩心易破碎。双岩心爪组合件(弹簧片 + 自锁式)缺点：弹簧片易变形，影响进心。

图 2.5.3　常规自锁式岩心爪

4. 取心技术措施

取心钻进过程中，取心工程师及钻井队技术人员全程监控，对技术措施的施行进行监督落实。

下钻到底，充分循环后，校准指重表，上提下放记录摩阻，同时泥浆保证钻井液性能，为割心做好准备。

取心工具到底后，优选合适排量循环，既要防止取心工具刺漏又要保证岩屑能够返出井口；大幅上提下放活动钻具，待井底冲洗干净，泵压、扭矩正常，指重表灵敏无误后方可进行取心作业。

取心过程中根据井下情况合理优化取心参数，采用低钻压、低钻速的取心参数，提高取心工具及钻具的井下稳定性，确保取心单筒进尺和收获率。

钻进中容易出现脱压现象，应根据钻进情况，及时合理地施加钻压。

彭州 8-5D 井共进行两回次取心。第一回次为钻至井深 6115.00m/垂深 5746.09m，进入 TL_4^{3-3} 储层垂厚 20.70m；第二回次为钻至井深 6400.00m/垂深 5779.40m，进入 TL_4^{3-4} 储层垂厚 8.48m(两回次取心参数见表 2.5.2 和表 2.5.3)。

表 2.5.2　第一回次取心参数

井段(m)	层位	取心进尺(m)	岩心(m)	收获率(%)	纯钻时间(h)	平均机械钻速(m/h)
6115~6117	雷四段	2.00	1.81	90.50	5.88	0.34

第一回次取心钻进过程中，钻压 30~90kN，钻时 142~213min/m，密度 1.47g/m³，马氏漏斗黏度 91s，气测值全烃为 0.952%~1.654%。

表 2.5.3　第二回次取心参数

井段(m)	层位	取心进尺(m)	岩心(m)	收获率(%)	纯钻时间(h)	平均机械钻速(m/h)
6400~6404	雷四段	4.00	3.61	90.25	3.23	1.24

第二回次取心钻进过程中，钻压 10～30kN，钻时 39～65min/m，密度 1.47g/m³，马氏漏斗黏度 83s。

第一回次取心和第二回次取心分别如图 2.5.4 和图 2.5.5 所示。

图 2.5.4　井段 6615.00～6616.81m，岩性为灰色藻屑溶孔白云岩

从图 2.5.4 可知，灰色藻屑溶孔白云岩，成分为白云岩，微晶结构，性脆，滴 5%盐酸不反应，滴镁试剂见大量蓝色沉淀，加氯化钡无白色沉淀生成。镜下鉴定白云石含量 100%；藻屑结构，藻屑含量 25%～30%，形态不一，斑点状，溶孔、微裂缝发育。岩心出筒便携式硫化氢监测仪监测到硫化氢含量 0～3×10⁻⁶。

图 2.5.5　井段 6400.00～6401.66m，岩性为灰色含针孔微-粉晶白云岩

从图 2.5.5 可知，灰色含针孔微-粉晶白云岩，局部深灰色，成分为白云石，微-粉晶结构，性脆，滴 5%盐酸不反应，加镁试剂见大量蓝色沉淀生成，加氯化钡无白色沉淀生成。镜下鉴定白云石含量 100%，粉晶结构为主，微晶次之。岩心裂缝发育多为高角度缝，未充-黑色有机质充填，岩屑表面见针孔，未充填。岩心出筒便携式硫化氢监测仪监测到硫化氢含量 3×10⁻⁶～12×10⁻⁶。

彭州 8-5D 井在三开雷口坡组四段储层 6115～6117m 井段完成钻井第一回次取心作业，井斜角 83°，取心收获率 90.50%；在三开雷口坡组四段储层第二回次取心顺利出井，取心井段 6400～6404m，井斜角 84.5°，取心收获率 90.25%，创国内大斜度井段钻井取心深度最深纪录。

2.5.2　长水平段衬管安全下入技术

1. 衬管下入能力分析

衬管在下入过程中会与井壁接触并产生摩阻，同时在整个井筒中，管柱受到黏滞阻力和流体摩阻的影响。若下入管柱的轴向分力大于其产生的摩阻，则管柱能产生一个向下的轴向作用力，此时钩载合力大于 0N，管柱可以下入；当钩载合力小于 0N 时，管柱受阻则无法下入(姜政华等，2022)。

1) 钻井液对管柱的作用力

当管柱下入时，钻井液会对管柱产生流体摩阻；由于钻井液存在黏性会产生黏滞阻力，管柱还会受到钻井液浮力的作用。考虑到上述因素，对管柱微元段 i 的摩阻 F_f 进行修正，修正公式如下：

$$F_f = \mu_a N_i + F_b \tag{2.5.1}$$

其中，

$$F_b = \pi D_0 L_i \left(\tau_0 + \eta_p \left[\frac{\rho_m g}{4 A_v} D_h - D_0 \right] \right) + \pi D_e L_i \left(\tau_0 + \eta_p \frac{\rho_m g}{4 A_v} D_e \right) \tag{2.5.2}$$

式中：F_f 为管柱修正摩阻，N；μ_a 为管柱与井壁间的摩擦系数，量纲一；N_i 为考虑钻井液浮力后井壁对管柱微元段的支撑力，N；F_b 为管柱的黏滞阻力，N；ρ_m 为钻井液密度，kg/m³；D_0 为管柱外径，m；D_e 为管柱内径，m；D_h 为井筒直径，m；L_i 为管柱微元段长度，m；τ_0 为钻井液动切力，Pa；η_p 为钻井液黏度，Pa·s；A_v 为钻井液表观黏度，Pa·s；g 为重力加速度，m/s²。

2) 管柱分段受力分析

(1) 垂直段管柱受力。

垂直段的井斜角变化较小，管柱与井壁可视为无接触。

$$T_{i+1} = T_i + q_i L_i - F_b \tag{2.5.3}$$

式中：T_{i+1}、T_i 分别为管柱微元段上、下截面的轴向力，N；q_i 为管柱微元段的浮线重，N/m。

(2) 水平段管柱受力。

在水平井的水平段，考虑到管柱沿井眼轴线方向下入，管柱轴线与井眼轴线平行，井斜角近似不变，但井眼轴线并不是一条直线，对水平段管柱微元段进行受力分析。

$$T_{i+1} + F_f - q_i L_i \cos \alpha_i - T_i = 0 \tag{2.5.4}$$

$$N_i - q_i L_i \sin \alpha_i = 0 \tag{2.5.5}$$

$$F_f = \mu_a N_i + F_b \tag{2.5.6}$$

式中：α_i 为管柱微元段井斜角，(°)。

(3) 下衬管摩阻模拟分析。

基于衬管下入能力理论分析模型，结合彭州 6-3D 井井眼轨迹参数、井身结构、钻井液性能参数、下放衬管管柱组合，得出不同摩擦系数工况下下放衬管过程中的摩阻系数，如图 2.5.6 所示。

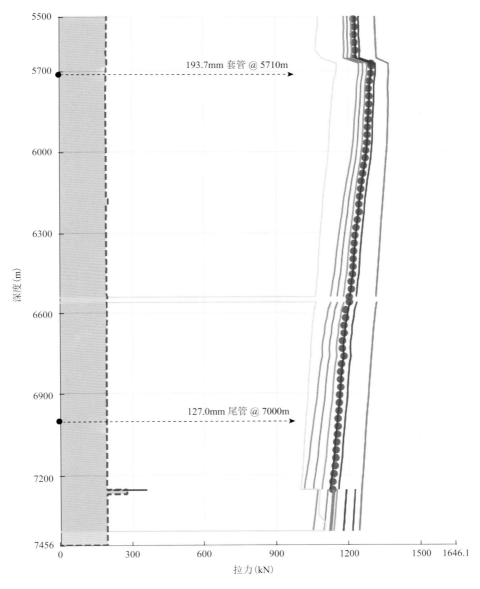

图 2.5.6　不同摩擦系数工况下下放衬管过程中的摩阻图

FF SO：管柱下放摩阻系数；FF Forecast SO Tension：预测管柱下放摩阻系数；ROB：管柱静止悬重；Block Wt：游车重量；Measured Hookload：实测悬重；Helical Buckding Limit：管柱屈曲极限

从图 2.5.6 可知，模拟衬管下放过程中，模拟管柱下入全程显示无屈曲变形，可安全下入至设计井深。

2. 下衬管前的井眼准备

钻进过程中每立柱或双根打完后，采用三定原则进行井壁修整和清砂。

下衬管前的井眼准备主要包括井眼稳定、井眼畅通、井眼清洁几方面。完钻后原钻具组合、转速、排量、井深循环清砂后起钻，按照双扶通井、三扶验证、模拟下入、注封闭浆等施工流程进行井筒准备及下衬管条件确认。

1）通井

（1）双扶通井管柱组合。推荐 BHA：Φ165.1mm 牙轮钻头 + 330×310 双母接头 + 回压阀 + Φ88.9mm 加重钻杆×1 根 + Φ162mm 扶正器 + Φ88.9mm 加重钻杆×1 根 + Φ160mm 扶正器 + Φ101.6mm 钻杆。

（2）三扶通井管柱组合。推荐 BHA：Φ165.1mm 牙轮钻头 + 330×310 双母接头 + 回压阀 + Φ88.9mm 加重钻杆×1 根 + Φ162mm 扶正器 + Φ88.9mm 加重钻杆×1 根 + Φ160mm 扶正器 + Φ88.9mm 加重钻杆×1 根 + Φ160mm 扶正器 + Φ101.6mm 钻杆。

图 2.5.7 和图 2.5.8 为彭州 6-3D 井通井期间，憋泵遇阻卡与井眼全角变化率和井径扩大率的对应关系图。

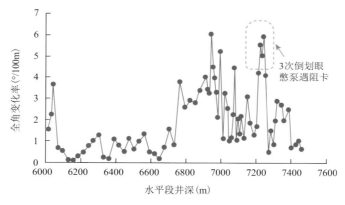

图 2.5.7　憋泵遇阻卡与井眼全角变化率对应关系图

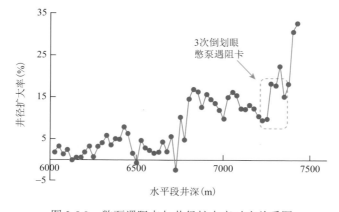

图 2.5.8　憋泵遇阻卡与井径扩大率对应关系图

　　从图 2.5.7 和图 2.5.8 可知，通井时在全角变化率和井径扩大率较大的地方，比较容易产生阻卡现象，通过双扶和三扶通井，可以修整井筒，使全角变化率和井径扩大率较大的井段更圆滑，为后期完井管柱的下入创造良好的井筒条件。

　　图 2.5.9 和图 2.5.10 显示了通过实时数据建模计算得到的悬重路线图(hookload roadmap)，与实测下放悬重比对判断摩阻变化趋势。

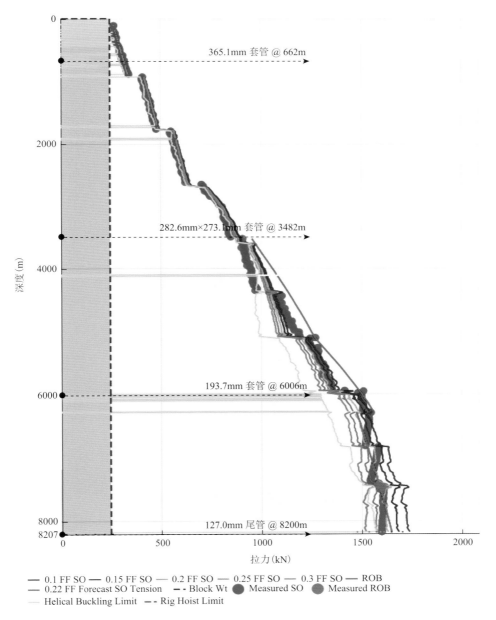

图 2.5.9　双扶通井摩阻图

Measured SO：实测管柱下放悬重；Measured ROB：实测管柱静止悬重；Rig Hoist Limit：钻机提升极限

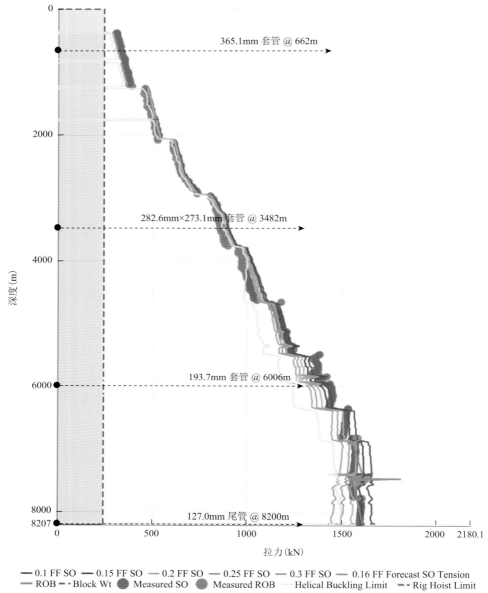

图 2.5.10   三扶通井摩阻图

基于图 2.5.9 和图 2.5.10 中的数据，软件模拟了多次通井后的裸眼段摩阻系数，裸眼段摩阻系数由 0.35 降至 0.22，三扶通井钻具组合的摩阻系数为 0.22~0.25。

2）专项清砂

彭州 6-3D 井全水平段倒划眼清砂，基于清砂钻具组合，同时施工排量大于 20L/s，泵压高于 34MPa，转速大于 70r/min。通过清砂工具、大排量和高转速工艺协同作用清除水平段岩屑床。彭州 6-3D 井水平段倒划眼清砂过程中返出物元素录井分析结果见表 2.5.4。

表 2.5.4　彭州 6-3D 井水平段倒划眼清砂过程中返出物元素录井分析结果表

井深(m)	元素含量(质量分数)(%)						
	Na	Mg	Si	S	Cl	Ca	Ba
6400.54	2.09	3.88	1.06	1.95	70.6	17.16	1.75
6700.82	1.76	4.71	0.89	1.46	45.5	19.17	3.25
7007.00	1.95	4.79	0.91	1.64	59.2	17.46	3.38
7234.00	2.46	3.92	0.89	1.63	75.2	15.05	0.0001
7430.00	2.25	3.14	1.02	1.66	75.8	15.29	0.0001
7448.00	1.65	5.55	0.66	1.18	33.9	18.34	2.16

从表 2.5.4 可知，彭州 6-3D 井专项清砂阶段返出物元素中，镁(Mg)含量为 3.14%～5.55%，钙(Ca)含量为 15.05%～19.17%，可判定为返出物中含有灰岩和白云岩，专项清砂具有积极作用，累计返出物体积超过 5m^3。

图 2.5.11 为彭州 6-3D 井水平段钻进期间和水平段专项清砂后局部井段的扭矩对比图。

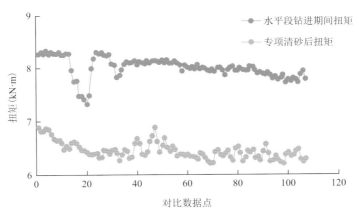

图 2.5.11　扭矩对比图

从图 2.5.11 可知，水平段钻进期间，扭矩在 8kN·m 左右，水平段专项清砂技术实施后，扭矩为 6.5kN·m 左右，扭矩降低 1.5kN·m。这说明专项清砂后，井筒沉砂总量下降，摩阻下降。

3. 钻具送放衬管

(1)套管内记录上提下放摩阻，下放钻具过程中禁止转动钻具；管串出套管前循环钻井液，并在送放钻具组合中加入回压阀。

(2)管串下放速度控制。用好主刹车和辅助刹车，平稳操作，均匀下放，套管内下放速度控制在每立柱 2min；衬管进入裸眼后，强化井口、二层台和刹把操作配合，控制加立柱过程井下钻具静停时间在 2min 以内。

(3) 衬管进裸眼后，裸眼段下放速度控制在每立柱 3min；衬管出裸眼后每立柱记录衬管下放摩阻及启动摩阻情况，如果阻力无明显变化，则 5～7 柱主动活动一次管串，以提动管串为原则；若摩阻或启动阻力异常增加，则主动上提活动钻具 4～5m，并观察摩阻变化情况。

(4) 送放钻具控制遇阻吨位不超过 50kN，发现遇阻立即上提，根据钻具强度尽量提活管串；小鼠洞保持备用单根，便于发生复杂情况时能尽快甩立柱加单根上提钻具。

(5) 在不影响井口操作的情况下，可以进行钻具内灌浆，根据灌入情况核对校正悬重变化，同时做好灌入与返出的记录；衬管到位后，核对好方可入，小排量循环顶通、循环排后效；井下各项参数正常稳定（泵压、悬重、无返屑、无后效），按照丢手操作要求进行正转倒扣丢手，起钻。

第3章 高性能钻井液技术

川西气田雷四气藏开发井采用三开制井身结构，一开井段钻遇蓬莱镇组—须三段地层，裸眼段较长，砂泥岩软硬交错变化大，泥页岩或砂泥岩易水化剥蚀掉块、垮塌；二开井段钻遇须三段—马鞍塘组地层，地层页岩、煤层互层频繁，井眼稳定问题突出，裸眼段长，高压裂缝性气层发育，存在井漏和井喷风险；三开超深大斜度/水平井段钻遇雷四上亚段地层，岩层破碎、井壁稳定性差。雷四上亚段灰岩与白云岩交替、交杂发育，层间应力差异大，易造成井壁局部失稳，甚至发生垮塌、卡钻等井下复杂情况。面对挑战，通过理论研究、室内实验及现场应用优化，形成了一开钾基聚磺钻井液技术，二开复合盐强抑制聚磺防塌钻井液技术，三开水平段强封堵高酸溶聚磺钻井液、强封堵白油基钻井液技术，解决了钻井液技术难题，成功应用于 10 余口井，提速提效成果显著，井深 8208m 的彭州 5-1D 井钻井周期缩短到创纪录的 252.79d。

3.1 川西气田井壁失稳机理

蓬莱镇组—须三段地层中黏土矿物含量高，其中须家河地层厚度大，多为泥页岩，易发生水化膨胀，造成钻具泥包、缩径、卡钻、井壁坍塌等井下复杂情况。雷四上亚段地层为潮坪相薄互层，夹层和微裂缝发育，局部胶结性差，储层薄且易破碎，易垮易塌，钻进过程中易发生掉块、遇阻和卡钻等井下复杂情况。本节主要分析泥页岩地层和潮坪相薄互层的井壁失稳机理，提出钻井液技术对策。

3.1.1 泥页岩地层失稳机理

1. 泥页岩水化作用

1) 岩心矿物组成

全岩分析和扫描电镜显示(图 3.1.1、图 3.1.2)，直井段白田坝组、须家河、小塘子组地层黏土矿物总量偏高，以蒙脱石、伊利石和伊/蒙混层为主。其中，须家河组黏土总量占比高达 59.1374%。地层部分溶蚀孔、微裂缝发育明显，极易引起泥页岩水化膨胀，导致井壁失稳。

2) 泥页岩水化作用机理

当钻井液与泥页岩接触时，在水力压差、化学势差、钻井液液柱压力与孔隙压力之间的压力差作用下，引起水和离子的传递，水分子会侵入微裂缝及颗粒之间的宏观孔隙，进一步进入岩石亚微观与微观孔隙，发生水化作用。泥页岩水化一般分为表面水化、离

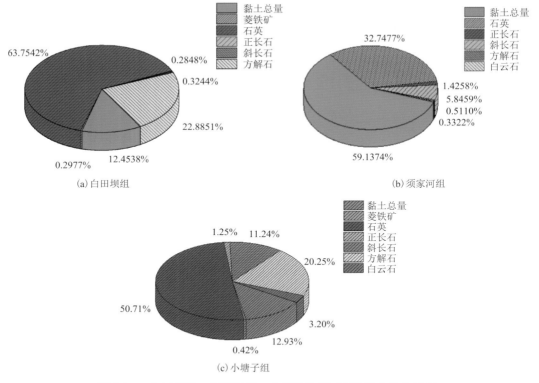

(a) 白田坝组 (b) 须家河组

(c) 小塘子组

图 3.1.1　白田坝组、须家河组、小塘子组岩石矿物组分及含量图

图 3.1.2　岩心扫描电镜图

子水化和渗透水化(梁大川等，1999)。表面水化是由黏土矿物吸收表面附近的水分子所引起的，它主要的驱动力是表面水化能。所有的黏土矿物都可以发生表面水化，它能够导致黏土晶体膨胀，由此产生很大的水化膨胀应力。离子水化是黏土所含有的硅酸盐晶片上的补偿阳离子在周围形成的水化壳，与此同时，水化离子和水分子之间争夺晶面上

的连接位置。渗透水化是某些黏土在完成表面水化和离子水化过程之后才开始的。由于层间阳离子浓度高于外界水溶液的浓度，水分子在浓度差的作用下进入层间成为渗透结合水。与此同时，钻井液滤液与泥页岩地层接触时，钻井液和地层的活度差会产生渗透压。这两种作用共同形成就是渗透水化。也就是说，当钻井液渗过滤饼与泥页岩接触时，首先会发生表面水化，而在发生表面水化的过程中会发生离子水化；然后，当表面水化及离子水化完成以后，泥页岩才会发生渗透水化。

2. 泥页岩水化的影响因素

泥页岩水化的影响因素主要可以分成内在因素和外在因素两大类。内在因素和外在因素的共同作用形成了水化应力的复杂性。

1）内在因素

影响泥页岩水化的内在因素主要包括黏土矿物的类型、作用部位、黏土颗粒吸附阳离子的种类、黏土矿物的比表面积、层理裂隙的发育程度和有效孔隙压力。

(1)黏土矿物的类型。不同的黏土矿物有着不同的微观组构，如比表面积、阳离子交换容量等，其中蒙脱石阳离子交换容量最高，所以吸附结合水能力强，其水化作用及分散性也最强，容易出现井壁失稳。从危险性来看，蒙脱土＞伊/蒙混层＞高岭土＞伊利石，所以当地层中的膨胀型黏土矿物(蒙脱石)含量越高，地层就越易发生水化作用，即软泥岩发生强水化，硬泥岩发生弱水化。

(2)作用部位。例如，黏土表面水化膜厚度取决于交换阳离子数量的多少，若黏土层间吸附阳离子数量多，端面吸附阳离子数量少，则黏土层间水化膜厚度大于黏土端面水化膜厚度。

(3)黏土颗粒吸附阳离子的种类。在黏土层间存在与吸附的阳离子有关的两种力，一种是使单位晶层分开的排斥力，包括表面水化能、双电层排斥力及水化离子和晶格电荷排斥力；另一种是阻止单位晶层分开的吸引力，包括范德瓦耳斯力。在水化的过程中，当晶层间的斥力大于引力时，黏土会发生渗透膨胀，从而产生扩散双电层，双电层的斥力会导致单元晶层的分离；当引力大于层间斥力时，黏土颗粒会发生晶格膨胀。例如，水化后钙蒙脱石晶层的最大间距为 1.7nm，而水化后钠蒙脱石晶层的间距可达 1.7～4nm。

(4)黏土矿物的比表面积，是指岩石的总表面积与岩石体积的比值。黏土矿物的比表面积大小为：蒙脱石＞伊/蒙混层＞伊利石＞高岭石＞绿泥石。黏土矿物的比表面积远远大于灰岩和石英，所以其活性也会大于灰岩和石英。当外界流体与黏土矿物接触时易发生化学、物理反应。黏土矿物中比表面积最大的是蒙脱石，则其活性最强，水敏性高，遇水易产生膨胀，很容易造成井壁失稳。因此，黏土矿物的比表面积和矿物活性越大，其水化效应就越突出，则其对地层井壁稳定性的影响就越大。

(5)层理裂隙的发育程度。由于大量的层理裂缝存在于地层中，为了维持井壁的稳定性，需要对这些裂缝地层进行封堵。当封堵性不好时，就会有水进入地层，使得地层中黏土矿物发生水化，从而破坏井壁的稳定性。因此地层层理裂缝越发育，越不利于井壁稳定。

(6)有效孔隙压力。泥页岩的水化膨胀压力导致井壁压缩破坏，其孔隙压力将变大。

当泥页岩的孔隙压力大于井内的流体压力时，就会阻碍流体的自由出入，使得井壁发生坍塌。

2）外在因素

影响泥页岩水化的外在因素主要包括温度、压力、吸附水的时间、压力传递作用、钻井液的组成与性能（处理剂、pH 和可溶性盐的类别与含量）以及钻井液中电解质的种类和浓度。

（1）温度。温度的升高有利于黏土矿物中吸附的结合水量减少，黏土矿物可能发生去水化，也可能会改变岩石的力学性质，从而导致井壁失稳问题。

（2）压力。在不同的压力作用下，泥页岩的膨胀变化会有所不同，因此对井壁应力造成不同的影响，压力可能会破坏井壁应力平衡，从而导致井壁失稳问题。

（3）吸附水的时间。随着井壁在钻井液中浸泡时间的增加，近井壁底层的含水量会逐渐增加，地层的水化程度也会逐渐增大，从而破坏井眼应力平衡。由于近井壁地层含水量的不断变化，地层性质也会不断发生变化，从而不利于井壁的稳定。

（4）压力传递作用。钻井液在井筒内循环时必然会与井壁地层接触，当钻井液和地层之间存在化学势差、钻井液压力和孔隙压力之间的压力差时，会使得钻井液渗入或流出地层，地层会发生水化反应或是去水化作用，从而会影响井壁的稳定性。

（5）处理剂。选择合理的处理剂能够使得井壁保持良好的稳定性，选择不合理的处理剂就不利于井壁的稳定。

（6）钻井液 pH。当钻井液 pH＞9 时，泥页岩容易发生水化作用，钻井液 pH 越高，泥页岩的水化程度越高。因此，在钻井的过程中，钻井液 pH 不宜太高。

（7）可溶性盐的类别与含量。不同的可溶性盐有着抑制水化的作用，如 KCl、NaCl 等。钻井液的矿化度越高，抑制水化作用的效果就越好。

（8）钻井液中电解质的种类和浓度。介质中的电解质可以通过离子交换和吸附作用，压缩双电层，发生渗透作用，从而影响泥页岩水化。

3. 泥页岩水化对井壁稳定性的影响

从泥页岩的水化机理可以看出，当钻井液与泥页岩地层井壁接触时，会发生复杂的物理、化学作用，而泥页岩地层的物理、化学变化又会影响井壁的稳定性，其主要影响有以下两个方面。

1）孔隙压力影响

钻井液在井筒内循环时必然会与井壁地层接触，当井筒内钻井液液柱压力与地层孔隙压力之间存在压力差时，这个压力差将决定流体的流动方向，从而对地层孔隙压力造成影响。当压力差促使流体进入地层时，泥页岩会发生水化作用进而产生水化应力，造成地层孔隙压力的升高；当压力差促使流体流出地层时，泥页岩会发生去水化作用，则地层的孔隙压力会下降（何金钢等，2011）。孔隙压力的变化会对井壁应力的分布造成影响，当只考虑了由原始地层孔隙压力所确定的井壁稳定钻井液密度时，可能会造成井壁失稳，因此，要得到更加准确的钻井液安全密度窗口来保持井壁稳定，则应该考虑水化作用引起的地层孔隙压力的变化。

2)井壁地层性质影响

当泥页岩发生水化作用后，其含水量升高，导致泥页岩的力学性能和强度发生一系列变化，例如泊松比增大、杨氏模量降低、地层强度降低等，这些变化不利于井壁的稳定。当泥页岩发生去水化作用后，其含水量降低，造成泥页岩泊松比减小、杨氏模量增大及地层强度增加，有利于井壁保持稳定(刘厚彬等，2010)。由表 3.1.1、表 3.1.2 可看出，由于泥页岩的水化效应，钻井液浸泡效应导致小塘子组泥页岩弹性模量和抗压强度降低。由此说明，现场钻井液长时间浸泡效应会导致小塘子组泥页岩井壁稳定性变差。

表 3.1.1　不同围压下小塘子组泥页岩干岩样力学实验测试结果

实验编号	条件	岩性	围压(MPa)	泊松比	弹性模量(MPa)	抗压强度(MPa)
8-1	干样	露头	0	0.189	17540.0	88.7
8-2			0	0.336	13697.0	47.5
8-3			40	0.388	22575.2	158.6
8-4			40	0.300	28208.0	213.3
8-5		井下岩样	20	0.280	13807.0	119.3
8-6			20	0.309	22328.2	159.2
8-7			60	0.372	35734.9	206.1
8-8			60	0.365	32781.8	212.1

表 3.1.2　现场钻井液浸泡小塘子组泥页岩岩样力学性能测试结果

实验编号	条件	岩性	围压(MPa)	泊松比	弹性模量(MPa)	抗压强度(MPa)
9-1	现场钻井液浸泡48h	露头	0	0.200	6735.0	34.6
9-2			0	0.220	3815.0	43.6
9-3			40	0.350	31735.0	263.8
9-4			40	0.300	14256.0	83.1
9-5		井下岩样	20	0.205	12805.0	98.3
9-6			20	0.321	10676.6	73.6
9-7			60	0.330	16872.0	139.4
9-8			60	0.320	17014.0	207.4

3.1.2　潮坪相薄互层井壁失稳模型及其机理

川西海相雷口坡组气藏埋深 5500～6300m，主产层雷四上亚段厚 130～150m，为潮坪相薄互层。潮坪相薄互层受断层控制，裂缝发育，储层岩性复杂，以微-粉晶白云岩、藻黏结白云岩、(含)灰质白云岩、白云质灰岩、泥微晶灰岩及藻砂屑灰岩等为主，白云岩与灰岩频繁互层。潮坪相薄互层上部以晶间孔和晶间溶孔为主。晶间孔直径通常小于 10μm；晶间溶蚀孔直径通常小于 50μm。下部孔隙类型主要有白云岩晶间溶孔、藻叠层格架溶孔、藻黏结粒间(溶)孔、晶间孔、粒内溶孔等，同时发育大量溶洞、微裂缝和溶缝，具有显著的多尺度非连续结构特征。地层存在明显的溶蚀损伤现象，受非黏土水化型水岩损伤作用，钻进过程中易发生井壁失稳，导致掉块、阻卡，甚至埋测井仪器、填井侧钻，造成钻井周期延长，影响勘探开发效益。本节主要研究潮坪相薄互层的井壁稳定模型，分析潮坪相薄互层的井壁失稳特征及主控因素，揭示潮坪相薄互层的井壁失稳机理。

1. 潮坪相薄互层井壁稳定模型研究

1）潮坪相薄互层多弱面强度破坏准则

弱面的存在将显著降低岩石强度，其对岩石强度的影响可称为岩石的强度各向异性。仅包含一组弱面的岩体，其强度大小取决于弱面软弱程度以及弱面法向与主应力方向的关系，如图 3.1.3 所示。然而，对于潮坪相薄互层而言，其往往包含多组弱面且处于流体环境中。因此，基于单弱面的破坏失效模型不能解释潮坪相薄互层的井壁失稳现象，需要建立在流体作用下包含多组软弱面的潮坪相薄互层强度破坏准则。

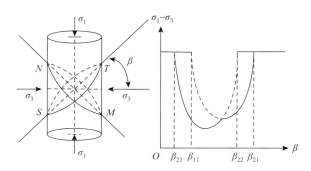

图 3.1.3 含多弱面的岩心与强度示意图

在不考虑流体作用的条件下，岩体沿着多弱面发生破坏时，其强度破坏准则为

$$\tau_o = C_o^{(i)} + \tan \varphi_o^{(i)} \sigma_x^o(i) \tag{3.1.1}$$

其中，$C_o^{(i)}$、$\varphi_o^{(i)}$ 分别是第 i 组弱面的内聚力和内摩擦角；$\sigma_x^o(i)$ 是第 i 组裂缝面法向主应力。

考虑流体浸泡作用对岩石强度的影响，建立不同含水饱和度条件下，其与内聚力和内摩擦角的关系，如下所示：

$$C_o^{(i)}(s) = C_o^{(i)} + a(s_w - s_o)$$
$$\varphi_o^{(i)}(s) = \varphi_o^{(i)}(s) + b(s_w - s_o) \tag{3.1.2}$$

其中，$C_o^{(i)}(s)$、$\varphi_o^{(i)}(s)$ 分别是含水饱和度条件下第 i 组弱面的内聚力和内摩擦角；s_w 和 s_o 分别是岩心的含水饱和度和地层原始含水饱和度；a 和 b 是拟合系数。

因此，可以建立流体作用下的多弱面破坏准则：

$$\tau_o(s) = C_o^{(i)}(s) + \tan \varphi_o^{(i)}(s)\sigma_x^o(i) \tag{3.1.3}$$

2）远场地应力转换

远场地应力转换，如图 3.1.4 所示，从主地应力坐标系（principal geostress coordinate system，PCS）转换至井眼坐标系（borehole coordinate system，BCS）。

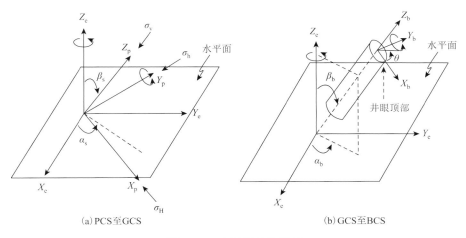

(a) PCS至GCS　　　　　　　　　　　　(b) GCS至BCS

图 3.1.4　坐标系转换图示

首先，远场地应力从 PCS 转换至大地坐标系（geodetic coordinate system，GCS）下，如图 3.1.4(a) 所示。其中，X_e 代表正轴指向北，Y_e 代表正轴指向东，Z_e 代表正轴指向地。

$$\boldsymbol{\sigma}_e = \boldsymbol{R}_1^T \times \boldsymbol{\sigma}_p \times \boldsymbol{R}_1 \tag{3.1.4}$$

$$\boldsymbol{R}_1 = \left\{ \begin{array}{ccc} \cos\alpha_s \cos\beta_s & \sin\alpha_s \cos\beta_s & \sin\beta_s \\ -\sin\alpha_s & \cos\alpha_s & 0 \\ -\cos\alpha_s \sin\beta_s & -\sin\alpha_s \sin\beta_s & \cos\beta_s \end{array} \right\}, \quad \boldsymbol{\sigma}_p = \left\{ \begin{array}{ccc} \sigma_H & 0 & 0 \\ 0 & \sigma_h & 0 \\ 0 & 0 & \sigma_v \end{array} \right\} \tag{3.1.5}$$

式中，α_s 和 β_s 分别是最大主应力的方位角以及上覆岩层应力和 Z_e 正轴的夹角；$\boldsymbol{\sigma}_p$ 是 PCS 下的远场地应力张量；$\boldsymbol{\sigma}_e$ 是 GCS 下的远场地应力张量。

然后，远场地应力从 GCS 转换至 BCS 下，如图 3.1.4(b) 所示。

$$\boldsymbol{\sigma}_b = \boldsymbol{R}_2 \times \boldsymbol{\sigma}_e \times \boldsymbol{R}_2^T = \left\{ \begin{array}{ccc} \sigma_{xx}^b & \tau_{xy}^b & \tau_{xz}^b \\ \tau_{yx}^b & \sigma_{yy}^b & \tau_{yz}^b \\ \tau_{zx}^b & \tau_{zy}^b & \sigma_{zz}^b \end{array} \right\} \tag{3.1.6}$$

$$\boldsymbol{R}_2 = \left\{ \begin{array}{ccc} \cos\alpha_b \cos\beta_b & \sin\alpha_b \cos\beta_b & \sin\beta_b \\ -\sin\alpha_b & \cos\alpha_b & 0 \\ -\cos\alpha_b \sin\beta_b & -\sin\alpha_b \sin\beta_b & \cos\beta_b \end{array} \right\} \tag{3.1.7}$$

式中，α_b 和 β_b 分别是 BCS 下的井斜方位角、井斜角；$\boldsymbol{\sigma}_b$ 是 BCS 下的远场应力张量；θ 是井周角。

定义弱面的法线方向为 X_O，则全局坐标系定义的正北方向 X_g 与法线方向在水平面的投影夹角为 α_O，即弱面倾向。地层产状坐标系的 Z_O 轴与水平面的夹角为弱面倾角 β_O，则 Z_g 轴与 Z_O 的夹角为 $180° - \beta_O$。因此，全局坐标系与地层产状坐标系转换矩阵为

$$\boldsymbol{O} = \left[\begin{array}{ccc} \cos\alpha_O \cos(90° - \beta_O) & \sin\alpha_O \cos(90° - \beta_O) & \sin(90° - \beta_O) \\ \sin\alpha_O & \cos\alpha_O & 0 \\ -\cos\alpha_O \cos(90° - \beta_O) & -\sin\alpha_O \cos(90° - \beta_O) & \cos(90° - \beta_O) \end{array} \right] \tag{3.1.8}$$

将远场地应力从 BCS 转换至对象坐标系下，如式(3.1.9)所示。

$$\boldsymbol{\sigma}_{O} = \boldsymbol{O} \times \boldsymbol{\sigma}_{b} \times \boldsymbol{O}^{T} = \begin{Bmatrix} \sigma_{xx}^{O} & \tau_{xy}^{O} & \tau_{xz}^{O} \\ \tau_{yx}^{O} & \sigma_{yy}^{O} & \tau_{yz}^{O} \\ \tau_{zx}^{O} & \tau_{zy}^{O} & \sigma_{zz}^{O} \end{Bmatrix} \tag{3.1.9}$$

3) 围岩应力分布

将潮坪相薄互层考虑为一种弹性各向同性介质，井壁围岩受到远场应力、孔隙压力、液柱压力和径向钻井液滤失的作用。因此，基于叠加原理，直井井筒井周应力分布可表示为

$$\begin{cases} \sigma_r = \dfrac{R^2}{r^2} p_i + \dfrac{(\sigma_H + \sigma_h)}{2}\left(1 - \dfrac{R^2}{r^2}\right) + \dfrac{(\sigma_H - \sigma_h)}{2}\left(1 + \dfrac{3R^4}{r^4} - \dfrac{4R^2}{r^2}\right)\cos 2\theta \\ \sigma_\theta = -\dfrac{R^2}{r^2} p_i + \dfrac{(\sigma_H + \sigma_h)}{2}\left(1 + \dfrac{R^2}{r^2}\right) - \dfrac{(\sigma_H - \sigma_h)}{2}\left(1 + \dfrac{3R^4}{r^4}\right)\cos 2\theta \\ \sigma_z = \sigma_v - 2\upsilon(\sigma_H - \sigma_h)\dfrac{R^2}{r^2}\cos 2\theta \\ \tau_{r\theta} = -\dfrac{\sigma_H - \sigma_h}{2}\left(1 - \dfrac{3R^4}{r^4} + \dfrac{2R^2}{r^2}\right)\sin 2\theta \\ \tau_{\theta z} = \tau_{rz} = 0 \end{cases} \tag{3.1.10}$$

考虑钻井液滤失作用的井壁围岩应力分布可表示为

$$\begin{cases} \sigma_r = p_i + \delta\phi(p_i - p_p) \\ \sigma_\theta = -p_i + (\sigma_H + \sigma_h) - 2(\sigma_H - \sigma_h)\cos 2\theta + \delta\left[\dfrac{\alpha(1 - 2\upsilon)}{1 - \upsilon} - \phi\right](p_i - p_p) \\ \sigma_z = -cp_i + \sigma_v - 2\upsilon(\sigma_H - \sigma_h)\cos 2\theta + \delta\left[\dfrac{\alpha(1 - 2\upsilon)}{1 - \upsilon} - \phi\right](p_i - p_p) \\ \tau_{\theta z} = 2\tau_{yz}\cos\theta, \tau_{r\theta} = \tau_{rz} = 0 \end{cases} \tag{3.1.11}$$

式中：σ_h 为水平最小地应力，MPa；σ_H 为水平最大地应力，MPa；p_p 为地层孔隙压力，MPa；p_i 为液柱压力，MPa；δ 为井壁渗透系数，取值 0～1；υ 为泊松比；α 为有效应力系数；ϕ 为孔隙度；c 为 Hossain 应力修正系数。

4) 弱面应力分布

确定弱面处发生摩擦滑动的临界条件，需要确定作用在弱面上的合剪应力。式(3.1.12)描述了某个弱面上的法向应力 σ_{xx}^{O} 和两个剪切应力 τ_{xy}^{O}、τ_{xz}^{O}，将这两个剪切应力合成为一个剪应力 τ^{O}。

$$\tau^{O} = \sqrt{\left(\tau_{xy}^{O}\right)^2 + \left(\tau_{xz}^{O}\right)^2} \tag{3.1.12}$$

5) 弱面影响因素

弱面主要受弱面组数、弱面产状和弱面胶结强度的影响。岩石本体破坏(无弱面)、单一弱面破坏和多弱面破坏决定了弱面组数，如图 3.1.5 所示。当发生单一弱面破坏时，

坍塌压力当量密度极值由本体破坏的 0.73g/cm³ 提高到 1.37g/cm³，同时可供安全钻井的方位明显减少，除了 270°～330° 的井斜方位角，造斜和水平钻进均易造成井壁失稳。随弱面组数的进一步增多，安全密度窗口进一步变窄，且坍塌压力云图的非对称性进一步变大，说明随着弱面组数的增多，安全钻井的优势方位与倾角，即井眼轨迹的选择愈发重要。

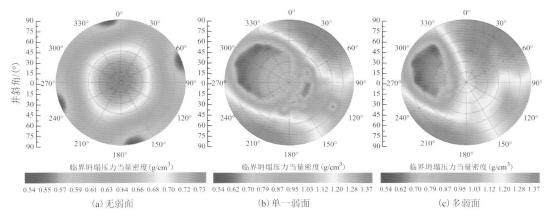

图 3.1.5　弱面组数对坍塌压力的影响

定方位变弱面倾角和定倾角变方位两种模式下的坍塌压力决定了弱面产状，如图 3.1.6 和图 3.1.7 所示。单一弱面井周的坍塌压力云图依然具有较好的对称性，但安全钻井方位随着弱面倾角增大变化显著，在低倾角下(0°～15°)，安全钻井方位位于 120°～160° 或 300°～340° 方位，且定向井和水平井钻井均具有一定的安全密度区间。中倾角(30°～60°)范围内，弱面对坍塌压力的影响最显著，坍塌压力较大，且定向井和水平井的安全密度区间很窄。高倾角(75°～90°)范围内，安全钻井方位位于 20°～80° 或 200°～260° 方位，且定向井和水平井的安全钻井密度区间较大。随着弱面倾角由 0° 增大到 90°，坍塌压力当量密度具有先增加，在中倾角范围内达到持续峰值，随后在高倾角范围逐渐减小的趋势，如图 3.1.7 所示。

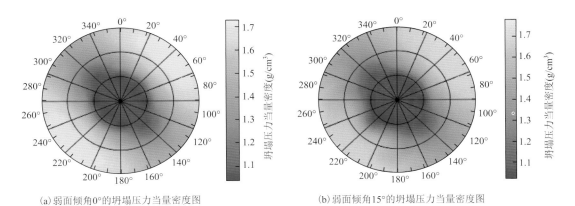

(a)弱面倾角0°的坍塌压力当量密度图　　　　　　(b)弱面倾角15°的坍塌压力当量密度图

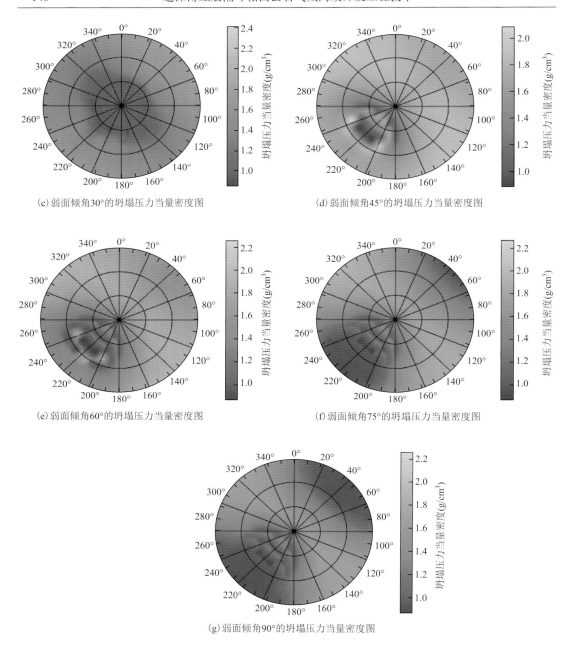

(c) 弱面倾角30°的坍塌压力当量密度图   (d) 弱面倾角45°的坍塌压力当量密度图

(e) 弱面倾角60°的坍塌压力当量密度图   (f) 弱面倾角75°的坍塌压力当量密度图

(g) 弱面倾角90°的坍塌压力当量密度图

图3.1.6　定方位变弱面倾角模式下的井周坍塌压力当量密度图

定内摩擦角变内聚力和定内聚力变内摩擦角两种模式下的坍塌压力决定了弱面胶结强度，如图3.1.8所示。坍塌压力随弱面内聚力和内摩擦角的增大而显著降低，且内摩擦角的影响更显著，降低率达53.8%。但随弱面胶结强度升高坍塌压力的降低具有一定的极限，超过一定限度之后即转化为岩石基质剪切破坏。

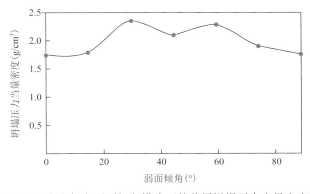

图 3.1.7　定方位变弱面倾角模式下的井周坍塌压力当量密度图

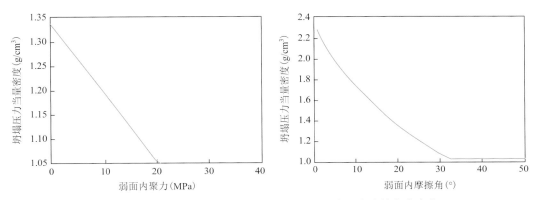

图 3.1.8　井周坍塌压力当量密度随弱面内聚力和内摩擦角的变化

2. 潮坪相薄互层井壁失稳机理

潮坪相薄互层岩性具有较低的分散性且该类地层非均质性强，微裂缝发育，局部胶结性差，较破碎。地层中主要矿物为灰岩和白云岩，都属于非膨胀型矿物，但由于水分子易与矿物表面结合并产生一定的水化应力，降低了岩石层理面的结合力，使地层沿层理面或微裂缝裂开，进而导致井壁岩石剥落坍塌。不同井岩石抗压强度差异较大，潮坪相薄互层岩石抗压强度普遍较大，局部受裂缝、溶蚀孔洞的影响，抗压强度较小。潮坪相薄互层灰岩比白云岩抗压强度大，白云岩中微晶白云岩比粉晶白云岩抗压强度更大。在相同钻井条件下，灰岩比白云岩井壁稳定性更好，白云岩中，微晶白云岩比粉晶白云岩井壁稳定性更好。受结构特征的影响，不同岩样之间压力穿透速度差异较大，压力沿微裂缝穿透，改变了井壁周围应力状态，使井壁更易失稳。在潮坪相薄互层钻井过程中，必须强化钻井液体系的封堵能力，防止钻井液滤液进入地层中，才能有效防止井壁失稳的发生。

3.1.3　钻井液技术对策

非储层段井壁稳定应以"防塌"为主，即强化钻井液的抑制性能和封堵性能。储层段应以"封堵为主，抑制为辅，严控钻井液关键性能"，即根据地层的特点、裂缝及孔隙发育情况，选择具有针对性的封堵材料，强化泥饼渗透性的改善，钻井液抑制性方面，保持 K^+ 浓度 $\geqslant 25000mg/L$，抑制其渗透水化，实钻过程中严控钻井液高温高压滤失量 $\leqslant 10mL$。

一开地层蓬莱镇组、遂宁组地层含大段泥岩，易水化分散，加入两性离子聚合物强包被剂(FA-367)、水解聚丙烯腈铵盐(NH_4-HPAN)、水解聚丙烯腈钾盐(K-HPAN)、KCl混合胶液，随钻补充高黏乳液聚合物(HRH)、聚铵类抑制剂(NH-1)等高分子聚合物，以提高钻井液抑制性，控制好流变性为主。下部井段沙溪庙组、千佛崖组泥岩地层易发生剥落掉块，须家河组五段页岩夹煤线破碎地层易垮塌、易漏。进入沙溪庙组前加入 2% FT-342、1% FT-3、3% QS-2，增强钻井液的封堵防塌能力，降低失稳垮塌风险。

二开地层中须家河组地层较破碎，地层含煤层煤线，易塌易水化膨胀，密度控制在 $1.93\sim1.98g/cm^3$，确保对井壁形成足够的支撑力；保持氯化钾含量，控制 K^+ 浓度在 $25000\sim30000mg/L$，配合使用聚胺抑制防塌剂提高钻井液的抑制性。小塘子组、马鞍塘组页岩易吸水，易层间渗透导致膨胀失稳，因此需要保持钻井液中的氯化钾含量，同时配合聚胺抑制防塌剂保持钻井液的强抑制性；通过沥青类封堵防塌剂、成膜封堵剂、改性石蜡封堵剂等改善钻井液的封堵防塌性，达到有效的抑制和封堵作用。

三开雷口坡组地层要加强钻井液的封堵性能和润滑性。通过 WEF-3000、成膜封堵剂、超细碳酸钙等保持钻井液具有好的封堵防塌性，对地层裂缝形成快速有效的封堵，高温失水量小于 3mL。

3.2　强抑制防塌钻井液技术

强抑制防塌钻井液技术增强了钻井液的抑制性能和防塌性能。以彭州 5-1D 井为例，一开在蓬莱镇组、遂宁组、沙溪庙组、千佛崖组、白田坝组、须家河组三段使用钾基聚合物钻井液体系和钾基聚磺钻井液体系。二开在须家河组三段、小塘子组、马鞍塘组使用复合盐强抑制聚磺防塌钻井液体系。本节主要介绍强抑制防塌钻井液技术中的钻井液关键处理剂的作用机理、不同的强抑制防塌钻井液体系及其性能。

3.2.1　钻井液关键处理剂作用机理

1. 成膜封堵剂

现有的钻井液封堵技术以超钙等刚性封堵材料加沥青类柔性封堵材料复合封堵为主，取得了一定的封堵效果。但针对深井、水平井，且潮坪相薄互层裂缝发育、易垮易塌的特点，需要进一步提高滤饼质量，加强封堵性。成膜封堵剂被用来提高泥饼质量，降低卡钻的风险，且取得了较好的应用效果。成膜封堵剂是一种纳米-微米级高分子聚合物乳状分散液，可在多孔介质(如孔隙性地层)表面，通过滤失形成致密的高分子膜。这种高分子膜具有非渗透、可变形的特性，能够在地层孔隙、裂隙中形成致密的封堵层，阻止滤液侵入地层，从而防止泥页岩孔隙或裂隙水化，保持井眼稳定。同时通过高分子材料参与泥饼形成，大大提高泥饼质量和润滑性，降低钻柱的摩阻，消除托压现象。成膜封堵剂在彭州 5 号平台和 6 号平台现场应用成功。

1）成膜封堵机理

成膜封堵剂主要由分散的乳液颗粒组成，每个乳液颗粒中含有数个聚合物链。当成膜封堵剂加入钻井液中时，能够在井壁岩石表面迅速大量吸附堆积，在失水后进一步变形，形成致密封堵层。在满足一定的条件时，成膜封堵剂发生失水破乳，里面的聚合链展开，相互连接成薄而致密的胶束聚合物膜。成膜封堵剂必须满足一定的加量要求，达到乳液颗粒破乳点后才能保证钻井液中的胶束聚合物膜在钻井液开始向页岩渗透时迅速在泥页岩表面铺展开，形成超低渗透膜封闭层，如图 3.2.1 所示。即使在微裂缝地层，进入裂缝中的胶束聚合物也会缔合形成多层的复合封闭膜结构，阻缓流体进入裂缝性地层的同时阻止压力继续向地层传递，起到有效支撑井壁的作用。

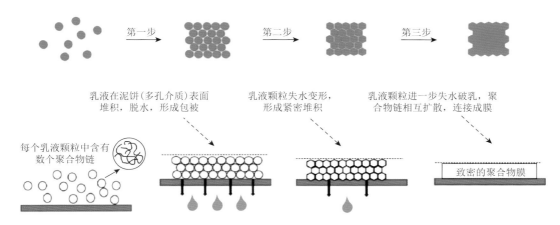

图 3.2.1　成膜封堵机理示意图

成膜技术不仅对封堵颗粒的变形特性有要求，还注重其化学特性。成膜封堵剂在一定的温度、压力下可通过在井壁岩石表面吸附成网、卷曲成团而形成一层薄而致密的超低渗透封堵膜，有效封堵不同渗透性地层和微裂缝泥页岩地层，在井壁的外围形成保护层，使钻井液及其滤液不会渗入地层中，从而实现近零滤失钻井。超低渗透膜可看作一层复合封闭膜，由于其经过多次膜结构沉积沉淀，因此具有较高的弹性和承压能力，且钻井液中的自由水在膜上的渗透率大幅度降低甚至为零，最终表现为没有失水量的增加。如果压力升高，胶束就会收缩，并进一步降低封闭膜的渗透率。

形成的超低渗透膜具有以下作用特点：①一定压力下，超低渗透剂浓度越大，形成膜的速度越快，膜也越厚，其封堵能力也越强。膜的形成是一个动态过程，随循环时间延长，膜增厚，强度增大。②聚合物聚集成的胶束进入泥页岩层间并在页岩表面迅速地铺展开，在孔喉处形成低渗透性的封闭膜，阻止了钻井液的进一步渗透。③具有膜效果的胶束（胶粒）具有界面吸力和可变形性，能封堵岩石表面较大范围的孔喉，在井壁岩石表面形成致密非渗透复合封闭膜层（孙金声和蒲晓林，2013）。扫描电镜结果显示

(图 3.2.2～图 3.2.4)，泥饼干燥产生的收缩缝，在干裂缝隙中出现了多处胶结物的"拉筋现象"，证明胶结物贯穿于整个泥饼中。泥胶膜在泥饼中形成，不仅起到了有效的封堵作用，还能有效降低滤失量，对提高泥饼韧性和润滑性起到了关键作用。成膜封堵剂在井壁岩石表面浓缩聚集形成胶束，依靠聚合物胶束或胶粒界面吸力及其可变形性，能封堵岩石表面的孔喉，在井壁岩石表面形成致密超低渗透封堵，有效封堵不同渗透性地层。在进入地层浅层的孔喉通道中迅速形成凝胶状的封堵膜薄层，形成渗透率为零的封堵层。

2) 防塌作用机理

成膜封堵剂的防塌作用机理可以从两个方面解释。当用成膜封堵剂钻井时，由于钻井液中的聚合物聚集成可变形的胶束，当钻井液开始向泥页岩渗透时，这些胶束吸附在黏土颗粒、井壁表面，从而在泥页岩上迅速铺展开，并在孔喉处形成低渗透封闭膜，阻止压力传递与滤液侵入。一方面避免泥页岩与钻井流体接触，阻止自由水与黏土结合，

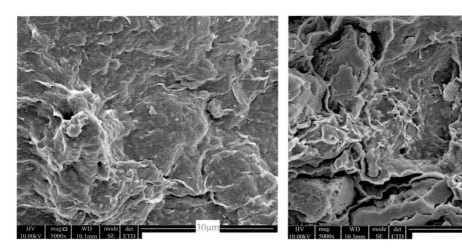

图 3.2.2　基浆泥饼表面(左图)和截面(右图)电镜结构(×5000)

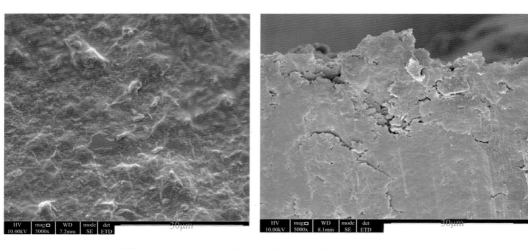

图 3.2.3　基浆加 2.0% FDM-1 泥饼表面(左图)和截面(右图)电镜结构(×5000)

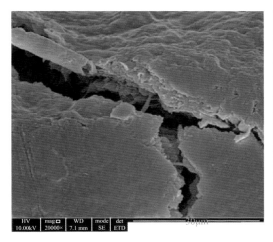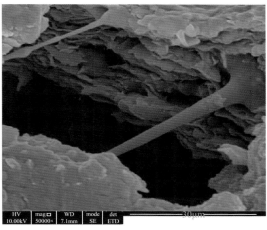

图 3.2.4　基浆加 2.0%FDM-1 泥饼截面(左图，×20000；右图，×50000)

阻缓页岩的水化膨胀和分散，稳定井壁；另一方面孔隙压力不会像使用常规流体那样大幅度增加，有效应力不会降低太多，井壁上不易产生裂缝。如果在弱胶结地层，当因钻井施工等因素引起页岩产生裂缝时，超低渗透钻井液能填塞这些裂缝，并且在这些裂缝的空隙中或碎片的表面产生表面张力，孔隙或碎片越小，张力越大，由此可以阻止钻井液滤失。

3) 消除压差卡钻机理

使用成膜封堵剂，低渗透屏障在岩石表面迅速生成，使得钻井液的滤失量非常低，滤饼也不像大多数传统钻井液那样迅速增厚，压差传递不到地层，可大大降低卡钻风险。

2. 聚胺抑制作用机理

聚胺是一种分子中含有多个—NH_2 基团并易溶于水的小分子聚合物，分子中的氮原子具有未共用电子对，可与质子结合，因此，当聚胺抑制剂溶解于水时，会从水中夺取质子生成 OH^-，同时聚胺自身解离为带正电荷的铵正离子。聚胺分子中的氧原子、氮原子与黏土矿物表面的羟基、氢原子相互作用，产生氢键，聚胺抑制剂通过分子间作用力和氢键这两种作用力吸附在黏土表面；同时，铵正离子与带负电的黏土矿物表面还通过形成离子键而吸附在黏土矿物表面。聚胺抑制剂通过物理吸附和化学吸附两种形式牢牢吸附在黏土表面，分子中的非极性基团阻断了水分子向黏土层的扩散，抑制了黏土的水化膨胀。此外，由于聚胺分子量小，还可以插层到蒙脱土晶层中，聚胺分子两端的胺基，分别吸附在相邻的黏土片层上并将黏土片层束缚在一起，减弱黏土水化。

针对钻井液的抑制性能，在原有钾盐钻井液的基础上，通过添加低分子量的聚胺，有效抑制泥页岩的水化。低分子量的聚胺在溶液中部分质子化解离后带正电，与黏土层间的无机阳离子形成化学势差。在化学势差的驱动下，质子化聚胺进入黏土层间，通过离子交换作用置换出无机水化阳离子，降低黏土 Zeta 电位，减弱黏土表面静电斥力和表面水化膜斥力。同时聚胺与黏土表面硅氧烷基形成氢键，进一步强化在黏土表面的吸附(钟汉毅，2012)。

聚胺主要通过压缩黏土水化层间距、降低黏土层间含水量、增强黏土表面疏水性三个方面降低黏土矿物的水化作用。

1) 压缩黏土水化层间距

黏土充分水化后，一般晶层间会存在尺寸较大的水化阳离子，导致层间距增加。使用无机盐离子可置换出层间水化阳离子，降低黏土层间距；小分子阳离子化合物能够吸附在黏土颗粒表面，交换出层间水化阳离子及其吸附的水化壳，形成比较统一有序的排布，导致层间距减小。聚胺抑制剂在水溶液中质子化后带正电，通过吸附或者离子交换作用将黏土层间吸附的水分子排挤出来，导致黏土去水化。分子链上的多个胺基通过多点吸附将相邻黏土片层束缚在一起，最大限度压缩黏土水化层间距，形成紧密结构，表现出最强的抑制作用。

2) 降低黏土层间含水量

黏土层间含水量是反映黏土水化的一个重要指标。以蒙脱土(MMT)为例，从室温到200℃范围内，蒙脱土脱去吸附水和晶层间结合水，失重率为11.2%；0.2%聚胺改性蒙脱土失重率为8.8%；0.5%聚胺改性蒙脱土失重率为8.0%；1.0%聚胺改性蒙脱土失重率仅为7.6%，如图3.2.5所示。可见聚胺吸附在蒙脱土表面之后，能够排挤出部分层间吸附水，降低层间含水量。

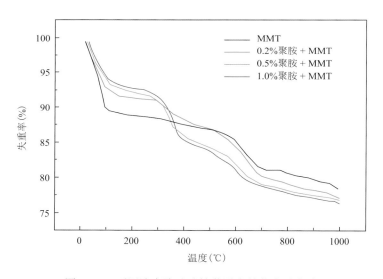

图3.2.5　不同浓度聚胺改性蒙脱土的热失重曲线

3) 增强黏土表面疏水性

聚胺抑制剂作用在黏土表面后，有机分子阳离子取代了层间水化阳离子。有机分子的水化作用远远低于金属阳离子，同时使层间阳离子的吸水能力减弱，减少了水分子进入层间的机会。同时，聚胺抑制剂中的疏水链覆盖在黏土表面，有利于阻隔水分子和硅氧表面的接触，形成疏水屏障，阻止水分子吸附，使硅氧表面亲水性降低。聚胺抑制剂的作用改变了黏土结构，以钠蒙脱土为例，原钠蒙脱土为片状，紧密无序堆积在一起，反映出亲水性的特点,含水量高易团聚。经聚胺抑制剂插层后,钠蒙脱土被剥离形成疏松、卷曲的片层,且各片层之间有一定的距离,在一定程度上反映出疏水性,即不吸潮且松散,如图 3.2.6 所示。

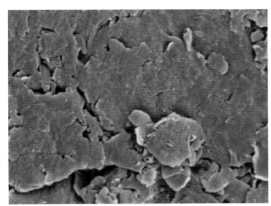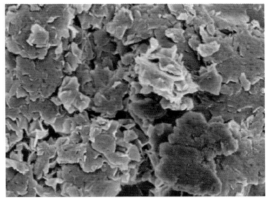

图 3.2.6　钠蒙脱土经聚胺抑制剂作用前(左图)后(右图)的扫描电镜图

3.2.2　钾基聚磺钻井液

聚合物钻井液是使用线型水溶性聚合物作为处理剂的钻井液(于培志和徐国良,2014)。聚合物钻井液的最大特点是固相低,且固相不分散。因此,聚合物钻井液也称为不分散低固相聚合物钻井液。钾基聚合物钻井液体系是聚合物与 KCl 配合的钻井液体系,对水敏性地层的防塌效果显著。钾基聚合物钻井液配方为:$50\sim60kg/m^3$ 膨润土 + 4%纯碱(土量) + 0.2%$\sim$0.4%两性离子聚合物包被剂 + 0.5%$\sim$1%水解聚丙烯腈钾盐 + 0.5%$\sim$1%水解聚丙烯腈铵盐 + 0.6%$\sim$0.8%聚阴离子纤维素 + 0.5%$\sim$0.7%钻井液用清洁润滑剂 + 3%$\sim$5%氯化钾 + 0.2%$\sim$0.3%生石灰 + 重晶石等。为了提高聚合物钻井液的抗温性能和抗盐性能,在钻井过程中根据实际需要将钾基聚合物钻井液逐步转换成钾磺聚合物钻井液。通过补充胶液的形式,逐步向钾基聚合物钻井液体系中加入磺化酚醛树脂(SMP-2)、褐煤树脂(SPNH)、改性沥青(FT-342)、磺化沥青(FT-1)、KCl 等,将钾基聚合物钻井液体系逐步转换为钾基聚磺钻井液体系,同时调整钻井液各项性能达到设计要求。钾基聚磺钻井液基本配方为:$80\sim100kg/m^3$ 膨润土 + 4%纯碱(土量) + 3%$\sim$5%钾盐抑制剂 + 0.2%$\sim$0.5%两性离子聚合物包被剂 + 0.2%$\sim$0.3%聚合物降黏剂 + 3%$\sim$4%磺化酚醛树脂-Ⅱ + 3%$\sim$5%无铬磺化褐煤 + 1%$\sim$2%磺化单宁 + 1%$\sim$2%高效液体润滑剂 + 3%$\sim$5%抗盐抗温降滤失剂 + 2%$\sim$4%多软化点防塌剂 + 1%$\sim$2%纳米乳液 + 2%$\sim$4%超细碳酸钙。钾基聚磺钻井液体系已在彭州 5-1D 井应用。钾基聚合物钻井液应用井段为 820$\sim$1638m,密度为 1.40$\sim$1.62g/cm^3,塑性黏度为 17$\sim$35mPa·s,动切力为 6$\sim$10.5Pa,动塑比为 0.24$\sim$0.36,滤失量为 3.8mL。钾基聚磺钻井液应用井段为 1638$\sim$3542m,密度为 1.69$\sim$1.94g/cm^3,塑性黏度为 35$\sim$41mPa·s,动切力为 8.5$\sim$13.5Pa,动塑比保持在 0.30 左右,滤失量最低为 2.4mL。彭州 5-1D 井一开实际施工天数为 45d,比设计提前了

12d，蓬莱镇组—遂宁组的钻速为9.92m/h，沙溪庙组的钻速为5.80m/h，千佛崖组—白田坝组的钻速为6.21m/h，须五段的钻速为7.23m/h，须四段—须三段的钻速为4.17m/h。一开过程中钻井液性能稳定，携砂效果好，无掉块现象。

1. 流变性

由于同一裸眼段存在多套压力系统，一开钻井中使用了不同密度的钾基聚磺钻井液。不同密度钾基聚磺钻井液的流变性有所不同(表3.2.1)，但都具有较好的流变性和失水造壁性，能满足川西气田钻遇地层钻井需求。

表3.2.1 不同密度钾基聚磺钻井液的基本性能数据表

编号	ρ (g/cm³)	FV (s)	PV (mPa·s)	YP (Pa)	G_{10s}/G_{10min} (Pa)	HTHP (mL)	泥饼磨阻系数	实验条件
1	1.60	60	30	11	1.7/9	3.2	0.12	120℃×16h
2	1.80	61	30	7	2/10	2.8	0.11	120℃×16h
3	2.00	56	35	8.5	1/8	2.8	0.13	120℃×16h
4	2.20	61	68	6.5	5/10	1.2	0.11	120℃×16h

注：ρ为密度；FV为马氏漏斗黏度；PV为塑性黏度；YP为动切力；G_{10s}为钻井液静止10s后所测的切力，称为初切力；G_{10min}为钻井液静止10min后所测的切力，称为终切力；HTHP为高温高压滤失量。

2. 抗温性

钾基聚磺钻井液体系中含有磺化处理剂，在高温、高矿化度环境中具有较好的热稳定性，高温下不易与主链断裂，形成的钻井液具有良好的抗温性能。钾基聚磺钻井液在120℃、140℃和160℃下的性能见表3.2.2～表3.2.4，该体系在120℃、长时间老化条件下，流变性能稳定、滤失量小；但在140℃条件下，长时间老化会使钻井液黏度有所上升；而在160℃条件下，钻井液塑性黏度又有所降低，均满足钻井液设计需求。

表3.2.2 抗120℃高温稳定性实验

编号	ρ (g/cm³)	FV (s)	PV (mPa·s)	YP (Pa)	G_{10s}/G_{10min} (Pa)	HTHP (mL)	实验条件
1	2.00	75	92	2.5	4.5/16.5	1.4	常温
2	2.00	60	69	11	6.5/11	1.2	120℃×16h
3	2.00	79	72	20.5	11.5/18	1.0	120℃×32h

表3.2.3 抗140℃高温稳定性实验

编号	ρ (g/cm³)	FV (s)	PV (mPa·s)	YP (Pa)	G_{10s}/G_{10min} (Pa)	HTHP (mL)	实验条件
1	2.00	75	92	2.5	4.5/16.5	1.4	常温
2	2.00	63	56	18.5	9/16.5	1.2	140℃×16h
3	2.00	100	75	35	15/29	1.2	140℃×32h

表 3.2.4　抗 160℃高温稳定性实验

编号	ρ (g/cm³)	FV (s)	PV (mPa·s)	YP (Pa)	G_{10s}/G_{10min} (Pa)	HTHP (mL)	实验条件
1	2.00	75	80	2.5	4.5/13	1.2	常温
2	2.00	80	84	28	7/12.5	1.4	160℃×16h
3	2.00	80	93	27	5/12	1.8	160℃×32h

3. 抗污染性

川西气田超深井钻井过程中可能钻遇盐水层，地层中的盐进入钻井液后，会对其性能造成严重的影响。钾基聚磺钻井液中的磺酸基团可以与羟基等亲水基团形成稳定的共轭体系，阻止盐钙离子的侵入，从而提高整体抗盐钙能力。随着体系中 NaCl 加量不断增大，塑性黏度、动切力和滤失量稍有升高，但体系性能良好，抗盐污染性强，现场钻进中若出现盐侵也能满足安全钻进要求（表 3.2.5）。钾基聚磺钻井液在加入 $CaSO_4$ 前后钻井液性能变化不大，具有抗石膏污染能力（表 3.2.6）。

表 3.2.5　钻井液抗盐侵数据表

配方	ρ (g/cm³)	FV (s)	PV (mPa·s)	YP (Pa)	G_{10s}/G_{10min} (Pa)	HTHP (mL)	实验条件
基本配方	2.00	60	67	8.5	4	1.3	120℃×16h
基本配方 + 2% NaCl	2.00	63	70	10.5	11.5	1.8	120℃×16h
基本配方 + 4% NaCl	2.00	66	72	11	11	1.9	120℃×16h
基本配方 + 6% NaCl	2.00	56	76	13	10	2.0	120℃×16h
基本配方 + 10% NaCl	2.00	71	77	13	16	2.4	120℃×16h

表 3.2.6　抗石膏污染性能评价

配方	ρ (g/cm³)	PV (mPa·s)	YP (Pa)	G_{10s}/G_{10min} (Pa)	HTHP (mL)	实验条件
基本配方	1.67	30	10.5	3	9.2	140℃×16h
基本配方 + 0.5% $CaSO_4$	1.68	28	15	4	13	140℃×16h

4. 润滑性

川西气田超深井钻井对钻井液体系的润滑性能要求较高，为了避免钻井过程中井下复杂情况的发生，在钻井液中加入适量润滑剂，润滑剂分子可以吸附在钻具与井壁、钻具与套管之间，大大地降低摩擦系数、减小扭矩及摩阻。从极压润滑系数、泥饼黏附系数和黏滞系数分析钻井液体系的润滑性，在 120℃×16h 老化后，不同密度的钾基聚磺体系的润滑性能均能满足川西地区深井的钻井需要（表 3.2.7）。

表 3.2.7　钻井液体系润滑性评价

序号	ρ(g/cm^3)	极压润滑系数	黏滞系数	泥饼黏附系数
1	1.60	0.14	0.0542	0.1100
2	1.80	0.16	0.0437	0.1183
3	2.00	0.15	0.0437	0.1268

3.2.3　复合盐强抑制聚磺防塌钻井液

随着井深的增加，钻遇须家河组、小塘子组、马鞍塘组时，裸眼段长，对钻井液的封堵防塌性能、润滑性能要求高。通过加入聚胺抑制剂和成膜封堵剂进一步加强钻井液的防塌性能，形成了复合盐强抑制聚磺防塌钻井液体系。复合盐强抑制聚磺防塌钻井液具有抗温性好、抑制性强等特点，特别是防塌性能明显增强，二次清水滚动回收率达到了 94.98%。复合盐强抑制聚磺防塌钻井液基本配方：20～30kg/m^3 膨润土 + 4%纯碱(土量) + 7%～9%氯化钾 + 0.4%～0.6%生石灰 + 0.5%～1%聚胺 + 0.6%～0.8%聚阴离子纤维素 + 2%～4%磺化酚醛树脂 + 2%～4%无铬磺化褐煤 + 0.1%～0.3%两性离子聚合物包被剂 + 1%～2%纳米封堵剂 + 1%～2%成膜封堵剂 + 2%～3%超细碳酸钙 + 1%～2%井壁封固剂 + 1%～2%聚合物抗温抗盐降滤失剂 + 4%～6%抗温抗饱和盐润滑剂。复合盐强抑制聚磺防塌钻井液在彭州 5-1D 井 3542～6046m 井段成功应用。钻井液密度为 1.88～2.09g/cm^3，塑性黏度为 41～45mPa·s，动切力为 12～19.5Pa，动塑比保持在 0.30 左右，钻井液滤失量为 0.4～1.8mL。彭州 5-1D 井二开实际施工天数为 118.46d，比设计延后了 18.46d，须三段的钻速为 4.92m/h，须二段的钻速为 3.27m/h，须二段—马一段的钻速为 2.74m/h。二开过程中地层较为复杂，钻至井深 5034mm 时发生了掉块，6016m 和 6046m 时发生了遇阻。钻井液整体性能稳定，携砂效果好，井壁较为稳定。

1. 高温流变性能

热滚后的复合盐强抑制聚磺防塌钻井液体系相比热滚前，表观黏度、塑性黏度及动切力都有所增大，在 140℃时增幅最大，且随着温度的升高，其增幅逐渐减小且趋近于热滚前的各项数值(表 3.2.8)，整体性能满足钻井液设计需求。

表 3.2.8　钻井液高温高压流变性能

测试温度	AV(mPa·s)	PV(mPa·s)	YP(Pa)	G_{10s}/G_{10min}(Pa)
室温	48.7	58	9.3	1.8/7.5
140℃	65.6	78.65	13.05	5.2/14
160℃	54.3	65.6	11.2	2/4
180℃	51.7	59.35	7.65	2.5/8.3

注：AV 为表观黏度。

2. 抑制性

由于一次滚动回收率不能够准确评价钻井液的抑制效果，二次滚动回收率成为钻井液抑制性能的评价标准。参照我国能源行业标准《钻井液对页岩抑制性评价方法》(NB/T 10121—2018)进行滚动回收率实验，由于实验操作细节不统一，结果往往会出现较大的偏差。因此，中国石油化工股份有限公司西南油气分公司在该标准的基础上进一步细化了实验操作步骤，减少了由于水洗次数、水流冲刷等因素引起的实验误差，使得实验具有更好的重现性。细化后的步骤为：①钻井液体积 350mL；岩屑质量 50g。②量取搅拌均匀的钻井液 350mL 倒入老化罐，热滚前在搅拌状态下缓慢倒入已烘干的岩屑，使岩屑均匀分散在钻井液中，立即放入已升温至实验温度的滚子炉内。③热滚温度根据地层温度要求，热滚时间为 16h(滚动时间严格按照 16h，滚动结束后尽快取样筛洗)。④热滚后筛洗，热滚后样品倒入 40 目(0.425mm)筛子，放入水槽中反复筛洗，直至水澄清；若岩屑有黏结成团情况，则轻轻分开，使岩屑分散为颗粒状。⑤将筛洗后岩屑放入 105℃烘箱，烘 4h，放干燥器内冷却至室温称量，计算滚动回收率。⑥二次滚动，将一次滚动后的烘干岩屑过 40 目筛，再进行二次滚动，滚动介质采用蒸馏水；热滚温度根据地层温度要求，热滚时间为 16h。

一次滚动和二次滚动最大的区别是滚动介质不同，一次滚动的介质是钻井液，二次滚动的介质是蒸馏水。二次滚动回收率可以更准确地评价钻井液抑制性能的长效性，复合盐强抑制聚磺防塌钻井液二次回收率高达 94.98%(表 3.2.9)，最大限度地抑制了地层泥页岩的水化膨胀。

表 3.2.9　滚动回收实验

钻井液配方	一次回收率(%)	二次回收率(%)
清水	4.08	—
复合盐强抑制聚磺防塌钻井液	98.04	94.98

3. 抗污染性

复合盐强抑制聚磺防塌钻井液的抗污染性包括抗岩屑污染性和抗 CO_2 污染性。岩屑、CO_2 对复合盐强抑制聚磺防塌钻井液产生"增黏提切"的效果，增大了钻井液高温高压滤失量(表 3.2.10、表 3.2.11)，但引起的钻井液性能变化较小，均满足钻井要求。复合盐强抑制聚磺防塌钻井液具有较好的抗岩屑污染性和抗 CO_2 污染性。

表 3.2.10　抗岩屑污染性能

配方	实验条件	ρ (g/cm³)	pH	PV (mPa·s)	YP (Pa)	G_{10s}/G_{10min} (Pa)	$HTHP_{150℃}$ (mL)
基本配方	150℃×16h	2.02	9.5	38	9.5	4/10.5	8.8
基本配方 + 3%岩屑	150℃×16h	2.02	9.5	44	12	6/14	10.4

表 3.2.11 抗 CO_2 污染性能

配方	实验条件	ρ (g/cm^3)	pH	PV (mPa·s)	YP (Pa)	G_{10s}/G_{10min} (Pa)	HTHP$_{150℃}$ (mL)
基本配方	150℃×16h	2.02	9.5	38	9.5	4/10.5	8.8
基本配方 + CO_2	150℃×16h	2.00	9.0	40	11	4/14.5	11.2

4. 润滑性

大斜度井和水平井对钻井液体系的润滑性能要求较高，同时因裸眼段长、钻井液密度大，进一步提高了对钻井液润滑性能的要求。根据极压润滑系数、泥饼黏附系数和黏滞系数(表 3.2.12)，强抑制聚磺防塌钻井液的润滑性能基本满足钻井需要。

表 3.2.12 钻井液体系润滑性

序号	ρ (g/cm^3)	极压润滑系数	黏滞系数	泥饼黏附系数
1	1.60	0.14	0.0542	0.1100
2	1.80	0.16	0.0437	0.1183

3.3 潮坪相薄互层钻井液技术

川西气田第一轮开发井彭州 4-2D 井、彭州 4-4D 井水平段使用强封堵高酸溶聚磺钻井液体系，受到邻井酸压的影响，常常发生掉块、摩阻大、起下钻困难、阻卡严重等问题。为了达到高效安全开发目的，第二轮开发井改用油基钻井液体系钻水平段。油基钻井液具有抗温性强、润滑性好、抗污染能力强等优点，应用在三开水平段钻井中。针对潮坪相薄互层地层特性，计算出原地应力下地层裂缝宽度，为筛选级配封堵剂提供了理论依据；基于陶瓷盘构建油基钻井液微纳米封堵评价方法，最终形成一套潮坪相薄互层白油基钻井液技术。潮坪相薄互层白油基钻井液技术在第二轮开发井(彭州 5-1D 井、6-3D 井、6-6D 井等多口井)进行了应用。其中，彭州 5-1D 井三开 79.21d，比设计提前 5.79d，钻进过程中井下复杂情况减少，钻井液性能稳定，携砂效果好，井壁较为稳定。

3.3.1 封堵理论及模型

1. 封堵理论

1)刚性封堵理论

刚性封堵理论，是指用第一级刚性材料充填、架桥提高漏失通道承受液柱压力能力，再用次一级材料充填第一级刚性材料充填后剩余空间及尺寸小于第一级刚性材料的次级漏失通道，降低漏失地层渗透率的理论。刚性封堵理论按照封堵机理，可再分为充填封堵理论和架桥封堵理论(郑力会和张明伟，2012)。

充填封堵理论，是指利用封堵材料在漏失通道内堆积，形成致密充填层以降低漏失层渗透率、承受漏失压力的理论。随着对漏失问题的认识不断深入，逐渐意识到有效封堵地层漏失通道，需要封堵材料在漏失通道内堆积，并尽可能占据孔隙、裂缝内部空间。这便是充填封堵理论的出发点。

架桥封堵理论，是指利用刚性封堵材料，在漏失通道内像架设桥梁一样形成封堵层骨架，再以次一级材料充填骨架间隙或进一步在小尺寸通道中架桥，降低封堵层渗透率，承受漏失压力。架桥封堵理论认为，有效封堵需要封堵材料粒径与漏失喉道大小存在定量关系。不同类型封堵材料的作用不同，架桥材料为刚性材料，且架桥存在临界条件和封堵粒径最优范围。充填材料用次一级材料和软化材料。不同作用的封堵材料需要一定浓度，才能在近井壁地带形成渗透率较低、强度较大的封堵层，平衡井筒液柱压力与地层孔隙压力间的压差。

充填封堵理论和架桥封堵理论表明，刚性封堵理论不考虑地层孔喉形态，试图通过材料充填和架桥，在近井地带建立压力支撑层，降低封堵带渗透率，阻止井内流体进入地层。刚性封堵理论既考虑有效架桥，还考虑有效充填，增强封堵效果，充填和架桥趋于融合。刚性封堵的核心是刚性封堵材料。刚性封堵理论的最大特点是，封堵地层时，第一级封堵材料必须是刚性的，在温度和压力作用下基本不变形，起到占据漏失通道大部分空间，提高封堵层强度的作用。刚性封堵过程中，还需要次一级充填材料。次一级充填材料既可以是刚性材料，也可以是软化材料，或者二者兼有，以降低封堵层渗透率，强化封堵层强度。刚性封堵理论没有充分考虑地层漏失通道的形态，刚性材料在架桥时有可能失败，这在封堵非均质性较强的地层时，缺陷凸显。

2) 柔性封堵理论

柔性封堵理论，是指利用没有固定形状的非刚性材料、聚合物等封堵材料，在地层温度、压力等条件下，发生物理和化学变化，封堵地层漏失通道的理论。柔性封堵理论认为，封堵材料混于或溶于液体后能够变化形态，进入漏失通道，在地下温度、矿化度和渗流场等作用下，封堵材料发生物理化学变化，如胶联、膨胀、吸附、凝固等，充填、封堵小孔隙、小漏失通道，形成具有一定承压强度的封堵带，控制漏失。

柔性封堵技术源于早期的充填封堵思想以及"2/3 规则"中提出的软化材料充填思想。目的是封堵非均质地层中分布宽泛的、刚性材料无法封堵的较小的漏失通道及架桥材料间孔隙，降低漏失层渗透率，增强承压能力。柔性封堵理论的关键在于，封堵材料要具备在漏失通道中膨胀、吸附、凝固等性能，适合于封堵不需要测定地层漏失通道的漏失地层。柔性封堵理论的出现和发展，可以看成是对刚性封堵理论的补充。它充分考虑了地层漏失通道的非均质性，具有较强的适应性。但柔性封堵也存在明显的不足，如漏失压差、地层温度、漏失通道体积以及有些材料对储层伤害严重等因素，限制了柔性封堵材料的使用。

2. 封堵模型

根据封堵架桥原则，如何级配不同类型、粒径的刚性颗粒和柔性颗粒，是实现封堵的关键。采用纳微米颗粒封堵页岩孔隙，是阻止钻井液侵入页岩进而维持井壁稳定的有效措施之一。封堵颗粒尺寸的合理选择，是决定颗粒能在井壁壁面快速形成封堵层的关键。颗粒堵塞地层裂缝，在井壁壁面形成紧密堆积层，其封堵形式有三种：①卡堵，颗粒尺寸大于裂缝尺寸，封堵颗粒在裂缝端面处形成堵塞；②桥堵，颗粒尺寸小于裂缝尺寸，多个颗粒在裂缝处架桥形成堵塞；③充填密实，充填颗粒稍微大于卡堵或架桥颗粒间形成的间隙，填充于空隙内，形成密实堆积层(薄克浩，2018)。

1) 卡堵

采用卡堵颗粒(颗粒尺寸大于裂缝尺寸)对地层裂缝进行封堵时，一般会存在两种卡堵情况：①单个颗粒恰好卡堵住地层孔喉；②多个颗粒堆积在一起，形成较小的颗粒间孔隙，以阻隔、降低外来流体及固相颗粒侵入能力。对于第一种卡堵情况，其存在一定随机性，但单颗粒卡堵一旦形成，即可完全阻隔外来流体及固相颗粒的侵入。对于第二种卡堵情况，颗粒能否形成有效封堵，取决于堆积颗粒间所形成孔隙直径与所封堵地层裂缝宽度的大小关系。只有当封堵颗粒间所形成孔隙直径小于所封堵地层裂缝宽度，卡堵颗粒的封堵才具有实际意义。颗粒间所形成的孔隙大小与颗粒间的堆积形态和颗粒粒径有关。

颗粒间所形成的孔隙直径随相接颗粒个数增加而增加，如图 3.3.1 所示。当颗粒堆积形态为六颗粒相接时，颗粒间所形成孔隙直径已与卡堵颗粒粒径相当。在实际工程中(卡堵颗粒充足)，六颗粒相接形成的颗粒间孔隙肯定会被其他卡堵颗粒填充，颗粒的堆积形态实质为三颗粒相接。同理，对于七颗粒或更多颗粒相接情况下的颗粒堆积形态，其所形成的颗粒间孔隙会更大，其他卡堵颗粒会更易填充，最终使得颗粒堆积形态转化为三颗粒相接或四颗粒相接或五颗粒相接。因此，本书认为，利用卡堵颗粒进行封堵过程中，存在的颗粒堆积形态主要有 3 种，分别为三颗粒相接、四颗粒相接及五颗粒相接。为了保证卡堵颗粒对地层裂缝形成有效封堵，在 3 种颗粒堆积形态下所形成的颗粒间孔隙直径均应小于所封堵地层裂缝宽度。因此，卡堵颗粒粒径与孔径之间的关系应满足：

$$\begin{cases} d_{\text{p-max}} = 0.7 d_{\text{p}} \\ d_{\text{p-max}} \leqslant D_{\text{p}} \\ d_{\text{p}} \geqslant D_{\text{p}} \end{cases} \tag{3.3.1}$$

其中，$d_{\text{p-max}}$ 为等径卡堵颗粒不同堆积形态下所形成的最大颗粒间孔隙直径；d_{p} 为卡堵颗粒粒径；D_{p} 为所封堵地层孔喉直径。

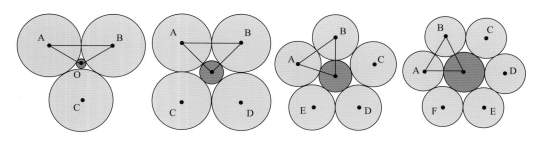

图 3.3.1　钻井液中颗粒堆积的形态

2) 桥堵

依据屏蔽暂堵技术(罗向东和罗平亚, 1992), 当刚性颗粒的平均粒径等于裂缝平均孔径的 2/3 时, 桥堵效果最好。架桥粒子的稳定性是架桥粒子能否稳定地实现桥堵的关键。对于 1/3 粒径匹配的架桥存在微粒运移现象, 是一种不稳定的架桥, 而 2/3 粒径匹配的架桥符合稳定架桥规律, 无微粒运移现象。大颗粒刚性粒子在裂缝狭窄处架桥, 小颗粒刚性粒子填充形成封埋层的孔隙, 柔性颗粒通过挤压变形, 自适应填充刚性架桥粒子间的孔隙, 合理级配不同类型、粒径的刚性与柔性颗粒, 协同作用形成致密网架结构, 如图 3.3.2 所示。

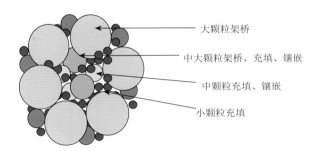

图 3.3.2 钻井液中颗粒堆积的形态

对于刚性封堵材料, 需要考虑其级配关系。依据屏蔽暂堵技术原理(2/3 架桥)、1/4～1/2 填充和分段封堵规则, 且按架桥材料浓度:填充材料浓度＝3:2, 对刚性封堵材料总的区间占比进行统计。按照 2/3 架桥封堵原则将其分为 n 段, 得到分段公式(3.3.2)、架桥公式(3.3.3)和填充公式(3.3.4)。按照式(3.3.2)～式(3.3.4)计算刚性封堵材料粒径分布及占比。

$$\begin{cases} (D_0, D_1), (D_1, D_2), \cdots, (D_{i-1}, D_i), \cdots, (D_{n-1}, D_n) \\ D_0 = D_{max} \\ D_n = D_{min} \end{cases} \quad (3.3.2)$$

$$\begin{cases} \left(D_0, \dfrac{2}{3}D_0\right), \left(\dfrac{2}{3}D_0, \left(\dfrac{2}{3}\right)^2 D_0\right), \cdots, \left(\left(\dfrac{2}{3}\right)^{n-1} D_0, \left(\dfrac{2}{3}\right)^n D_0\right) \\ D_0 = D_{max} \\ \left(\dfrac{2}{3}D_{min}\right) \leqslant \left(\dfrac{2}{3}\right)^n D_0 \leqslant D_{min} \end{cases} \quad (3.3.3)$$

$$\begin{cases} \left(\dfrac{1}{4} \times \dfrac{2}{3}D_0, \dfrac{1}{2} \times \dfrac{2}{3}D_0\right), \left(\dfrac{1}{4} \times \left(\dfrac{2}{3}\right)^2 D_0, \dfrac{1}{2}\left(\dfrac{2}{3}\right)^2 D_0\right), \cdots, \left(\dfrac{1}{4} \times \left(\dfrac{2}{3}\right)^n D_0, \dfrac{1}{2}\left(\dfrac{2}{3}\right)^n D_0\right) \\ D_0 = D_{max} \\ \left(\dfrac{2}{3}D_{min}\right) \leqslant \left(\dfrac{2}{3}\right)^n D_0 \leqslant D_{min} \end{cases} \quad (3.3.4)$$

3.3.2　强封堵高酸溶聚磺钻井液体系

将强封堵高酸溶聚磺钻井液体系应用在雷口坡组储层段，强化了钻井液的封堵性能。该体系主要用石灰石控制钻井液密度，确保滤饼有比较高的酸溶率，从而实现提高井壁稳定性的同时减少固相对储层的伤害。强封堵高酸溶聚磺钻井液配方为：上部井浆＋3%～5%磺化酚醛树脂＋2%～4%无铬磺化褐煤＋2%～3%抗温抗饱和盐润滑剂＋3%～5%超细碳酸钙＋成膜封堵剂＋井壁封固剂＋复合型封堵剂＋聚合物抗温抗盐降滤失剂＋减磨剂类润滑剂＋石灰石。

在彭州 5-2D 井现场应用强封堵高酸溶聚磺钻井液体系。5860～6862m 井段强封堵高酸溶聚磺钻井液密度为 1.48～1.51g/cm³，钻井液塑性黏度和动切力随着井深的增加而增加，动塑比保持在 0.35 以上，表现出良好的流变性能、抗温性能及泥饼酸溶性。

1. 流变性能

强封堵高酸溶聚磺钻井液性能优良，塑性黏度和动切力范围适宜，160℃高温高压滤失量为 10mL（表 3.3.1）。强封堵高酸溶聚磺钻井液在流变性能、滤失性能、润滑性能、沉降稳定性方面均能满足设计要求。

表 3.3.1　钻井液性能

ρ (g/cm³)	FV (s)	PV (mPa·s)	YP (Pa)	G_{10s}/G_{10min} (Pa)	HTHP₁₆₀℃ (mL)	160℃下 48h 沉降稳定性
1.32	32	19	13	4/9	10	沉降，可搅动，上下层密度差 0.027g/cm³

2. 抗温性能

彭州区块雷四气藏地层温度为 141.31～155.50℃（表 3.3.2），因此要求钻井液具有较好的抗温性能。强封堵高酸溶聚磺钻井液经过热滚后的钻井液体系相比热滚前，表观黏度、塑性黏度及动切力都有所增大（表 3.3.3），钻井液流变性能较为稳定。

表 3.3.2　实测井地层温度表

层位	井号	井深(m)	温度(℃)	地温梯度(℃/100m)
雷四段	彭州 1	5839.19	151.70	2.33
雷四段	鸭深 1	5500.00	141.31	2.28
雷四段	羊深 1	5700.00	143.92	2.27
雷四段	彭州 103	6026.60	155.50	2.33

表 3.3.3　钻井液不同温度老化后的流变性能测试结果

老化温度	AV (mPa·s)	PV (mPa·s)	YP (Pa)	G_{10s}/G_{10min} (Pa)
室温	48.7	58	9.3	1.8/7.5
160℃	54.3	65.6	11.2	2/4

3. 泥饼酸溶性

钻井液通过高温高压失水形成的泥饼酸溶率均超过 70%（表 3.3.4），使用强封堵高酸溶聚磺钻井液体系钻井不会对储层造成永久损害，投产前可采用酸化解堵。

表 3.3.4　泥饼酸溶性

样品名称	酸化前泥饼质量 (g)	酸化后总质量 (g)	酸溶率 (%)
1#	24.1235	6.9427	71.22
2#	26.2368	7.7214	70.57
3#	29.2950	6.8872	76.49

3.3.3　强封堵白油基钻井液体系

1. 白油基钻井液封堵评价方法

1) 应力加载条件下裂缝宽度计算

油基钻井液条件下主要用裂缝延伸法增强井壁，即用复配的不同尺寸、类型的随钻颗粒对钻井过程中张开裂缝的末端进行填充封堵和隔离，降低裂缝延伸能力。采用裂缝延伸法的原因在于油基钻井液为乳状液，滤失量小、不易形成较厚滤饼、滤饼致密度低，防井筒压力穿透和漏失效果差。但该方法需准确获取地层裂缝尺寸、优选匹配性好的粒径分布设计方法。

川西海相气田潮坪相薄互层裂缝宽度大于等于 50μm 的占比为 64.79%，大于等于 125μm 的占比最高，可见应力释放后岩心的裂缝宽度大多在 50μm 以上，如图 3.3.3 所示。然而，岩心裂缝大小会随着地层压力的变化而变化，如图 3.3.4 所示。岩心加载实验可分析岩心裂缝在不同围压下的岩心宽度。具体方法是通过选取直径为 2.5cm、长度为 5cm 左右的岩心柱塞，人工劈裂造缝后烘干。实验时把裂缝岩样装入岩心夹持器，让裂缝岩样端面与岩心夹持器端面平行。显微镜物镜对

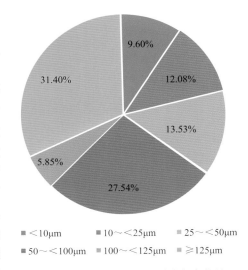

图 3.3.3　潮坪相薄互层裂缝宽度统计

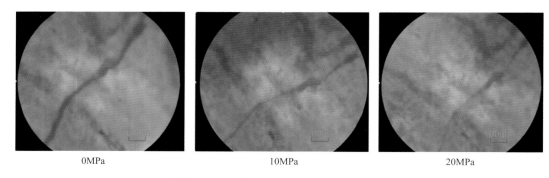

图 3.3.4　应力加载条件下裂缝宽度变化

准岩样出露的端面，打开辅助光源，调节物镜与岩样端面距离，使与目镜连通的图像信息采集系统能够清楚采集到岩心端面放大的图像信息，然后传输到计算机进行处理。岩心裂缝宽度在原地应力下降低 47.7%～71.7%。基于岩心裂缝宽度在原地应力下降低 50% 的计算结果，原地应力条件下地层裂缝宽度多分布在 10～75μm（表 3.3.5）。

表 3.3.5　原地应力下裂缝宽度统计

地面裂缝宽度（μm）	按原地应力下降低 50% 计算的裂缝宽度（μm）	占比（%）
<20	<10	18.36
20～<50	10～<25	16.91
50～<100	25～<50	27.54
100～<150	50～<75	13.53
150～<200	75～<100	6.76
200～<250	100～<125	3.38
250～<300	125～<150	1.93
300～<350	150～<175	2.42
350～<400	175～<200	2.90
≥400	≥200	6.27

2）封堵材料和模拟介质的优选

封堵材料，尤其是刚性封堵材料的尺寸与地层裂缝大小越匹配，封堵材料的粒径分布与裂缝大小的分布越接近，钻井液的封堵效果就越优异。基于封堵模型、粒度分布和承压强度优选出 WEF-3000（图 3.3.5）作为刚性封堵材料，其 D_{10} 为 3.764μm，D_{50} 为 23.66μm，D_{90} 为 70.49μm，峰值粒径为 27.80μm。WEF-3000 D_{10}～D_{90} 粒径分布最宽，最为接近理论设计的 10～75μm。

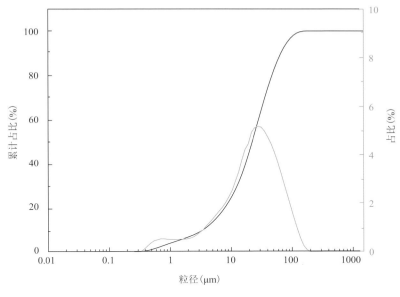

图 3.3.5　WEF-3000 粒径分布

　　WEF-3000 的抗压强度整体优于 200 目超细碳酸钙。WEF-3000 和超细碳酸钙在 34MPa 下承压 20 min 后，WEF-3000 的 D_{50} 降低了 10.19%，超细碳酸钙的 D_{50} 降低了 18.03%；WEF-3000 的体积平均粒径降低了 11.01%，超细碳酸钙的体积平均粒径降低了 18.17%（表 3.3.6）。WEF-3000 总体的粒径变化率低于超细碳酸钙，说明 WEF-3000 的抗压强度高于碳酸钙。

　　油基钻井液模拟封堵介质主要采用人造岩心、砂床、陶瓷盘等实验评价材料，如表 3.3.7 所示。低渗人造岩心模拟微裂缝、可视砂床承压测试、高温高压渗透性封堵仪评价等方法无法模拟地层微裂缝，且模拟的裂缝大小不可控，范围较窄，重现性较差。结合川西海相气田雷口坡组原地应力条件下的裂缝大小分布，选用陶瓷盘评价封堵性能。陶瓷盘具有一定的厚度，强度较高，可以定制不同尺寸，能够在一定程度上模拟封堵材料在不同孔缝大小地层中的架桥封堵情况，且重现性好。基于原地应力条件下岩心裂缝宽度大小以及封堵材料尺寸优选了陶瓷盘封堵模块（表 3.3.8），其孔缝大小几乎覆盖了所有原地应力条件下的岩心裂缝宽度，为后续筛选级配的封堵剂提供理论依据。

表 3.3.6　WEF-3000 和超细碳酸钙抗压强度试验

封堵剂	粒径类别	0min	5min	10min	15min	20min
WEF-3000	D_{50}(μm)	19.43	17.17	17.47	17.32	17.45
	体积平均粒径(μm)	25.43	22.32	22.45	22.29	22.63
超细碳酸钙(200 目)	D_{50}(μm)	7.162	6.362	5.884	5.938	5.871
	体积平均粒径(μm)	22.12	18.48	17.88	18.51	18.10

表 3.3.7　封堵评价方法的优缺点

封堵介质	优点	缺点
专用滤纸	比较直观地反映钻井液的封堵能力	可选性不强，无法模拟地层裂缝
刚性平板模拟裂缝	能够反映钻井液在裂缝中的封堵情况	难以准确评估钻井液对微纳米裂缝的封堵能力
人造岩心	能够在一定程度上模拟不同岩层(砂岩、页岩)下的钻井液封堵性能	实验时间长，现有 HTHP 人造岩心测试仪无法在较高温度下进行测试，无法很好地模拟地层裂缝
砂床	比较真实地反映钻井液在井下的滤失情况	难以准确评估钻井液对微纳米裂缝的封堵能力
陶瓷盘	强度较高，实验重现性较好，孔缝尺寸可选	无法模拟纳米裂缝
3D 打印数字岩心	还原度高，能够模拟微纳米孔缝在地层压力下的动态变化	难度较高

表 3.3.8　陶瓷盘封堵模块及其作用

陶瓷盘孔径大小(μm)	作用
10	评价钻井液在孔缝 10μm 以下的封堵效果
20	评价钻井液在孔缝 10～20μm 的封堵效果
50	评价钻井液在孔缝 20～50μm 的封堵效果
80	评价钻井液在孔缝 50～80μm 的封堵效果
100	评价钻井液在孔缝 80～100μm 的封堵效果
120	评价钻井液在孔缝 100～120μm 的封堵效果
150	评价钻井液在孔缝 120～150μm 的封堵效果

3) 封堵性能评价

采用不同目数的陶瓷盘模块评价加入 WEF-3000 封堵剂的钻井液对陶瓷盘的封堵率(表 3.3.9～表 3.3.14)。基浆的渗透率随着陶瓷盘孔径的增加而增加，渗透率维持在 $1.01\times10^{-4}\sim3.83\times10^{-4}$mD，说明基浆本身就具有一定的封堵效果。其原因是油基钻井液中的降滤失剂为氧化沥青和天然沥青，在高温软化后与刚性加重材料相互作用，形成了"刚性＋柔性"封堵组合，在陶瓷盘的孔径中形成了较致密的封堵层，使得滤失量大大减少。WEF-3000 的加入提高了油基钻井液对陶瓷盘的封堵效果。当 WEF-3000 的加量为 2%～3%时，钻井液对陶瓷盘的渗透率为 $1.80\times10^{-6}\sim5.26\times10^{-5}$mD，接近页岩的渗透率($10^{-7}\sim10^{-3}$mD)。当 WEF-3000 的加量为 2%时，钻井液对陶瓷盘的封堵率高于 85%，说明 WEF-3000 具有优异的封堵效果。当 WEF-3000 的加量为 3%时，钻井液对大孔径陶瓷盘的封堵效果最优。WEF-3000 的加入弥补了加重剂等刚性材料的粒径缺失区间，增强了钻井液的封堵性能。通过岩心薄片电镜和应力加载的方法计算了原地应力下地层裂缝宽度；基于全面覆盖封堵地层孔缝和提高地层承压能力的思路优选了 WEF-3000 刚性封堵剂，并使用优选出的 10～150μm 陶瓷盘模块评价了不同封堵剂加量的油基钻井液封堵性能，最终形成了潮坪相薄互层白油基钻井液封堵评价方法。

表 3.3.9　基浆的陶瓷盘封堵实验数据

陶瓷盘孔径大小（μm）	10	20	50	80	100	120	150
1h 滤失量(mL)	1.10	1.30	1.40	1.60	2.00	4.00	4.60
渗透率(mD)	1.01×10^{-4}	1.21×10^{-4}	1.24×10^{-4}	1.27×10^{-4}	1.85×10^{-4}	3.68×10^{-4}	3.83×10^{-4}

表 3.3.10　基浆 + 1% WEF-3000 对陶瓷盘的封堵率

陶瓷盘孔径大小（μm）	10	20	50	80	100	120	150
1h 滤失量(mL)	0.02	0.05	0.05	0.20	0.05	1.20	1.00
渗透率(mD)	1.84×10^{-6}	4.41×10^{-6}	4.37×10^{-6}	1.83×10^{-5}	4.01×10^{-6}	1.03×10^{-4}	8.37×10^{-5}
封堵率(%)	98.18	96.36	96.47	85.59	97.83	72.01	78.15

表 3.3.11　基浆 + 2% WEF-3000 对陶瓷盘的封堵率

陶瓷盘孔径大小（μm）	10	20	50	80	100	120	150
1h 滤失量(mL)	0.04	0.02	0.02	0.10	0.10	0.60	0.20
渗透率(mD)	3.29×10^{-6}	1.89×10^{-6}	1.83×10^{-6}	9.29×10^{-6}	9.44×10^{-6}	5.26×10^{-5}	1.79×10^{-5}
封堵率(%)	96.74	98.43	98.52	92.68	94.89	85.71	95.33

表 3.3.12　基浆 + 3% WEF-3000 对陶瓷盘的封堵率

陶瓷盘孔径大小（μm）	10	20	50	80	100	120	150
1h 滤失量(mL)	0.50	0.40	0.10	0.02	0.05	0.05	0.05
渗透率(mD)	4.57×10^{-5}	3.31×10^{-5}	8.27×10^{-6}	1.80×10^{-6}	4.67×10^{-6}	4.60×10^{-6}	4.54×10^{-6}
封堵率(%)	54.75	72.64	93.33	98.58	97.48	98.75	98.81

表 3.3.13　基浆 + 4% WEF-3000 对陶瓷盘的封堵率

陶瓷盘孔径大小（μm）	10	20	50	80	100	120	150
1h 滤失量(mL)	1.70	0.40	0.20	0.05	0.05	0.05	0.60
渗透率(mD)	1.61×10^{-4}	3.46×10^{-5}	1.71×10^{-5}	4.29×10^{-6}	4.11×10^{-6}	4.21×10^{-6}	4.99×10^{-5}
封堵率(%)	−59.41	71.40	86.20	96.62	97.78	98.86	86.97

表 3.3.14　基浆 + 5% WEF-3000 对陶瓷盘的封堵率

陶瓷盘孔径大小（μm）	10	20	50	80	100	120	150
1h 滤失量(mL)	1.10	3.40	0.40	0.10	0.05	1.10	0.30
渗透率(mD)	1.02×10^{-4}	2.84×10^{-4}	3.61×10^{-5}	9.26×10^{-6}	4.21×10^{-6}	9.57×10^{-5}	2.81×10^{-5}
封堵率(%)	−0.99	−134.71	70.89	92.71	97.72	73.99	92.66

2. 强封堵白油基钻井液性能

基于白油钻井液封堵评价方法,优选出适用于潮坪相薄互层的油基钻井液封堵剂,最终构建出了潮坪相薄互层强封堵白油基钻井液技术,配方为:80%～90%白油 + 4%～6%主乳 + 4%～6%辅乳 + 0.5%～1%润湿剂 + 20%氯化钙水(浓度 20%～25%) + 2%～3%有机土 + 2%生石灰 + 4%～5%降滤失剂 + 2%～4%刚性封堵剂 + 1%～2%封缝即堵剂 + 1%～2%成膜封堵剂 + 2%～3%天然沥青 + 重晶石粉 + 碱式碳酸锌 + 套管减磨剂等。

1) 抗高温稳定性

强封堵白油基钻井液在 160℃下长时间老化后,仍具有良好的流变性能,168h 老化后的表观黏度(AV)为 35.0mPa·s,塑性黏度(PV)为 29.0mPa·s,动切力(YP)为 6.0Pa,动塑比(YP/PV)为 0.21Pa/(mPa·s),破乳电压(E)为 776V,滤失量(HTHP)为 4.2mL(表 3.3.15)。钻井液长时间老化后的整体性能变化不超过 20%,仍具有较好的携岩能力和乳化稳定性,满足现场钻井需求。

表 3.3.15　强封堵油基钻井液性能参数

老化温度(℃)× 时间(h)	AV (mPa·s)	PV (mPa·s)	YP (Pa)	YP/PV [Pa/(mPa·s)]	HTHP (mL)	E (V)
160×16	42.0	35.0	7.0	0.20	3.2	763
160×72	39.5	32.0	7.5	0.23	4.0	746
160×120	36.5	29.0	7.5	0.26	3.8	753
160×168	35.0	29.0	6.0	0.21	4.2	776

2) 沉降稳定性

钻井液沉降性反映了钻井液悬浮分散性能,稳定性越好,越不容易发生沉降。使用沉降阻力仪测试静恒温前后的沉降阻力值,沉降阻力值与沉降前的越接近,说明钻井液的沉降稳定性越好。强封堵白油基钻井液静恒温前沉降阻力值为 7.0gf,经过 160℃、35MPa 的 7d 静恒温实验后,沉降阻力由沉降前的 7.0gf 增加为沉降后的 10.0gf,几乎无明显变化(表 3.3.16)。强封堵白油基钻井液沉降稳定性较好,在长时间高温高压下依然具有良好的分散稳定性。

表 3.3.16　钻井液静恒温前后的沉降阻力值

体系	静恒温前(gf)	静恒温后(gf)
强封堵白油基钻井液	7.0	10.0
新创能钻井液*	8.0	128.0

注:1gf = 9.8×10^{-3}N。

*由四川新创能石油工程技术有限公司研制。

3) 封堵性能

强封堵白油基钻井液体系对 10～150μm 陶瓷盘进行封堵后,其渗透率均达到了 10^{-5}mD

级别(表 3.3.17),陶瓷盘正面形成的泥饼平整光滑,从其背面可以看出固相颗粒进入了陶瓷盘孔缝,形成了封堵层,如图 3.3.6 所示,彭州 6-1D 井现场钻井液具有优异的封堵效果。

表 3.3.17　基浆 + 2%WEF-3000 的陶瓷盘封堵实验数据

陶瓷盘规格(μm)	10	50	100	150
1h 滤失量(mL)	0.1	0.2	0.1	0.2
渗透率(mD)	1.84×10^{-5}	3.77×10^{-5}	1.82×10^{-5}	3.58×10^{-5}

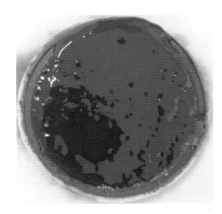 

图 3.3.6　实验后陶瓷盘的正面(左图)和背面(右图)

4)抗污染性

通过添加残酸评价白油基钻井液的抗污染性。由表 3.3.18 可以看出。随着残酸加量的增加,钻井液黏度增加明显,动切力也随之增加。10%残酸加量的动塑比为 0.26Pa/(mPa·s),钻井液的井眼清洁能力得到加强;破乳电压随着残酸的加量降低,使得钻井液乳化性能变差;5%残酸加量的高温高压滤失量由 2.2mL 增加到了 4.8mL,但仍然具有较好的失水造壁性。残酸的加入使得钻井液"增黏提切",破乳电压降低,润滑性变差,高温高压滤失量增加,钻井液的稳定性变差但没有发生恶化,说明强封堵白油基钻井液具有较好的抗污染性。

表 3.3.18　残酸对钻井液性能参数的影响

配方	AV (mPa·s)	PV (mPa·s)	YP (Pa)	YP/PV [Pa/(mPa·s)]	$\mathrm{HTHP}_{160℃}$ (mL)	E (V)
污染前	39.0	32.0	7.0	0.22	2.2	777
5%残酸	44.0	35.0	9.0	0.23	4.8	530
10%残酸	53.0	41.0	12.0	0.26	3.2	535

钻屑的侵入对钻井液性能影响较小(表 3.3.19)。水的侵入相当于降低了油水比,随着水的侵入,钻井液的黏度有一定增加,滤失量有所增加,而钻井液的破乳电压基本保持稳定,破乳电压大于 450V,体系具有良好的抗岩屑和抗水污染能力。

表 3.3.19　白油基钻井液基础体系抗水、钻屑污染性能

配方	AV (mPa·s)	PV (mPa·s)	YP (Pa)	API_{FL} (mL)	Gel (Pa/Pa)	ES (V)
污染前	36.5	30	6.5	0.2	3/4.5	704
10%钻屑(60~100 目钻屑)	45	38	7	0.2	3/5	685
10%水	39	30	9	1	5/10	578
10%钻屑 + 10%水	51	41	10	1	8/14	536

注：API_{FL} 为静滤失量；Gel 为初切力/终切力比值；ES 为破乳电压。

　　氯化钠的加入虽然改变了水的活度，但是对钻井液性能影响较小；而无水硫酸钙对浆体的流变性和失水基本没有影响，同时破乳电压均为 700V 左右(表 3.3.20)，油基钻井液具有良好的抗盐污染能力。

表 3.3.20　白油基钻井液基础体系抗盐污染性能

配方	AV (mPa·s)	PV (mPa·s)	YP (Pa)	API_{FL} (mL)	Gel (Pa/Pa)	ES (V)
污染前	36.5	30	6.5	0.2	3/4.5	704
5%氯化钠	37	30	7	0.2	3/5	702
8%氯化钠	39	32	7	0.2	5/5	712
0.5%无水硫酸钙	36.5	30	6.5	0.2	3/4.5	692

3.3.4　储层保护

　　储层保护是石油勘探开发过程中重要的技术措施之一，其重要性体现在：一是在油气勘探过程中，保护油气层工作直接关系到能否及时发现油气层和对储量的正确估算；二是有利于油气井产量和油气田开发经济效益的提高；三是有利于油气井的增产和稳产。

　　1. 气藏敏感性的评价

　　敏感性评价是研究油气层损害机理的重要依托。油气层敏感性评价是指通过岩心流动实验对油气层的速敏性、水敏性、盐敏性、碱敏性、酸敏性强弱及其所引起的油气层损害程度进行评价。

　　(1)速敏性评价。实验油气层的速敏性是指在钻井、完井、试油、注水、开采和实施增产措施等作业或生产过程中，流体的流动引起油气层中的微粒发生运移，致使一部分孔喉被堵塞而导致油气层渗透率下降的现象。进行速敏性评价的目的，一是确定导致微粒运移开始发生的临界流速；二是为后续进行的水敏性、盐敏性、碱敏性和酸敏性实验以及其他各种损害评价实验提供合理的实验流速。

　　(2)水敏性评价。水敏性主要指矿化度较低的钻井液等外来流体进入地层后引起黏土

水化膨胀、分散和运移,进而导致渗透率下降的现象。水敏性评价就是对油藏岩石水敏性的强弱作出评价,并测定最终使储层渗透率降低的程度。

(3)盐敏性评价。该项实验是测定当注入流体的矿化度逐渐降低时岩石渗透率的变化,从而确定导致渗透率明显下降时的临界矿化度(critical salinity,CC)。其意义在于,在进行钻井液、完井液等工作流体设计时,应将其矿化度保持在 CC 值以上,才能避免因黏土矿物水化膨胀、分散而对油气层造成损害。

(4)碱敏性评价。地层水一般呈中性或弱碱性,但大多数钻井液、完井液的 pH 为 8~12。该项实验的目的在于,确定临界 pH 以及由碱敏引起油气层损害的程度。

(5)酸敏性评价。酸化是广泛采用的油田增产措施。该项实验的目的,是通过模拟酸液进入地层的过程,用不同酸液测定酸化前后渗透率的变化,从而判断油气层是否存在酸敏性并确定酸敏的程度。

2. 钻进储层过程中对钻井液的要求

1)气藏保护对钻井液的要求

钻开油气层的优质钻井液不仅要在组成和性能上满足地质和钻井工程的要求,还必须满足保护油气层技术的基本要求。这些基本要求可归纳为以下方面。

(1)必须与油气层岩石相配伍。与油气层岩石相配伍主要体现在防止各种敏感性损害和润湿反转上。对于盐敏性油气层,钻井液的矿化度应不小于临界矿化度。对于碱敏性油气层,钻井液的 pH 不得超过临界 pH,应尽可能控制在 7~8 的范围内。对于酸敏性较强的油气层,最好不选用酸溶性暂堵剂。对于速敏性油气层,则应尽量降低正压差和注意防止井漏。在选用 W/O 或 O/W 型钻井液钻井时,应避免使用油湿性较强的表面活性剂作为乳化剂,以免岩石孔隙表面发生从亲水变成亲油的润湿反转。

(2)必须与油气层流体相配伍。与油气层流体相配伍主要是针对钻井液滤液而言的。在设计钻井液配方时,必须考虑以下因素:滤液组分不与地层流体发生沉淀反应,以防发生结垢等损害;滤液与地层流体之间不发生乳化作用;滤液的表面张力不宜过高,以防发生水锁损害;滤液中可能含有的细菌不会在油气层所处的环境中繁殖生长。

(3)尽量降低固相含量。为防止因固相颗粒堵塞造成的油气层损害,钻井液中除保持维护其性能所必需的膨润土和加重材料外,应尽可能降低其他无用固相的含量。膨润土含量也应以够用为原则,防止其超量。在选用各类暂堵剂时,其颗粒尺寸应与油气层的平均孔径相匹配。对渗透率较高的油气层,应尽可能采用无固相或无黏土相钻井液。

(4)密度可调,以满足不同压力油气层近平衡压力钻井的需要。我国油气层的压力系数为 0.40~2.87,因此必须研制出从气体钻井流体直至密度高达 3.0g/cm³ 的不同类型钻井液才能满足需要。

2)川西气田保护油气层的技术措施

川西气田储层保护重点为对裂缝的封堵和防漏。具体采取如下技术措施。

(1)储层段使用滤饼可酸溶的优质屏蔽暂堵钻井液体系,滤饼酸溶率>50%,既能减少固相对储层的伤害,又能保障后期酸化改造效果。

（2）钻至目的层前 100m，处理钻井液，利用固控设备尽可能清除钻井液中的无用固相，确保含砂量≤0.2%、API 滤失量≤3.0mL，保持钻井液的性能稳定时钻穿目的层位。

（3）提高钻速，缩短非生产时间，减少钻井液对油气层的损害时间。

（4）严防井漏、井喷等复杂事故发生，减少漏失钻井液和井喷压井对油气层的伤害。使用含可酸溶成分的材料进行防漏堵漏，若发生恶性漏失，则要请示管理部门后采取适当措施处理。

（5）提高操作水平，严格控制起下钻速度，防止压力激动导致压漏地层或井控复杂情况，防止压力激动破坏屏蔽暂堵带。

（6）以优选钻头型号等技术措施提高目的层的钻井速度，抓紧完井阶段的各项工作，提高生产时效，尽量缩短钻井完井液浸泡气层的时间，减少钻井完井液对目的层的污染。

3.4　复杂风险预防与处理钻井液技术

川西气田因其超深、大位移、长裸眼、地层存在多压力系统等难点，导致钻井复杂风险多发，钻井周期较长。雷四上亚段地层存在钻井液安全密度窗口窄的现象，易发生井壁失稳，引起遇阻、掉块等井下复杂故障。沙溪庙组、须家河组、雷四上亚段地层钻进时易发生漏失；马鞍塘组造斜处和雷四上亚段水平段容易发生压差卡钻。因此，本节主要介绍提高地层承压能力技术、防漏堵漏技术和压差卡钻机理及解卡技术。

3.4.1　提高地层承压能力技术

提高地层承压能力技术主要包含提高地层承压能力的基本理论和钻井液当量循环密度（ECD）的计算与控制。明确具有提高地层承压能力的钻井液体系在地层中的作用机理以及钻井液当量循环密度的控制因素，有利于控制入井钻井液密度，形成有效的地层承压技术。

1. 提高地层承压能力的基本理论

提高地层承压能力，就是要提高井壁岩石抵抗井内压力不发生张性破裂而井漏的能力，具体表现为提高地层岩石的破裂压力。根据易漏失地层的类型，提高地层岩石破裂压力有两层含义：其一，将薄弱地层低的破裂压力提高到较高数值；其二，在没有破裂压力的漏失地层岩石上，重新建立起一定强度甚至较高强度的高岩石破裂压力。

对于薄弱易漏地层，使用当前钻井液并没有发生漏失，但随着钻井液密度的增大将发生漏失。可通过钻井液与井壁的作用，将井壁岩石低抗张能力提高到较高或者更高抗张能力水平。对于井筒内已经发生了井漏的致漏裂缝性地层（无论是天然还是诱导性致漏裂缝），此时，漏层没有破裂压力，只有极低的漏失压力，必须通过钻井液的堵漏作用，人为地在漏层内或者漏层外建立一个新的物质隔层，重新建立起漏失地层岩石的破裂压力。

随着钻探开发范围逐步走向深层、超深层、压力衰竭油气层、破碎或弱胶结地层以及裂缝发育地层等复杂地层,低或负安全密度窗口的问题日益突出,进而使提高地层承压能力的理论得以迅速发展。目前,国内外专家学者提出了多种提高地层承压能力的技术。这些技术的原理可细分为强化井周应力状态、封堵漏失通道、建立水力学阻断和提高岩石强度(表 3.4.1)。

表 3.4.1　提高地层承压能力方法

原理	技术	技术要点	适用地层
强化井周应力状态	强化井周应力	裂缝封堵层稳定性	砂岩、高渗透裂缝性地层
	提高裂缝延伸压力	裂缝封堵层稳定性	
封堵漏失通道	屏蔽暂堵	选择与地层孔、缝、洞尺寸匹配的粒子	裂缝、孔洞型地层
	暂堵性堵漏	快速封堵、适度侵入双向承压、酸溶解堵	裂缝性地层
	胶质黏结封堵	用胶质材料充填裂缝并把裂缝的两面胶合	裂缝、孔洞型地层
建立水力学阻断	下套管	保证环空固井质量	各种地层均适用
	膨胀管技术	机械或液压的方式,使套管管柱发生永久性变形	裂缝性、渗透性地层
提高岩石强度	化学加固	单聚物随工作液进入地层,在地层条件下发生聚合	渗透性地层

目前国内外常用的提高地层承压能力的方法大致可分为两大类:第一类是通过提高地层破裂压力或裂缝重开启压力,从而实现提高地层承压能力的方法,其中主要包括“应力笼”(stress cage)法和“裂缝闭合应力”(fracture closure stress)法。第二类是通过封堵裂缝尖端,提高裂缝延伸的强度,从而实现提高地层承压能力的方法,即“裂缝延伸强度”(fracture propagation resistance)法。

“应力笼”法是一种通过改变近井壁应力状态,提高地层破裂压力或裂缝重开启压力的方法。“应力笼”理论认为,当井眼压力大于地层破裂压力或裂缝重开启压力时,地层产生诱导裂缝或预存裂缝重新张开,钻井液中固相颗粒进入裂缝,并在裂缝开口端迅速架桥、聚集、填充形成人工桥塞,有效阻缓井筒流体向裂缝尖端传递,如图 3.4.1 所示。同时,裂缝内流体在压差作用下不断向地层扩散,导致裂缝隔离区趋于闭合。裂缝闭合应力作用于人工桥塞,此时若所形成的人工桥塞强度足够大,能有效支撑裂缝并保持一定开度,则对井周地层造成挤压作用,产生附加应力场,从而达到增加井周应力,提高地层承压能力的目的。

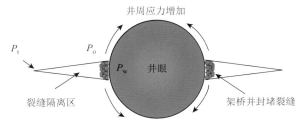

图 3.4.1　“应力笼”理论基本原理示意图

P_w 为钻井液注压力;P_t 为裂缝尖端压力;P_o 为地层孔隙压力

"应力笼"法的原理是基于增加剪切应力的办法和隔离裂缝尖端压力(裂缝扩展阻力)。漏失材料加入钻井液中,优化堵漏材料粒子直径的分布来桥堵裂缝。针对天然致漏裂缝和诱导裂缝,在钻井液中添加粒径分布宽(从微米级封堵颗粒到毫米级堵漏颗粒)、级配合理以及与裂缝尺寸匹配的堵漏材料可实现对裂缝的封隔。通过在很短时间内形成超低渗透(或无渗透)的封堵层来实现人工造壁,是实现提高承压能力的封缝即堵的关键,达到有效阻止钻井液液柱压力向地层裂缝的传递,减小高密度钻井液液柱压力向地层裂缝的传递。同时减小在高密度钻井液液柱作用下,地层诱导出新裂缝的概率,达到提高地层承压能力的目的。

堵漏材料是堵缝的高效堵剂,它在钻井液中均匀分布,一旦进入裂缝就能在裂缝某个位置卡住,起到架桥作用,作为堵塞的承压骨架,实现变缝为孔。随着架桥粒子在裂缝中架稳、变缝为孔,其他各级粒子分别起逐级填充作用,形成致密堵塞,最终完全隔离钻井波及其滤液,增强井壁稳定性,提高地层承压能力。

在具有提高地层承压能力的钻井液体系作用下,地层的封堵和破裂过程可以描述为如下三个阶段。

(1)封堵层形成阶段。井筒中的钻井液在正压差的作用下,由于钻井液的滤失将在井壁岩石表面形成一层薄、密、韧的封堵层(泥饼),其厚度取决于钻井液的滤失造壁性。随着井内压力的增加,井壁上的应力将由压应力逐渐转变为拉应力,使井壁地层原有裂缝呈张开的趋势或产生新的微裂缝,如图3.4.2所示。

(2)裂缝开启阶段。随着井筒压力继续增加,当井壁上的压力大于最小水平主应力时,井壁上的原有裂缝或新裂缝将在压力作用下开启,其宽度也将不断增加,图3.4.3所示。由于泥饼内固相颗粒具有一定的机械强度,滤饼整体也表现出具有一定的强度,如果井壁岩石裂缝宽度不太大时,井壁上的滤饼将横跨在裂缝开口处,阻挡钻井液介质与压力向裂缝深部传递。此时,岩石和滤饼的强度共同抵抗井内压力,岩石仍表现为未被压裂。

(3)水力劈裂阶段。当井内压力增大到泥饼所能承受的最大临界压力时,井壁上的泥饼将破裂,导致井内流体压力向裂缝内传递,从而对地层裂缝产生水力劈裂作用,如图3.4.4所示。此时,地层很容易在水力劈裂作用下被压裂,将出现钻井液漏失情况。

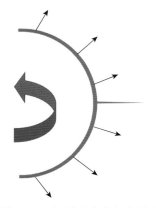 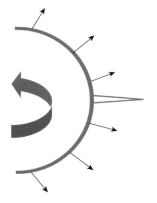 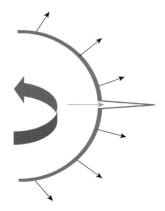

图3.4.2　泥饼形成阶段井周应　　　图3.4.3　井壁裂缝开启示意图　　　图3.4.4　井漏现象示意图
　　　　　力示意图

2. 钻井液当量循环密度计算与控制

钻井液当量循环密度(ECD)，一直是钻井过程中关注的重要数值。钻井液 ECD 与很多因素有关，如钻屑浓度、机械钻速、岩屑直径都能够直接或者间接地影响钻井液的 ECD 值。钻速对 ECD 有一定程度的影响，随着钻速的提升，ECD 会增大，在钻井作业中，为了控制 ECD 的大小，就要控制钻进过程中的钻速。钻屑浓度对 ECD 也会造成一定的影响，随着钻屑浓度的提高，井筒内的循环压耗会增大，这就造成了环空 ECD 的增大，为了更好地控制 ECD，一般现场通过适当旋转钻柱，提高排量值，实现对井筒压力的控制，同时要保证洗井彻底，做好井眼的清洁工作，保证钻屑能够及时排除，使得环空中钻屑的浓度保持在适当范围内。岩屑直径也会直接影响到 ECD 的大小。

1) 钻井液当量循环密度计算

在高温高压井中，可信的 ECD 需要结合高温高压下的钻井液流变特性和密度特征来进行预测，实际钻井液的流变性需要通过室内高温高压实验来得到。如果不具备实验的能力，就应该利用基于实际数据的相似钻井液体系的高温高压钻井液流变特性理论模型来计算得到(郭建华等，2006)。

质量连续方程：

$$\frac{\partial}{\partial t}(A\rho) = -\frac{\partial}{\partial z}(A\rho v) \tag{3.4.1}$$

式中：$\rho = \rho[p, T, n(z, t)]$ ［其中 ρ 为钻井液密度，p 为压力，T 为温度，$n(z, t)$ 为钻井液特性参数，z 为井深，t 为时间］；A 为过流面积；v 为速度。

动量方程：

$$\frac{\partial}{\partial z}(A\rho) = -Af + A\rho g\cos\theta \tag{3.4.2}$$

式中：$f = f[v, p, T, n(z, t)]$，f 为摩阻；θ 为井斜角。

能量守恒方程：

假设径向温度对称分布，能量守恒方程为如下形式：

$$\frac{\partial}{\partial t}\rho H = -\nabla(q_f + q_c) + q_s \tag{3.4.3}$$

式中：H 为焓；q_f 为受迫对流项；q_c 为热传导和自然对流项；q_s 为源项。

ECD 计算方程：

$$\text{ECD} = \frac{1}{\text{TVD}}\left(\int_0^{\text{MD}}\rho\mathrm{d}z + \frac{1}{g}\int_0^{\text{MD}}\frac{\mathrm{d}f}{\mathrm{d}z}\mathrm{d}z\right) \tag{3.4.4}$$

式中：TVD 为垂深；MD 为测量深度。

边界条件：

$$钻杆入口：v(z = 0, t) = \frac{Q_{\text{in}}(t)}{A(z = 0)} \tag{3.4.5}$$

$$环空出口：\quad p(z = z_{\text{out}}, t) = p_{\text{atm}} \tag{3.4.6}$$

式中：$Q_{\text{in}}(t)$ 为 t 时刻入口排量；p_{atm} 为大气压。

2）钻井液当量循环密度控制

在高温高压井中，影响井底压力大小的主要是井筒内气液混合物的流量与井筒内的温度、压力等因素。为实现对高温高压井 ECD 的控制，可以针对参数进行改变与选择。现场一般会通过控制节流阀的方式来控制套压，进而控制井内 ECD 的变化。普通的钻进过程中，井内的套压为 0。在高温高压井中，一般钻井液安全密度窗口比较窄，仅通过调节钻井液密度不能够满足控制 ECD 的要求。为了保证钻井的安全快速，需要在适当降低钻井液密度，井筒流体不循环时，在井口适当增加回压，使高温高压井井底压力在安全窗口之内。实现对井底压力的控制必须针对安全钻井液窗口密度展开，确定好井筒的环空压力剖面，通过合理地选择钻井液的密度，排量选取，钻进与停泵的过程中适当地施加回压，实现对压力的控制（马光曦，2016）。

3.4.2　防漏堵漏技术

认清钻井液漏失机理是选择合理防漏、堵漏技术的前提条件。漏失机理不清，防漏堵漏措施就会存在盲目性，轻则浪费大量的防漏、堵漏材料，重则延误防漏、堵漏的最佳时机，导致重大钻井事故。

1. 地层漏失原因及井漏性质判断

1）漏失原因

漏失发生需要三个必要条件：正压差、漏失通道及较大漏失空间、漏失通道开口尺寸大于外来工作液固相粒径。可见，漏失与钻井液密度、钻井液固相粒径，以及地层压力、地层孔、缝、洞发育情况等密切相关。诱导缝有两种情况：一种是在脆性地层中产生的钻具振动缝，裂缝开度和延伸范围较小，不会导致漏失；另一种是钻井液液柱压力超过岩石破裂压力产生的张性缝，有较大的开度和长度，可导致严重漏失。地层中含孔隙、裂缝或溶洞时，较窄的安全密度窗口是钻井过程中引起井漏的主要原因。恶性井漏的漏失通道及漏失空间主要为大型裂缝系统或大型溶洞，地层压力越低漏失速率越大，高压层较少发生恶性漏失，多压力系统共存时，容易产生新的漏失通道或漏失空间，诱发恶性漏失（王青，2015）。

2）井漏性质判断

井漏性质的确定是后期堵漏施工的关键，一方面要通过确定漏失压力来调整安全钻井液密度；另一方面要通过确定漏失通道类型来选择堵漏剂颗粒的大小以及堵漏剂的浓度。所以，漏层性质的确定是井漏处理的关键。目前，对于漏层性质的确定在钻井现场主要为确定漏速及漏失位置，通过漏速估计漏失通道的大小来确定堵漏剂的浓度。这也是多年来现场井漏处理的主要经验。

A. 录井参数解释漏层性质

在钻井中，综合录井实时采集诸如钻时、钻压、悬重、立压、转盘扭矩、转速、钻井液性能等大量参数，并计算出地层压力系数、钻井液水力学参数等，利用计算机系统进行实时屏幕显示、曲线记录，根据作业公司的施工设计，指导和监督井队按设计施工。如发现异常变化则及时判断，分析原因，提供工程事故预报，以使施工单位超前或及时采取相应措施，减少井下事故的发生，达到节约成本，提高钻井效益的目的。录井参数实时性、指示性、准确性的特点，使钻井过程中的任何工艺及参数都被精密连续地记录下来，这为井漏的处理提供了一种可行性方法。主要从以下几点进行观察。

(1)井漏发生后最明显的标志是出口流量下降。发生井漏瞬间钻井液泵并未停止向井内泵入钻井液，导致钻井液总池体积下降，而正常情况下，总池体积保持动态不变，所以，出口流量下降和钻井液总池体积下降是井漏最直观的标志。为了研究总池体积下降的情况，以时间为变化量研究从井漏未发生到井漏发生后停泵这段时间内的总池体积变化情况，其间可能停钻或者继续钻井。

(2)通过立压变化研究漏失压力的主要原理是观察井漏前后环空压耗的变化。井漏发生后漏层以下环空压耗保持不变，而漏层以上部分或者全部钻井液漏入地层使得漏层以上钻井液流量减小，导致环空压耗下降。在一定条件下，一定的环空压耗变化对应着一定的漏层位置，根据漏失压力的定义(漏失压力是指漏失停止后，漏层受到的静液注压力)，得到漏层位置便可以求出漏失压力。

(3)井漏发生后钻井液以某一速度漏入地层。漏失速率指单位时间内的漏失量，一般用 m^3/h 表示。研究认为漏失速率在一定程度上反映了漏失的严重度。漏失速率越大表明地层漏失通道越发育，井漏处理越复杂，漏失速率越小，漏层漏失通道越简单，易于井漏的控制。

(4)其他与井漏有关的参数有钻压、悬重等，通过研究发现井漏发生后钻压下降，悬重增加，规律性较强，但是对于井漏研究来说只能指示发生了井漏，对于微漏地层甚至没有指示作用。

B. 测井资料确定漏层性质

测井资料具有分辨率高和连续性好等优点，依据不同类型测井资料对地层不同性质的反映，可以直观地分辨出不同漏失通道的性质。一般井漏的发生必须存在能够使钻井液发生流动的漏失通道，如裂缝、孔隙和溶洞等，同时还必须存在使钻井液发生流动的压差，以及足够容纳大量钻井液的地层空间。可以肯定的是，漏失通道的存在是井漏发生的前提，而测井资料可以完整地反映地层实际情况，所以依据测井数据可以确定漏层性质。

C. 雷四上亚段地层井漏特征

雷四上亚段地层发生井漏属于天然致漏裂缝性井漏和诱导致漏裂缝性井漏，其中天然致漏裂缝性井漏是主要的井漏类型。

(1)裂缝开度较小的天然裂缝性井漏。海相地层发育较多裂缝，但致漏裂缝较少(致漏裂缝是与钻井液作用时，钻井液会立即发生漏失的裂缝)，非致漏裂缝较多(裂缝开度较小，钻井液不会立即发生漏失的裂缝，裂缝开度小于 $40\mu m$)，虽然整个海相地层的裂缝发育，但仅在个别裂缝开度较大井段发生井漏。如新深 1 井马一段—雷四上亚段共统计天然缝 59 条，均为高导缝，其中裂缝主要分布在雷四上亚段，马鞍塘组发育少量裂缝。溶蚀孔洞主要发育段为 5520～5523m、5524～5526m、5543～5545m、5548～5551m、5553～5554m、5586～5589m、5590～5594m。

（2）诱导致漏裂缝性井漏。诱导井漏地层是指井壁岩石没有能够直接导致井漏发生的漏失通道，但随着井内钻井液压力的升高，很容易产生破裂而发生钻井液漏失的地层。这类地层的特征为井壁岩石通常发育一些解理、层面、微裂隙等天然的弱面形态，或者钻井过程中破坏产生的"瑕疵"或"缺陷"，在正压差的作用下，钻井液液相容易侵入这些微裂缝而产生水力劈裂作用，若这些微裂缝不断发展或互相连通形成大的裂缝，则会引起钻井液的漏失，最终表现为地层被压裂和地层承压能力低。

诱导裂缝性井漏地层裂缝受水力尖劈作用而漏失的全过程如图 3.4.5 所示。整个裂缝的劈裂过程可分为如下几个过程。

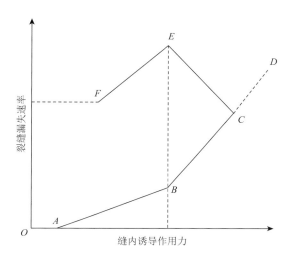

图 3.4.5　裂缝水力劈裂过程的缝内诱导作用力-裂缝漏失速率关系图

①起压阶段（OA）：这个阶段岩石本身没有裂缝，只存在弱结构面，或者是岩石存在微裂缝，随着压力的增加，岩石承受的应力增加，达到一定值之后，弱结构面出现裂缝扩张，达到裂缝起漏开度，A 点即为裂缝起漏时刻。

②缝面岩石压缩弹性形变阶段（AB）：一旦井内流体进入地层裂缝，压力随之传递，裂缝内压力增加，并且压力作用方向与岩石受到的内应力方向相反，裂缝缝面岩石受压，导致岩石发生弹性形变，钻井流体沿岩石缝面渗漏和充填裂缝空间。

③裂缝加速扩延阶段（BCD）：在 B 点以后，裂缝内诱导压力在裂缝尖端产生的应力强度因子大于岩石的断裂韧性，裂缝沿尖端加速扩延，钻井流体沿着裂缝面渗漏并充填裂缝空间，由于裂缝空间不断增大，裂缝的漏失速率急剧增大，并且缝内钻井流体能及时补充，缝内诱导作用力逐渐增大。

④裂缝减速扩延阶段（CE）：当裂缝在扩延过程中，由于渗漏速度过大等原因，后续的钻井流体不能及时补充，缝内诱导作用力逐渐减小，但是地层岩石裂缝仍然向前破裂，只是破裂速度逐渐减慢，此阶段裂缝漏失速率仍然增大。

⑤岩石闭合阶段(EF)：随着缝内诱导作用的减小，裂缝尖端的应力强度因子逐渐减小，当到达 E 点时，缝内诱导作用引起的岩石应力强度因子小于岩石断裂韧性，岩石扩延停止。随着缝内诱导作用的进一步减小，岩石逐渐闭合，裂缝漏失速率逐渐减小。

⑥稳定漏失阶段(F)：当到达 F 点时，裂缝处于稳定漏失阶段，缝内流体漏失速率恒定，缝内诱导压力也恒定。基于前面的研究和分析，裂缝地层承压能力低的原因在于地层裂缝发育，受钻井流体压力等诱导作用开启、扩延产生漏失，其主要原因归纳起来有两点：一是裂缝性地层存在致漏裂缝，钻井流体一旦钻遇就会发生漏失，地层的承压能力低；二是裂缝地层存在弱结构面或非致漏裂缝，且存在诱导作用，弱结构面或非致漏裂缝在诱导作用下扩张引起钻井液漏失，地层承压能力低。

钻井过程中，若不及时采取合理的防漏措施，未漏的弱抗张强度地层将发展转化成诱导致漏裂缝性地层。

裂缝宽度和钻井液井筒有效液柱压力的关系可表示为

$$w = \frac{w_0}{A\left[\dfrac{\sigma_h - p_f}{\sigma_h - p_p}\right]^{\alpha} + 1} \tag{3.4.7}$$

由上式可得，当井筒中的液柱压力增大时，裂缝的宽度也会随之增大，在产生漏失时缝宽与漏失压力之间的关系为

$$p_2 = \sigma_h - \left(\frac{w_0}{Aw_c} - 1\right)^{\frac{1}{\alpha}} (\sigma_h - p_p) \tag{3.4.8}$$

式(3.4.7)、式(3.4.8)中：w 为裂缝动态宽度，mm；w_0 为无井筒正压差时的裂缝宽度，mm；p_p 为地层压力，MPa；p_f 为井筒有效液柱压力，MPa；p_2 为扩展裂缝漏失压力，MPa；σ_h 为地层最小水平主应力，MPa；w_c 为致漏缝宽，mm；A、α 为待定系数，量纲一。

2. 防漏堵漏钻井液配方及评价

1) 防漏堵漏钻井液配方

A. 防漏堵漏材料

防漏堵漏材料的选择主要包括两个条件：一是选择粒度分布在裂缝孔隙分布范围内和偏小的材料；二是选择可高酸溶的防漏堵漏材料，使封堵层能轻易地被酸液解堵。经过优选后的堵漏材料主要分为四类。第一类是架桥材料，其主要作用是在裂缝壁面之间形成卡缝，使裂缝从缝变为孔。该类材料有高酸溶率的 SRD 系列、不同目数的大颗粒碳酸钙、铁丝，以及低酸溶率的核桃壳等。第二类是以沥青粉、细颗粒碳酸钙为主的填充材料，这类材料的主要作用是封堵大颗粒材料架桥后形成的微小孔隙，进一步形成致密而坚实的封堵层。第三类是以纤维、QP-1 等为主的纤维状材料，主要作用是镶嵌在大颗粒桥堵材料中，提高架桥结构的稳固性并以此提高地层的承压能力。第四类是高滤失堵漏材料，由渗滤性材料、纤维状材料、硅藻土、多孔惰性材料、增强剂等复合而成。其在压差作用下迅速滤失，固相聚集变稠形成滤饼，继而压实堵塞漏失通道，达到快速堵

漏的效果。堵漏剂的滤失量越大，滤失速度越快，堵塞的形成就越迅速，主要有 DTR、HHH 堵漏剂等。

B. 防漏钻井液配方

室内实验选取宽度为 0.5mm、1mm、2mm、5mm 的裂缝来针对性地设计堵漏配方，实际应用中可根据具体区块的实际情况做细微的调节即可满足现场应用。

防漏钻井液主要针对宽度小于 0.5mm 的裂缝来进行设计，卡缝颗粒粒度考虑为 0.40～0.45mm，填充颗粒粒度考虑为 0.10mm 左右，对应颗粒目数分别为 60 目和 180 目，更小颗粒由钻井液本身具备的粒度来进行封堵，得到防漏钻井液配方：钻井液＋5%60 目石灰石＋2%180 目石灰石。针对性加入封堵颗粒后，钻井液的颗粒分布变宽，有效增强了钻井完井液的防漏能力。

C. 堵漏钻井液配方

按照上面所述裂缝和孔隙封堵规则，针对不同缝宽设计了堵漏钻井液配方，见表 3.4.2。堵漏钻井液设计的思路主要为：第一级以大颗粒的石灰石、核桃壳为主，其主要作用是在裂缝中形成架桥。第二级以小粒径的石灰石等堵漏剂为主，它刚好匹配大粒径形成的孔喉尺寸。第三级包括 HHH 和钻井液中的一些其他物质，可有效封堵剩下的小孔喉。因此，采用这种粒度分布的堵漏钻井液可达到良好的堵漏效果。

表 3.4.2 堵漏钻井液配方

配方	裂缝宽度 (mm)	堵漏钻井液配方
配方①	1	钻井液＋6%20 目石灰石＋3%60 目石灰石＋5%120 目石灰石
配方②	2	钻井液＋3%10 目核桃壳＋3%10 目石灰石＋1.5%30 目石灰石＋2.5%60 目石灰石＋2%200 目石灰石＋2%300 目石灰石＋3%QP-1＋2%HHH＋0.15%超细纤维
配方③	5	钻井液＋5%4 目核桃壳＋3%10 目石灰石＋1.5%30 目石灰石＋2.5%60 目石灰石＋2%200 目石灰石＋2%300 目石灰石＋3%QP-1＋2%HHH＋0.2%超细纤维

2) 堵漏钻井液评价

按照我国石油天然气行业标准《钻井液用桥接堵漏材料室内试验方法》(SY/T 5840—2007)，采用 DL-2 型堵漏仪评价堵漏配方的封堵性。该仪器用带缝的钢板模拟地层裂缝，虽然准确知道缝板宽度，但光滑的缝面却无法模拟真实岩石裂缝面的粗糙度和岩心中不同位置的裂缝宽度变化(这两点对封堵材料能否有效卡喉封堵具有决定性作用)，不能模拟地下裂缝的真实情况。因此，室内选用中国石油化工股份有限公司西南油气田分公司工程技术研究院专利技术"地层裂缝模拟装置"代替 DL-2 型堵漏仪的钢制缝板，如图 3.4.6 所示。实验时先测定钢块内径和岩心直径，然后将真实地层岩心进行人工造缝，放入裂缝宽度模拟装置，固定好缝宽后装入 DL-2 型堵漏仪中进行堵漏效果评价。1mm以下裂缝均能很快实现封堵，封堵过程中漏失量也较少。大于 1mm 的裂缝初期会有一定漏失，但随着大颗粒卡缝、小颗粒填充，纤维围绕颗粒形成缠绕后，漏失量迅速减小，形成暂堵层的时间比优化前的配方缩短了约 11%。增加压差过程中会出现瞬间的刺漏，但又会马上形成封堵。不同缝宽的裂缝均能形成严实的封堵层，且最终的承压能力达到

6MPa(表 3.4.3)。堵漏浆配方通过高温高压失水形成的泥饼的酸溶率均超过 80%(表 3.4.4)，便于在储层段实施堵漏作业后，投产前采用酸化解堵。

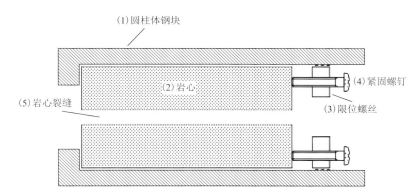

图 3.4.6　地层裂缝模拟装置剖面图

表 3.4.3　堵漏配方堵漏效果评价表

配方	流动性	缝板宽度(mm)	实验压力(MPa)	封堵时间(s)	封堵漏失量(mL)	稳压时间(min)	稳压漏失量(mL)	累计漏失量(mL)	实验描述
配方①	流动好	0.5	0	0	0	10	0	0	能堵住，无漏失，承压能力 6MPa
			1	0	0	10	0	0	
			3	0	0	10	0	0	
			5	0	0	10	0	0	
			6	0	0	10	0	0	
配方②	流动好	1	0	0	0	10	0	0	能堵住，漏失量小，承压能力 6MPa
			1	8	42	10	31	73	
			3	10	12	10	19	104	
			5	0	0	10	0	104	
			6	0	0	10	0	104	
配方③	流动好	2	0	10	10	10	5	15	能堵住，漏失量小，承压能力 6MPa
			1	20	150	10	62	227	
			3	0	0	10	15	242	
			5	0	35	10	0	277	
			6	0	0	10	0	277	
配方④	流动好	5	0	16	35	10	40	75	能堵住，漏失量较大，承压能力 6MPa
			1	27	215	10	64	354	
			3	12	60	10	33	447	
			5	0	0	10	12	459	
			6	0	0	10	0	459	

表 3.4.4 堵漏浆综合酸溶性

样品名称	酸化前泥饼质量 (g)	酸化后总质量 (g)	酸溶率 (%)
配方②	33.0636	5.5084	83.34
配方③	34.6919	6.2272	82.05
配方④	37.2456	7.1102	80.91

3. 防漏堵漏工艺技术

在目前的井身结构下,雷四上亚段地层漏失程度较小,在钻井液中引入一定浓度的封堵剂,该封堵剂由强度较高、尺寸合适的颗粒状物质按合理级配形成,当裂缝尺寸扩大到致漏失的程度时,封堵颗粒随钻井液漏失进入裂缝中,大尺寸的封堵颗粒在裂缝中某位置卡死架桥,较小封堵颗粒填充裂缝剩余的空间,最终将裂缝堵死,实现即时堵漏。随钻防漏堵漏技术有效的关键在于随钻过程中能在很短的时间内、在很少漏失量的情况下快速封堵住天然致漏的裂缝,并且能防止其进一步扩大。同时要保证即时封堵裂缝的速度大于诱导裂缝扩张的速度,则诱导作用停止,地层不会再因为诱作用而发生漏失。因此,加有随钻封堵剂的钻井液要做到即堵防漏,要对钻井过程中钻遇的天然致漏裂缝和诱导扩展至致漏宽度的裂缝具有封堵能力。由于地层大量分布的天然非致漏裂缝可诱导为致漏裂缝,在其尺寸开启扩大至颗粒合适宽度(颗粒刚好能进入,并可在其中架桥的宽度)时实现封堵,因此只要加有封堵剂的钻井液能封堵某一宽度的裂缝,则此钻井液就可以随钻封堵防漏。

进入雷四上亚段裂缝发育地层前,加入随钻堵漏剂,提高井壁裂缝重启压力,并适时补加堵漏剂,其能够在漏失过程中起到封堵漏失通道的作用,最大限度地控制孔隙性渗漏、诱导性井漏的漏失速率,起到防止井漏或降低漏失速率的作用。发生漏失时,根据漏失情况,循环观察海相地层裂缝发育。当漏失速率小于 $5m^3/h$ 时,可采用循环观察堵漏技术。井下钻具可以通过粒径小于 2mm 的堵漏材料,因此可在不更换井下钻具的情况下,采用堵漏钻井液配方②(表 3.4.2)。在裸眼段漏点较多时,可采用高浓度、高失水堵漏剂堵漏,注意控制为较小的挤堵排量。如果裸眼井段发生反复漏失,则需在堵漏作业完成后,进行挤堵作业,提高井筒的地层承压能力。

3.4.3 压差卡钻机理及解卡技术

1. 压差卡钻机理

与直井相比,大斜度井/水平井二开更深,且三开造斜及斜井段施工,裸眼段更长,更容易发生压差卡钻。压差卡钻又称滤饼黏附卡钻,指的是钻井液静液柱压力与地层之间的压差,使钻具紧压在井壁滤饼上而导致的卡钻。概括起来,大斜度井压差卡钻的成因主要有:①由于大斜度井壁防塌的需要,在钻井液密度设计时往往附加更高的压力系数,这为大斜度井段发生压差卡钻提供了客观条件。②大斜度井段中钻具与井壁的接触面积比直井中的更大，压差卡钻更容易发生。③大斜度井段易形成岩屑床也增大了发生压差卡钻的机会。④大斜度井段往往是主要目的产层，地层渗透性好，易形成厚滤饼，容易发生压差卡钻。⑤钻井液性能不好、钻具静置时间长、钻具组合不合理、井眼轨迹控制差等都有可能诱发压差卡钻。大斜度井段发生压差卡钻的成因复杂，有的因素可控，有的因素不可控。因此，压差卡钻是一种常见事故，其特征是卡死时间短，甚至在运动中也会发生卡钻，卡钻时间越长，处理难度越大，但循环畅通泵压正常。对此类事故的处理方法仍是以降低井筒液柱压差和浸泡解卡液为主。

实验测定的泥饼渗透率一般为 $10^{-7} \sim 10^{-5} \mu m^2$，在井下真实条件下，由于地层岩石渗透率不同，所形成的泥饼绝非薄厚均匀的一层。泥饼具有可压缩和塑性变形的特性，根据泥饼层状结构理论模型(图 3.4.7)，泥饼结构可根据其强度及密实程度的不同，自上而下分为虚泥饼层、可压缩层、密实层及致密层，后三层又统称为实泥饼层。第一层泥饼厚度称为虚泥饼厚度，后三层厚度之和统称为泥饼实厚，在实际钻井过程中，由于钻井液冲刷，只有实泥饼存在于井壁上。

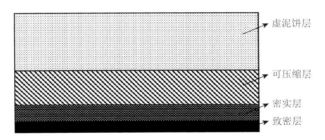

图 3.4.7　泥饼层状结构理论模型

当钻具静止时，钻具自身产生的侧向力使钻具挤走泥饼间的钻井液，同时泥饼具有可压缩性，钻具压向泥饼时，泥饼被压缩并产生塑性变形，当泥饼中的水开始排出，作用在钻具上的液柱压力失衡，其合力指向封闭接触面一侧的钻具面，在钻具和泥饼的封闭处产生的强大挤压力，导致泥饼进一步被压缩和变形，接触面积变大，如图 3.4.8 所示。

假设泥饼厚度为 h，在钻具和泥饼封闭处，压实和变形后泥饼厚度为 δ，则接触面积为

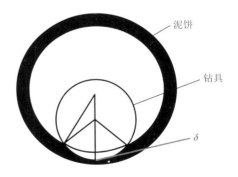

图 3.4.8　钻具与井壁接触面

$$s = \int_0^l 4\arccos\left(\frac{y}{d_2}\right) d_2 \mathrm{d}y \ , \quad -1 < \frac{y}{d_2} < 1 \tag{3.4.9}$$

$$y = \frac{(d_1 - h)^2 - (d_1 - d_2 - \delta)^2 - d_2^2}{2(d_1 - d_2 - \delta)} \tag{3.4.10}$$

式中：d_1 为井眼半径，mm；d_2 为钻具半径，mm；h 为泥饼厚度，mm；δ 为压实和变形后的泥饼厚度，mm。

API 实验得出的泥饼厚度不能代表井下泥饼厚度，高温高压条件下的泥饼具有较高的参考价值，但其厚度测量没有相关标准，同时滤纸或沙盘应接近地层渗透率。

通常钻具只有一部分与井壁接触，从式(3.4.9)和式(3.4.10)也可以看出泥饼越厚，接触面积越大，挤压力越大，产生的摩阻越高。在钻井过程中，井眼内液柱压力通常大于地层压力，钻井液滤液会不断侵入地层中，井眼和地层之间的压力分布类似漏斗状。

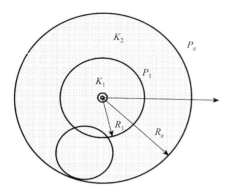

图 3.4.9　渗透率突变地层

当泥饼厚度相同时，如果形成的泥饼渗透率较低，泥饼所造成的压力降就越高，相应地，井壁处的压力就越小。但实际上泥饼质量越好，泥饼厚度越薄，渗透率也越低，在井壁上的压力往往要高于泥饼质量较差时的井壁压力。

假设在井壁形成的泥饼是均匀的，渗透率为 K_1，泥饼的厚度为 h，井内压力为 P_f，井眼中心到泥饼表面的距离 $R_f = R_1 - h$，距井眼远处的地层环形区域渗透率为 K_2，半径为 R_e，如图 3.4.9 所示。

同样假设地层边缘上压力为 P_e，井内压力为 P_f，两区交界处(井壁处)压力为 P_1，半径为 R_1(井眼半径)，从而在 R_f 和 R_1 区间内压力分布规律为

$$P = P_1 - \frac{Q\mu}{2\pi k_1 h}\ln\frac{R_1}{r} \tag{3.4.11}$$

在 R_1 和 R_e 区间内压力分布规律为

$$P = P_e - \frac{Q\mu}{2\pi k_2 h}\ln\frac{R_e}{r} \tag{3.4.12}$$

井壁处的压力：

$$P_1 = 2P_f - P_e + \frac{Q\mu}{2\pi h}\left(\frac{2}{k_1}\ln\frac{R_1}{R_f} + \frac{1}{k_2}\ln\frac{R_e}{R_f}\right) \tag{3.4.13}$$

当压差卡钻发生时，如果泥饼的质量较差，而且压实后的泥饼渗透率与泥饼原始渗透率相差较大时，钻具和泥饼封闭处的压力将接近井壁处的压力。当泥饼的质量较好，而且压实后的泥饼渗透率与泥饼原始渗透率相差不大时，则形成的黏附压差较小。

2. 压差卡钻解卡技术

1) 解卡方法

发生压差卡钻，通过提放、扭转钻具的方式一般很难解除。解除压差卡钻需要满足以下条件：①部分或全部消除正压差；②对黏附钻具的滤饼进行浸泡，消除吸附力；③全面洗刷掉黏附钻具的滤饼，使其失去黏附条件；④扩大被黏附钻具周围井眼尺寸，释放被黏附钻具。

处理方法有注泡解卡液、柴油、泡酸，降低钻井液密度，注清水、爆破松口、倒扣和套铣等多种方式，但首选的处理方法应该是既安全又快捷的处理方法。

几类情况的首选处理方法如下。

(1)在非气层井眼内砂泥(页)岩地层发生压差卡钻,若井壁不稳定,不具备降低钻井液密度条件,应该首选注泡解卡液。

(2)在非气层井眼内砂泥(页)岩地层发生压差卡钻,若井壁稳定,应首选降压解卡技术。即通过降低钻井液密度消除井眼内的正压差,或者直接注清水消除压差洗掉滤饼以及浸泡。

(3)在非气层井眼内碳酸盐岩地层发生压差卡钻,井壁稳定时应首选稀盐酸酸洗,其次是注泡解卡液或柴油。

(4)针对低渗透不含硫化氢的单一小产量气层井段发生压差卡钻,应先注泡解卡液或柴油,若地层属于碳酸盐岩可用稀盐酸酸洗,若还不行则采取相应保障措施实施降压解卡技术。

(5)在长段裸眼多压力系统含硫化氢地层,应该先注泡解卡液或柴油,若地层属于碳酸盐岩可用稀盐酸酸洗,若还不行则采取爆破松口或倒扣套铣。

2)解卡液

(1)油基解卡液。油基解卡液的解卡作用机理为:①降低或清除压差,解卡剂的渗透作用和油润性可使它渗入钻具与泥饼之间,使钻具从水润湿态转变为油润湿态。解卡剂渗入后就可传递压力,消除压差,润湿反转会使钻具从泥饼上剥离,使钻具恢复自由。②降低泥饼黏滞系数,解卡剂有优良润滑性能,可降低钻具与泥饼间的摩阻力,促进解卡。③减小钻具与泥饼接触面积,油基解卡剂尽管有一定渗透性,但是欲透过井壁的水基钻井液泥饼,必须克服极限毛细压力。加之解卡剂的造壁性能好,滤失量低,因此,解卡剂注入卡段后,几乎全部或大部钻井液柱压力都作用在原泥饼上,从而使原泥饼被压紧变薄,降低被黏钻具与泥饼接触角,减小钻具与泥饼接触面积。

(2)酸基解卡液。浸泡原油、柴油和解卡剂对由压差引起的黏附卡钻是有效的,但对于沉砂、坍塌和硬块引起的卡钻,则无能为力。对于黏附卡钻以外的卡钻事故,当卡钻位置在碳酸盐岩井段时,可采用酸化方法解卡。酸或酸基解卡液解卡机理:雷四上亚段地层中主要为灰岩、白云岩等岩石,灰岩、白云岩的主要成分是方解石($CaCO_3$)和白云石$[CaMg(CO_3)_2]$,盐酸与岩石或泥饼酸溶性成分发生反应生成可溶性盐类和水。利用盐酸与岩屑酸溶性成分反应生成可溶性盐类的原理,用适当浓度的酸液溶蚀卡住钻具的岩屑或泥饼,达到解卡的目的。

3. 防卡解卡工艺技术

1)防卡工艺技术

为预防雷四上亚段地层卡钻,在维持钻井液性能前提下,应强化现场操作。

(1)维持合理钻井液密度。川西雷四上亚段地层微裂缝较发育,实钻情况显示出易掉块,表现出地层较破碎特征,因此钻进中应维持合理钻井液密度。海相地层马一段—雷四段钻井液密度原则上控制在 $1.45\sim1.55g/cm^3$,密度太小无法满足井壁力学平衡,密度太大海相地层黏附卡钻风险高。

(2)强化钻井液防塌和防漏封堵能力。在钻井液中加入碳酸钙、井眼强化封堵剂、成膜封堵剂后均能较好地封堵微裂缝。

(3)选用抗温抗盐润滑剂，同时提高钻井液的抗温抗盐能力，提高泥饼质量，提升泥饼的润滑能力。

(4)不断了解井下情况。扭矩、摩阻、岩屑、泵压变化都能表明井下情况是否良好，记录全部的数据，及时发现井下变化趋势，有助于判断井眼已出现或即将出现的问题。

(5)保持井眼干净，钻进时要尽快把岩屑携带出来以保证井眼干净。在大肚子井眼和定向井中，要用更高环空返速来有效地净化井眼，在起钻前必须将钻屑循环干净。

(6)控制井内压力激动。要清楚抽吸压力和激动压力对井眼稳定性的影响，起下钻时不要超过允许的最大钻柱运动速度，否则就可能造成井涌、井漏，引发井壁不稳定等复杂情况，从而发生卡钻。

(7)对存在阻卡井段特别是定向井与水平井，记录各井段在各种工况下，如在开泵或者未开泵，开转盘或者未开转盘，钻进或者起下钻或者加单根条件下井内的摩阻和扭矩，并做成井深与摩阻曲线，超过正常值 30t，停止作业，采取措施，满足要求后恢复作业。

2)解卡工艺技术

(1)雷四上亚段地层发生卡钻，及时采用酸液解卡方式。酸液解卡方式解卡成功率较高，特别是对于掉块卡钻。

(2)根据卡钻位置、钻具内容积、地面管线附加容积等具体情况，计算出需要配制的酸化解卡液、前置液及后置液用量。

(3)根据用量计算结果配置酸化解卡液及隔离液。隔离液的作用主要是将解卡液和钻井液隔开，防止窜浆，避免引起钻井液性能变化太大，确保解卡液酸化效果，通常使用黄原胶(XC)、高黏度羧甲基纤维素钠(HV-CMC)等增黏剂来配置。配制酸化解卡液时，需要在耐酸且较密闭的设备中进行(一般使用压裂车)，要戴护目镜和橡胶手套，避免与面部、手和其他部位皮肤直接接触。酸化解卡液配方：15%盐酸 + 1.5%～2.5%酸化缓蚀剂 + 1%～3%铁离子稳定剂。隔离液配方：1.5% HV-CMC。

(4)注酸化解卡液作业。用压裂车注前置液，随后注酸化解卡液，最后注后置液，避免酸化解卡液与钻井液的窜槽现象发生，确保酸化效果。

根据目前的井身结构，三开 $\Phi165.1mm$ 井眼尺寸，可采用酸液浸泡全部裸眼井段，同时在钻具中预留一部分酸液，前置液 $1\sim2m^3$，酸液 $5\sim8m^3$，后置液 $1\sim2m^3$，注入酸液后，替井浆，在钻具中预留 $2\sim4m^3$ 井浆。

(5)泡酸化解卡液。大泵替入井浆，使酸化解卡液到达卡点，以较小排量分多次顶浆，每次顶浆结束后，强力活动钻具，并配合随钻震击器震击。卡段泡酸的有效时间应以 15min 以上为宜。

(6)顶浆排酸。不管解卡成功与否，均需要排放被污染钻井液和酸液，一般有酸液排出时钻井液中气泡多，黏度高。

(7)如果在采用酸液进行解卡的过程中发生井漏，应立即堵漏。如果是黏附卡钻，第二次应采用注解卡剂进行解卡，便于酸液不继续漏失而无法浸泡卡钻层位。

第4章 长效固井技术

川西气田雷四气藏开发采用裸眼或衬管完井方式，生产尾管固井具有超深、裸眼井段长、井斜角大、高温高压大温差、安全窗口窄、酸性气体腐蚀等特点，存在长裸眼套管下入、固井质量难以保证等风险，需从井筒完整性出发，满足长效封固、长期开采的要求，确保都市气田安全高效开发。对井筒准备、水泥浆体系、固井工艺、固井工具等方面进行系统研究，建立井眼净化模型计算分析井眼清洁情况，利用数值模拟分析水泥环长效密封影响规律，开发出大温差防窜水泥浆体系、防腐防气窜水泥浆体系，配套提高顶替效率等技术措施，有效保证固井施工安全和固井质量，第二轮 6 口井油层套管固井优良率由前期的 64.7%提高至 87.6%。

4.1 长裸眼固井井筒准备

川西气田生产尾管下深 5800～6300m、裸眼井段长 2500～3500m、井斜 55°～81°，低边沉砂不易清除，影响套管顺利送放到位，前期探井实施阶段，存在多口井套管下入困难。须二段承压能力低，小塘子组高压裂缝性气层发育，安全压力窗口窄，循环排量受限，易发生井漏及环空憋堵，保障固井施工顺利及固井质量难度大。因此良好的井筒条件是确保套管顺利下入和固井施工安全的关键。

4.1.1 井筒净化技术

通过对测井资料的分析和现场实践归纳，推导井内岩屑产生量和实际返出岩屑量的理论计算模型，计算对比井内岩屑理论产生量与实际返出量，判断井内是否清洁。

1. 井内岩屑产生量

假设：①井眼为空心圆筒；②实际井径为测井所得井径的平均值；③泥页岩非钻进过程产生的岩屑不计入该井段井内岩屑产生量；④起下钻钻头和钻具上黏附的地层土不计入该井段井内岩屑产生量。

通过分析大量测井资料，得出同区块某开次井径的扩大率为 η，而某井段的井深为 H，则该井段产生的岩屑量：

$$V_{\text{hole}} = \frac{\pi}{4}\left[(1+\eta)D_{\text{bit}}\right]^2 H \tag{4.1.1}$$

式中：V_{hole} 为该井段产生的岩屑量，m^3；η 为该开次井径的扩大率，量纲一；D_{bit} 为钻头直径，m；H 为该井段井深，m。

2. 实际岩屑返出量

假设：①不计循环系统管线和接头处滞留钻屑；②不计换下振动筛布上黏附地层土；③不计泥浆罐内死角或者罐底部的地层土；④实际固含的增加量为地层土进入所导致；⑤污水车拉走污水池里岩屑后污水池内岩屑为一个水平面；⑥不计污水车两次拉岩屑期间岩屑的水化膨胀，而是假定岩屑本身携带一层混合物，且该层体积占总体积的 0.05（经验系数 λ）；⑦非漏失井段，地层自然孔隙、裂缝与污水池岩屑非混合物包裹所留孔隙相当；⑧岩屑在污水池的堆积属于自然堆积，靠近锥形罐受遮挡一面不计入岩屑返出量的部分依然符合自然堆积的规律。

根据以上假设罐内返出岩屑量只需考虑固含的增加量：

$$V_C = (V_{S2} - V_{S1})V_{xunhuan} \tag{4.1.2}$$

式中：V_C 为返出岩屑体积，m^3；$V_{xunhuan}$ 为循环泥浆总体积，m^3；V_{S1} 为起始固含，%；V_{S2} 为实时固含，%。

1）污水池返出岩屑量模型建立

根据以上假设建立模型，污水池岩屑堆积侧视图和俯视图分别如图 4.1.1 和图 4.1.2 所示。靠近锥形罐一侧未堆积部分如图 4.1.3 所示。

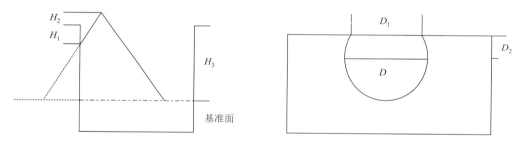

图 4.1.1　污水池岩屑堆积侧视图　　　　　图 4.1.2　污水池岩屑堆积俯视图

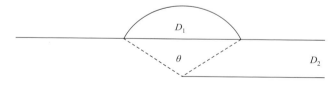

图 4.1.3　靠近锥形罐一侧未堆积部分图示

2）污水池返出岩屑量计算

（1）首先，不考虑锥形罐未堆积部分，计算实际返出岩屑量，分两种情况。

①振动筛返出岩屑仅一点堆积，堆积形状即为圆锥体：

$$V_1 = \frac{(1-\lambda)\pi D^2 H_3}{12} \tag{4.1.3}$$

式中：V_1 为不考虑锥形罐未堆积部分的实际返出岩屑量，m^3；D 为基准面上最大直径，m；H_3 为锥形罐顶端到基准面的高度，m；λ 为根据假设条件所得的经验系数，取 0.05。

②振动筛返出岩屑呈线堆积，长度为 L，堆积形状即为两侧圆锥体加中间三角锥体：

$$V_2 = (1-\lambda)\left(\frac{\pi D^2 H_3}{12} + \frac{DLH_3}{2}\right) \tag{4.1.4}$$

式中：V_2 为不考虑锥形罐未堆积部分，同时考虑顶部呈线堆积的实际返出岩屑量，m^3；L 为堆积体顶部长度，m。

(2) 近锥形罐一侧未堆积部分岩屑量，同样分两种情况。

①振动筛返出岩屑仅一点堆积，未堆积部分即是弓形面积在高度 $H_3 - H_2 - H_1$ 上的累积：

$$V_3 = V_{shan} - V_{sanjiao} = \frac{(1-\lambda)(H_3 - H_2 - H_1)}{6}\left(\frac{0.01745\theta\pi D^2}{2} - \sqrt{D^2 - D_1 D_2}\right) \tag{4.1.5}$$

式中：V_3 为振动筛返出岩屑仅一点堆积，未堆积部分体积，m^3；V_{shan} 为振动筛返出岩屑仅一点堆积，虚拟扇形在高度 $H_3 - H_2 - H_1$ 上的累计体积，m^3；$V_{sanjiao}$ 为振动筛返出岩屑仅一点堆积，虚拟三角形在高度 $H_3 - H_2 - H_1$ 上的累计体积，m^3；H_2 为三角锥顶部到污水池上边缘的高度差，m；H_1 为近锥形罐三角锥底部到污水池上边缘的高度差，m；D_2 为基准面圆心到污水池边缘的距离，m；D_1 为基准面上弓形弦的长度，m；θ 为基准面上扇形所对应的圆心角，（°），计算如下：

$$\theta = 2\arccos\frac{2D_2}{D} \tag{4.1.6}$$

②振动筛返出岩屑呈线堆积，未堆积部分即是弓形面积在高度 $H_3-H_2-H_1$ 上的累积，以及三角锥体的体积：

$$V_4 = \frac{(1-\lambda)(H_3 - H_2 - H_1)}{2}\left(\frac{0.01745\pi D^2\arccos\frac{2D_2}{D}}{6} - \frac{\sqrt{D^2 - D_1 D_2}}{3} + DL - D_2 L\right) \tag{4.1.7}$$

3) 返出岩屑总量的计算

①振动筛返出岩屑仅一点堆积，堆积形状即为圆锥体：

$$V_C = (V_{S2} - V_{S1})V_{xunhuan} + \frac{(1-\lambda)\pi D^2 H_3}{12}$$
$$- \frac{(1-\lambda)(H_3 - H_2 - H_1)}{6}\left(\frac{0.01745\pi D^2\arccos\frac{2D_2}{D}}{2} - \sqrt{D^2 - D_1 D_2}\right) \tag{4.1.8}$$

式中：V_C 为返出岩屑体积，m^3。

②振动筛返出岩屑呈线堆积，堆积形状即为两侧圆锥体加中间三角锥体：

$$V_C = (V_{S2} - V_{S1})V_{xunhuan} + \frac{(1-\lambda)\pi D^2 H_3}{12} + \frac{(1-\lambda)DLH_3}{2}$$
$$- \frac{(1-\lambda)(H_3 - H_2 - H_1)}{2}\left(\frac{0.01745\pi D^2\arccos\frac{2D_2}{D}}{6} - \frac{\sqrt{D^2 - D_1 D_2}}{3} + DL - D_2 L\right) \tag{4.1.9}$$

在建立井内岩屑产生量和实际返出岩屑量的计算模型后，在某一井段或者开泵后(有进尺)某一定时间内,计算出相应井段井内岩屑产生量 V_{hole} 以及实际返出岩屑总量 V_c,对比数据,即可判断出井内是否清洁。

4.1.2 井筒强化技术

须家河组裂缝发育,地层承压能力普遍偏低,且含有潜在的高压气层,因此防漏、防窜矛盾突出。井筒强化的主体措施是对地层进行主动挤堵,提高地层承压能力,增大固井安全压力窗口,降低固井漏失风险。基于水泥浆在失重情况下能压稳气层的原则,确定水泥浆密度,计算水泥浆进环空后作用于井底的最大压力,进而确定固井所需裸眼段地层承压当量密度。采用专业的固井软件(如 CemSmart),根据实际井况模拟井底承压能力,提供模拟数值,在测井完成后进行专项承压堵漏,堵漏完成后将堵漏浆循环出漏层,再验证地层真实承压能力,满足固井要求后方可进行下套管作业。

4.1.3 通井技术

合理的通井是保证套管顺利到位的前提。

1. 通井原则及思路

为确保套管下入顺利,避免阻卡,下套管前完成双扶正器、三扶正器专项通井,三扶模拟通井钻具组合刚度大于套管刚度。

第一趟双扶通井钻具组合对前期狗腿度较大的井段、前期遇阻卡井段做划眼处理,重点防卡;第二趟三扶通井钻具组合以验证通过性为主,通井到底后,调整泥浆性能,稠浆携砂,以大于钻铤环空返速 1.0m/s 的排量循环两周以上,确保井眼干净,达到井底无沉砂。在通井期间完成刮管和送放钻具称重工作。

第一趟通井钻具组合: Φ241.3mm 牙轮钻头 + 回压阀 + Φ177.8mm 无磁钻铤 1 根 + Φ238mm 扶正器 + Φ177.8mm 螺旋钻铤 1 根 + Φ236mm 扶正器 + Φ177.8mm 螺旋钻铤 1 根 + Φ127mm 加重钻杆×6 柱 + Φ168mm 随钻震击器 + 旁通阀 + Φ127mm 加重钻杆× 4 柱 + Φ127mm 钻杆×40 柱 + Φ139.7mm 钻杆。井底 600m 每 200m 加一支清砂接头。

第二趟通井钻具组合: Φ241.3mm 牙轮钻头 + 回压阀 + Φ177.8mm 无磁钻铤 1 根 + Φ238mm 扶正器 + Φ177.8mm 螺旋钻铤 1 根 + Φ238mm 扶正器 + Φ177.8mm 螺旋钻铤 1 根 + Φ236mm 扶正器 + Φ127mm 加重钻杆×6 柱 + Φ168mm 随钻震击器 + 旁通阀 + Φ127mm 加重钻杆×4 柱 + Φ127mm 钻杆×40 柱 + Φ139.7mm 钻杆。

通井参数:钻压 W 为 0～10kN;转速 N 为 50～60r/min;排量 Q 为 35～38L/s;泵压 P 为 22～25MPa。

2. 操作措施

(1)下钻遇阻不超过 50kN,否则需进行划眼,划眼扭矩设置上限超过空转扭矩 2kN·m。

(2)通井到底,加 20～40kN 钻压反复研磨处理井底掉块,后注入稠浆 20m³ 携带掉块,再大排量循环 2 周清洁井眼。

（3）双扶、三扶通井期间，根据井径曲线，对缩径、大肚子、阻卡段进行主动来回通划，确保短起下无阻卡。起钻前应大排量（≥35L/s）循环不低于两周。

（4）第二趟通井起钻前注封闭浆：注入井段 3500m 至井底。

（5）起下钻的过程中专人观察出口，做好井控工作，核实好灌浆量和返出量，判断是否存在井漏情况。

若井眼不规则起下钻摩阻大，在双扶通井前建议采用牙轮＋微扩工具对井壁和全角变化率大的井段进行井壁修整。

钻具组合：牙轮＋板式浮阀＋1 根钻杆＋微扩孔器（Φ238mm）＋钻杆。下钻遇阻不超过 50kN，否则需进行划眼，划眼扭矩设置上限超过空转扭矩 2kN·m；对大狗腿井段、扭方位井段，进行主动划眼修整井壁；划眼通畅后才加立柱进行后续作业；划眼过程中密切注意扭矩变化，如憋卡严重，划眼难度大则停止下行，循环排后效后起钻。

井底清洁与否，根据井内岩屑产生量和实际返出岩屑量的理论计算模型，编程形成井眼净化实时判断软件比对，同时观察返砂情况辅助判定。

4.1.4　钻井液性能优化技术

固井前优化钻井液性能并充分洗井是提高固井质量的重要措施，冲洗出井内沉砂、井壁上的虚泥饼、扩径处的"死"泥浆，有利于提高顶替效率，也有利于水泥与地层的胶结。优化钻井液性能，实质是改善流变性，优化原则是在保证井下安全前提下降低塑性黏度、动切力和静切力，减小触变性影响，钻井液和封闭浆的抗高温老化实验必须满足要求，防止高温沉降。

1. 保持合理的动切力和塑性黏度比

对于层流顶替，水泥浆顶替钻井液的效果好坏，和水泥浆动切力与钻井液动切力比（τ_{oc} / τ_{om}）及水泥浆塑性黏度与钻井液塑性黏度比（η_{sc} / η_{sm}）有关。当 $\tau_{oc} / \tau_{om} > 1$、$\eta_{sc} / \eta_{sm} > 1$ 时，两种液体不易掺混，界面推进趋于均匀，顶替效率较高。当 $\tau_{oc} / \tau_{om} < 1$，$\eta_{sc} / \eta_{sm} < 1$ 时，两种液体容易掺混，顶替效率变差。

紊流状态下，由于紊流的横向脉动速度作用及均匀的流速剖面，动切力比和黏度比对顶替效率的影响不如层流时明显。但钻井液稠时，要达到同样的顶替效率，紊流对钻井液的冲洗、携带作用时间要求长，即不利于提高顶替效率。因此，无论在什么流态下，都有必要在固井前降低钻井液的塑性黏度和动切力。

2. 降低钻井液触变性

钻井液的触变性对水泥浆顶替效率有明显的影响，在低速下尤为明显。随着环空返速的增加，钻井液结构被破坏，静切力减弱，附着在井壁的滞留钻井液易被驱替带走。

对于固井过程而言，并不太关心钻井液的触变性变化过程，主要关心其最终的静切力值。在一般情况下，因为在注水泥前要循环钻井液，因此可用 10min 的静切力值来代表。如果由于某种情况而使钻井液在井内静置较长时间，则应测量相应时间的钻井液的静切力值。

现场准备有效入井量不少于 $30m^3$、密度与原井浆一致、马氏漏斗黏度 $45\sim50s$、动切力$\leq8Pa$ 的冷浆作为先导浆，以利于驱替和降低循环温度。

4.2　水泥环长效封隔固井技术

影响水泥环密封能力的因素较多，主要有地质及气藏因素、钻井因素、固井因素、开发因素。

1. 地质及气藏因素

(1)漏失：界面胶结不良。
(2)高温高压：强度衰退、应力损伤。
(3)高孔高渗及裂缝性地层：漏失引起胶结不良。
(4)酸性气体：易腐蚀，影响水泥环长效封固。

2. 钻井因素

井眼几何条件和钻井液性能差：顶替效率低、胶结质量差。

3. 固井因素

(1)水泥浆失水、稳定性等性能不良：短期气窜。
(2)水泥浆密度不均匀、混合能力不足：水泥环强度发展不良、水泥环应力损伤。

4. 开发因素

温度、压力变化：引起环空密封失效。

4.2.1　水泥环长效密封性的影响规律

1. 水泥环弹性模量对水泥环界面强度的影响

研究不同地层弹性模量下水泥环弹性模量与界面等效应力的关系，结果如图 4.2.1 所示。

由图 4.2.1 可知，地层弹性模量为 15GPa 时，水泥环合理弹性模量应该小于 7GPa，地层弹性模量为 8GPa 时，水泥环合理弹性模量应该小于 4GPa，从而保证水泥环单轴抗压强度大于 25MPa，降低水泥环失效的可能性，软地层应该选择弹性模量较好的水泥浆。

2. 泊松比对水泥环界面强度的影响

地层泊松比、水泥环泊松比对水泥环界面等效应力的影响规律，如图 4.2.2 所示。

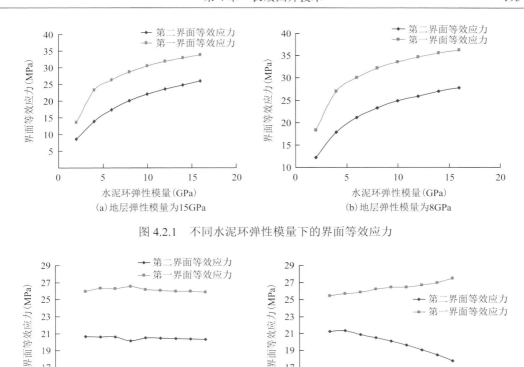

图 4.2.1　不同水泥环弹性模量下的界面等效应力

图 4.2.2　泊松比对水泥环界面等效应力的影响

由图 4.2.2 可知，地层泊松比对水泥环界面等效应力要求影响较小，水泥环泊松比不是影响水泥环性能的关键因素。

3. 水泥环界面胶结性能对水泥环界面强度的影响

油井水泥的使用环境（高温、高压）和施工工艺（高水灰比）决定了其致命的缺陷：高体积收缩，水泥环的胶结质量不能保证，严重时还可能形成微间隙，引发地层流体窜流。为了研究水泥浆体水化过程中产生的收缩对界面胶结强度的影响，测试不同龄期水泥环的胶结强度，试样如图 4.2.3 所示。从图中可以看出，随着龄期的延长，在水泥环界面处明显出现由于收缩而引起的裂缝，影响水泥环界面的胶结强度。测试的不同龄期时水泥环界面的胶结强度见表 4.2.1。从表中可以看出，随着龄期的延长，水泥环界面的胶结强度逐渐减小。一般情况下，随着龄期延长，水泥不断地水化，水泥环的抗压强度不断增加，水泥环的胶结强度也应不断增强。从表中测得的水泥环不同龄期的界面胶结强度可以看出，胶结强度不仅与抗压强度有关，还与水泥环收缩有关。水泥不断地水化，而在水泥水化过程中，水泥环产生各种收缩，导致界面处的胶结能力不断下降，甚至出现了肉眼可见的裂缝，引起胶结强度降低。由此可见，水泥环的收缩是引起水泥环界面胶结强度下降、密封性失效的原因之一。

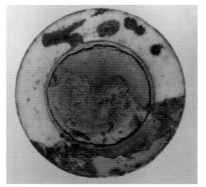

(a)龄期3d　　　　　　　　　　　　　　(b)龄期15d

图 4.2.3　　水泥环界面胶结强度测试试样

表 4.2.1　　不同龄期时水泥环界面胶结强度

龄期/d	胶结强度(MPa)	下降幅度(%)
3	1.1	—
7	0.8	27.3
15	0.6	45.5

4. 地层硬度对水泥环界面强度的影响

试验模拟了在 85MPa 施工压力条件下，常规水泥环(弹性模量为 15GPa)和弹性水泥环(弹性模量为 6GPa)在不同软硬地层弹性模量条件下的界面受力状态，如图 4.2.4 所示。

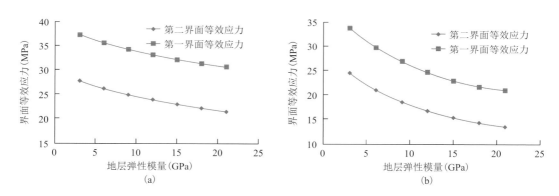

图 4.2.4　　地层弹性模量与常规水泥环(a)和弹性水泥环(b)界面等效应力的关系

由图 4.2.4 可知，随着地层弹性模量的增加，常规水泥环和弹性水泥环两个界面受到的等效应力均降低。当地层弹性模量增加时，弹性水泥环受到的等效应力降低幅度明显大于常规水泥环。这个现象说明，随着地层弹性模量增加，在相同条件下，弹性水泥环有利于对其自身的保护，主要原因在于弹性水泥环在弹性模量更大的地层受到的等效应力明显小于常规水泥环，常规水泥环在压裂施工过程中存在密封失效的可能。

5. 施工压力对水泥环界面强度的影响

压裂施工压力是影响水泥环长效密封性的直接因素，以 $\Phi 241.3mm$ 井眼为例，井径扩大率为 8%，下入 P110 套管，外径为 $\Phi 193.7mm$，壁厚 12.7mm，采用常规水泥浆体系，地层岩石弹性模量 20GPa，泊松比 0.24。分析不同施工压力条件下，均匀水泥环不同位置处受力状态。水泥环第一、第二界面均受施工压力的影响，在第一界面处水泥环受等效应力最大，第二界面受等效应力最小；低施工压力情况下，两个界面等效压力相当，但施工压力越高，两个界面等效应力差异越大；当水泥环厚度大于 25mm 时，施工压力对水泥环界面等效应力影响不大；不同的施工压力对两个界面破坏程度存在差异，施工压力越高，越容易引起第一界面水泥环失效(图 4.2.5)。

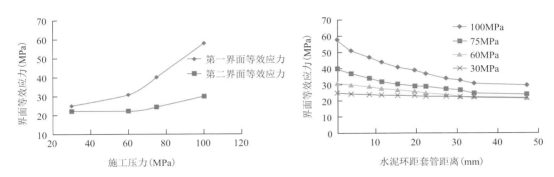

图 4.2.5　不同施工压力水泥环两个界面等效应力差异

4.2.2　水泥环长效封隔能力模拟评价

为评价水泥环的长效封隔能力，应用水泥环封隔能力评价装置。该装置整体实物图如图 4.2.6 所示，其由两部分组成：模型系统、控制和测量系统。该装置能够充分模拟井下实际工况，开展水泥环密封能力测试，并利用老化试验方法，开展水泥环破坏试验，同时检测水泥环在不同状态下的应力应变。除硬件系统外，测试系统形成了配套软件，软件实现了对应力应变、气体流量、注气压力、套管内压等参数的自动检测，同时对套管内压力、温度等实现自动控制。

图 4.2.6　水泥环长效封隔能力评价装置

(1)温度控制范围：室温约为 150℃，温度控制精度±3℃。

(2)套管内压控制范围：0～120MPa。

(3)应变检测仪：16 路静态应力应变检测，采用频率 1～2kHz。

(4)模型水泥环规格尺寸：套管外径 139.7mm，壁厚分别为 7.72mm 和 9.17mm，长度 1m，外筒外径 244.5mm，壁厚 25.7mm，长度 0.7m。

(5)气窜测试控制压力范围：0～10MPa。

(6)气体流量检测通道 4 个，检测精度 1mL/min，采用光纤式气泡检测，能检测微小气体流量。

1. 界面污染对水泥环密封失效模拟评价

通过在模拟井内壁浸泡聚磺钻井液，并用清水清洗，形成 0.1～0.5mm 厚的泥饼，注入水泥浆并常温养护 3d 后，利用 1.0MPa 注气压力开展密封能力测试，30min 后，套管内压力增加至 35MPa，测试气体密封能力。

试验表明(图 4.2.7～图 4.2.12)：在进行注气验窜时，即发生气窜现象，且进气量较大，达 1500mL/min。而随着套管内压力的增加，进气量减少，但是即使达到最大压力 35MPa 时，仍然有 300mL/min 左右的进气量。在没有界面污染的注入验窜试验中，没有发生气窜现象(图 4.2.7)，说明界面污染对密封性的影响非常大。顶替效率较低时，界面存在污染现象，水泥环与界面之间存在一层薄的泥浆，使得界面处的胶结强度显著降低，甚至存在气体流窜的通道，即使没有温度或压力的破坏作用，在较小的环空注气压力下，已经有气窜发生。

图 4.2.7　内筒污染情况

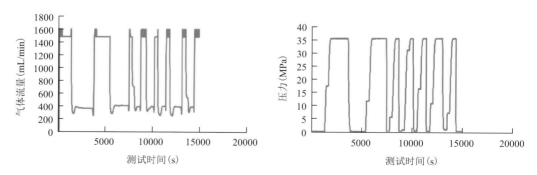

图 4.2.8　注入气体流量与套管内压力循环测试

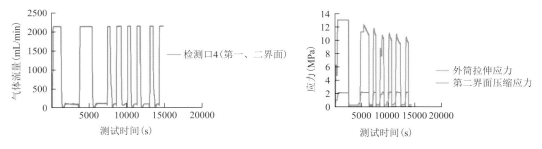

图 4.2.9　出气口气体流量及应力变化

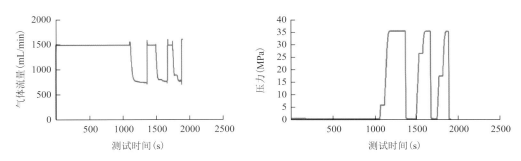

图 4.2.10　出气口气体流量及套管内压力循环测试

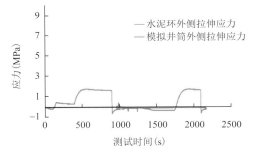

图 4.2.11　水泥环外侧拉伸应力与模拟井筒外侧拉伸应力　　图 4.2.12　第二界面水泥环微观结构

2. 生产过程中水泥环密封失效模拟评价

1)井筒温度变化水泥环密封失效模拟评价

生产过程中井筒内温度发生变化,由于水泥环具有热胀冷缩的特性,水泥环在升温或降温过程中存在应力变化,导致水泥环基体和胶结界面存在劣化的可能。为了模拟井下温度变化对水泥环密封能力的影响,采用川西海相采气过程中井口温度变化的幅值,在 70℃范围内开展温度交替变化对水泥环密封能力影响的测试。试验方案:水泥浆在模拟井筒内,室温养护 7d 后,升高温度至 70℃,注气压力 1.0MPa,测试水泥环密封能力,然后降温至室温后再升高温度至 70℃,直至水泥环密封失效(图 4.2.13)。

当温度逐步由 20℃上升至 70℃过程中,水泥环周向拉伸应力达到 3.5MPa(图 4.2.14),相比常规水泥环抗拉强度(<2.5MPa),水泥环可能出现拉伸裂纹,试验过程采用 1.0MPa注气压力,小于水泥环突破压力。当完成第一次升温后降温,水泥环顶部能够检测到段

塞式气泡，表明界面出现一定程度劣化，水泥环劣化界面为第二界面。在经历 4 次升温，3 次降温后，水泥环界面劣化明显，导致环空带压。

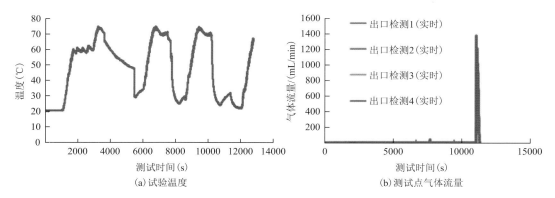

(a) 试验温度　　　　　　　　　　(b) 测试点气体流量

图 4.2.13　试验温度及测试点气体流量

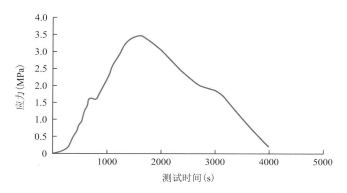

图 4.2.14　温度变化周期内的周向拉伸应力

2) 井筒压力变化水泥环密封失效模拟评价

生产过程由于井筒内温度变化，热效应导致油套环空内完井液膨胀，以气田套压 35MPa 为试验压力，对周期内水泥环疲劳性能开展测试。试验方案：对环空在 2.0MPa 压力条件下验窜，并卸压，30min 后开始在套管内升压，稳压 10min，卸压至 0MPa，注气压力稳定在 1.0MPa，通过数个周期后，连续测试水泥环密封能力。

35MPa 试验压力循环作用下，压力循环时间、出气口气体流量以及水泥环外侧应力变化情况如图 4.2.15～图 4.2.17。

对采气过程中不同套管内压力开展水泥环的疲劳破坏试验，试验数据表明：20MPa 以上套管内压力，水泥环在 100 个疲劳周期内，未发生气窜现象，但是在 25MPa 套管内压力测试条件下，水泥环在 56 个疲劳周期发生气窜，套管内压力越高，水泥环疲劳周期越短(表 4.2.2)。其主要原因为：①采气过程中频繁调产、开关井导致套管内压力交变，应力疲劳导致水泥环密封能力降低；②水泥环微观缺陷及多孔介质特性，导致残余应变累积产生塑性变形。

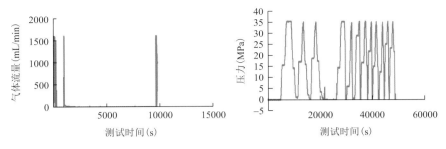

图 4.2.15　35MPa 试验条件下注入气体流量与套管内压力

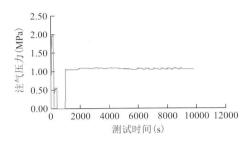

图 4.2.16　35MPa 试验条件注气压力

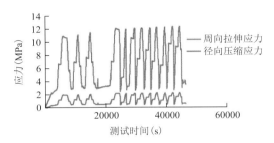

图 4.2.17　35MPa 水泥环应力状态

表 4.2.2　不同套管内压力下水泥环疲劳破坏周期

套管内压力(MPa)	疲劳周期(个)
20	100(未失效)
25	56
35	13
70	2

3)温度、压力耦合水泥环密封失效模拟评价

为有效评价温度、压力对水泥环密封能力的影响,开展温度、压力耦合水泥环密封性评价试验,评价温度和压力同时变化时水泥环的密封能力。试验方案:首先对环空在 1.0MPa 压力条件下验窜,并卸压,30min 后开始在套管内升压,达到设定温度和压力后,稳压 30min,卸压至 0MPa,并冷却至室温,30min 后,重复升温和增压,注气压力稳定在 1.0MPa,通过数个周期后,再连续测试水泥环密封能力,测试结果如图 4.2.18～图 4.2.20 所示。

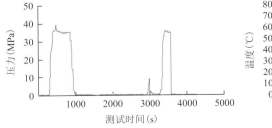

图 4.2.18　套管内压力与温度

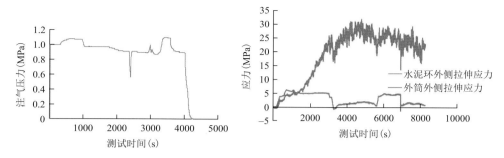

图 4.2.19　注气压力与水泥环应力

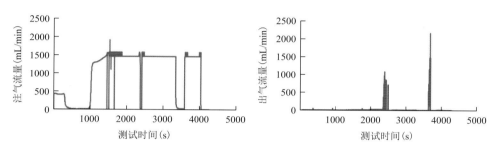

图 4.2.20　注气与出气流量

试验表明：在第一个升温、升压周期内，水泥环即出现明显的劣化现象，在泄压和降温后，水泥环即出现气窜，水泥环外侧拉伸应力达到 5MPa，水泥环出现界面劣化。在后期升温增压过程中，水泥环出现的流窜通道闭合，在第二个降温降压周期内水泥环再次出现气窜现象，同时气体漏失流量进一步增加，界面劣化现象逐步加剧。此现象也说明部分井在长期高产过程中不带压，但是在调产期间有带压现象。

模拟采气 50℃，5 个周期即带压，温度变化导致水泥环密封能力降低的主要原因为：膨胀应力导致拉伸破坏和应力疲劳；模拟采气过程 35MPa，35℃温差，水泥环第二周期即发生破坏。破坏原因主要为：热应力及套管内压力增加，导致水泥环塑性变形，升温和套管内压力增加后，环隙弥合，密封性恢复。脱模后的水泥环如图 4.2.21 所示。

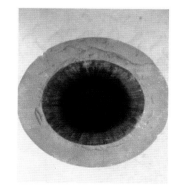

图 4.2.21　脱模后的水泥环

3. 压裂过程中对水泥环密封失效模拟评价

压裂过程中过高的套管内压对水泥环产生挤压，导致水泥环基体受损和界面劣化，引起环空带压。在 1.0MPa 注气压力下验窜，并按照 10MPa 压力递增，直至发现明显气窜。试验数据(图 4.2.22～图 4.2.24)表明：在 75MPa 时，出现界面劣化现象，第二界面能够检测到水泥环段塞式气泡，在水泥环顶部能够有效检测到不间断段塞式气泡。当压力升高至 110MPa 时，水泥环本体开裂，水泥环周向拉伸应力达到 4MPa，第一界面压缩应力达到 35MPa，第二界面压缩应力达到 25MPa，水泥环处于塑性变形状态。110MPa测试结束后，水泥环破坏形态如图 4.2.25 所示，水泥环基体裂纹和水泥环界面剥离，基体裂纹导致水泥环在加压过程中出现，泄压后由于水泥环的塑性变形出现环隙，导致水泥环严重破坏。因此高压压裂，对水泥环密封能力破坏严重。

为了进一步开展分段压裂条件下水泥环密封能力的评价试验，在 70MPa 应力条件下开展水泥环密封能力测试。通过模拟测试分析发现，低压裂压力对水泥环密封能力的影响主要体现在第一界面，相比高压裂压力，形成的漏失通道较小，通道导流能力较弱。

试验数据(图 4.2.26～图 4.2.28)表明：70MPa 循环载荷下 2 个周期即发生气窜；压裂导致水泥环塑性变形，循环加载产生的残余应变导致环隙；70MPa 塑性变形 0.13%，且在 70MPa 高应力载荷下，循环加载产生 0.2%残余应变；在 110MPa 测试条件下，压裂导致水泥环塑性变形及拉伸裂纹，拉伸裂纹导致水泥环本体破坏而带压。

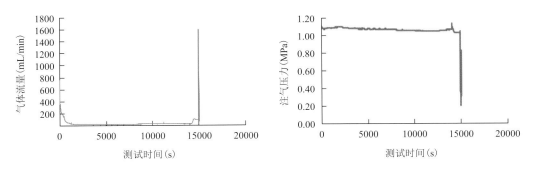

图 4.2.22　注入气体流量与注气压力

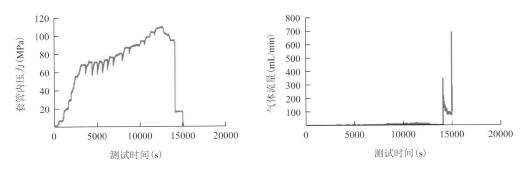

图 4.2.23　套管内压力与测点气体流量

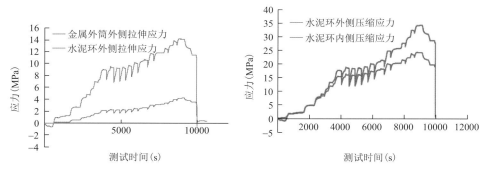

图 4.2.24　水泥环外侧与金属外筒外侧拉伸应力及水泥环内外两侧压缩应力

图 4.2.25　水泥环胶结界面破坏形态及水泥环本体微裂纹

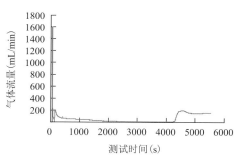
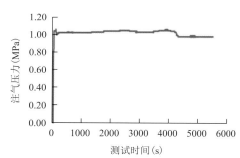

图 4.2.26　注入气体流量及注气压力

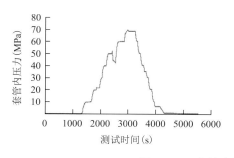
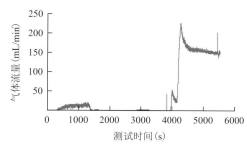

图 4.2.27　套管内压力与检测口气体流量

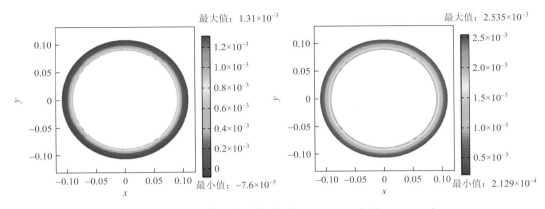

图 4.2.28　水泥环塑性变形量(左图，70MPa；右图，110MPa)

4.2.3　水泥环长效密封性能改进

为提高水泥环长久密封效果，改善水泥环的脆裂性来提高其抗形变能力，主要通过结晶相塑化、凝胶相塑化以及水泥石基体"增孔"。通常情况下，增加孔隙度的方法对水泥环强度影响较大。因此，选用弹性模量为 0.5GPa 的有机弹性粒子，掺量为 6%，开展水泥环密封能力评价。

普通水泥环在耐高压水泥环密封完整性测试装置内养护 48h 后，先进行 2 次 40MPa 内压力交变后，水泥环密封失效，密封失效曲线及形式如图 4.2.29 所示。

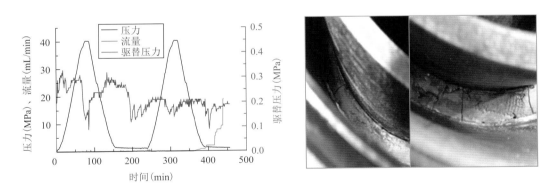

图 4.2.29　常规水泥环密封实验曲线及密封失效形式

如图 4.2.30～图 4.2.32 所示，改性后水泥环经过 10 次 15～50MPa 不同压力交变，在 1.5～3MPa 驱替压力下，密封完整无渗流，在 7MPa 驱替压力下，经过 4 次 15MPa 和 2 次 25MPa 压力交变后，水流量仍然为零，7MPa 泄压不影响水泥环密封完整性；在 7MPa 驱替压力下，950min 后仍具有良好的密封性，平均当量渗透率 0.05mD，可保证密封有效性。

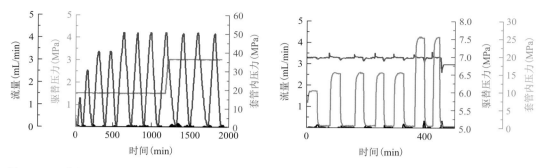

图 4.2.30　水泥环 1.5MPa 驱替压力密封实验曲线　　图 4.2.31　水泥环 7MPa 驱替压力密封实验曲线（一）

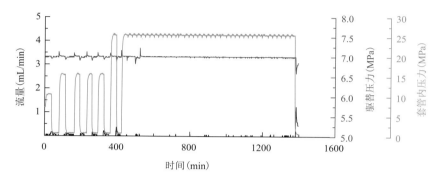

图 4.2.32　水泥环 7MPa 驱替压力密封实验曲线（二）

4.3　防气窜水泥浆体系

　　川西气田为都市气田，周边人口密集，井筒完整性长期可靠是关键，油层尾管的固井质量显得尤为重要，这就需要性能优异的水泥浆体系作保障。固井水泥浆技术主要难点为：地层复杂，气层分布段长，气层显示活跃，存在高压地层，高密度水泥浆体系较常规密度水泥浆体系的强度发展慢，且大温差与高密度同时存在，在满足高温稳定性的同时保证水泥环强度要求，防气窜难度大，综合性能调节难度大。针对这些难点，研发了大温差微膨胀防气窜和抗高温纳米液硅胶乳防气窜水泥浆体系。

4.3.1　水泥浆体系设计方法

　　根据水泥环长效封隔研究结果及前期实践，油层尾管采用分段长效密封固井设计方法，不同的层位采用不同性能的水泥浆体系，解决防漏与防窜难题，提高水泥环对地层的长效封隔能力。

　　（1）领浆采用大温差微膨胀防气窜水泥浆体系，满足水泥浆经过井底高温条件下有足够的稠化时间确保施工安全，同时可解决顶部水泥浆低温超缓凝问题，保证低温下水泥环强度。要求 72h 顶部抗压强度＞14MPa，水泥浆防气窜性能优秀（水泥浆性能系数SPN＜3），适应最大温差 80℃，渗透率＜0.05mD，膨胀率＞0.05%等性能。

　　（2）尾浆采用抗高温液硅胶乳复合防腐防窜水泥浆，利用乳液形成聚合物膜或滤饼降低渗透率，增强与套管和岩石壁界面的胶结能力，在孔隙中聚集成聚合物薄膜桥接，增强水泥环韧性，防止气窜控制酸性气体腐蚀。要求水泥环渗透率<0.05mD，弹性模量<8GPa，体积膨胀率>0.50%。

4.3.2　大温差微膨胀防气窜水泥浆

1. 水泥浆体系设计思路

大温差微膨胀水泥浆体系的设计过程中，重点研发了防高温稀释的温度广谱型降失水剂，用以提高水泥浆高温下的沉降稳定性。加入高活性材料，可提高水泥浆综合性能和水泥环抗压强度。选择球形颗粒加重剂材料，采用紧密堆积理论，提高水泥浆固相含量，降低液固比，改善浆体流变性能。从水泥水化作用原理出发，引入非胶凝新材料，研发了温度广谱型缓凝剂，从根本上缓解水泥浆在低温下的超缓凝问题。

为研究大温差下不同的温度差对稠化时间以及水泥浆顶部静胶凝强度的影响，首先确定最优大温差水泥浆体系基本配方，再通过在相同的稠化时间下，用不同的循环温度养护后测试顶部静胶凝强度，检验大温差水泥浆体系的基本性能。

2. 关键外加剂的研发

1）温度广谱型降失水剂研发

A. 降失水剂作用机理

水泥浆中降失水剂的作用机理，学术上主要有三种观点：①物理充填堵塞作用。用降失水剂配制的水泥浆，在一定的压差作用下，分散在水泥浆中的降失水剂超细颗粒进入滤饼微孔隙中，并堆积在水泥颗粒之间，形成了可降低渗透性的水泥滤饼，控制水泥浆中液体向渗透性地层漏失的速度，达到降低水泥浆失水的目的。②吸附和聚集作用。聚合物类材料降失水剂控制失水的主要方式有吸附和聚集。含聚合物的水泥浆中，聚合物分子通过其吸附基团和水化基团吸附在水泥颗粒表面，形成"水泥颗粒-线性高分子或有机物-水分子吸附层"结构，阻塞水泥内部孔隙；同时聚合物可以通过互相交联桥接作用形成网状胶结聚集体来束缚自由液，该水泥浆在一定的压差下，与滤饼和地层交界面处形成薄薄的非渗透性的韧性膜是薄而致密的非渗透性滤饼，阻止自由水的滤失，达到控制失水的目的。③提高液相黏度。聚合物水溶液的黏度和聚合物浓度与其分子量大小有关。高分子聚合物通过增大液相黏度来增大自由液向地层滤失的阻力，从而减少水泥浆向渗透性地层失水，但这种聚合物将导致水泥浆稠度大，很少单独使用。上述①、②两种观点所提到的作用机理可以归结为"通过降失水剂来改善滤饼的内部结构，以形成良好的滤饼，控制失水"，而观点③则是从改善水泥浆的液相黏度出发控制失水。

目前应用得较多的是阴离子聚合物降失水剂[以 2-丙烯酰胺-2-甲基丙磺酸(2-acrylamido-2-methylpropane sulfonic acid，AMPS)为主要单体]和非离子聚合物降失水剂(含胶乳降失水剂和聚乙烯醇降失水剂)。这两类降失水剂的作用机理是不同的，阴离子聚合物降失水剂是通过改变滤饼电性，增加自由液黏度实现控水；而非离子聚合物降失水剂是通过在滤饼与滤网处形成致密的聚合物薄膜而实现控水。

阴离子聚合物降失水剂：共聚物一开始吸附在水泥颗粒表面，通过提高滤饼的电荷密度，改善滤饼润湿性来稳定滤饼中的水。当增大加量后，颗粒表面的电荷增加趋缓。随着溶液中聚合物浓度增加，滤液黏度增加，在一定程度上增加了水分子的滤失阻力。当滤饼形成，颗粒表面吸附饱和后，共聚物黏度对降低失水起主要作用。

聚乙烯醇降失水剂：在失水试验中，压差的作用使水泥浆中水泥颗粒、聚乙烯醇（polyvinyl alcohol，PVA）分子向压力降低的滤网处运移，在滤饼与过滤网处，水泥颗粒浓度和 PVA 分子浓度不断增大，当这些分子相互靠近时，由 PVA 分子作为黏结剂，水泥颗粒提供架桥颗粒相互粘连共同组成了连续的凝胶结构——固体膜。致密的固体膜迅速降低了滤失渗透率，失水量急剧减小。在失水的初期阶段（一般仅十几秒内），聚合物膜尚未形成，所以瞬时失水量大，表现出了失水的"门限效应"。在成膜后，随着进一步失水，薄膜变厚，同时薄膜上压差减小，积聚而成的滤饼其内部的 PVA 分子也形成不连续的凝胶结构，进一步降低了失水量，如图 4.3.1 所示。

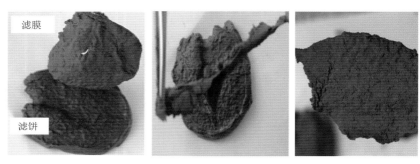

图 4.3.1　聚乙烯醇降失水剂形成的滤饼和滤膜结构

依据以上作用机理，兼顾降失水剂与缓凝剂的配伍性等问题，通过分子结构设计，研制出水溶性多元共聚物类降失水剂 SCF，其既能对水泥颗粒间形成良好的吸附及包覆，又兼具优异的热稳定性，满足大温差应用需求。

B. 温度广谱型降失水剂性能评价

为评价降失水剂 SCF 的主要性能，以基浆配方为基础，考察 SCF 在不同加量、不同温度下的稠化时间及强度发展。

基浆配方：G 级水泥 + 35%硅粉（>110℃时）+ X%降失水剂 SCF + 3%缓凝剂 SCR + 0.2%分散剂 DZS + 44%水。

（1）降失水剂 SCF 降滤失性能。室内评价了不同温度下，不同 SCF 加量时水泥浆降滤失性能、自由液控制及流变参数等，结果如表 4.3.1、图 4.3.2 所示。

由表 4.3.1 可知，在 50～160℃的范围内，适当增加 SCF 加量可将水泥浆 API 滤失量控制在 50mL 内，满足现场对水泥浆失水控制要求，且水泥浆无自由液，流变参数随 SCF 加量增加稍有上升，但不影响现场应用。图 4.3.2 为 100℃和 120℃下不同 SCF 加量时的 API 滤失量。①100℃下，随着 SCF 加量的增加，API 滤失量逐渐降低，当加量大于 3.5%时 API 滤失量可控制在 50mL 内；②120℃下，随着 SCF 加量的增加，API 滤失量逐渐降低，当加量大于 5.5%时 API 滤失量能控制在 50mL 内。

表 4.3.1　降失水剂的基本性能

温度(℃)	SCF 加量(%)	API 滤失量(mL)	自由液(mL)	流变参数	
				流性指数	稠度系数
50	3	37	0	0.91	0.17
80	3	48	0	0.87	0.19
100	3.5	46	0	0.77	0.41
100	6	28	0	0.84	0.37
120	5	56	0	0.74	0.50
120	6	40	0	0.76	0.65
130	6	44	0	0.77	0.61
150	7	43	0	0.79	0.60
160	8	44	0	0.78	0.69

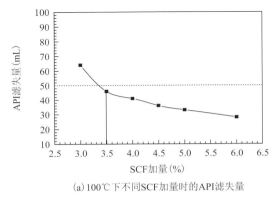
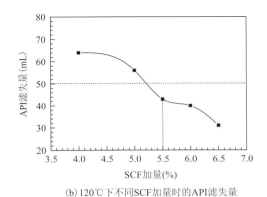

(a) 100℃下不同SCF加量时的API滤失量　　　　(b) 120℃下不同SCF加量时的API滤失量

图 4.3.2　相同温度下不同 SCF 加量的降滤失性能

(2) 降失水剂 SCF 对水泥浆自由液和稠化时间影响评价。室内评价了 SCF 加入前后水泥浆自由液和稠化时间的变化，结果如表 4.3.2、图 4.3.3 所示。

表 4.3.2　自由液和稠化时间

温度(℃)	SCF 加量(%)	稠化时间(min)	自由液(mL)
75	0	87	3.2
75	3	88	0
100	0	79	3.7
100	4	129	0
100	6	131	0
130	6	140	0
160	8	170	0

由表 4.3.2 可知，加入降失水剂 SCF 后，水泥浆的稠化时间较原浆有所延长。这种轻微的缓凝作用可能是由于 SCF 中的羟基和羧基吸附在水泥颗粒表面后，一定程度上屏蔽了水泥颗粒和水的接触，降低水化速度。加入降失水剂 SCF 后，水泥浆的自由液明显减小，说明这类降失水剂对于改善水泥浆的稳定性有一定作用。由图 4.3.3 可知，不同温度

下加有 SCF 的水泥浆稠化曲线平稳，无起台阶、鼓包、温度波动等问题，表明降失水剂
SCF 与现有体系配伍性良好。

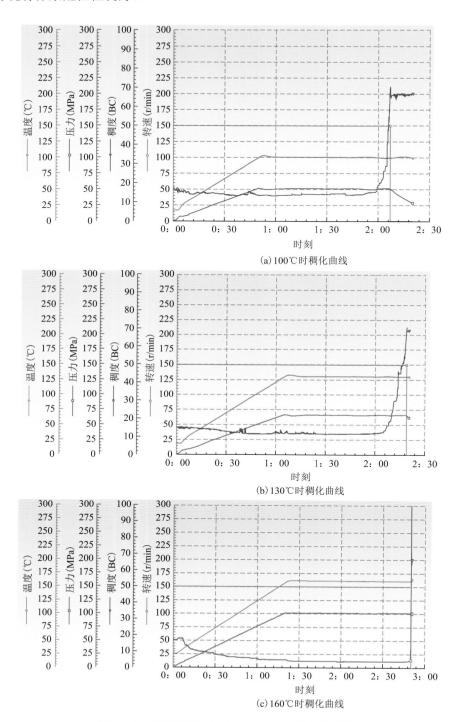

图 4.3.3　不同温度下加有 SCF 的水泥浆稠化曲线

（3）降失水剂 SCF 对水泥环强度影响评价。将制备好的未加降失水剂的净浆和加有不同量 SCF 的水泥浆在 90℃下养护 24h 后测定水泥环的抗压强度，结果如表 4.3.3 所示。可以看出，在水泥浆中加入降失水剂 SCF 对水泥环的抗压强度影响不大，随着 SCF 加量的增加水泥环抗压强度略有下降，但满足水泥环强度要求。

表 4.3.3　不同 SCF 加量下的水泥抗压强度

温度（℃）	SCF 加量（%）	抗压强度（MPa）
90	0	25.1
90	3	24.3
90	4	22.7
90	6	20.3

2）温度广谱型缓凝剂研发

A. 硅酸盐油井水泥水化机理

硅酸盐油井水泥熟料是一种不稳定的多组分固溶体。它主要由四种矿物成分组成，分别为铝酸三钙 [$3CaO·Al_2O_3$（C_3A）]、硅酸三钙 [$3CaO·SiO_2$（C_3S）]、硅酸二钙 [$2CaO·SiO_2$（C_2S）] 和铁铝酸四钙 [$4CaO·Al_2O_3·Fe_2O_3$（C_4AF）]。这四种矿物组分具有不同的水化活性，产生的水化产物也有差异。了解硅酸盐水泥熟料各组分的水化过程和特点对利用或改变水泥的某些性能具有十分重要的意义。

（1）C_3A 的水化。国内外学者对 C_3A 水化过程的大量研究表明，C_3A 在遇到水后能立即在其表面形成一种凝胶状粒子，这种粒子具有六边形特征。这种凝胶粒子的主要成分有 $4CaO·Al_2O_3·19H_2O$（C_4AH_{19}）、$2CaO·Al_2O_3·8H_2O$（C_4AH_8）和 $4CaO·Al_2O_3·13H_2O$（C_4AH_{13}），这几种矿物都是六方片状晶体。C_4AH_{19} 容易失去部分水分成为 C_4AH_{13}。

硅酸盐水泥熟料中的 C_3A 实际上是在有 $Ca(OH)_2$ 和石膏存在的条件下进行水化的。在石膏和 $Ca(OH)_2$ 存在的条件下，C_3A 虽然开始很快水化成为 C_4AH_{13}，但它会紧接着与石膏发生反应生成三硫型水化硫铝酸钙（AFt），俗称钙矾石。当石膏消耗完后水泥浆中还有 C_4AH_{13} 时，其又可以继续和生成的钙矾石反应生成单硫型水化硫铝酸钙（AFm）。

硅酸盐水泥熟料水化的过程中，C_3A 的水化速度是最快的，也是最难控制的一组矿物组分。

（2）C_3S 的水化。C_3S 是硅酸盐水泥熟料中含量最多的组分，它的水化对硅酸盐水泥硬化具有很重要的影响。C_3S 的水化产物的化学组成不固定，它会随着反应环境的改变而不同，此外其形态也不固定，通常称为"C-S-H 凝胶"。

通常把 C_3S 的水化过程分成五个阶段，如图 4.3.4 所示，分别为：Ⅰ 诱导前期、Ⅱ 诱导期、Ⅲ 加速期、Ⅳ 减速期和 Ⅴ 稳定期。

①诱导前期。诱导前期是在水泥熟料与水混合后几分钟之内的时间。在此时间内，无水 C_3S 遇水迅速开始水化，放出大量的热。此外在无水 C_3S 表面形成一层 C-S-H 凝胶的水化层。

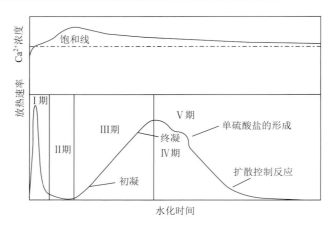

图 4.3.4　C_3S 水化放热速率和 Ca^{2+} 浓度变化曲线

　　由于上述反应，C_3S 周围的溶液在短时间内变成过饱和的 C-S-H 凝胶溶液，并有 C-S-H 胶质沉淀产生，同时这层沉淀在 C_3S 与凝胶的界面处浓度最高。此外，在此期间，$Ca(OH)_2$ 的浓度也在增加，并且随着水化反应的进一步进行而增加，直到过饱和为止。

　　②诱导期。C_3S 在诱导期的水化明显较弱，放热速率明显降低。在此期间多余的 C-S-H 胶质慢慢沉淀，Ca^{2+} 和 OH^- 浓度继续增加，当达到临界饱和度时开始析出 $Ca(OH)_2$ 晶体沉淀。此后 C_3S 的水化反应明显加快，说明诱导期结束。一般在一定温度下，C_3S 的诱导期可以持续几个小时，这也是硅酸盐水泥浆体能保持塑性的重要原因。硅酸盐水泥的初凝时间基本上相当于诱导期结束的时间。

　　研究者对 C_3S 的早期水化进行了大量深入的研究，对 C_3S 水化诱导期的开始以及终止的原因提出了一些理论，这些理论主要有双电层理论、保护膜理论、边界层反应理论、晶格缺陷理论以及成核理论(表 4.3.4)。

表 4.3.4　硅酸盐水泥水化诱导期开始与结束的几种理论

	理论	描述
诱导期开始	双电层理论	由于 C_3S 的不一致溶解，在其表面形成富硅层，从而使表面产生双电层
	保护膜理论	C_3S 刚开始溶解，早期形成的 C-S-H 水化产物在粒子周围产生一种保护膜，阻止 C_3S 进一步水化
	边界层反应理论	由于 C_3S 的不一致溶解，随着溶液中 Ca^{2+} 和 OH^- 浓度继续增加，水化速率逐渐降低
	晶格缺陷理论	反应物粒子晶格缺陷的数目决定 C_3S 水化的速率及其诱导期的长短
诱导期结束	$Ca(OH)_2$ 成核理论	$Ca(OH)_2$ 的成核及生长是影响 C_3S 诱导期终止的必要条件
	C-S-H 成核理论	C-S-H 的成核及生长控制着反应速率

　　③加速期和减速期。当诱导期结束时，只有很少一部分 C_3S 发生了水化。加速期的水化速率随时间增加而增大，当达到第二放热峰顶时加速期结束进入减速期，此时水泥开始硬化。在这两个阶段，溶液中析出 $Ca(OH)_2$ 晶体，C-S-H 凝胶充满整个空间，水化物生长成空间网络结构，使体系开始形成强度。随着水化反应继续进行，水化产物会填

充整个三维网络空间降低孔隙率，最终阻碍各种水和离子通过 C-S-H 凝胶层。

④稳定期。当水化反应进入稳定期后，由于 C-S-H 凝胶形成致密结构，其各种离子流动的速率很慢，导致水化速率不断降低，水化产物的空间网状结构越来越致密，水泥的强度也不断增大。在此期间的各种反应基本趋于稳定。

(3)硅酸二钙和铁铝酸四钙的水化。硅酸二钙和铁铝酸四钙的水化过程跟硅酸三钙的水化过程相似，但比铝酸三钙的水化速率慢很多。

B. 油井水泥缓凝剂作用机理

关于缓凝剂的作用机理，有四种理论概述：①吸附理论，即缓凝剂吸附于水泥水化产物表面，降低水泥颗粒水化速度；②沉淀理论，即缓凝剂和液相中离子反应生成沉积于水泥颗粒表面的膜结构，降低水泥颗粒水化速度；③成核理论，即缓凝剂吸附于水化产物的微核上阻碍它进一步生长；④络合理论，即缓凝剂络合 Ca^{2+}，阻止核形成。综合四种理论可以看出，以吸附理论为基础的缓凝剂(如人工合成聚合物降失水剂)和水泥中其他助剂会存在"吸附与解吸附"的竞争关系，往往造成助剂间的配伍性差；以沉淀理论为基础的缓凝剂往往性能不稳定；水泥的水化过程相对多变，造成以成核理论为基础的缓凝剂设计机理复杂，难以获得理想的目标化合物；络合理论，具有更广泛的适用性，适合作为缓凝剂的开发依据。

以络合理论为依据，结合上述水泥水化机理分析，可以看出：①铝酸三钙和硅酸三钙的水化速率最快，是缓凝剂的主要作用对象。铝酸三钙和硅酸三钙的水化过程中，Ca^{2+}起到了关键性作用，能有效抑制 Ca^{2+}浓度，是缓凝剂的重要成分；②硅酸三钙是硅酸盐水泥熟料中含量最多的组分，它的水化对硅酸盐水泥硬化具有很重要的影响。延长硅酸三钙水化的诱导期，能够有效调节水泥稠化时间，而 Ca^{2+}浓度在这一过程中起到了关键性作用。可以看出，如何有效控制 Ca^{2+}浓度，是缓凝剂发挥作用的关键。以纯水泥和加入缓凝剂的 Ca^{2+}浓度变化(图 4.3.5)为例说明这一原理。纯水泥浆 Ca^{2+}水化初始，浓度在 $300\sim500mg/L$，然后随着 C-S-H 凝胶形成会有一定降低，然后又迅速增加；加入缓凝剂能保持 C-S-H 凝胶形成后的低位 Ca^{2+}浓度。

分析图 4.3.5 可得到如下结论：①有效控制水泥浆中的 Ca^{2+}浓度，是成功延长水泥浆稠化时间的关键；②合适的分子结构、适当的分子大小，是有效控制缓凝剂对 Ca^{2+}的抑

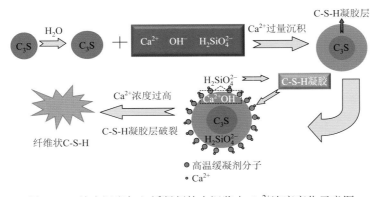

图 4.3.5　纯水泥和加入缓凝剂的水泥浆中 Ca^{2+}浓度变化示意图

制与解抑制的关键，而这将影响缓凝剂的温差适用性；③分子中吸附基团的电性、种类及分子的空间结构是决定缓凝剂分子耐温性能的主要因素。

缓凝剂种类较多，按其化学成分可分为无机缓凝剂和有机缓凝剂两大类。其中无机缓凝剂包括磷酸盐、锌盐、硼酸盐、氟硅酸盐等；有机缓凝剂包括木质素磺酸及其盐、羟基羧酸及其盐、有机膦酸及其盐、糖类及碳水化合物类、合成聚合物等。其中油田常用的无机缓凝剂为氧化锌(ZnO)及锌盐($ZnSO_4$)，通常与木质素磺酸钙、铁铬盐、磺甲基丹宁、酒石酸等缓凝剂复合使用。该类缓凝剂虽然高温稳定、析水量少、价格便宜，但会一定程度上牺牲水泥浆流动度，施工过程施工压力稍高，但不影响固井施工的正常进行。

常用的有机缓凝剂中的羟基羧酸及其盐类。羟基羧酸的分子结构中带有羟基官能团和羧基官能团，它们具有很强的缓凝能力。其中酒石酸、柠檬酸以及苹果酸对温度敏感性强，缓凝作用非常明显，使用温度可高达 250～280℃，满足深井、超深井固井施工的要求；但是当掺量相差万分之几时，可使凝结时间相差一倍以上，并且有一定的浓度使用范围(此范围以下产生速凝)，因此对掺量要求十分严格，必须通过稠化模拟试验找准用量。此类缓凝剂还能改善水泥浆的流动性能，对水泥环抗压强度没有明显的影响，但可以使水泥浆的沉降稳定性变差。其缓凝机理主要是：缓凝剂吸附在水泥颗粒的表面，降低水泥的溶解和水化速度，其阴离子与 Ca^{2+} 形成微溶性沉淀，因而降低了水泥浆中的 Ca^{2+} 浓度从而导致缓凝。

葡萄糖酸、葡庚糖酸及其盐类。这类缓凝剂以葡庚糖酸及其盐类缓凝效果最佳，葡庚糖酸的七元环赋予了它特殊的性能，对温度的敏感性小、稠化时间易调节、水溶性好；但是它的合成较难，通过加氰反应来完成增碳，生产条件苛刻、工艺复杂、成本高。

有机膦酸(盐)的优点是具有优异的水解稳定性，对水泥组分的细微变化不敏感，且有助于降低高密度水泥浆的黏度，耐盐耐高温性能好。有机膦酸(盐)类缓凝剂的作用机理可能是：①表面吸附机理，有机膦酸(盐)类缓凝剂中的 C—P—O 键是一种强电子配位体，具有很强的吸附能力，吸附在水泥颗粒表面，抑制水泥颗粒凝聚，从而起到缓凝作用；②螯合机理，有机膦酸(盐)类缓凝剂对水泥中的 Ca^{2+}、Al^{3+} 等具有很强的螯合作用，通过螯合，减少了水泥浆液相中的 Ca^{2+}、Al^{3+} 浓度，从而减缓了水泥水化过程。

目前，合成高分子类缓凝剂成为各国研究人员竞相开发的重点，通过合适的分子结构设计具有一些天然材料或小分子材料无法比拟的特点，具有更宽的温度适用范围，更好的水泥浆配伍性，且对水泥环强度发展无副作用，是未来缓凝剂发展的主要方向。

通过缓凝剂的作用机理调研，采用对 Ca^{2+} 的络合理论为依据，设计温度广谱型油井水泥缓凝剂。主要考虑缓凝剂分子要有以下特点：①有效并持续抑制水泥浆体相中 Ca^{2+} 浓度；②能够适时释放 Ca^{2+} 或者适时失效；③能够耐高温；④低温时也能适时失效，不影响水泥环强度发展，满足大温差使用。

依据以上设计方案，最终选择对钙离子有强络合力的有机羟基羧酸小分子为 Ca^{2+} 络合主剂，以多糖大分子为浆体稳定主剂，将两种化合物进行有效化学交联获得缓凝剂 SCR。

C. 温度广谱型缓凝剂性能评价

为考察缓凝剂 SCR 的主要性能，以基浆配方为基础，考察 SCR 在不同加量、温度下的稠化时间及强度发展。

基浆配方：G 级水泥 + 35%硅粉（>110℃时） + 4%降失水剂 DZJ + 缓凝剂 SCR + 0.2%分散剂 DZS + 44%水。

(1)缓凝剂 SCR 不同温度下缓凝效果评价。室内评价缓凝剂在不同温度下的稠化时间变化，结果见表 4.3.5。

表 4.3.5　不同温度和 SCR 加量的稠化时间

温度(℃)	压力(MPa)/升温时间(min)	SCR 加量(%)	稠化时间(min)
70	40/40	1.0	130
100	70/50	2.0	157
120	75/60	2.75	310
150	95/70	4.0	288
170	90/65	4.5	341

从表 4.3.5 可知，缓凝剂 SCR 在 70～170℃范围内可有效地调节水泥浆稠化时间，说明该缓凝剂具有良好的耐温性能，适用温度范围广，且随温度增加，缓凝剂加量规律性较为明显，有利于现场操作。由图 4.3.6 可以看出，水泥浆稠化曲线平稳，无起台阶、鼓包现象，表明缓凝剂 SCR 与现有水泥浆外加剂配伍性较好，可作为通用外加剂使用。

(2)缓凝剂 SCR 加量敏感性评价。现场操作中，缓凝剂加量精确控制较为困难，因此缓凝剂缓凝效果随加量的敏感性直接关系到现场操作方便程度。因此，室内评价了缓凝剂 SCR 在 100℃和 150℃两个温度点下的加量敏感性，结果如图 4.3.6 所示。

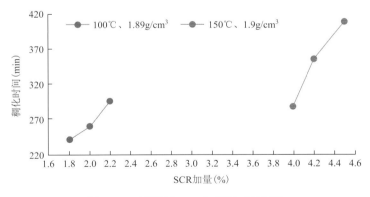

图 4.3.6　缓凝剂 SCR 加量敏感性评价

由图 4.3.6 可知，稠化时间与 SCR 加量间存在较好的线性关系，能够便捷地调配不同稠化时间的水泥浆体系，便于现场操作。

(3)缓凝剂 SCR 对水泥环强度影响评价。通常情况下，随着缓凝剂加量增加，稠化时间增长，水泥环强度发展越晚，甚至出现超缓凝问题。室内评价了缓凝剂 SCR 对 72h 水泥环强度的影响，结果见表 4.3.6。

表 4.3.6　缓凝剂 SCR 对水泥环强度的影响

稠化温度(℃)	稠化时间(min)	养护温度(℃)	温差(℃)	强度(MPa)
70	136	20	50	29.6
100	260	20	80	27.1
120	310	20	100	22.6
120	310	50	70	27.5
150	288	50	100	21.3
150	288	80	70	24.2
170	340	100	70	26.4

由表 4.3.6 可知，缓凝剂 SCR 满足 70～170℃ 范围内稠化时间调整要求，且在 100℃温差下 72h 水泥环顶部强度＞21MPa，说明缓凝剂 SCR 适应大温差固井作业，能够满足深井、超深井或长封固段固井作业需求。

(4)缓凝剂 SCR 对水泥浆失水的影响评价。室内评价了缓凝剂 SCR 对降失水剂 DZJ-Y(以 AMPS 为主体的合成聚合物降失水剂)控制失水及析水的影响，结果见表 4.3.7。

表 4.3.7　失水性能

温度(℃)	密度(g/cm³)	SCR 加量(%)	DZJ-Y 加量(%)	失水量(mL)
100	1.90	2.0	4	38
120	1.90	3.0	6	36
150	1.90	4.0	7	46

由表 4.3.7 可知，缓凝剂 SCR 的加入不影响现有降失水剂 DZJ-Y 的失水控制情况，与降失水剂 DZJ-Y 的配伍性良好。

3. 大温差微膨胀水泥浆性能评价

1) 防窜能力测试方法

国内外常用的水泥浆防气窜性能评价方法有水泥浆性能系数(SPN)法、水泥浆性能响应系数(SRN)法、修正的水泥浆性能系数(SPN_x)法等，SPN_x 法可较好地反映水泥浆胶凝强度发展特性和失水对气体入侵浆体的影响，且数据容易得到，现场操作方便，是应用较普遍的评价水泥浆防气窜性能的方法。其表达式如下：

$$SPN_x = \frac{Q_{30}\left(\sqrt{t_{100BC}} - \sqrt{t_{30BC}}\right)}{\sqrt{30}} \tag{4.3.1}$$

式中：SPN_x 为修正的水泥浆性能系数；Q_{30} 为水泥浆 API 滤失量(应小于 50mL)，mL；t_{100BC}、t_{30BC} 分别为水泥浆稠度为 100BC 和 30BC 时的实验时间，min。

SPN_x 评价标准为：SPN_x 值小于 3 时，防气窜性能强；SPN_x 值为 3～6 时，防气窜性能中等；SPN_x 值大于 6 时，防气窜性能差。

2) 水泥浆性能评价

对上述水泥浆进行性能评价,其综合性能见表 4.3.8,具有流动性好、失水量小、零析水、强度发展快等特点。通过在不同的循环温度养护后测试顶部静胶凝强度,模拟施工过程中水泥浆在井下的情况,确保该水泥浆体系在不同的大温差下,既保证水泥浆在经过井底高温时有足够的稠化时间,又保证水泥浆在顶替到井眼上部地层后,在低温下水泥环强度发展满足施工设计要求,数据见表 4.3.9。

表 4.3.8　大温差防气窜水泥浆性能

性能参数		数值
密度(g/cm³)		2.15
失水量(mL)(7MPa,30min)		45
72h 顶部(80℃、21MPa)抗压强度(MPa)		14.2
初始稠度(BC)		15
稠化时间(min)(温度 130℃,压力 72MPa,升温时间 35min)		398
过渡时间(min)		3
流动度(cm)		21
自由水(mL)		0
液固比		0.32
密度差率(%)		0.46
流变参数	流性指数	0.96(20℃)/0.90(93℃)
	稠度系数	0.31(20℃)/0.33(93℃)
初/终切力(Pa)		6/30

表 4.3.9　大温差防气窜水泥浆体系不同温差下的顶部抗压强度

循环温度(℃)	顶部温度(℃)	上下温度差(℃)	稠化时间(min)	抗压强度(MPa)	
				48h	72h
110	80	30	564	14.8	17.7
130	80	50	398	14.3	16.9
150	80	70	203	13.1	15.9

由表 4.3.10 可知,该水泥浆体系过渡时间短,性能系数 SPN 值较小,水泥浆防气窜能力较强。通过测量体积收缩率,结合过渡时间来计算 SPN 值,评价水泥浆的防气窜性能。

表 4.3.10　防气窜性能评价

防气窜关键性能参数	数值
SPN 值	1.17
130℃过渡时间(min)	5

　　水泥环的抗压强度、弹韧性等性能关系着后期水泥环的防气窜能力。水泥环的杨氏模量和泊松比测试结果(表4.3.11)表明，抗压强度、弹性模量都能够满足防气窜的要求(图4.3.7、图4.3.8)。

表 4.3.11　大温差防气窜水泥浆性能测试

性能参数	数值
杨氏模量(GPa)	5.947
泊松比	0.399
三轴抗压强度(围压＋差应力)(MPa)	20＋9.55

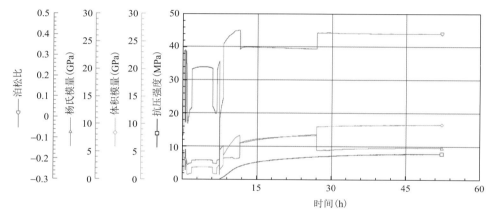

图 4.3.7　大温差防气窜水泥浆 130℃、20.7MPa 下水泥环力学性能参数测试图

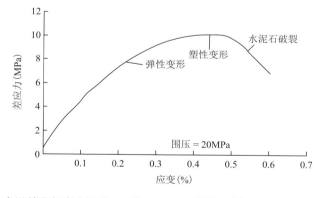

图 4.3.8　大温差防气窜水泥浆 130℃、10MPa 养护后水泥环三轴抗压强度测试图

4.3.3　抗高温纳米液硅胶乳防腐防窜水泥浆

1. 水泥浆体系设计思路

　　根据固井面临的高温、防气窜等难题，尾浆设计液硅胶乳复合防腐防窜双功能水泥浆体系，并配套固井工艺技术，提高水泥环对地层的长效封隔能力。

胶乳是用于描述一种苯乙烯-丁二烯乳化聚合物的通用名称，其胶粒的粒径为 0.05～0.5μm，大多数乳胶悬浮液含有大约 50%的固相。在水泥浆中加入胶乳，利用形成的聚合物膜或滤饼降低渗透率，阻止气窜，增强与套管、岩石壁界面的胶结能力，阻止界面气窜，同时胶乳在孔隙中聚集成聚合物薄膜桥接，阻止酸性气体的侵入，同时胶乳类聚合物改变了水化产物 $Ca(OH)_2$ 的微观形貌，使 $Ca(OH)_2$ 不再堆积成叠片状，不易被腐蚀。

纳米液硅的加入可填充水泥水化产生的孔隙，降低水泥环的孔隙度和渗透率，使水泥环更加致密，减缓酸性气体的扩散和渗透，达到控制酸性气体腐蚀的目的。同时充分利用液硅的触变性、阻滞性，阻止气体的侵蚀，可防止或减小水泥浆气侵。

所构建的液硅胶乳复合防腐防窜水泥浆体系主要由 G 级水泥、硅粉、防腐剂、降失水剂、胶乳、稳定剂、分散剂、高温缓凝剂、抑泡剂等组成。

2. 水泥浆体系及常规性能

结合高温水泥环防衰退技术、抗高温防气窜剂、抗高温缓凝剂及其他外加剂，开发出纳米液硅胶乳防腐防窜水泥浆体系，其基本性能见表 4.3.12。

表 4.3.12　纳米液硅胶乳防腐防气窜水泥浆体系基本性能

配方	密度 (g/cm³)	7.0MPa 下温度(℃)	API 滤失量 (mL/30min)	自由水 (mL)	流动度 (cm)	稠化(过渡)时间(min)	流变参数	
							流性指数	稠度系数
1	1.88	150	32	0	20	318(3)	0.88	0.21
2	2.05	140	34	0	20	386(2)	0.84	0.32
3	2.10	150	32	0	20	213(3)	0.66	1.32
4	2.20	140	46	0	20	392(2)	0.83	0.48

水泥浆配方如下。

配方 1：G 级水泥 + 60%复合硅粉 + 1.0%SFP-2 + 2.0%DZJ-Y + 0.5%SCD + 10%DC200 + 1% SD-1 + 10% SCMS + 2.8%SCRH + 1.2%DZX + 65%水灰比。

配方 2：G 级水泥 + 60%复合硅粉 + 40%加重材料 + 1.5%SFP-2 + 1.8%DZJ-Y + 0.8%SCD + 10% DC200 + 1.2%SD-1 + 10%SCMS + 4.2%SCRH + 1.2%DZX + 67%水灰比。

配方 3：G 级水泥 + 60%复合硅粉 + 50%加重材料 + 1.0%SFP-2 + 1.8%DZJ-Y + 0.7%SCD + 10% DC200 + 1.2%SD-1 + 6%SCMS + 2.5%SCRH + 1.2%DZX + 70%水灰比。

配方 4：G 级水泥 + 60%复合硅粉 + 75%加重材料 + 3%MSi + 1%SFP-2 + 3%DZJ-Y + 8% SCMS + 10%DC200 + 1%SD-1 + 1%DZX + 2.5%SCRH + 85%水。

从表 4.3.12 可以看出，纳米液硅胶乳防腐防气窜水泥浆体系的密度为 1.88～2.20g/cm³，流变性好，适应最高温度为 150℃，在高温条件下 API 滤失量可控制在 32mL，稠化时间可调。

3. 水泥浆现场适应性分析

在模拟固井现场入井水泥浆密度波动、井底预测温度误差和配浆水陈化状况下，室内评价了纳米液硅胶乳防腐防气窜水泥浆体系密度高点、温度高点和配浆水陈化对稠化(过渡)时间的影响，结果见表 4.3.13，稠化时间如图 4.3.9 所示。

表 4.3.13　纳米液硅胶乳防腐防气窜水泥浆体系稠化实验

密度 (g/cm³)	实验条件	稠化(过渡)时间(min)
1.88	150℃×110MPa×70min	318(3)
1.92	150℃×110MPa×70min	255(2)
1.88	155℃×110MPa×70min	225(3)
1.88	145℃×110MPa×70min	391(2)
1.88	150℃×110MPa×70min	315(3)

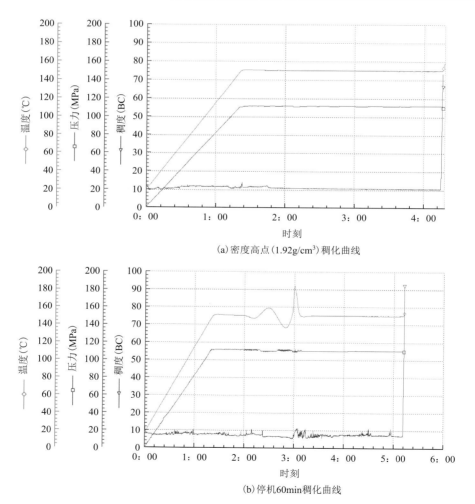

(a)密度高点(1.92g/cm³)稠化曲线

(b)停机60min稠化曲线

图 4.3.9　配方 1 纳米液硅胶乳防腐防气窜水泥浆体系稠化曲线

由表 4.3.13 和图 4.3.9 可知，配方 1 纳米液硅胶乳防腐防气窜水泥浆体系稠化曲线均呈直角稠化；水泥浆密度变化对水泥浆稠化时间有一定的影响，影响 60min 左右；温度变化对水泥浆影响比较大，温度升高或降低 5℃，水泥浆稠化时间缩短 90min 左右；停机对水泥浆流动性影响较小，过程中短暂停止作业不会影响后续施工。

4. 水泥浆体系老化水实验

通过长期放置实验表明，配浆水放置 9d 均无沉淀和破乳等现象发生（表 4.3.14）。配浆水中的胶乳只会产生重力分层，整个配浆水的流动性很好。老化后的稠化时间缩短幅度小，稠化曲线平稳，表明水泥浆体系配浆水的抗老化能力较强。

表 4.3.14　配浆水老化放置的物理状态

配浆水放置时间(d)	配浆水状态	评价
1	配浆水上下均匀，无沉淀、无破乳	配浆水稳定
3	配浆水有少量的析水、分层，但无沉淀、无破乳	配浆水稳定
5	配浆水有少量的析水、分层，但无沉淀、无破乳	配浆水稳定
7	配浆水有析水、分层，但无沉淀、无破乳，摇晃后均匀，流动性好	配浆水稳定
9	配浆水有析水、分层，但无沉淀、无破乳，摇晃后均匀，流动性好	配浆水稳定

5. 水泥浆防气窜性能评价

由表 4.3.15 可以看出，不同密度的纳米液硅胶乳防腐防气窜水泥浆体系的 SPN 值均小于 1，显示出优异的防气窜性能。

表 4.3.15　纳米液硅胶乳防腐防气窜水泥浆体系基本性能

配方	密度 (g/cm³)	稠化(过渡)时间(min)	SPN 值
1	1.88	318(3)	0.49
2	2.05	386(2)	0.32
3	2.15	213(3)	0.61
4	2.20	392(2)	0.43

6. 水泥环力学性能评价

纳米液硅胶乳防腐防气窜水泥浆形成的水泥环具有较低的弹性模量(6.90GPa)，说明水泥环具有较好的弹韧性，可满足后期作业要求。由表 4.3.16 可知，水泥环本体渗透率极低($0.12 \times 10^{-5} \mu m^2$)，可有效抑制后期气窜和防止水泥环被酸性气体腐蚀。

表 4.3.16　水泥环力学性能

密度 (g/cm³)	上下密度差 (g/cm³)	抗压强度 (MPa)	渗透率 (10⁻⁵μm²)	弹性模量 (GPa)
1.88	0	32.6	0.12	6.5
2.10	0.01	27.8	0.18	6.9

7. 膨胀收缩特性测试

从图 4.3.10 可以看出，纳米液硅胶乳防腐防气窜水泥浆的膨胀收缩规律，水泥浆在高温膨胀收缩测试仪釜体升温至 130℃时，用时 80min，200mL 水泥浆体受热膨胀作用，忽略此过程的水化收缩，膨胀率为 5.37%，此时水泥浆的体积为 210.74mL；当静胶凝强度发展达到 240Pa 时，用时 221min，此时水泥浆相对于升温前的体积膨胀率为 4.95%，此时水泥浆体积为 209.90mL；当压强曲线达到 3.5MPa 时，用时 308min，相对于初始状态时的膨胀率为 3.56%，水泥浆体积为 207.12mL，7d 时，测试到釜体内的膨胀率为 1.81%，形成的水泥石体积为 203.62mL。

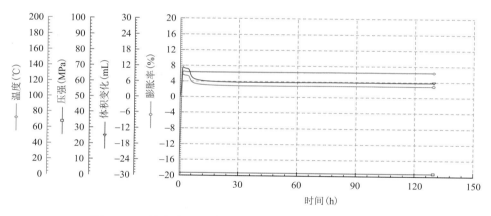

图 4.3.10　纳米液硅胶乳防腐防气窜水泥浆的膨胀收缩曲线

由上面的数据计算纳米液硅胶乳防腐防气窜水泥浆在流态阶段、塑态阶段、固态阶段的收缩率，结果见表 4.3.17。

表 4.3.17　纳米液硅胶乳防腐防气窜水泥浆收缩率

阶段	体积 (mL)	阶段结束时累积收缩率 (%)	阶段收缩率 (%)	各阶段收缩占总收缩比例 (%)
升温阶段	210.74	—	—	—
流态阶段	209.90	0.40	0.40	11.8
塑态阶段	207.12	1.72	1.32	39.1
固态阶段	203.62	3.38	1.66	49.1

实验范围内，水泥浆的总收缩率为 3.38%。流态、塑态、固态阶段水化反应造成

的收缩率分别为 0.40%、1.32%、1.66%，分别占总收缩比例为 11.8%、39.1%、49.1%。1.88g/cm³ 密度的水泥浆总收缩率由 3.88% 降低到了 3.38%，其体积膨胀率为 0.50%。

8. 水泥环密封性评价

采用分段压裂等增产措施，水泥环需具备较好的弹韧性，以抵抗分段压裂过程中井筒内流体对水泥环的冲击力。利用耐高压水泥环密封完整性测试装置，模拟分段压裂过程中流体对水泥环的交变冲击载荷，评价耐高温防腐防窜水泥环的长效密封完整性。普通水泥环 75MPa 交变应力循环 1 次后，水泥环即失效，出现气窜。胶乳耐高温防腐防窜水泥环在 90MPa 交变应力下循环 32 次，水泥环及第一、二界面均保持良好密封，无气窜，说明该水泥浆体系可以保证压裂过程中水泥环的长效密封完整性。

9. 水泥石腐蚀评价实验

采用先成型后腐蚀的试验方法，按照《油井水泥试验方法》（GB/T 19139—2012）的要求，根据各个配比配制水泥浆，将浆体分别装入 40mm×40mm×160mm 的试模。然后放入高温高压养护釜中养护 72h，养护温度为 80℃，压力为 20MPa。至规定时间取出试样，利用取心钻在长方体试块上取出直径 25mm 的圆柱形试样，保持试样上下两端面相互平行并与侧面垂直。

将已制备好并编号的水泥试块及自来水放入高温高压酸性气体腐蚀实验装置中，密封好后，通入腐蚀介质升温至试验温度，保持酸性介质压力，随时观察压力变化，及时补充腐蚀介质。试样没入水中并持续搅动。腐蚀龄期分别为 7d、28d 时取出。利用 CMS-300 型覆压孔渗测试仪，测试腐蚀前后各试样的渗透率；利用力学试验机测试腐蚀前后水泥石的抗压强度。利用 JSM-7200F 型环境扫描电镜观测腐蚀前后各试样的微观形貌。

为了有效评价纳米液硅胶乳防腐防气窜水泥浆的防腐性能，采用两倍川西海相 H_2S/CO_2 分压条件进行实验，模拟井下环境（150℃×2MPa H_2S×4MPa CO_2），开展了 28d H_2S-CO_2 联合腐蚀实验。室内对比常规、胶乳（10%）、液硅胶乳（10%＋8%）水泥浆体系，测试酸性气体复合腐蚀后水泥石的渗透率、抗压强度和微观结构，实验结果见表 4.3.18。

表 4.3.18　水泥石防腐性能评价测试结果

体系	腐蚀周期 (d)	强度（MPa）			渗透率 k（$10^{-5}\mu m^2$）		
		腐蚀前	腐蚀后	变化(%)	腐蚀前	腐蚀后	变化(%)
常规	28	38.7	21.1	↓45.5	0.326	0.640	↑96.3
胶乳	28	31.6	25.7	↓18.7	0.259	0.344	↑32.8
液硅胶乳	28	34.1	30.4	↓10.9	0.126	0.138	↑9.5

实验结果表明，H_2S-CO_2 联合腐蚀作用强于任何单一腐蚀作用。腐蚀前，不加任何防腐材料的常规水泥石的抗压强度下降最明显；加入胶乳，可以降低水泥石渗透率，具有延缓水泥石腐蚀速率的作用；对于胶乳和纳米液硅复合体系，液硅的加入可以填充水泥水化产生的孔隙，降低孔隙度和孔隙的连通性，减小渗透率，增加水泥石的强度。强度

损失率最小，为 10.9%。对于渗透率的变化，常规浆渗透率增加了 96.3%，腐蚀后内部结构疏松、粉化，产物主要为碳酸钙、石膏等，胶乳、液硅胶乳复合水泥石腐蚀后渗透率分别增加了 32.8% 和 9.5%。液硅胶乳复合可以起到很好的防腐效果。

利用扫描电镜观测的腐蚀后水泥石的微观形貌如图 4.3.11 所示。图 4.3.11(a) 为未被腐蚀的常规水泥石的微观形貌，可以看出含有大量叠片状的 $Ca(OH)_2$。常规水泥石中，$Ca(OH)_2$ 在较大的孔隙中生成，堆积排列，易于被腐蚀。图 4.3.11(b) 为未被腐蚀胶乳水泥石的微观形貌，水泥水化过程中，胶乳中的胶粒逐渐沉淀，聚集在水泥水化产物表面并形成薄膜，呈大量绒状的物质结构，且 $Ca(OH)_2$ 晶体形貌不再紧密堆积呈叠片状，而是松散成薄片状。水泥产物表面被胶粒薄膜覆盖，阻止了 CO_2 的渗透，不易被腐蚀。图 4.3.11(c) 为未被腐蚀的液硅胶乳水泥石的微观形貌，可以看出水泥石结构非常致密，酸性气体不易渗透，可阻止腐蚀进展，且观测不到大量的更易被腐蚀的片状 $Ca(OH)_2$，腐蚀程度较低。

(a)常规水泥石未被腐蚀层　　　　(b)胶乳水泥石未被腐蚀层　　　　(c)液硅胶乳水泥石未被腐蚀层

图 4.3.11　腐蚀水泥石微观形貌

腐蚀油井水泥石是逐渐扩散和渗透的过程，降低水泥石的渗透性，增强水泥石的致密性，可减缓酸性气体的腐蚀进程。通过上述评价实验，加入纳米颗粒填充孔隙，使得水泥石变得更加密实，达到控制酸性气体腐蚀的目的。胶乳类聚合物在水泥水化产物表面成膜，可阻止气体渗透，降低腐蚀程度。因此防止酸性气体腐蚀水泥石的控制方法如下。

(1)降低水泥石的孔隙度和渗透率，使水泥石更加致密，减缓酸性气体的扩散和渗透，达到控制腐蚀的目的。采取的方法如降低油井水泥浆的水灰比，减少了水泥水化产生的孔隙；油井水泥浆中掺入胶乳、纳米液硅等含有微小粒径颗粒的材料，填充水泥水化产生的孔隙。

(2)油井水泥浆中掺入胶乳等聚合物，其析出后在水泥水化产物表面成膜，阻止酸性气体的侵入，可控制腐蚀。同时胶乳类聚合物改变了 $Ca(OH)_2$ 的微观形貌，使 $Ca(OH)_2$ 不再堆积成叠片状，不易被腐蚀。

(3)防止钙流失，掺入火山灰质材料，与更易被腐蚀的水化产物 $Ca(OH)_2$ 发生火山灰反应，消耗一定量 $Ca(OH)_2$，并生成更多的 C-S-H 凝胶，进一步填充孔隙，可降低酸性气体腐蚀程度。所选择的材料如纳米液硅、微硅和超细粉煤灰等，应具有三种不同的效应功能：活性效应、形态效应和微集料效应。材料中的活性组分可与 $Ca(OH)_2$ 发生反应。

产物具有高强度并能置换出微小孔隙中的水和填充孔隙，起微集料作用，提高水泥石的密实度。另外，材料还可选用具有堵塞作用的有机高聚物，用以堵塞微孔，抵抗有害物质的腐蚀，从根本上解决油井水泥的耐腐蚀问题。

4.4　超深水平井固井配套技术

4.4.1　套管安全下入技术

1. 管串结构优化

管串结构优化原则为：①使用有旁通孔的加长浮鞋；②浮鞋后使用短套管，加扶正器，尽可能使浮鞋居中以利于套管顺利下放；③采用内嵌式平衡液缸尾管悬挂器，不受开泵压力限制进行中途循环。

基本结构：加长浮鞋 + 短套管 1 根 + 套管 2 根 + 浮箍 + 套管 2 根 + 浮箍 + 套管 2 根 + 碰压座 + 套管串 + 平衡液缸尾管悬挂器 + 送放钻具。

采用专业的固井软件进行管串下入性分析，确保管串顺利到位；优选整体式弹性扶正器，并结合实际井眼轨迹情况，利用固井设计软件合理设计扶正器的安放位置，确保居中度。在"大肚子"及不规则井段必要时使用聚酯旋流刚性扶正器提高顶替效率，但其安放位置应避开漏层，防止因流动阻力过大压漏地层。

套管、悬挂器及所有送放钻具，包括配合接头及短钻杆，必须按照工具方要求，使用标准通径规通径，所有送放钻具及配合接头的内部水眼不允许有直角台阶。

2. 下套管技术措施

1) 下套管前准备

(1) 套管、工具的准备。

①套管到场后，组织对套管进行清洗丝扣、丈量、外观检查等，丈量套管后要复量套管；将合格套管按下井顺序进行编号，认真复查核对，确保入井管串正确无误。

②到场套管用符合标准的通径规逐根通径，钻井技术员负责检查丈量通径规，防止通径规直径磨小导致不合格套管入井，对不合格套管进行标识。

③到场短节、附件合扣。多备用短钻杆，以调节井口固井高度。送放钻具顺序记录清楚、摆放合理，应该与称重钻具一致。

(2) 设备准备。

①对提升系统等进行检查和整改。

②绑牢井架上的钻杆、钻铤，对天车、气动绞车、井架和底座、悬吊滑轮等润滑、固定、连接螺栓和销钉、钢丝绳磨损等情况进行检查保养。

③清理钻台，检查保养井口工具。

④对液压钳进行检查保养。

⑤对动力设备进行检查保养，确保下套管作业期间，设备运转正常。

⑥检查校验指重表。

(3)悬挂器地面组装与倒扣检查(按照悬挂器服务工程师要求操作)。

①将悬挂器放置于平坦、干净处，防止沙子或脏物进入工具内。

②卸松提升短节上的防砂罩。

③将回接筒套在提升短节上(注意无丝扣端对着防砂罩)。

④将提升短节与送入工具连好，上紧锁紧螺钉。

⑤做倒扣检查：松开背钳，将背钳打在密封外壳上，正转送入工具倒扣上接头，倒扣2～3圈，倒松后再以1000N·m扭矩反转上紧。

⑥将回接筒与密封总成壳体上端的扣上紧，扭紧防转动；建议用与悬挂器不同颜色的油漆在悬挂器上做好标记，防止提升短节与本体之间转动。

2)下套管作业要求

(1)认真保养、检查井口工具；套管队负责做好井口工具使用的技术指导，严禁因操作失误造成井口落物及井口人员受到伤害，由专门人员做好监督。

(2)严格按照入井编号顺序起吊，不得错号，逐根戴好护丝，防止损坏套管丝扣，提前在地面上对套管公扣涂抹螺纹脂，检查好绳子质量，套牢套稳。

(3)扣完吊卡后由外钳工负责检查吊卡锁销是否正常锁住，确认吊卡已扣好后，由外钳工负责指挥刹把操作者上提，刹把操作者控制好提升速度，确保操作平稳。

(4)由井口安全负责人负责卸套管护丝，对扣时不猛顿猛放。

(5)内外钳工对扣时扶正套管，扶正时脚不能正对套管公扣，手不能抓套管母扣，紧扣扭矩按规范要求执行，下井套管不得错扣和焊接。

(6)下套管过程中注意勤检查井口工具，套管内外严防落物。使用好配套工具，平稳操作套管钳，按套管上扣扭矩规定的最佳扭矩上扣，套管对扣和上扣注意保护丝扣，并控制上扣旋转速度，防止损伤丝扣。丝扣存在问题的套管，严禁入井。

(7)套管紧扣后，检查是否有余扣并记录。

(8)在下套管过程中钻井工程师与录井工程师核对好入井管串，录井人员在钻台记录入井套管，待套管下完后，立即清点场地剩余套管数量，核对准确已入井和场地剩余套管长度、数量。

(9)按照厂家的人员要求组装悬挂器，悬挂器一旦连接便禁止转动钻具。

(10)管串称重。

(11)送放钻具通径。要求井口人员、司钻管理好通径规，专人负责，通径规未出钻具，严禁将钻具推向井口，防止通径规落入钻具内或井内以及出现其他落物，严禁在母扣涂抹螺纹脂。游车上行，钻具及井口进行防落物保护，井口人员在通径规未投入钻具内以前撤至安全区，防止高空坠物伤人。

(12)下套管过程中，要求操作平稳，严禁猛提猛放；特别是送放过程中，若裸眼遇阻，最大遇阻吨位不能超过50kN。

(13)液面坐岗负责观察钻井液返出情况，认真核对返浆量，并做好记录，发现钻井液返出不正常时，及时报告。

（14）下套管期间加强设备检查，特别是提升系统、死活绳头等的检查，发现问题及时处理，在套管出裸眼前对设备进行全面的检查。

（15）套管下至预定井深后充分循环，先小排量顶通，顶通后每 10min 提排量 3L，直至固井设计排量，并观察记录立压变化，防止上提排量过快造成悬挂器位置堵塞憋漏地层，若出现憋堵现象，在安全拉力范围内活动管柱进行消除。

3）下套管注意事项

（1）严格控制下放速度。每根套管下放时间不能低于 0.5min，套管内送放钻杆的速度控制在 1.5min/柱，裸眼井段约 3min/柱，防止压力激动憋漏地层，避免返速过高的"大肚子"井眼内掉块脱落。

（2）准确记录送放尾管过程中的摩阻及悬重情况，严格按要求控制遇阻吨位在 50kN以内（不含摩阻），遇阻以上提为主，提离后接顶驱带泵缓慢下放试通过。

（3）在游车上行过程中采用专用灌浆泵灌浆，井口人员与灌浆人员做好配合，提高灌浆效率；将管线前端进行有效固定，防止憋泵伤人；专人坐岗监测，核实准确下套管过程中灌返浆量。送放时采用接顶驱，大泵及时灌浆。进入裸眼井段井口人员加强配合，避免静停超过 3min，灌浆过程中应缓慢下放，确保管串处于活动状态。

（4）尾管送放至快出套管鞋前循环一周，并替入同密度、低黏切钻井液（马氏漏斗黏度 52～55s）。

（5）送放钻具每一柱通径，未见通径规，严禁将钻具送至井口。最后一柱送放钻具带泵下放。

4.4.2　前置液技术

为有效分隔钻井液与水泥浆，保证施工安全，同时提高顶替效率和胶结质量，根据川西气田超深井钻井液性能特点，采用抗高温复合双效前置液体系。该体系分为两级隔离液，在一级隔离液保证有效隔离冲刷的基础上，二级隔离液调节流变性能，保证在施工排量下能达到紊流，提高顶替效率。

1. 一级抗污染隔离液

1）一级抗污染隔离液密度及流变性能

在配浆水中直接加入抗高温、抗污染隔离剂 XN-G 配制基液，常温下 XN-G 隔离液流变性能见表 4.4.1、表 4.4.2。

表 4.4.1　XN-G 隔离液在常温下的流变性能测定（一）

XN-G 比例（%）	不同转速档位下的黏度计读数						初切力（Pa）
	φ600	φ300	φ200	φ100	φ6	φ3	
1	36	24	18	13	2	1	1.5
1.5	54	37	26	16	4	3	2
2	74	52	40	26	6	4	3
3	120	88	72	51	12	9	9

注：档位 φ600 表示转速 600r/min，其他档位的转速依次类推。

表 4.4.2　XN-G 隔离液在常温下的流变性能测定(二)

密度(g/cm³)	XN-G 比例(%)	不同转速档位下的黏度计读数					
		φ600	φ300	φ200	φ100	φ6	φ3
1.7	2	144	91	71	40	12	6
1.8	2	171	108	88	56	13	7
1.9	2	198	123	100	64	15	7
2.0	1.5	221	136	108	71	17	8
2.1	1.5	250	152	113	69	18	9

在 XN-G 隔离液中加入不同量的重晶石(密度为 $4.0g/cm^3$),可配制出密度为 $1.1\sim2.5g/cm^3$ 的隔离液,实验室测定其常温及 93℃下的流变参数,结果见表 4.4.3~表 4.4.5。

由表 4.4.3~表 4.4.5 可以看出:

(1)利用隔离剂 XN-G 配制的隔离液密度范围宽,流变性能易于调节。

(2)常温下,随着 XN-G 隔离液密度的增加,隔离液的黏度呈明显的增加趋势。

(3)XN-G 隔离液在 93℃下的黏度变化趋势与常温下的一致,只是隔离液经过高温预制后,流动性增强,动切力和稠度系数均降低。

表 4.4.3　XN-G 隔离液在常温下的流变参数

密度(g/cm³)	塑性黏度(mPa·s)	动切力(Pa)	流性指数	稠度系数
1.7	53	19	0.66	0.70
1.8	63	22.5	0.66	0.83
1.9	75	24	0.69	0.81
2.0	85	25.5	0.70	0.83
2.1	98	27	0.72	0.83

表 4.4.4　XN-G 隔离液的流变性能测定(93℃)

密度(g/cm³)	不同转速档位下的黏度计读数					
	φ600	φ300	φ200	φ100	φ6	φ3
1.8	83	52	34	23	5	3
1.9	98	63	42	23	5	3
2.0	107	69	47	25	6	4
2.1	126	80	62	38	8	6

表 4.4.5　XN-G 隔离液的流变参数(93℃)

密度(g/cm³)	塑性黏度(mPa·s)	动切力(Pa)	流性指数	稠度系数
1.7	27	12	0.61	0.53
1.8	31	10.5	0.68	0.37
1.9	35	14	0.64	0.57
2.0	38	15.5	0.63	0.64
2.1	46	17	0.66	0.64

2）一级抗污染隔离液稳定性及流变性能

XN-G 隔离液在 93℃下的悬浮稳定性见表 4.4.6。

表 4.4.6　XN-G 隔离液的悬浮稳定性（93℃）

密度（g/cm³）	流动度（cm）	密度差（g/cm³）
1.7	23	≤0.02
1.8	22	≤0.02
1.9	22	≤0.02
2.0	20	≤0.03
2.1	20	≤0.03

表 4.4.6 中数据显示，使用重晶石作为加重剂的前置液稳定性好，且具有较好的流动能力，适应于各种油气井固井使用，可满足海相深井固井要求。

不同密度的 XN-G 隔离液的 API 滤失参数见表 4.4.7。

表 4.4.7　XN-G 隔离液的 API 滤失参数（93℃×0.7MPa×30min）

滤失参数	密度（g/cm³）			
	1.7	1.9	2.0	2.1
析水（%）	0	0	0	0.1
滤失量（mL）	18	8～19	10～20	13～21
滤饼厚度（mm）	0.5	0.5	0.5	0.5～1.0

表 4.4.7 中数据说明，隔离液干混体系具有良好的滤失控制能力，体系的滤失量很低，适用于水敏、易漏等地层，有很好的保护地层作用。

试验结果表明，XN-G 隔离液在较宽密度范围内均有较好的滤失控制能力，其滤失量均低于 50mL，所配制隔离液体系稳定，上下密度差不大于 0.05g/cm³。

为了更好地满足川西超深井固井作业的要求，室内试验还分别评价了 XN-G 隔离液在室温、93℃和 130℃下的流变性和稳定性，实验结果见表 4.4.8、表 4.4.9。

表 4.4.8　XN-G 隔离液高温流变试验

密度（g/cm³）	温度	不同转速档位下的黏度计读数						流性指数	稠度系数
		φ600	φ300	φ200	φ100	φ6	φ3		
1.7	室温	139	89	71	49	17	14	0.64	0.84
	93℃	92	51	40	27	9	7	0.85	0.13
	130℃	114	73	56	36	8	6	0.64	0.69
2.1	室温	268	177	139	92	22	17	0.59	2.29
	93℃	155	98	77	51	17	13	0.66	0.82
	130℃	173	108	82	53	13	10	0.68	0.79

表 4.4.9　XN-G 隔离液高温沉降稳定性实验

密度 (g/cm³)	温度(℃)	自由液 (%)	沉降稳定性		
			上部密度 (g/cm³)	下部密度 (g/cm³)	密度差 (g/cm³)
1.7	93	0.04	1.7	1.7	0
	130	0	1.7	1.7	0
1.9	93	0.50	1.85	1.9	0.05
	130	0.70	1.87	1.9	0.03
2.1	93	0.80	2.085	2.1	0.015
	130	0.50	2.09	2.12	0.03

由表 4.4.8、表 4.4.9 可以看出，XN-G 隔离液在 93℃和 130℃条件下，其流变性较好，且长时间静置后，析水量极少，稳定性很好，上下密度差不超过 0.05g/cm³。

3）一级抗污染隔离液相容性实验

实验选用彭州 6-2D 井现场循环钻井液、先导浆和半大样水泥浆进行隔离液与钻井液、先导浆、水泥浆的相容性评价实验，采用推荐污染评价实验方法对一级抗污染隔离液、聚磺钻井液、先导浆、抗高温、大温差水泥浆体系的相容性进行室内评价。隔离液、水泥浆、先导浆的流变参数分别见表 4.4.10～表 4.4.12。

表 4.4.10　隔离液的流变参数

转速实验	φ600	φ300	φ200	φ100	φ6	φ3	初切力	终切力
黏度计读数	70	37	26	15	1	1	1	4
表观黏度(Pa·s)	35							
塑性黏度(Pa·s)	32							
动切力(Pa)	3.066							
初切力(Pa)	0.5							
终切力(Pa)	2							
流性指数	0.88137458							
稠度系数	—							
沉降稳定性(g/cm³)	<0.03							
流动度(cm)	17							

表 4.4.11　水泥浆的流变参数

转速实验	φ600	φ300	φ200	φ100	φ6	φ3	初切力	终切力
黏度计读数	—	200	165	92	11	9	6	27
表观黏度(Pa·s)	—							
塑性黏度(Pa·s)	0.108							
动切力(Pa)	47.012							
初切力(Pa)	3							

续表

转速实验	φ600	φ300	φ200	φ100	φ6	φ3	初切力	终切力
黏度计读数	—	200	165	92	11	9	6	27
终切力(Pa)	13.5							
流性指数	0.70551062							
稠度系数	1.25496380							
沉降稳定性(g/cm³)	<0.03							
流动度(cm)	18.5							

表 4.4.12　先导浆的流变参数

转速实验	φ600	φ300	φ200	φ100	φ6	φ3	初切力	终切力
黏度计读数	54	32	23	17	4	3	7	11
表观黏度(Pa·s)	27							
塑性黏度(Pa·s)	22							
动切力(Pa)	5.11							
初切力(Pa)	3.5							
终切力(Pa)	5.5							
流性指数	0.75490384							
稠度系数	0.14755999							
沉降稳定性(g/cm³)	<0.03							
流动度(cm)	17							

A. 常规污染实验

先导浆、水泥浆、隔离液三相相容性常规污染实验结果见表 4.4.13。

从表 4.4.13 可以看出，密度为 2.10g/cm³ 的 XN-G 隔离液与现场水泥浆单独掺混后，对水泥浆的流变性影响很小；三者按一定比例掺混后，混合物的流变性有所变差，但在室温和 93℃高温下未出现混合物严重增稠的现象，仍具有流动性。

表 4.4.13　先导浆、水泥浆、隔离液三相相容性常规污染实验(93℃×0.1MPa×4h)结果

占比			常温流动度(cm)		高温流动度(cm)	
水泥浆	先导浆	隔离液	设计	实测	设计	实测
70%	20%	10%	≥18	17	≥20	14
20%	70%	10%	≥18	19	≥20	16
1/3	1/3	1/3	≥18	16	≥20	12
50%	50%	0	≥18	14	≥20	9
30%	70%	0	≥18	15	≥20	11
70%	30%	0	≥18	14	≥20	8
50%	0	50%	—	20	---	23
70%	0	30%	—	23	---	24
30%	0	70%	—	24	---	26

B. 稠化污染实验

钻井液、先导浆、水泥浆、隔离液相容性稠化污染实验结果见表 4.4.14。

实验条件：

$$\text{常温常压} \xrightarrow[\text{60min}]{\text{升温升压}} \xrightarrow[\text{60min}]{130℃\times113\text{MPa}} \text{测稠化时间}$$

表 4.4.14　钻井液、先导浆、水泥浆、隔离液相容性稠化污染实验（130℃×113MPa×60min）结果

占比				稠化时间(min)	固井施工要求(min)
水泥浆	钻井液	隔离液	先导浆		
70%	0	10%	20%	410/未稠	390
70%		20%	10%	405/未稠	390
70%		30%		430/稠	390
1/3		1/3	1/3	430/未稠	390
70%	10%	10%	10%	400/未稠	390
70%	10%	20%		300/稠	390
70%	20%	10%		250/稠	390

4）一级抗污染隔离液冲洗效率

实验方法：ZNND6 型旋转黏度计，内筒半径 $r=1.7245$cm，模拟套管计算。

环空返速 $=2\times3.14\times r\times(w/60)\times100$，其中 w 为转速，r/min。实验室模拟计算环空返速结果见表 4.4.15。

表 4.4.15　实验室模拟计算环空返速结果

转速档位	φ600	φ300	φ200	φ100	φ6	φ3
环空返速(m/s)	1.060	0.490	0.350	0.170	0.018	0.053

考虑实际施工条件，使用六速旋转仪在 φ300、φ600 下做冲洗效率评价实验。

以 φ300 下冲洗效率评价为例，将黏度计内筒放置于泥浆中浸泡 24h，取出后晾干 1min，做冲洗液评价，结果显示冲洗效率提高到 95.1%（表 4.4.16）。隔离液冲洗前后对比如图 4.4.1 和图 4.4.2。

表 4.4.16　实验室模拟冲洗效率评价表

冲洗时间(min)	内筒质量(g)	黏附泥浆后重量(g)	冲洗后称重(g)	冲洗效率(%)
15	145.3	155.6	145.8	95.1

图 4.4.1　冲洗前　　　　　　　　　　　　图 4.4.2　冲洗 15min 后

2. 二级紊流隔离液

为了保证在低返速下达到紊流条件，二级紊流隔离液需要选用低黏隔离剂，降低隔离液黏度，使其有较好的流变性能。选用 A、B、C 三种不同的隔离剂，在不同比例加量下，配制密度为 2.10g/cm³ 的隔离液，在 93℃ 下养护，选用最佳比例。

表 4.4.17　隔离剂 A 不同加量隔离液流变性能

A 的加量质量分数(%)	不同转速档位下的黏度计读数						流动度 (cm)	沉降稳定性 (g/cm³)	流性指数	稠度系数
	φ600	φ300	φ200	φ100	φ6	φ3				
1	101	56	41	25	6	4	22	0.01	0.58	0.76
1.5	145	93	62	37	7	4	22	0	0.66	0.71
2	252	140	101	58	7	5	20	0	0.74	0.69
3	300	201	121	71	12	9	19	0	0.66	1.38

表 4.4.18　隔离剂 B 不同加量隔离液流变性能

B 的加量质量分数(%)	不同转速档位下的黏度计读数						流动度 (cm)	沉降稳定性 (g/cm³)	流性指数	稠度系数
	φ600	φ300	φ200	φ100	φ6	φ3				
1	56	30	18	10	2	1	23	0.02	0.71	0.17
2	190	100	68	36	4	3	22	0	0.79	0.37
1.5	104	61	43	22	3	2	22	0.01	0.75	0.28
3	240	167	98	69	8	5	20	0	0.74	0.75

表 4.4.19　隔离剂 C 不同加量隔离液流变性能

C 的加量质量分数(%)	不同转速档位下的黏度计读数						流动度(cm)	沉降稳定性(g/cm³)	流性指数	稠度系数
	φ600	φ300	φ200	φ100	φ6	φ3				
1	42	31	17	13	2	1	24	0.12	0.69	0.18
1.5	54	37	26	16	2	1	23	0.08	0.75	0.16
2	74	52	40	26	4	3	22	0.02	0.62	0.52
3	101	78	45	29	5	3	22	0	0.67	0.52

如表 4.4.17～表 4.4.19 所示，隔离剂 A 与隔离剂 B 相比，其同比例加量所配制的隔离液流变性更差。隔离剂 C 所配制的隔离剂流变性较好，但沉降严重。因此，选用隔离剂 B，在加量质量分数为 1%的情况下，所配制的密度为 2.10g/cm³ 的隔离液流变性较好，且沉降稳定性能满足要求。

由表 4.4.20、表 4.4.21 可知，二级紊流隔离液在一级抗污染隔离液有效冲洗界面后，第二次对胶结面进行清洁，与此同时，水泥浆与二级紊流隔离液、先导浆形成的混浆，在一定比例内对顶部强度的影响较小，在水泥浆：二级紊流隔离液：先导浆(体积比)为6：1：1 的条件下，混浆依然能形成水泥石，但强度较低。

表 4.4.20　二级紊流隔离液流变性能

温度	不同转速档位下的黏度计读数						流性指数	稠度系数	紊流临界返速(m/s)	紊流临界排量(m³/min)
	φ600	φ300	φ200	φ100	φ6	φ3				
室温	76	34	21	12	2	1	—	—	—	—
93℃	56	30	18	10	2	1	0.998	0.03	0.6	0.70

表 4.4.21　不同比例混浆静胶凝强度发展对比

水泥浆：二级紊流隔离液：先导浆(体积比)	起强度时间(h)	水泥石图	水泥石强度(MPa)
10：0：0	6		29
10：0.5：0.5	10		25

水泥浆∶二级紊流隔离液∶先导浆(体积比)	起强度时间(h)	水泥石图	水泥石强度(MPa)
10∶1∶1	11		13.8
8∶1∶1	15		11
6∶1∶1	24	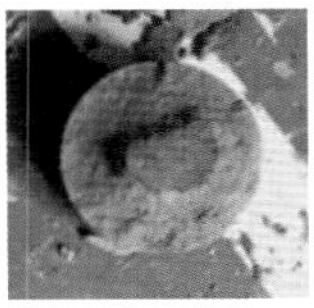	3.5

4.4.3　浆柱结构及注替参数优化设计

须二段地层承压能力低且易漏，小塘子组发育高压裂缝气层，安全窗口窄。固井浆柱结构及注替参数设计不仅要考虑压稳高压气层和提高顶替效率，也要考虑地层的承压能力。

1. 浆柱结构优化设计

根据地层特点和封固要求，以"压稳和防漏"原则和提高顶替效率为目的，分段设计固井浆柱结构，如图 4.4.3 所示。水泥浆的密度选择必须限定在合理的安全窗口内，如果压稳高压气层所需要的最低水泥浆密度高于最薄弱地层的承压能力，则必须采取堵漏措施提高地层的承压能力。

压稳设计的基本原则是环空液柱压力要大于气层的压力，并且要考虑水泥浆在环空中的失重与压稳问题。在水泥浆胶凝失重理论基础上，根据分段水泥浆的水化状态，来计算静胶凝强度发展的临界值，然后计算各段的静液压力损失，累积后计算水泥液柱对气层的压稳系数。根据井筒特征，川西气田通常采用双凝或三凝水泥浆体系。因水泥浆静胶凝强度在 48～240Pa 的过渡期内发生气窜的危险性最大，要求尾浆与领浆的静胶凝强度呈阶梯状发展，即尾浆的静胶凝强度在达到 240Pa 时，领浆的静胶凝强度要小于 48Pa，压稳系数 $F_{sur} \geqslant 1$。压稳设计计算方法见表 4.4.22。

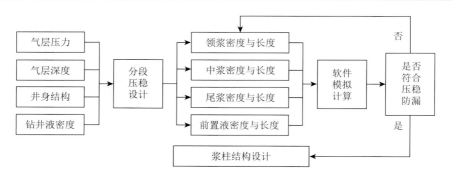

图 4.4.3　"压稳与防漏"环空液柱结构设计图例

表 4.4.22　压稳设计计算方法

参数	来源
气层压力 P_{gf}（MPa）	钻井设计或实测
井深（气层深度）H(m)	钻井设计
钻井液密度 ρ_m（g/cm³）	实钻数据
水泥浆密度 ρ_c（g/cm³）	求取
水泥柱必封长度 l_c（m）	尾管：尾管封固段长度
	常规：气井一般要求到井口
领浆长度 l_{c1}（m）	求取
尾浆长度 l_{c2}（m）	一般从井底到气层上部 200m
井径 D_h（mm）	钻头直径×经验附加系数或实测
套管外径 D_p（mm）	钻井设计
领浆最大失重 P_{ls}	$\dfrac{0.192 l_{c1}}{D_h - D_p}$
尾浆最大失重 P_{ts}	$\dfrac{0.96 l_{c2}}{D_h - D_p}$ 或 $(\rho_c \cdot l_{c2} - 1.0 \cdot l_{c2})/100$
最终环空液柱压力 P_{fc}（MPa）	$\dfrac{\rho_c(l_{c1} + l_{c2}) + \rho_m l_m}{100} - (P_{ls} - P_{ts})$
压稳系数 F_{sur}	$\dfrac{P_{fc}}{P_{gf}} \geqslant 1$

2. 注替参数优化设计

分析在注替过程中井下各种参数的变化情况（井筒压力变化和驱替效果），并不断优化和完善。

井筒压力变化：分析在整个注水泥过程中，环空液柱压力是否超出由地层孔隙压力和破裂压力构成的安全窗口，其基本原则是环空静液柱压力与流动阻力之和介于两者之间。

驱替效果：在采用紊流方式进行注水泥顶替时，其达到紊流的前置液和水泥浆流过需封固段的接触时间越长，其顶替效果越好；通过分析环空主封固段的紊流接触时间，可以帮助分析该施工排量方案的顶替效果。

基于川西气田第一轮固井使用的水泥浆体系和隔离液体系，采用流变学理论，计算分析不同井径扩大率下紊流与塞流临界排量（表 4.4.23、表 4.4.24）。分析表明，水泥浆在环空中不能达到紊流顶替，但冲洗液与隔离液在一定施工排量下能够达到紊流。对大尺寸环空，塞流顶替可以起到较好效果，推荐采用一种组合流态的方式进行顶替，一方面满足了施工作业的要求，另一方面又能尽最大可能地通过流态组合提高顶替效率。其流态组合的基本原理为：先用大排量进行顶替，使冲洗液和隔离液均能达到紊流，起到冲洗井壁泥饼、顶替泥浆的作用，同时水泥浆也处于一种高速层流的状态顶替前置液；然后使用低速排量顶替，使水泥浆达到塞流，这样可有效顶替前置液和滞留在大井眼（"大肚子"）井段的泥浆。

表 4.4.23　紊流临界排量

井径扩大率（%）	井径（mm）	紊流临界排量（m³/min）		
		冲洗液	隔离液	水泥浆
35	325.76	1.13	1.79	5.84
30	313.69	1.09	1.69	5.47
25	301.63	1.05	1.59	5.11
20	289.56	1.01	1.49	4.75
15	277.50	0.97	1.40	4.39
10	265.43	0.93	1.30	4.04
5	253.37	0.89	1.20	3.69
0	241.30	0.85	1.11	3.34

表 4.4.24　塞流临界排量

井径扩大率（%）	井径（mm）	塞流临界排量（m³/min）		
		冲洗液	隔离液	水泥浆
35	325.76	0.06	0.14	0.53
30	313.69	0.06	0.13	0.50
25	301.63	0.06	0.13	0.47
20	289.56	0.06	0.12	0.44
15	277.50	0.05	0.11	0.40
10	265.43	0.05	0.10	0.37
5	253.37	0.05	0.10	0.34
0	241.30	0.05	0.09	0.31

4.4.4　生产套管回接固井技术

1. 高温自动稠化塞技术

二开完钻后采取尾管悬挂固井，待三开完钻后再对二开的套管回接至井口。三开下入衬管后，为预防在二开的套管回接固井作业过程中发生井漏或气窜等井控安全问题，需要封隔裸眼段。常规的做法是在套管内选个位置打一段水泥塞，后期扫塞时钻井液会受到水泥屑污染，套管上也存在水泥环需要磨铣、施工周期较长、费用高的问题，并有诱发套变的风险。

为解决以上问题、提高施工时效，提出钻井液自动稠化塞替代回接水泥塞工艺。根据室内试验成果形成的自动稠化钻井液配方为：井浆＋7%～10%膨润土粉＋1%～2%石灰＋1%～2%水泥。自动稠化钻井液注入段为管鞋以上1000m井段，下套管前做承压20～22MPa试验，确保稳压≥20MPa。其施工流程为：在可循环泥浆罐中配置钻井液稠化剂；起通井钻具或下光钻杆至打稠塞位置；使用钻井泵将钻井液稠化剂注入打稠塞位置，在套管内形成钻井液自动稠化塞，同时起出通井钻具或光钻杆；利用回接套管前刮管、磨铣回接筒的准备时间使钻井液自动稠化塞稠化。

2. 低密度＋树脂水泥浆固井技术

针对生产尾管回接固井井段长、上下温差大顶部水泥浆强度发展慢、三开地层承压能力低存在井漏风险等难题，研究形成采用低密度大温差水泥领浆和常规密度树脂水泥尾浆的双凝水泥浆体系固井，固井质量优良率大幅提高。在彭州 6-3D 井等井中应用，固井质量平均优良率超过 92%，特别是树脂水泥浆封固回接筒位置及以上 500m 井段的胶结强度超过常规防窜水泥浆胶结强度的 2 倍。

树脂水泥浆具有优良的胶结能力、封隔性、完整性、防腐蚀等性能，树脂本身就是黏结剂的一种，具有比水泥更强的胶结能力，胶结强度是常规水泥浆的 5～10 倍，加入改性树脂水泥浆的胶结强度是普通水泥浆的 1～2 倍；树脂是液态可固化材料，固化后与钢材、岩石胶结，封隔良好；改性树脂水泥浆固化后具有更低的弹性模量，能适应井筒内的压力变化及容忍局部不平衡压力，降低残余应变，有利于长期保持完整性和封隔性，掺有 15%改性树脂的水泥浆固化后弹性模量为 6.0GPa，同比降低 37%。树脂固化体本身具有耐酸碱、耐油性能，耐高温可达到 300℃。树脂固化体是密实的网状结构有机交联体，渗透性低，具有良好的耐腐蚀能力，有利于延长油气井的全生命周期；树脂在水泥石固化后形成的三维网状结构与附着在网状结构上的水泥水化产物，能够改善水泥石的强度和韧性。常规密度水泥与树脂水泥电镜扫描对比如图 4.4.4 所示。

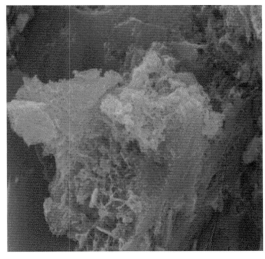

图 4.4.4　常规密度水泥与树脂水泥电镜扫描对比

3. 预应力固井技术

为防止注替过程中因 U 型管效应引起的固井质量变差及分段压裂过程中因套管内压力较高而出现环空套管-水泥环界面微环隙，导致环空带压的问题，生产尾管回接固井普遍采用预应力固井技术。预应力固井技术是在水泥浆凝固成水泥环前，通过增加套管内外压差，使得套管在候凝过程中处于挤压状态并产生向内的应变。水泥浆凝固成水泥环后，虽然在循环载荷作用下水泥环内壁依然会产生累积塑性变形，但此时预应力条件下的套管具有恢复原状态的趋势，会沿径向向外扩展，对水泥环内壁产生挤压力，迫使套管恢复形变，弥补水泥环收缩时留下的微裂隙，可使套管和水泥环之间始终保持紧密接触，避免产生微环隙，保持密封完整性。为实现预应力固井，采用低密度钻井液顶替降低套管内顶替液液柱压力和环空憋压候凝的方式。环空憋压值一般为 5～8MPa。

4.4.5　固井工具及附件

1. 平衡液缸尾管悬挂器

平衡液缸尾管悬挂器主要由平衡液缸式坐挂机构、机械丢手工具、密封芯子、球座式尾管胶塞等组成。基于压力平衡原理，在不投放憋压球之前，能够使得具有镜像对称的上下两组液缸内压力互相抵消，从而避免因大排量、高泵压循环解阻或猛提猛放导致管内出现异常高压时，可能出现的尾管悬挂器提前坐挂现象；投放憋压球后，憋压球作用于球座式尾管胶塞上，阻断送入钻具内外的高压液体，使得上下液缸间的平衡力消失，在高压液体带动下实现尾管悬挂器的坐挂。平衡液缸尾管悬挂器结构如图 4.4.5 所示，主要技术参数见表 4.4.25。

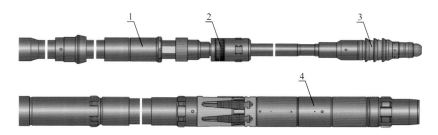

图 4.4.5 平衡液缸尾管悬挂器结构示意

1-机械丢手工具；2-密封芯子；3-球座式尾管胶塞；4-平衡液缸式坐挂机构

表 4.4.25 平衡液缸式悬挂器主要技术参数

参数		数值或型号
规格		$\Phi273mm \times \Phi193.7mm$
额定负荷(t)		200
悬挂器载荷支撑套承载能力(t)		894
密封能力(MPa)		>25
液缸剪钉剪断压力(MPa)		7~8
球座剪钉剪断压力(MPa)		15~17
尾管胶塞剪钉压力(MPa)		7~8
本体最大外径(mm)		238
本体最小内径(mm)		168.3
回接筒长度(mm)		1800
回接筒外径(mm)		225
回接筒内径(mm)		202
尾管胶塞胶碗外径(mm)		178
适用尾管壁厚(mm)		12.7
适用尾管公称重量(kg/m)		58.04
尾管扣型		BGT2
硫化铜球直径(mm)		47
适用上层套管壁厚(mm)		12.57/13.84
适用上层套管公称重量(kg/m)		82.59/88.4
提升短节上接头扣型		NC50
过流面积	套管壁厚(mm)	12.57/13.84
	坐挂前/坐挂后(cm^2)	50.21/46.7，60.29/55.3

与常规液压尾管悬挂器相比，平衡液缸尾管悬挂器具有诸多优势。平衡液缸尾管悬挂器理论上可以实现尾管串在下入过程中的无限排量循环，坐挂驱动机构不会推动卡瓦实现坐挂，彻底消除了循环憋堵或异常高压导致卡瓦提前动作的风险，从而保证了中途循环的泵压和排量不受工具性能的限制。套管下入过程中，在遇阻井段或复杂井段可开

泵采用大排量循环，将井筒内残余和刮削出的岩屑、泥皮分批清除，避免了直接开泵造成大量岩屑急剧聚集带来的环空憋堵风险。采用内嵌卡瓦设计，能够有效保证坐挂后该处的过流面积，且卡瓦为单片双锥形式，能增大与上层套管的接触面积，减小接触应力，从而从源头上降低了环空憋堵的风险，提高了悬挂能力。

2. 整体式弹性扶正器

整体式弹性扶正器由无缝管激光切割，再使用专用的模具冲压成型，它无任何分离组件和焊接点，具有较强的结构应力和韧性。通常，在制造工艺中添加稀有元素硼，使得其复位力比 API 标准提高了约 10%，同时外径设计与钻头尺寸保持一致，具有零启动力、高复位力的特点。整体式弹性扶正器在降低下套管摩阻、增强变径段通过能力、提高环空过流面积以及耐磨性方面具有突出优势。

4.4.6 现场应用

川西气田雷四气藏二开 Φ193.7mm 生产尾管固井存在超深、裸眼井段长、井斜角大、下套管难度大等问题；同时安全压力窗口窄，施工中易发生环空憋堵、高启泵压力诱发井漏，影响施工安全；气层分布段长，气层显示活跃，高温高压大温差等难点。通过强化井筒准备，优选平衡液缸尾管悬挂器等固井工具，合理设计固井水泥浆体系及注替工艺等技术措施，保证了固井施工安全和固井质量。5#、6#平台二开固井优良率由前期的 64.7%提高至 87.6%。以彭州 6-3D 井为例，剖析二开 Φ193.7mm 尾管固井的现场应用情况。

1. 基本情况

彭州 6-3D 井井身结构见表 4.4.26，二开 Φ241.3mm 井眼中完井深 5711.00m，Φ193.7mm 尾管封固井段 3266.69～5710.90m。复合盐强抑制聚磺防塌钻井液密度 2.05g/cm^3、造斜点 4685m、最大全角变化率 14.4°/100m、最大井斜角 48.5°、井底实测温度 130℃，实测平均井径 277.95mm，扩大率 15.2%

表 4.4.26　彭州 6-3D 井井身结构

开钻次序	钻头程序		套管程序		备注
	钻头直径(mm)	完钻深度(m)	套管外径(mm)	下入井段(m)	
导管 1	660.4	48.00	508.0	0～45.90	导管
导管 2	444.5	720.00	365.1	0～718.81	导管
一	333.4	3472.00	282.6/273.1	0～3470.59	表层套管(复合套管)
二	241.3	5711.00	193.7	3266.69～5710.90	油层套管，悬挂尾管固井
				0～3266.69	回接油层套管至井口固井
三	165.1	7456.00	127.0	5622.1～7270.00	衬管完井

2. 固井难点

(1)二开裸眼段长 2240.41m、斜井段长 1026m、最大井斜角 48.5°，须二段底部钻遇页岩期间出现掉块剥落，且钻井液密度高(2.05g/cm³)，黏切高，套管在斜井段易贴边，套管下入难度大，影响顶替效率。

(2)同井场彭州 6-4D 井、彭州 6-2D 井二开钻进、顶通循环或固井过程中均发生过不同程度的井漏，须二段、小塘子组气层显示活跃，须二段底部钻遇页岩期间出现掉块剥落，安全压力窗口窄，兼顾防漏防窜难度大，施工过程中存在环空憋堵风险。

(3)井底实测温度 130℃、重叠段顶部温度 85.2℃，存在高温大温差固井技术难题(上下温差 48.0℃)，对水泥浆高温性能控制及水泥石顶部强度发展要求高。

3. 固井施工主要技术措施

(1)通井技术措施。通井钻具组合采用由易到难的通井方式进行，根据井径曲线，对缩径、"大肚子"、阻卡段进行主动来回通划，确保短起下无阻卡。根据井况适当增加钻井液动塑比，提高其携砂能力，起钻前应大排量循环(≥35L/s)不低于两周，再注入高润滑性封闭浆，为套管的顺利下入和固井施工创造良好的井眼条件。

(2)低启泵防漏工艺。尾管下完在接悬挂器之前循环一周，降低上部环空钻井液静切力；同时在套管内替入低黏切钻井液，有利于套管到位后的顺利顶通。套管送放到位后，先灌满泥浆，5～10 冲低排量开泵顶通(若开泵泵压达到 6MPa 未通，则停泵活动管串，直至顶通)，顶通后循环 1h 后，每半小时提升排量 10 冲至固井设计最大排量(1.2～1.4m³/min)，循环过程中注意观察泵压情况，若异常升高，应立即停泵 20～30min，再小排量开泵。

(3)加长浮鞋后使用 1 根短套管，加 1 只整体式扶正器使套管抬头，在重叠段每 5 根套管 1 只刚性扶正器，裸眼井段井斜角 30°以内每 3 根套管 1 只整体式弹性扶正器，斜井段井斜角 30°以上每 2 根套管 1 只整体式弹性扶正器，保证套管顺利下入和提高套管居中度。

(4)根据"压稳与防漏"设计方法，采用三凝水泥浆体系，领、中浆分界点为 4200m，中、尾浆分界点为 5000m(垂深 4992m)。领浆采用密度为 2.15g/cm³ 的大温差微膨胀防气窜水泥浆，中浆采用密度为 2.15g/cm³ 的大温差加砂微膨胀防气窜水泥浆，尾浆采用密度为 1.90g/cm³ 的加砂抗高温纳米液硅胶乳防腐防窜水泥浆，优化水泥浆性能，确保施工安全和提高封固质量。

(5)由于复合盐强抑制聚磺防塌钻井液体系与水泥浆相容性差，固井前设计"一级抗高温抗污染隔离液 + 二级紊流隔离液"双效前置液体系，并设计压塞液和保护液，防止胶塞下行过程中水泥浆与钻井液直接接触以及起钻时水泥浆与钻井液直接接触，提高顶替效率。

(6)严格"三方"计量，替浆罐采用专罐计量，确保替浆过程计量准确。憋压关井候凝 72h，候凝期间不得进行任何井筒内的工作，确保水泥浆失重期间能压稳气层。候凝结束后，在原位置循环一周无异常后方能起钻(起钻过程必须连续灌浆)。保持井内泥浆密度不变的情况下先测声幅，然后试压。

4. 固井质量

固井施工顺利，无气窜现象发生，固井质量检测结果表 4.4.27 表明，固井质量优质率 63.1%，固井质量优良率 84.9%。采用原井浆试压 20MPa，稳压 30min，无压降，试压合格。

表 4.4.27　固井质量检测结果

深度(m)	第一界面	第二界面	深度(m)	第一界面	第二界面
3233.0~3275.0	好	好	4978.0~4997.0	差	差
3275.0~3296.0	中	中	4997.0~5034.0	好	好
3296.0~3317.0	好	好	5034.0~5161.0	中	中
3317.0~3341.0	中	中	5161.0~5176.0	差	差
3341.0~3469.0	中	差	5176.0~5225.0	中	中
3469.0~3484.0	中	好	5225.0~5325.0	差	差
3484.0~3677.0	好	好	5325.0~5397.0	中	中
3677.0~3696.0	中	好	5397.0~5470.0	差	差
3696.0~4732.0	好	好	5470.0~5485.0	中	中
4732.0~4765.0	中	中	5485.0~5505.0	差	中
4765.0~4806.0	差	差	5505.0~5526.0	好	好
4806.0~4819.0	中	中	5526.0~5543.0	差	中
4819.0~4846.0	好	好	5543.0~5557.0	好	好
4846.0~4880.0	中	差	5557.0~5563.0	差	好
4880.0~4902.0	好	好	5563.0~5588.0	好	好
4902.0~4933.0	中	差	5588.0~5667.0	中差互层	差
4933.0~4978.0	好	好	5667.0~5700.0	差	中

第5章 高效完井酸压投产技术

川西气田是国内首个以超深长水平井开发的高含硫气藏。气田特殊的地理环境及社会环境，超深、高温、高压、高含硫等复杂工况，对完井工艺、生产管柱、井下工具及工作液的长效可靠要求高，安全环保高效施工极具挑战性；薄互层多层叠置、非均质性强，常规的酸压技术难以实现纵向和横向上的充分改造，产能无法有效释放。

为解决上述难题，在充分借鉴国内外同类气藏开发经验及相关标准的基础上，通过技术创新、攻关与集成，形成了完井测试投产、长水平段多级深度酸压增产和地面密闭测试等核心完井酸压投产技术，优快完成了 17 口井的投产作业，实现了气田的安全优质高效建产。

5.1 完井投产一体化技术

5.1.1 完井方式

川西气田水平段长、非均质性强，大排量、多分级是长水平段均匀改造的必要条件。在 $\Phi165.10mm$ 完钻井眼条件下，通过对不同完井方式的优缺点分析(表 5.1.1)，结合川西气田井壁稳定性、酸化改造排量/压力、分段分级数、下入难度和工具成熟度等多方面因素，优选裸眼完井封隔器分段酸压投产和衬管完井滑套分段分流酸化投产两种方式进行完井测试投产。

表 5.1.1 完井方式对比评价表

方案	$\Phi165.10mm$ 完钻井眼				
	$\Phi165.10mm$ 裸眼完井+裸眼封隔器分段	$\Phi127.00mm$ 套管完井+套管封隔器分段	$\Phi127.00mm$ 衬管完井+滑套分段分流	$\Phi127.00mm$ 套管和衬管完井+套管封隔器分段	$\Phi165.10mm$ 裸眼完井+滑套分段分流
工具	封隔器+滑套工具成熟	配套封隔器相对少，成熟度欠佳、内径小	滑套工具成熟	配套封隔器相对少，成熟度欠佳、内径小	滑套工具成熟
油管	$\Phi89.00mm$	$\Phi73.01mm$	$\Phi89.00mm$	$\Phi73.01mm$	$\Phi89.00mm$
分级数	≤9 级	≤7 级	≤12 级	≤7 级	≤9 级
分段间距	150.00～230.00m	230.00～300.00m	150.00～230.00m	230.00～300.00m	150.00～230.00m
压力/排量	B 靶点排量 4.00～5.00m³/min，施工压力相对低	B 靶点排量 2.00～3.00m³/min，预计施工压力较衬管井高6～22MPa	B 靶点排量 3.00m³/min，施工压力相对低	B 靶点排量 3.00m³/min，施工压力相对低	B 靶点排量 4.00～5.00m³/min，施工压力相对低
下入难度	最大	较小	较大	居中	最小
井壁稳定	存在井壁垮塌风险	可支撑井壁	可支撑井壁	可支撑井壁	存在井壁垮塌风险

1. 裸眼完井

高应力区，钻井方位与地应力夹角较小，井壁稳定性相对较好，井眼轨迹可控，裸眼分段封隔器下入难度相对较低的井，采用裸眼封隔器分段完井能最大限度地暴露产层，实现水平段不同类型储层的有效封隔和充分改造，以充分发挥长水平段各层的产能。

2. 衬管完井

较低应力区，钻井方位与地应力夹角相对较大，井壁稳定性相对较差，井眼轨迹较复杂，分段管柱下入难度相对较高的井，采用衬管完井滑套分段分流工艺，确保衬管能安全顺利下至设计位置并支撑井壁，依靠滑套对各个工程甜点进行针对性改造，以达到充分释放产能的目的。

5.1.2　水平井分段完井管柱

1. 完井管柱设计要求

与常规含硫气藏相比，川西气田雷四气藏完井应满足以下要求：①破裂压力异常高（前期部分评价井在井下限压 120MPa 下未压开储层），管柱需满足提前替酸到产层，降低地层破裂压力的要求；②依靠平台井开发，井间距小，可能出现钻、采期间井下的沟通，完井管柱应具有暂封功能；③储层井壁稳定性相对较差，完井管柱应满足长裸眼水平井段的安全下入条件；④储层薄互层叠置、纵向跨度大、横向非均质性强，应采用多段酸压改造方式释放产能。

针对以上需求，主要开展了以下几项关键技术的优化配套：①采用双向锚定悬挂器，保留油套循环通道，可循环替酸至产层，降低储层破裂压力；②管柱中设计采用坐落短节及配套的泵送式堵塞器，测试结束后可实现井下的临时封堵，保障平台井的井控安全；③采用两趟管柱完井方式，尾部分段管柱采用钻杆送放到位，上部生产油管回接；④采用衬管完井滑套分流技术，实现储层分级改造。

2. 油管选择

油管选择应综合考虑强度、酸压改造、抗冲蚀及携液性能等要求。

1）强度设计

管柱力学分析的基础效应采用如下公式计算：

温度效应：

$$\varepsilon_{\mathrm{T}} = a\Delta T \tag{5.1.1}$$

活塞效应：

$$F_{\mathrm{v}} = p_{\mathrm{o}}(A_{\mathrm{o2}} - A_{\mathrm{o1}}) - p_{\mathrm{i}}(A_{\mathrm{i2}} - A_{\mathrm{i1}}) \tag{5.1.2}$$

轴力效应：

$$\varepsilon_{\mathrm{T}} = a\Delta T$$

$$\varepsilon_{\mathrm{Fa}} = F_{\mathrm{a}}/(EA_{\mathrm{c}}), \quad A_{\mathrm{c}} = A_{\mathrm{o}} - A_{\mathrm{i}} \tag{5.1.3}$$

单位长度螺旋屈曲段惯性离心力：

$$f_{\mathrm{l}} = \rho A_{\mathrm{i}} V^2 / R_{\mathrm{k}} \tag{5.1.4}$$

膨胀效应：

$$\varepsilon_{\mathrm{G}} = \frac{2v}{E} \times \frac{p_{\mathrm{o}}R^2 - p_{\mathrm{i}}}{R^2 - 1} \tag{5.1.5}$$

螺旋屈曲产生的管柱轴向缩短变形为

$$\mathrm{d}(\Delta x)_{\mathrm{crh}} = F_{\mathrm{f}} r_{\mathrm{c}}^2 \Delta x / (4EI) \tag{5.1.6}$$

管柱上任意一点的应力强度为

$$S_x = \sigma_{\mathrm{a}} \pm \frac{1}{\sqrt{2}} \sqrt{(\sigma_\theta - \sigma_r)^2 + (\sigma_r - \sigma_z)^2 + (\sigma_z - \sigma_\theta)^2}, \quad \sigma_{\mathrm{a}} = F_{\mathrm{a}} / A_{\mathrm{c}} \tag{5.1.7}$$

式 (5.1.1)～式 (5.1.7) 中，E 为油管弹性模量；I 为管柱惯性矩；v 为钢材泊松比；A_{c}、A_{o}、A_{i} 分别为油管本体、内径和外径对应的截面积，mm^2；R 为油管外径与内径比值，量纲一；R_{k} 为屈曲段管柱的曲率，$1/\mathrm{m}$；a 为油管线热膨胀系数；ΔT 为某一位置在不同条件下的温度变化值，$^\circ\mathrm{C}$；p_{i}、p_{o} 分别为油管内、外压力，MPa；A_{i1}、A_{i2} 和 A_{o1}、A_{o2} 分别为变径管柱两端的内、外截面积，mm^2；σ_r、σ_θ、σ_z 分别为径向应力、周向应力和轴向应力，MPa；F_{a} 为某一深度油管横截面上的轴向力，kN；r_{c} 为油套环形间隙，mm；Δx 为油管微段长度，m；ρ 为管内流体密度，$\mathrm{g/cm}^3$；V 为流体流速，$\mathrm{m/s}$；x 为管柱本体上任意点的半径，mm。

以彭州 5-4D 井为例，该井完钻垂深 5729.53m，斜深 7150m，采用 Φ165.1mm 钻头裸眼完井，裸眼段 5927.12～7150.00m，完井投产管柱采用 4c-125 钢级 Φ88.90mm×δ7.34mm + Φ88.90mm×δ6.45mm 油管带完井封隔器和裸眼分段封隔器的管柱作为生产管柱。按照施工最高泵压 95MPa，排量 5m^3/min，环空背压 45MPa，分 3 段酸压改造，进行组合油管受力分析。

（1）管柱在空气中的抗拉强度校核结果见表 5.1.2。

表 5.1.2　管柱在空气中的抗拉强度校核结果

外径(mm)	井段(m)	钢级	壁厚(mm)	米重(N/m)	抗拉强度(kN)	空气中	
						抗拉系数	剩余拉力(kN)
88.90	0.00～1200.00	4c-125	7.34	148.76	1619.02	1.74	688.53
88.90	1200.00～3500.00	4c-125	6.45	134.16	1441.03	1.85	662.09
88.90	3500.00～5270.00	4d-125	6.45	134.16	1441.03		
88.90	5270.00～6790.00	4d-125	6.45	134.16	1441.03	5.76	1190.86

（2）不同工况下管柱轴力及三轴安全系数校核结果见表 5.1.3。

表 5.1.3　不同工况下管柱轴力及三轴安全系数校核结果

测深 (m)	下管柱		坐封		改造		高挤	
	轴力(kN)	抗拉系数	轴力(kN)	抗拉系数	轴力(kN)	抗拉系数	轴力(kN)	抗拉系数
0.00	731.87	2.21	861.59	2.02	1229.94	1.35	1069.67	1.38
1200.00	556.51	2.46	692.54	2.09	1049.34	1.35	914.57	1.35
5270.00	10.46	6.11	80.01	2.71	380.09	1.68	312.11	1.64
6790.00	70.99	6.08	19.48	2.63	310.58	1.83	251.58	1.70

（3）完井管柱储层改造时的强度校核结果及裸眼封隔器受力分析结果分别见表 5.1.4 和表 5.1.5。

表 5.1.4　完井管柱储层改造时的强度校核结果

不同位置的受力情况		安全系数				封隔器压差(MPa)	拟合井底温度(℃)	评价
位置	拉力(kN)	抗内压	抗外挤	三轴	轴向			
井口	968.31	1.75	—	1.37	1.37	34.20	58.23	合格
变径	829.52	1.67	—	1.38	1.38			
封隔器	272.61	2.92		2.56	4.07			

表 5.1.5　完井管柱储层改造时的裸眼封隔器受力分析结果

封隔器	斜深(m)	垂深(m)	油压(MPa)	套压(MPa)	压差(MPa)	卡瓦受力(kN)
改造封隔器 1	6300.00	5680.00	117.61	95.18	22.42	532.51
改造封隔器 2	6400.00	5720.00	116.01	95.57	20.43	489.16
改造封隔器 3	6500.00	5760.00	114.48	96.04	18.44	432.97

2）酸压改造

以井深 7800m，水平段 1500m 为例，采用 105MPa 井口限压 95MPa，Φ89mm 油管，在延伸压力梯度 0.013～0.020MPa/m、施工排量 2～7m³/min 下，对水平井 A 靶点和 B 靶点井口施工压力进行预测，结果见表 5.1.6 和表 5.1.7。对于 A 靶点，延伸压力梯度小于 0.016MPa/m 时排量可达到 6.00m³/min；对于 B 靶点，延伸压力梯度小于 0.017MPa/m 时排量可达到 5.00m³/min，满足改造要求。

表 5.1.6　A 靶点排量预测

延伸压力梯度 (MPa/m)	延伸压力 (MPa)	不同排量(m³/min)下的井口施工压力(MPa)					
		2	3	4	5	6	7
0.013	73.58	28.22	35.71	45.15	56.39	69.34	83.95
0.014	79.24	33.88	41.37	50.81	62.05	75.00	89.61
0.015	84.90	39.54	47.03	56.47	67.71	80.66	95.27
0.016	90.56	45.20	52.69	62.13	73.37	86.32	100.93
0.017	96.22	50.86	58.35	67.79	79.03	91.98	106.59

延伸压力梯度 （MPa/m）	延伸压力 （MPa）	不同排量（m³/min）下的井口施工压力（MPa）					
		2	3	4	5	6	7
0.018	101.88	56.52	64.01	73.45	84.69	97.64	112.25
0.020	113.20	67.84	75.33	84.77	96.01	108.96	123.57
管柱摩阻		11.24	18.73	28.17	39.41	52.36	66.97

表 5.1.7　B 靶点排量预测

延伸压力梯度 （MPa/m）	延伸压力 （MPa）	不同排量（m³/min）下的井口施工压力（MPa）					
		2	3	4	5	6	7
0.013	75.01	31.21	40.46	52.13	66.02	82.04	100.10
0.014	80.78	36.98	46.23	57.90	71.79	87.81	105.87
0.015	86.55	42.75	52.00	63.67	77.56	93.58	111.64
0.016	92.32	48.52	57.77	69.44	83.33	99.35	117.41
0.017	98.09	54.29	63.54	75.21	89.10	105.12	123.18
0.018	103.86	60.06	69.31	80.98	94.87	110.89	128.95
0.020	115.40	71.60	80.85	92.52	106.41	122.43	140.49
管柱摩阻		13.90	23.15	34.82	48.71	64.73	82.79

3）油管抗冲蚀性能及携液能力预测

不同尺寸油管的冲蚀速度可根据式(5.1.8)计算。按井口压力 20.00MPa，产量不大于 $80.00 \times 10^4 \text{m}^3/\text{d}$ 计算，要避免出现气体冲蚀现象，可选用内径不小于 62.00mm 的油管；产量大于 $80.00 \times 10^4 \text{m}^3/\text{d}$，选用内径不小于 76.00mm 的油管。

$$v_\text{e} = \frac{C}{\rho^{0.5}} \qquad (5.1.8)$$

式中：v_e 为冲蚀速度，m/s；C 为经验常数；ρ 为流体密度，kg/m³。

气井临界携液流量主要受油管内径、压力及临界携液流速影响，见式(5.1.9)。随着油管管径的变大，气井临界携液流量也增大，气井携液也越困难。

$$q_\text{cy} = 2.5 \times 10^4 \frac{A p v_\text{cy}}{ZT} \qquad (5.1.9)$$

式中：q_cy 为临界携液流量，$10^4 \text{m}^3/\text{d}$；A 为油管面积，m²；p 为压力，MPa；T 为温度，K；Z 为气体偏差因子，量纲一；v_cy 为临界携液流速，可由式(5.1.10)计算。

$$v_\text{cy} = 2.5 \left[\frac{\sigma[\rho_\text{l} - \rho_\text{g}]}{\rho_\text{g}^2} \right]^{0.25} \qquad (5.1.10)$$

式中：ρ_l、ρ_g 分别为液相、气相密度，kg/m³；σ 为气液表面张力，N/m。

根据式(5.1.9)，在川西气田雷四气藏各生产参数下，经计算，选择 d76.00mm 油管其临界携液流量远低于气井产量，气井不会产生积液现象。

3. 裸眼完井裸眼封隔器分段测试投产技术

为减少管柱下入难度，裸眼分段完井管柱采用两趟下入的方式，第一趟钻杆送放预置管柱，第二趟下入回插管柱并与预置管柱密封连接。其回插后的整体管柱结构为：井下安全阀 + 完井封隔器 + 坐落短节 + 悬挂器 + 压裂滑套 + 裸眼分段封隔器 + 压裂滑套 + …… + 裸眼分段封隔器 + 球座 + 筛管 + 球形盲堵引鞋。部分结构如图 5.1.1 所示，其中两个裸眼分段封隔器之间可布置多个压裂滑套，图中未一一示出。

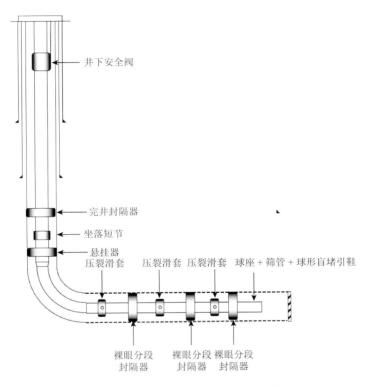

图 5.1.1　裸眼分段完井管柱示意图

1）回插管柱结构

完井封隔器随回插管柱一起入井，设计坐封于井斜角小于 45° 的 Φ193.7mm 镍基合金套管内，根据套管接箍位置、套管磨损情况和坐封段固井质量调整坐封点。以彭州 5-4D 井为例，其回插管柱结构见表 5.1.8。

表 5.1.8　回插管柱结构

序号	名称	内径 (mm)	最大外径 (mm)	扣型	材质
1	油管挂	74.22	88.90	气密扣	BG2532-125，4c 镍基合金
2	双公短节	74.22	108.00		
3	Φ88.9mm 油管				

续表

序号	名称	内径 (mm)	最大外径 (mm)	扣型	材质
4	井下安全阀	69.85	143.51		Inconel 718
5	Φ88.9mm 油管	76.00	108.00		BG2532-125，4c 镍基合金 （至 3508.62m）
6	完井封隔器	74.90	158.75	气密扣	Incoloy 725
7	Φ88.9mm 油管	76.00	108.00		BG2250-125，4d 镍基合金
8	坐落短节	65.00	108.00		Inconel 718
9	Φ88.9mm 油管 1 根	76.00	108.00		110SS 镀钨
10	插入密封	75.05	161.00		110SS

2）预置管柱结构

裸眼分段封隔器数量根据实钻物性情况、井眼轨迹、井壁稳定性和管柱下入难易程度进行增减。以彭州 5-4D 井为例，该井采用 1 个完井封隔器+3 个裸眼分段封隔器将 1200m 裸眼段分为 4 段，其预置分段管柱结构见表 5.1.9。

表 5.1.9 预置分段管柱结构

序号	名称	内径 (mm)	最大外径 (mm)	扣型	备注
1	悬挂器	75.05	159.50		110SS
2	Φ88.9mm 油管	76.00	108.00		110SS 镀钨
3	压裂滑套 1	52.40	116.70		110SS
4	Φ88.9mm 油管	76.00	108.00		110SS 镀钨
5	裸眼分段封隔器 1	75.00	156.00		110SS
6	Φ88.9mm 油管	76.00	108.00		110SS 镀钨
7	压裂滑套 2	49.21	116.70		110SS
8	Φ88.9mm 油管	76.00	108.00		110SS 镀钨
9	裸眼分段封隔器 2	75.00	156.00	气密扣	110SS
10	Φ88.9mm 油管	76.00	108.00		110SS 镀钨
11	压裂滑套 3	46.00	116.70		110SS
12	Φ88.9mm 油管	76.00	108.00		110SS 镀钨
13	裸眼分段封隔器 3	75.00	156.00		110SS
14	Φ88.9mm 油管	76.00	108.00		110SS 镀钨
15	球座	31.75	114.40		110SS
16	筛管(1 根×9m)	76.00	108.00		110SS
17	球形盲堵引鞋	—	114.30		110SS

3）分段完井工艺

（1）钻杆下入裸眼预置管柱。

（2）替浆、坐挂悬挂器、丢手。

（3）起送放管柱。

（4）下投产管柱、回插。

（5）替酸、投球，坐封所有封隔器。

（6）分段酸压。

（7）排液、求产和测试。

4. 衬管完井滑套分段分流测试投产技术

对于井眼轨迹相对规则、井壁稳定性相对较好和裸眼段较短的井，完井测试投产管柱采用一趟下入方式。反之，则采用两趟下入方式。

1）一趟下入

以彭州 6-3D 井为例，该井完钻垂深 5768.11m，斜深 7456m，采用 Φ127mm 衬管完井，衬管段 5621.59～7270.00m，其一趟下入的完井测试投产管柱结构为：井下安全阀+完井封隔器+坐落短节+压裂滑套 1+……+压裂滑套 9+球座+筛管+球形盲堵引鞋，如图 5.1.2 所示。

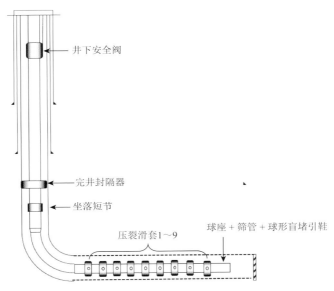

图 5.1.2　衬管完井滑套分段分流管柱示意图（一趟下入）

（1）完井管柱结构见表 5.1.10。

表 5.1.10　完井管柱结构

序号	名称	内径 （mm）	最大外径 （mm）	扣型	材质
1	油管挂	75.05	159.50	气密扣	BG2532-125，4c 镍基合金
2	双公短节	74.22	89.00		
3	Φ88.9mm×δ7.34mm 油管	74.22	108.00		
4	井下安全阀	69.85	143.51		Inconel 718

序号	名称	内径 (mm)	最大外径 (mm)	扣型	材质
5	$\Phi88.9mm\times\delta7.34mm$ 油管	74.22	108.00		BG2532-125，4c 镍基合金（至 3500m）
6	完井封隔器	74.90	158.75		Incoloy 725
7	$\Phi88.9mm\times\delta6.45mm$ 油管	76.00	108.00		BG2250-125，4d 镍基合金
8	坐落短节	65.00	108.00		Inconel 718
9	$\Phi88.9mm$ 小接箍油管	76.00	100.10		110SS 镀钨
10	压裂滑套 1	60.50	100.00		110SS
11	$\Phi88.9mm$ 小接箍油管	76.00	100.10		110SS 镀钨
12	压裂滑套 2	56.50	100.00		110SS
13	$\Phi88.9mm$ 小接箍油管	76.00	100.10		110SS 镀钨
14	压裂滑套 3	52.50	100.00		110SS
15	$\Phi88.9mm$ 小接箍油管	76.00	100.10		110SS 镀钨
16	压裂滑套 4	48.50	100.00	气密扣	110SS
17	$\Phi88.9mm$ 小接箍油管	76.00	100.10		110SS 镀钨
18	压裂滑套 5	44.50	100.00		110SS
19	$\Phi88.9mm$ 小接箍油管	76.00	100.10		110SS 镀钨
20	压裂滑套 6	40.50	100.00		110SS
21	$\Phi88.9$ 小接箍油管	76.00	100.10		110SS 镀钨
22	压裂滑套 7	36.50	100.00		110SS
23	$\Phi88.9mm$ 小接箍油管	76.00	100.10		110SS 镀钨
24	压裂滑套 8	32.50	100.00		110SS
25	$\Phi88.9mm$ 小接箍油管	76.00	100.10		110SS 镀钨
26	压裂滑套 9	28.50	100.00		110SS
27	$\Phi88.9mm$ 小接箍油管	76.00	100.10		110SS 镀钨
28	球座	25.00	100.00		110SS
29	筛管(1 根×9m)	76.00	108.00		110SS
30	球形盲堵引鞋	—	114.30		110SS

(2)分段完井工艺。

①组下完井投产管柱。

②安装采气树，坐封封隔器。

③分段酸压。

④排液、求产和测试。

2)两趟下入

与一趟下入管柱相比，两趟下入多了悬挂器。以彭州 6-5D 井为例，其完井测试投产管柱采用两趟下入的方式，第一趟钻送送放预置管柱，第二趟采用油管回插。其回插后的整体管柱结构为：井下安全阀＋完井封隔器＋坐落短节+悬挂器+压裂滑套 1 +······+ 压裂滑套 9 + 球座+筛管＋球形盲堵引鞋，如图 5.1.3 所示。

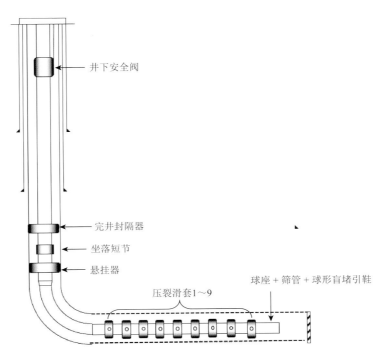

图 5.1.3　衬管完井滑套分段分流管柱示意图(两趟下入)

(1)回插管柱结构见表 5.1.11。

表 5.1.11　回插管柱结构

序号	名称	内径(mm)	最大外径(mm)	扣型	材质
1	油管挂	75.05	159.50	气密扣	BG2532-125，4c 镍基合金
2	双公短节	74.22	89.00		
3	Φ88.9mm 油管	74.22	108.00		
4	井下安全阀	69.85	143.51		Inconel 718
5	Φ88.9mm 油管	76.00	108.00		BG2532-125，4c 镍基合金（至 3500m）
6	完井封隔器	74.90	158.75		Incoloy 725
7	Φ88.9mm 油管	76.00	108.00		BG2250-125，4d 镍基合金
8	坐落短节	65.00	108.00		Inconel 718
9	Φ88.9mm 油管 1 根	76.00	108.00		110SS 镀钨
10	插入密封	75.05	161.00		110SS

（2）预置管柱结构见表 5.1.12。

表 5.1.12　预置管柱结构

序号	名称	内径(mm)	最大外径 (mm)	扣型	备注
1	悬挂器	75.05	159.50		110SS
2	Φ88.9mm 油管	76.00	108.00		110SS 镀钨
3	压裂滑套 1	60.50	100.00		110SS
4	Φ88.9mm 油管	76.00	108.00		110SS 镀钨
5	压裂滑套 2	56.50	100.00		110SS
6	Φ88.9mm 油管	76.00	108.00		110SS 镀钨
7	压裂滑套 3	52.50	100.00		110SS
8	Φ88.9mm 油管	76.00	108.00		110SS 镀钨
9	压裂滑套 4	48.50	100.00		110SS
10	Φ88.9mm 油管	76.00	108.00		110SS 镀钨
11	压裂滑套 5	44.50	100.00		110SS
12	Φ88.9mm 油管	76.00	108.00	气密扣	110SS 镀钨
13	压裂滑套 6	40.50	100.00		110SS
14	Φ88.9mm 油管	76.00	108.00		110SS 镀钨
15	压裂滑套 7	36.50	100.00		110SS
16	Φ88.9mm 油管	76.00	108.00		110SS 镀钨
17	压裂滑套 8	32.50	100.00		110SS
18	Φ88.9mm 油管	76.00	108.00		110SS 镀钨
19	压裂滑套 9	28.50	100.00		110SS
20	Φ88.9mm 油管	76.00	108.00		110SS 镀钨
21	球座	25.00	100.00		110SS
22	筛管(1 根×9m)	76.00	108.00		110SS
23	球形盲堵引鞋	—	114.30		110SS

（3）分段完井工艺。

①钻杆下入预置管柱。

②替浆、坐挂悬挂器、丢手。

③起送放管柱。

④下投产管柱、回插。

⑤替酸、投球，坐封完井封隔器。

⑥分级酸压。

⑦排液、求产和测试。

5.1.3　关键工具和井口装置

川西气田雷口坡组气藏水平井分段完井管柱关键工具主要包括完井封隔器、裸眼分段封隔器、悬挂器、井下安全阀、堵塞器及配套坐落短节、分段分流压裂滑套及其他工具。

1. 完井封隔器

为保证超高压施工及长期稳定生产的需求，完井封隔器应满足以下使用条件。

(1)采用液压坐封方式，本体耐压强度≥105MPa，抗拉强度≥1441kN，胶筒组件耐压差≥70MPa。

(2)密封件应保证在157℃、含 H_2S 和 CO_2 条件下长期可靠使用，并具有短期耐强酸腐蚀的能力。

(3)具备双向锚定能力，锚定载荷应大于等于1120kN。

(4)应具备丢手和回插功能，且满足三次以上回插及密封要求。

(5)封隔器本体最大外径 158.0～162.3mm，与 Φ193.7mm 套管配套；封隔器内径与管柱匹配；胶筒最大外径小于封隔器本体最大外径2～3mm，有效长度≥120mm。

(6)应满足其下部油管长度<50m 且油管底端固定的情况下能有效坐封，优先选用非中心管移动坐封类型的完井封隔器。

(7)具备磨铣打捞或工具回收的条件。

完井封隔器主要分为永久式、可取式和多功能式三种，结构功能上各有优缺点，具体见表 5.1.13。结合川西应用条件，优选结构简单稳定的永久式完井封隔器，其结构如图 5.1.4 所示。

表 5.1.13　不同类型完井工具结构特点及应用情况

类型	结构	优点	缺点	应用情况
永久式	上、下 C 型卡瓦	结构简单、稳定	设计遇阻吨位 3kN 以内，后期处理需要切割中心管	最多
	上、下常规卡瓦＋防中途坐封机构	结构较简单、下入较可靠	一旦意外坐封将无法解封	
可取式	投球可取式	管柱可取、后期可回收	结构较复杂	居中
	专用工具解封			
多功能式	集成可取、防碰、可旋转功能一体	适应复杂工况	结构复杂、稳定性有待验证	最少

图 5.1.4　永久式完井封隔器结构示意图

2. 裸眼分段封隔器

为保证管柱能在 Φ165.10mm 长裸眼水平段顺利下入，并适应裸眼井径扩大条件下（表 5.1.14）承受高施工压力、高双向压差和长时间施工等工况，裸眼分段封隔器应满足以下使用要求。

（1）采用液压坐封方式，最大外径≤156mm，最大长度≤1.8m，满足 9 级压裂分段要求。

（2）本体耐压强度≥105MPa，抗拉强度≥1441kN，胶筒组件在 10%裸眼扩大率和157℃、含 H_2S 和 CO_2 条件下双向耐压差≥60MPa。

（3）胶筒组件应保证在 157℃、含 H_2S 和 CO_2 条件下 7d 内不提前胀封，并具有短期耐强酸腐蚀的能力。

表 5.1.14　实钻井径扩大率列表

井号	实钻井径扩大率(%)
彭州 3-4D	13.0
彭州 8-5D	21.7
彭州 4-2D	10.4
彭州 6-4D	12.5
彭州 5-4D	18.4

目前国内外的裸眼分段封隔器主要有压缩式和扩张式两种类型。

压缩式裸眼分段封隔器外径 148.00～158.00mm，整体长度 1.5～1.8m，采用投球式坐封结构，启动压力≥12MPa，受温度和泥浆影响较小，提前胀封风险较小。其胶筒组件长100～200mm，膨胀系数 1.1～1.2，对全角变化率大、井径不规则的裸眼井段适应性较好。

扩张式裸眼分段封隔器外径 150.00～155.00mm，整体长度 2～3m，采用投球式坐封、单流阀进液胀封结构，启动压力≤5MPa，提前胀封风险较高。其胶囊组件长 500～900mm，膨胀系数 1.2～1.6，在通过全角变化率大、井径不规则的长裸眼井段易损伤，导致管柱内外连通失效。

部分裸眼分段封隔器参数及在井径扩大情况下双向承压实验情况见表 5.1.16。

表 5.1.16　裸眼分段封隔器调研情况

厂家	类型	裸眼分段封隔器		
		外径(mm)	内径(mm)	承压
BKXS	压缩式	148.08	99.19	Φ165.10mm 标准井眼承压 87.5MPa，井径扩大10%(Φ182.00mm)承压 35.00MPa
BQ		155.60	74.42	Φ165.10～170.18mm 承压 70.00MPa
SJSW		156.00	88.29	Φ182.00mm 井眼条件下承压 70.00MPa 合格
HLBD		156.21	94.74	Φ165.10～171.45mm 承压 70.00MPa，其余未做实验

厂家	类型	裸眼分段封隔器		
		外径(mm)	内径(mm)	承压
YQ	压缩式	157.35	76.00	Φ165.10mm 承压 70.00MPa，Φ181.61mm 承压 50.00MPa
WQX	压缩式	158.00	76.00	Φ165.10～177.80mm 井眼承压 70.00MPa
DW	压缩式	155.58	74.22	Φ178.40mm 承压 70.01MPa；Φ190.77mm 承压 63.00MPa
HB	扩张式	155.00	76.00	高温、井眼扩径 8.00%～10.00%的条件下承压 70MPa
ZHY	扩张式	150.00	76.00	井眼扩径 8.00%～10.00%的条件下承压能力较低，未进行相关试验
ZX	扩张式	155.00	76.00	常温下承压 35.00MPa

3. 预置管柱悬挂器

由于川西气田雷口坡组气藏碳酸盐岩储层致密、非均质性强、破裂压力高，酸压改造时采用清水、泥浆等非反应液体压开储层难度大，因此需替酸到储层位置，使酸液与碳酸盐岩反应产生有效溶蚀，降低地层破裂压力。

悬挂器用于送放并悬挂预置管柱。后续完井管柱下入后，通过尾部的回插接头插入悬挂器，将两套管柱锚定连接形成一套组合管柱，在完井封隔器坐封前能将酸液循环替至底部储层。悬挂器外观如图 5.1.5 所示。

图 5.1.5　悬挂器外观图

4. 井下安全阀

井下安全阀主要用于生产应急状态下的井下关井。

川西气田雷四气藏关井井口压力≤55.00MPa，生产时井口流温≤96.50℃，酸压改造井口施工压力≤94.50MPa。因此，井下安全阀选用额定工作压力 68.95MPa（阀板压差），本体抗内压强度 103.50MPa，Inconel 718 材质，最大耐温 150.00℃。为便于阀板关闭后的顺利开启，选择具有自平衡功能的型号。与井下安全阀配套的液控管线外径 6.35mm，额定工作压力 103.50MPa，Incoloy 825 材质。

井下安全阀的外径应与套管内径相匹配，最小内径≥69.50mm，以满足滑套分段投球及投堵塞器要求。其上下连接采用气密封螺纹，本体抗拉强度不低于连接处油管强度。井下安全阀结构如图 5.1.6 所示。

图 5.1.6　井下安全阀结构示意图

5. 堵塞器及配套坐落短节

堵塞器及配套坐落短节用于待投产井长期停待期间的井下暂封。

川西气田雷四气藏采用平台开发模式，每个平台 4～6 口井，井口排距 30.00m，间距 8.00m，同平台钻井和储层改造存在沟通待投产邻井井筒的风险。因此，在投产管柱下部预置坐落短节，测试结束后投入堵塞器暂封储层。

坐落短节及配套堵塞器额定工作压力 70.00MPa，耐温 177.00℃，Inconel 718 材质。坐落短节内径≥65.0mm，满足压裂滑套分段投球要求；堵塞器采用泵送下入，连续油管或钢丝打捞。

6. 分段分流压裂滑套

压裂滑套对准储层甜点实现分段分流酸压改造。配套的耐酸可溶球用于开启压裂滑套并隔离上一改造层段。分段酸压结束后，耐酸可溶球可在预定时间内自动溶解，恢复管柱畅通。

川西气田雷四气藏水平段长 852.00～1893.00m，采用多级分段酸压改造。压裂滑套及配套可溶球额定工作压力 70.00MPa，耐温 177.00℃。相邻两级滑套内径级差≥3.175mm，最大一级可溶球外径小于其上部管柱最小通径。可溶球耐酸(20%HCl)、耐碱(pH≥13)、耐高盐(100000mg/L)，耐温 180℃，6h 后开始溶解。压裂滑套参数设计见表 5.1.17。

表 5.1.17　压裂滑套参数(按 10 级)

名称	内径 (mm)	外径 (mm)	球径 (mm)	扣型	材质	耐温/耐压	数量 (个)
压裂滑套 1	60.50	100.00	63.01				1
压裂滑套 2	56.50	100.00	59.10				1
压裂滑套 3	52.50	100.00	55.02				1
压裂滑套 4	48.50	100.00	51.13				1
压裂滑套 5	44.50	100.00	47.05	气密扣	抗硫	177℃/70MPa	1
压裂滑套 6	40.50	100.00	43.21				1
压裂滑套 7	36.50	100.00	39.01				1
压裂滑套 8	32.50	100.00	35.00				1
压裂滑套 9	28.50	100.00	31.02				1
坐封球座	25/73	100.00	27.03				1

7. 井口装置

根据试气测试和完井投产过程中井口泵压变化、产出流体性质及腐蚀分压，以及该井最大关井压力等数据，选择用 HH 级防硫采气树，具体性能参数见表 5.1.18。

表 5.1.18　采气树性能参数

井口参数	具体等级(类别、级别)	选择依据
压力等级	105MPa	储层改造施工限压 84MPa，短时工作限压 94.5MPa
温度级别	P-U	生产期间最高井口温度不超过 96.5℃
材料类别	HH	根据地层酸性介质情况选择
产品规范级别	PSL3G	属于高温高压高含硫气井
产品性能级别	PR2	高温高压含硫气井安全要求高

5.1.4　水平井分段完井管柱下入技术

1. 摩阻系数拟合

预置管柱下入过程中，由于管柱自重及井眼弯曲等多种因素的作用，会产生较大摩阻力。随着井斜角的增大，水平段增长，以及岩屑、坍塌、井壁凸起、压差、扶正器嵌入地层等因素影响，管柱受到的摩阻力增大，严重时管柱会产生屈曲自锁。因此，采用摩阻系数确定管柱下入摩阻力是预测管柱下入能力的重要方法。

通常采用摩擦系数拟合法对套管段、裸眼段及衬管段的摩阻系数进行反演。川西气田 9 口井的反演结果表明(图 5.1.7、图 5.1.8)，油基泥浆中预置管柱的摩阻系数在套管段为 0.15、衬管段为 0.2、裸眼段为 0.3。

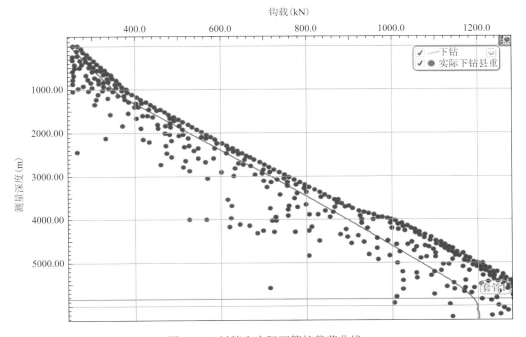

图 5.1.7　衬管内实际下管柱载荷曲线

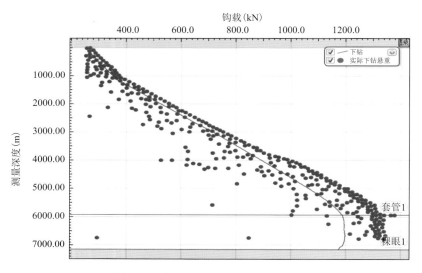

图 5.1.8　裸眼内实际下管柱载荷曲线

2. 完井管柱下入能力

水平段越长，完井时需要下入的套管串就越长，摩阻／扭矩就越大，当其达到极限时，大位移井就不能继续延伸。依据川西气田雷四气藏投产井井眼尺寸、井斜角的变化、下入管柱的尺寸、泥浆性能等参数，采用 WellPlan 软件计算管柱的屈曲悬重和不同摩阻系数下的管柱悬重，来评价完井管柱下入的可行性。

油基泥浆条件下，采用钻杆在裸眼水平段中送放预置管柱的计算结果表明，当摩阻系数为 0.5 时，水平段极限长度为 1500m；当摩阻系数为 0.3 时，水平段极限长度为 1800m；当摩阻系数为 0.2 时，水平段极限长度为 2500m。不同摩阻系数对应的剩余钩载见表 5.1.19。

表 5.1.19　裸眼分段完井管柱条件下不同摩阻对应的剩余钩载

井深(m)	摩阻系数	剩余钩载(t)	屈曲点(m)	摩阻(t)
1500.00	0.3	87.80	无	12.21
	0.4	84.51	无	16.52
	0.5	80.81	7100	20.21
1800.00	0.3	84.72	7400	16.30
	0.4	79.41	7020	21.62
	0.5	69.50	6780	30.51
2000.00	0.3	83.01	7600	18.03
	0.4	77.51	7050	23.52
	0.5	64.03	6750	37.05
2500.00	0.3	81.21	7600	20.09
	0.4	72.52	7000	28.51
	0.5	40.08	6800	—

3. 分段裸眼封隔器工具通过性能分析

分段裸眼封隔器受井筒全角变化率和井眼半径的限制, 在下入过程中有可能遇阻。因此, 在选择封隔器外径及长度时, 需对其通过性进行校核。目前, 井下工具通过性常用的计算方法有几何法、力学法及有限元软件模拟法三种。考虑分段裸眼封隔器的可靠性保障, 采用几何法中刚性通过计算法对封隔器的通过性进行校核。

川西气田雷四气藏裸眼水平井井径 165.10mm, 完井使用的分段封隔器外径156.00mm, 长度 1.11m。校核结果表明, 封隔器均满足有效通过的要求, 如图 5.1.9 和表 5.1.20 所示。

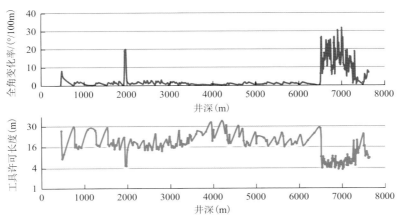

图 5.1.9　全角变化率与工具许可长度关系图

表 5.1.20　不同全角变化率下的工具许可长度

直井段全角变化率与工具许可长度		造斜段全角变化率与工具许可长度	
全角变化率(°/30m)	工具许可长度(m)	全角变化率(°/30m)	工具许可长度(m)
3.00	7.29	7.01	4.06
4.00	5.77	9.52	3.72
5.00	4.98	12.06	3.26
6.00	4.71	18.03	2.71
		30.20	2.06

4. 管柱下入辅助措施

裸眼水平井段局部存在井径不规则或井壁不光滑、岩屑堆积、泥浆沉淀等影响, 导致局部摩阻系数异常增大, 管柱存在下不到位的风险。因此, 采用以下措施辅助管柱下入。

(1) 做好裸眼水平井段的通井工作。下投产管柱前, 可根据井筒情况采用钻头带单扶通井、双扶通井、专用清砂接头通井及三扶通井等措施, 为管柱顺利下入提供良好的井筒条件。

(2) 裸眼段油管和工具外倒角, 每 2 根油管安装 1 只整体式弹性扶正器 (图 5.1.10), 减小与井壁的接触摩阻。

(3) 管柱尾端采用长筛管+弹性扶正器+球形盲堵引鞋 (图 5.1.11), 避免泥浆沉淀或岩屑堆积卡阻管柱, 并防止杂物堵塞管柱影响循环洗井。

(4) 钻杆配重送放预置管柱, 为管柱下入提供足够的刚度和下压载荷。

图 5.1.10　整体式弹性扶正器

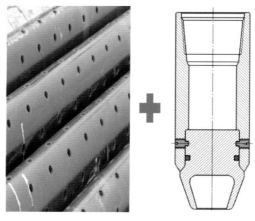

图 5.1.11　长筛管(左图)与球形盲堵引鞋(右图)

5.1.5　现场应用

川西气田雷四气藏累计完成 17 口井投产施工作业。

采用裸眼完井封隔器分段酸压技术投产 5 口井 (表 5.1.21), 裸眼段长度 441.00～1222.88m, 最多下入 3 只封隔器分 4 段 6 级酸压投产, 5 口井中, 4 口井顺利实施。彭州 6-4D 井因轨迹上翘及岩屑堆积导致摩阻过高卡阻管柱, 就地坐封后完成续酸压投产作业。

采用衬管完井油管滑套分流酸压技术投产 10 口井 (表 5.1.22), 裸眼段长度 786.71～2200.41m, 最多下入 9 只滑套分 10 级酸压投产, 10 口井均顺利实施。其中, 早期实施的彭州 5-2D 井为水基泥浆完钻井, 水平轨迹末段掉块严重, 通井阶段出现悬重和立压异常、频繁憋泵等情况, 因此优化调整衬管下入深度减少 222.00m, 避免由于衬管下不到位发生井下复杂情况, 完井投产管柱下深相应调整。

表 5.1.21　裸眼分段完井测试技术实施情况

井号	裸眼段总长/ 进入裸眼段管柱长度(m)	分段数	下管柱情况	到位情况
彭州 3-4D	441.00/386.13	3 段 3 级 (2 只裸眼封隔器)	无遇阻现象	顺利到位
彭州 8-5D	664.00/548.92	4 段 6 级 (3 只裸眼封隔器)	最大遇阻 30.00kN	顺利到位

井号	裸眼段总长/ 进入裸眼段管柱长度(m)	分段数	下管柱情况	到位情况
彭州 4-2D	690.00/565.02	1 只裸眼封隔器	最大遇阻 20.00kN	顺利到位
彭州 6-4D	725.07/494.12	3 段 5 级 (2 只裸眼封隔器)	最大遇阻 100.00kN	差 231.00m 到位
彭州 5-4D	1222.88/864.32	4 段 6 级 (3 只裸眼封隔器)	无遇阻现象	顺利到位

表 5.1.22　衬管完井滑套分流完井测试技术实施情况

井号	裸眼段总长/ 进入裸眼段管柱长度(m)	分段数	下管柱情况	到位情况
彭州 6-2D	786.71/616.02	6 级滑套分流	无遇阻	顺利到位
彭州 4-5D	1187.00/1183.10	7 级滑套分流	无遇阻	顺利到位
彭州 5-2D	1014.00/992.09	2 级暂堵分流	衬管下入最大遇阻 150.00~200.00kN	衬管差 222.00m 到位
彭州 4-4D	1338.12/984.00	6 级滑套分流	无遇阻	顺利到位
彭州 6-3D	1745.10/1512.06	10 级滑套分流	无遇阻	顺利到位
彭州 5-1D	2163.50/2005.52	10 级滑套分流	无遇阻	顺利到位
彭州 6-1D	1915.76/1858.76	10 级滑套分流	无遇阻	顺利到位
彭州 5-3D	1610.70/1514.70	8 级滑套分流	无遇阻	顺利到位
彭州 6-6D	2200.41/927.51	10 级滑套分流	无遇阻	顺利到位
彭州 6-5D	1725.83/1715.83	10 级滑套分流	无遇阻	顺利到位

5.2　长水平井多级分流立体酸压技术

川西气田超深层潮坪相碳酸盐岩气藏具有埋藏超深、低渗致密、纵向薄互层、高含硫、构造边水等特征。传统酸压改造面临以下难题：一是大斜度井或长水平井裸眼井段长达 1000~2000m，钻遇小层多，各小层间含气性、物性、可压性及裂缝发育程度差异大，非均质性极强，储层横向充分动用难度大；二是薄互层多层叠置、应力差异大，通过常规酸压技术兼顾深度改造和纵向上多薄层充分控制相对困难。针对上述难题，首先基于"四性十参数"定量精准识别地质工程双甜点，然后通过室内实验与数值模拟相结合的方法，形成了包含长井段非连续储层精细布酸和薄互层多级交替注入深度改造的长水平井多级分流立体酸压技术，解决了储层横向动用程度低、薄互层纵深向控制差的问题，改造效果较工艺应用前提升 66.28%，应用效果显著。

5.2.1　技术发展历程及酸压改造难点

1. 技术发展历程

川西气田开发共经历了三个阶段：勘探评价阶段(2018 年及之前)、第一轮大斜度井开发阶段（2019～2021 年）、第二轮长水平井开发阶段（2022 年至今），对应主体酸压工艺分别为直井精细分层酸压工艺、大斜度井立体酸压工艺、长水平井多级分流立体酸压工艺，各阶段关键工艺参数见表 5.2.1。

表 5.2.1　川西气田酸压工艺技术

参数	勘探评价阶段	第一轮开发阶段	第二轮开发阶段
井型	直井	大斜度井	长水平井
改造工艺	精细分层酸压	立体酸压	多级分流立体酸压
完井方式	套管	衬管、裸眼分段	衬管
裸眼段长(m)	—	891.00	1500.00～2200.00
出酸口数量	2～3	3～7	8～10
单井规模(m³)	700.00～2110.00	1200.00～2110.00	2300.00～3100.00
排量(m³/min)	3.00～6.00	3.00～7.00	4.00～6.00

2. 酸压改造难点

为实现效益开发，第二轮开发思路调整为"少井高产"模式，完井投产方案由第一轮开发阶段的"大斜度井 + 裸眼/衬管分段"调整为"长水平井 + 衬管多级分流"工艺方案。随着开发模式的调整优化，工程上主要有两方面转变：一是井型，由大斜度井转变为长水平井，原方案裸眼段平均长 400～800m，第二轮开发 6 口井裸眼段长 1592～2141m（平均 1889m）；二是完井方式，考虑到长井段管柱下入难度大，完井方式由第一轮开发井的衬管、裸眼分段结合转变为单一衬管完井，出酸口数量由 3～7 增加至 8～10，且最多为 10。工程上的转变，给酸压改造带来以下难题。

（1）长水平井钻遇小层多，储层分布非连续，工程地质特征差异大，甜点识别难。井段长，跨度大，钻遇层数多，单层薄，多类储层叠置，非均质性强。尽管第一轮开发初步明确了川西海相储层分类标准及可压性评价标准，但在长裸眼井段条件下，地质工程双甜点优选及评价仍需进一步研究。

（2）长水平井施工排量受限，衬管完井条件酸液分流难度大，薄互层立体动用困难。优化后裸眼段长近 2000m，改造级数增加至 10 级，长油管和多滑套节流极大增加了施工摩阻，酸压施工压力高，施工排量受限（部分高应力储层 B 靶点施工排量仅 3m³/min 左右），难以深度改造；不同类型储层零散分布、吸酸压力差异大（10～20MPa），难以实现长井段多甜点均匀布酸；因此，亟须形成能有效实现长井段布酸及薄互层纵深向有效控制的工艺手段。

5.2.2　地质工程双甜点定量识别技术

针对川西海相非均质储层甜点识别难的问题，在明确单井测试产量主控因素的基础上，从测录井资料的地质工程信息入手，得到支撑储层甜点识别评价的地质工程甜点因素集，采用数理分析方法，建立地质工程双甜点定量计算模型，为滑套定点提供依据。

1. 基于产能主控因素分析

1）天然裂缝发育程度

基于井下裂缝成像数据开展拟合分析，结果如图 5.2.1 与图 5.2.2，测试产量与中高角度（>20°）缝数量和平均倾角正相关性较强，与水平缝数量相关性不强。其中，中高角度缝对产量贡献较大，因为闭合应力更低、裂缝开度高；而水平缝因闭合应力高、充填程度高，对产量贡献较小。因此，不应简单采用裂缝总量进行评价，而应重点评价中高角度缝数量、平均倾角。

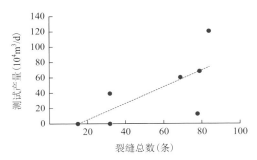
图 5.2.1　测试产量与裂缝总数关系图

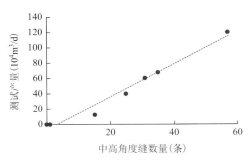
图 5.2.2　测试产量与中高角度缝数量关系图

2）储层物性

如图 5.2.3 与图 5.2.4 通过已施工井的统计分析，无阻流量与优质储层（Ⅰ+Ⅱ类储层）厚度正相关性较强（0.784），Ⅰ+Ⅱ类储层是主要贡献段。无阻流量与储层总厚度也呈正相关关系，但相关性（0.668）相对Ⅰ+Ⅱ类储层较弱，Ⅰ+Ⅱ类储层外井段贡献有限，选段分段应重点评价Ⅰ+Ⅱ类储层。这与川西气田潮坪相储层薄互层叠置的特征相关，优质储层间夹层物性较差，获产主要依靠裂缝发育或孔洞发育的优质储层。

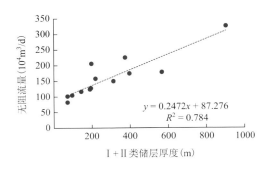
图 5.2.3　无阻流量与Ⅰ+Ⅱ类储层厚度关系图

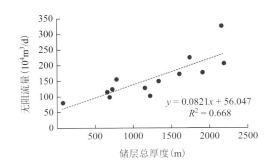
图 5.2.4　无阻流量与储层总厚度关系图

3）可压性

对于碳酸盐岩，改造需要形成具有一定导流能力和长度的裂缝，在形成储层所需裂缝之前，压开储层是必备门槛，因此定义可压性为储层被压开的难易程度。地质上可压性与储层物性、天然裂缝、构造位置有相关性，工程上往往采用破裂压力、吸酸压力、停泵压力等进行表征，与地应力、破裂压力、岩石力学性质有关。可压性好的储层，本身储层物性或裂缝发育程度较好、地应力较低，改造过程中施工排量高，裂缝延伸好，进一步保证了改造效果。因此，进行储层甜点评价时，储层的可压性也必须考虑。

为了定量评价可压性，首先建立可压性评价因素集，如图 5.2.5 所示，选取储层岩性、地应力大小、构造特征、物性特征、天然裂缝特征、工作液漏失情况等评价因素，通过第一轮开发施工井统计，以破裂压力为目标函数，采用灰色关联法对不同因素对可压性的影响程度进行排序。结果表明工作液漏失情况、地应力大小、储层岩性、中高角度缝数量、储层物性是影响可压性的主要因素。最后基于关联系数大小，通过调查统计的方式确定单因素评分标准，可以得到各类参数对应的单因素评价可压性类型，见表 5.2.2。

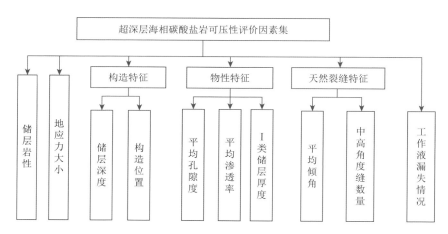

图 5.2.5　待改造井可压性评价层次结构模型

表 5.2.2　可压性评价单因素评价标准

| 可压性类型 | 储层岩性 | 地应力(MPa) | 构造特征 | | 物性特征 | | | 天然裂缝特征 | | 漏失情况 |
			储层深度(m)	构造位置	孔隙度(%)	渗透率(mD)	I类储层厚度(m)	平均倾角(°)	中高角度缝数(条)	
A	藻砂屑微晶白云岩、藻砂屑微晶灰岩	<95.00	<5900.00	高	≥8.00	≥1.00	≥6.00	≥30.00	≥30	漏失
B	粉晶白云岩、藻黏结白云岩	95.00～<115.00	5900.00～<6100.00	高翼	6.00～<8.00	1.00～<0.25	3.00～<6.00	20.00～<30.00	20～<30	无漏失
C	含灰白云岩、灰质白云岩	115.00～<140.00	6100.00～<6300.00	低翼	4.00～6.00	0.25～<0.05	1.00～<3.00	10.00～<20.00	10～<20	无漏失
D	灰岩、白云质灰岩	≥140.00	≥6300.00	低	<4.00	<0.05	<1.00	<10.00	<10	无漏失

4) 含气性

含气性是影响产气量的首要物质基础, 评价含气性, 直接可用的评价参数有: 构造位置与气水界面、全烃含量、含气饱和度、电性特征。

从气水界面看, 川西气田为构造岩性边水气藏, 通过气水界面比对可以直接确定出水风险的高低。通过测录井资料解释, 以及压后测试情况, 目前已落实气水界面: 金马构造 5244.00m (彭州 3-5D 井); 鸭子河构造 5174.00m (彭州 7-1D 井) ～5180.00m (彭州 4-2D 井)。以上气水界面为海拔深度。

从测井资料也可判断气水特征。从声波时差、补偿中子、电阻率, 可以综合判断气层、气水同层、水层。

从录井显示上, 可定量判断全烃含量、含气饱和度。

2. 地质工程甜点定量识别评价方法

1) 评价方法的建立

基于产能主控因素的单因素分析, 梳理出影响产能的地质工程甜点因素集如下。

(1) 含气性系数: 全烃曲线、构造部位、含气饱和度、电阻率。

(2) 物性系数: Ⅰ+Ⅱ类储层厚度、孔隙度、渗透率。

(3) 裂缝系数: 漏失量、斜交缝数量、平均倾角、深浅电阻差、纵横波速比。

(4) 可压性系数: 地应力、破裂压力、杨氏模量。

为便于长井段选段分段, 借鉴脆性评价的方法, 对含气性、物性、裂缝、可压性 4 个单项进行无量纲化处理, 分两个层次进行综合评价。

$$B = \frac{1}{2}\frac{E - E_{\min}}{E_{\max} - E_{\min}} + \frac{1}{2}\frac{v_{\max} - v}{v_{\max} - v_{\min}} \tag{5.2.1}$$

式中: B 为综合评价系数, 量纲一; E、$E_{\max}$、$E_{\min}$ 分别为杨氏模量、最大杨氏模量和最小杨氏模量, MPa; v、$v_{\max}$、$v_{\min}$ 分别为泊松比、最大泊松比和最小泊松比, 量纲一。

基于各因素单项相关评价参数, 建立基于产量主控因素的甜点识别评价模型, 对地质因素进行剖面化评价:

$$B_t = \omega_1 B_g + \omega_2 B_p + \omega_3 B_f + \omega_4 B_r \tag{5.2.2}$$

式中: ω_1、ω_2、ω_3、ω_4 为各变量的权重系数, 量纲一; B_t 为甜点系数, 量纲一; B_g 为含气性系数, 表征储层含气性对甜点的贡献程度, 量纲一; B_p 为物性系数, 表征储层物性对甜点的贡献程度, 量纲一; B_f 为裂缝系数, 表征裂缝特征对甜点的贡献程度, 量纲一; B_r 为可压性系数, 为储层可压性特征对甜点的贡献程度, 量纲一。其中有

$$\begin{cases} B_g = u_1 C_n + u_2 S_g \\ B_p = u_1 \phi + u_2 K \\ B_f = u_1 R_D / R_S + u_1 \mathrm{DT/AC} \\ B_r = u_1 \sigma_h + u_2 p_f + u_3 E \end{cases} \tag{5.2.3}$$

式中：u_1、u_2、u_3 为 σ_h、p_f、E 的权重系数，量纲一；C_n 为无量纲化后的全烃含量，量纲一；S_g 为无量纲化后的含气饱和度，量纲一；ϕ 为无量纲化后的孔隙度，量纲一；K 为无量纲化后的渗透率，量纲一；R_D、R_S 分别为无量纲化后的深、浅侧电阻率，量纲一；DT、AC 分别为无量纲化后的纵波、横波时差，量纲一；σ_h 为无量纲化后的最小水平主应力，量纲一；p_f 为无量纲化后的破裂压力，量纲一；E 为无量纲化后的杨氏模量，量纲一。

在以上评价模型的基础上，取心情况、成像测井、构造特征、岩性、漏失量等定性或非连续资料可作为该方法的补充。

2) 甜点识别评价方法验证

以彭州 8-5D 井为例，对甜点定量评价方法进行验证。基于测录井资料，分别计算出含气性系数曲线、物性系数曲线、裂缝性系数曲线及可压性系数曲线，从而进一步计算得到该井的甜点系数剖面。该井甜点系数介于 0.13～0.53，优选出甜点系数≥0.38 的甜点集中区 7 个。考虑管柱下入、断层因素，选取第 2～7 区作为重点改造对象(表 5.2.3)。

由于缺少直接的生产剖面测试数据，通过对工区气井无阻流量与甜点系数进行统计分析，如图 5.2.6 所示，得出无阻流量与甜点系数呈显著的正相关关系，间接验证了甜点定量评价方法具有较高的准确性。

表 5.2.3　甜点系数计算结果

区域	4 个单项系数评价				综合评价
	含气性系数 B_g	物性系数 B_p	裂缝系数 B_f	可压性系数 B_r	甜点系数 B_t
7	0.526	0.274	0.242	0.590	0.410
6	0.570	0.414	0.235	0.840	0.510
5	0.560	0.180	0.420	0.390	0.480
4	0.563	0.402	0.180	0.420	0.390
3	0.520	0.361	0.270	0.440	0.398
2	0.468	0.523	0.207	0.360	0.390

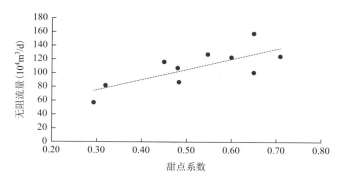

图 5.2.6　无阻流量与甜点系数的统计关系

5.2.3　长井段非连续储层精细布酸工艺

针对长井段非连续储层改造不充分的难题，通过开展水平井钻井液污染后酸化机理实验、考虑钻井液污染的吸酸剖面数值模拟研究，对酸液暂堵分流工艺进行优化，提出了长井段非连续储层精细布酸原则，形成了长井段非连续储层精细布酸工艺，实现了酸液在长井段内对非连续分布甜点的充分改造。

1. 考虑钻井液污染的吸酸剖面预测模型

基于川西气田长水平井储层分布及物性差异特征，开展钻井液污染机理实验，明确长井段钻井液污染特征，进而建立了考虑钻井液污染的吸酸剖面预测模型，对长井段多级分流精细布酸工艺参数进行了优化。

1) 水平井钻井液污染后酸化机理实验

钻井过程中，钻井液侵入地层及天然裂缝，造成长井段非线性污染，改变了储层吸酸能力，极大地影响了酸液分流效果。本节开展了并联岩心钻井液侵入深度及酸化后渗透率恢复室内实验，实验结果见表 5.2.4，明确了水平井筒替浆、滞留钻井液工况下酸液的推进特征、分流效果。

采用最小二乘法对已测试数据进行拟合计算，得到泥浆侵入长度与渗透率的恢复关系。整体来说，模型计算得到的值与实验测试值相近，有较高的相关性，能够通过泥浆侵入深度较好地预测酸化后基质渗透率恢复的情况。

表 5.2.4　酸液处理后渗透率恢复实验结果

序号	孔隙度 (%)	钻井液侵入深度 (cm)	深度比 (%)	初始渗透率 (mD)	钻井液侵入后渗透率 (mD)	伤害率 (%)	伤害率平均值 (%)	酸液处理后渗透率 (mD)	恢复率 (%)	恢复率平均值 (%)	酸液类型
1	5.00（III类）	1.254	24.47	0.0411	0.0098	76.16		0.0361	87.83		盐酸
2	10.00（II类）	3.524	68.67	0.1257	0.0110	91.25	86.05	0.0340	27.05	55.28	
3	15.00（I类）	4.216	81.01	0.8730	0.0986	88.71		0.2182	24.99		
4	裂缝	全侵入	100.00	1.3339	0.1591	88.07		1.0838	81.25		
5	5.00（III类）	0.986	19.08	0.0350	0.0102	70.86		0.0265	75.71		胶凝酸
6	10.00（II类）	3.654	71.56	0.1740	0.0121	93.05	85.89	0.0258	14.83	28.84	
7	15.00（I类）	3.982	77.53	0.7587	0.0855	88.73		0.1133	14.93		
8	裂缝	全侵入	100.00	2.1832	0.1985	90.91		0.2156	9.88		

$$R_k = -0.0016 l_p^2 + 0.1392 l_p + 0.9039 \qquad (5.2.4)$$

式中：R_k 为酸化后渗透率恢复率，量纲一；l_p 为泥浆侵入长度百分比，量纲一。

A. 钻井液污染下的长井段酸液推进剖面实验

在现场实际作业中酸化是一个动态的过程，随着酸液的注入岩心被不断溶蚀，渗透率不断提高，吸酸剖面也随之改变。考虑实际水平井酸化工况，设计多个夹持器并联以模拟储层水平段物性的差异，如图 5.2.7 所示。实验模拟水平段、模拟地层、模拟钻井液侵入、出酸口位置的影响。

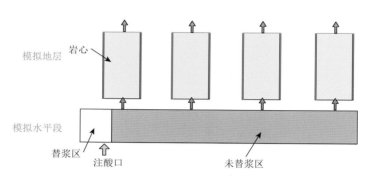

图 5.2.7　实验设计示意图

如图 5.2.8 所示，替浆井筒条件下，在相同注酸参数下，酸液侵入深度百分比最多的为 I 类岩心，其平均值为 80.87%，其次为 II 类岩心，其平均值为 57.02%，酸液侵入深度百分比最少的为III类岩心，其平均值为 26.19%。酸液主要沿优质储层段推进，物性的岩心酸液侵入深度差距较大，层间物性的差异决定了吸酸剖面的差异。

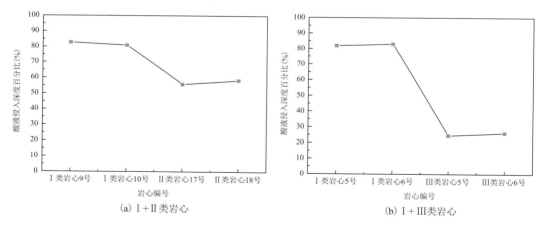

(a) I + II类岩心　　　　　　　　(b) I + III类岩心

图 5.2.8　第五组岩心的酸液推进剖面结果

如图 5.2.9～图 5.2.12 所示，充填钻井液后，酸液酸化深度(30.00%～40.00%)明显低于半充填钻井液的工况(55.00%～70.00%)，因此水平段若管柱未到位对酸化剖面有明显影响。充填油基钻井液条件下，酸化深度相比水基钻井液低 10.00%～15.00%。

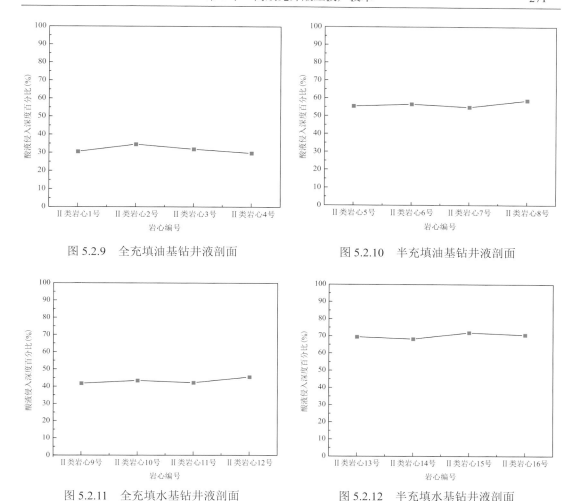

图 5.2.9 全充填油基钻井液剖面

图 5.2.10 半充填油基钻井液剖面

图 5.2.11 全充填水基钻井液剖面

图 5.2.12 半充填水基钻井液剖面

B. 不同施工排量下解堵深度对比

首先建立储层温度条件，先用钻井液饱和岩心，再用不同替浆程度的井筒溶液对岩心进行多倍驱替，最后采用酸液对岩心进行驱替解堵，之后通过苏丹红染色剂，测试酸液在滞留钻井液条件下岩心中的推进剖面，实验过程中改变注入速度，分析不同注入排量对酸液推进剖面的影响。通过改变注入排量，测试酸液的推进剖面，共进行 3 组实验，实验结果见表 5.2.5。

表 5.2.5 实验结果数据表

序号	组别	岩心编号	岩心长度 （cm）	岩心直径 （cm）	酸液推进深度 （cm）	酸液侵入深度 百分比（%）
1	第一组	II 类 19 号	5.156	2.538	3.628	70.36
2		II 类 20 号	5.186	2.510	3.482	67.14
3		II 类 21 号	5.144	2.536	3.526	68.55
4		II 类 22 号	5.156	2.532	3.568	69.20

序号	组别	岩心编号	岩心长度 (cm)	岩心直径 (cm)	酸液推进深度 (cm)	酸液侵入深度 百分比(%)
5		II类23号	5.170	2.528	2.982	57.68
6	第二组	II类24号	5.122	2.528	3.020	58.96
7		II类25号	5.152	2.514	3.082	59.82
8		II类26号	5.148	2.502	2.954	57.38
9		II类27号	5.196	2.504	1.852	35.64
10	第三组	II类28号	5.174	2.508	1.934	37.38
11		II类29号	5.124	2.538	1.886	36.81
12		II类30号	5.116	2.514	1.902	37.18

油基钻井液的酸液推进剖面结果如图 5.2.13～图 5.2.15 所示,酸液侵入深度百分比最多的为 1.50mL/min 排量的岩心,其平均值为 68.81%,其次为 1.00mL/min 排量的岩心,其平均值为 58.46%,最少的为 0.50mL/min 排量的岩心,其平均值为 36.75%。通过分析实验结果,发现酸液推进排量大小对推进深度有较大的影响,排量太小会导致施工效率过低,因此应根据现场地层物性参数,在限压下尽量提高排量,可提升酸化解堵效率。

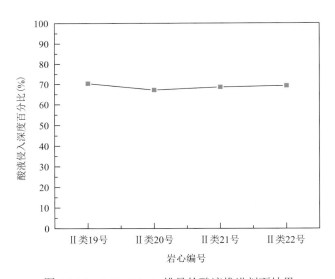

图 5.2.13 1.50mL/min 排量的酸液推进剖面结果

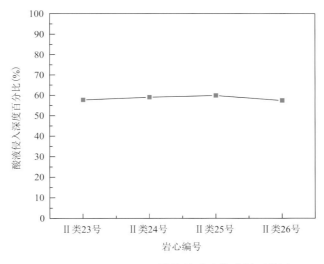

图 5.2.14　1.00mL/min 排量的酸液推进剖面结果

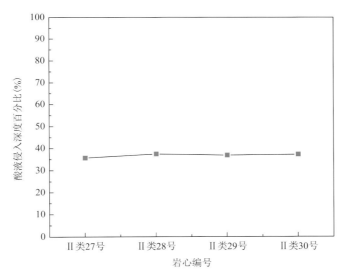

图 5.2.15　0.50mL/min 排量的酸液推进剖面结果

2) 长井段吸酸剖面数值模型建立

基于长井段非连续储层吸酸物理过程，建立长井段吸酸剖面物理模型，对各物理过程进行数学描述，建立长井段吸酸剖面数值模型。

A. 长井段吸酸剖面物理模型

为了模拟长裸眼段吸酸剖面演化规律，基于储层地质特征，考虑不同的储层展布以段内的储层非均质性及进酸口位置为主要影响因素，耦合井筒及储层流动，建立了水平井长裸眼段吸酸剖面预测模型 (图 5.2.16)。模型中考虑了酸液在井筒中的流动反应、酸蚀蚓孔动态生长及水力裂缝动态起裂扩展，能够实现酸压过程中长井段动态吸酸模拟。

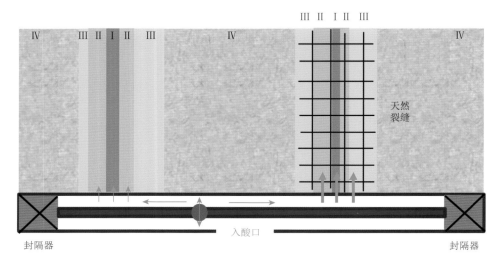

图 5.2.16　水平井长裸眼段吸酸剖面物理模型

B. 长井段吸酸剖面数学模型

典型条件下，因井筒内酸液流动属于管流，而储层基质及天然裂缝内部属于裂隙流及达西渗透，为多尺度流动，要实现上述三种流动的计算并将其耦合会带来大量的计算成本，使得模型无法用于工程实践。因此建立了快速计算吸酸剖面的数学模型。根据质量守恒原理，将酸压流体考虑为微可压缩流体，则只有当酸液能够经由井筒流入储层，井筒内的酸液才会向井筒对应位置流动，反之则会导致井底压力上升。

流出井筒的酸压工作液流量：

$$Q_{\text{out}} = \sum_{i=1}^{m} \Delta x \Delta y \frac{(P_{\text{well},i} - P_{r,i}) k_{y,i}}{\mu \Delta y} \tag{5.2.5}$$

式中：下标 i 表示 x 方向的网格位置；$P_{\text{well},i}$ 为井筒内流体压力，Pa；$P_{r,i}$ 为地层内流体压力，Pa；$k_{y,i}$ 为储层 y 方向的渗透率，m^2；μ 为流体黏度，Pa·s；Δx、Δy 分别为基质网格在 x、y 方向的长度，m。

根据改造段井筒体积、注入流量等参数计算下时间步井筒内流体压力分布：

$$P_{\text{well},i}^{n+1} = P_{\text{well},i} + \frac{Q_{\text{in}} - Q_{\text{out}}}{V_{\text{well}} c_{\text{L}}} - +2^{(3n+2)} \pi^{-n} k' \left(\frac{1+3n}{n} \right)^n \left(D_{\text{井}} - D_{\text{油}} \right)^{-(3n+1)} \sum_{i=1}^{n} (x_i - x_{i-1}) Q_{\text{well},i}$$

$$\tag{5.2.6}$$

式中：Q_{in} 为注入流量，m^3/s；Q_{out} 为流出井筒的酸压工作液流量，m^3/s；V_{well} 为井筒体积，m^3；c_{L} 为流体压缩系数，Pa^{-1}；k' 为稠度系数；n 为幂律指数，量纲一；$D_{\text{井}}$ 为井筒直径，m；$D_{\text{油}}$ 为油管直径，m；$Q_{\text{well},i}$ 为井筒内流体流量，m^3/s。

以注酸口所在网格位置 x_{in} 为基准，则可分别计算网格位置 i 处由注酸口向上、下游的酸压工作液流量：

$$上游\ u_{x,i} = \sum_{i=1}^{x_{in}} Q_{out,i} \bigg/ \pi \left(\frac{D_{井} - D_{油}}{2} \right)^2, \quad 下游\ u_{x,i} = \sum_{i=x_{in}}^{m} Q_{out,i} \bigg/ \pi \left(\frac{D_{井} - D_{油}}{2} \right)^2 \tag{5.2.7}$$

基质岩体中流动采用单向达西定律进行描述，天然裂缝等强流动介质则通过立方定律计算等效渗透率加载在一套网格中实现计算，其基本控制方程为

$$\left[\frac{\partial}{\partial x} \left(\frac{\rho k_x}{\mu} \frac{\partial p}{\partial x} \right) + \frac{\partial}{\partial y} \left(\frac{\rho k_y}{\mu} \frac{\partial p}{\partial y} \right) \right] - q_m = \frac{\partial \rho \varphi}{\partial t} \tag{5.2.8}$$

式中，q_m 为井筒向基质域传递的质量流源项，$kg/(m^3 \cdot s)$。

裂缝内的渗透率基于立方定律进行计算：

$$u_x = -\frac{w^2}{12\mu} \frac{\partial p}{\partial x}, \quad u_y = -\frac{w^2}{12\mu} \frac{\partial p}{\partial y} \tag{5.2.9}$$

式中：k_x 为储层 x 方向的渗透率，m^2；w 为天然裂缝宽度，m；p 为流体压力，Pa；u_x、u_y 分别为流体在 x、y 方向的流速，m/s；t 为注酸时间，s；

采用一维对流扩散方程对井筒域内的酸液传质反应进行描述：

$$\frac{\partial C}{\partial t} + u_{x,well} \frac{\partial C}{\partial x} + u_y \frac{\partial C}{\partial y} = \frac{\partial}{\partial x} \left(D_e \frac{\partial C}{\partial x} \right) \tag{5.2.10}$$

式中：C 为井筒内酸液浓度，mol/m^3；$u_{x,well}$ 为井筒内 x 方向流体流速，m/s；u_y 为酸液在 y 方向上由井筒向储层基质、天然裂缝的流动速度，m/s；D_e 为 H^+ 有效传质系数，m/s。

碳酸盐岩基质酸化作业中酸蚀蚓孔扩展过程的数学模型大致可以分为 4 大类：无量纲模型、毛细管模型、网络模型、连续模型。这些模型可在理想条件下(岩心线性流、单一主蚓孔、指定浓度的盐酸体系)预测酸蚀蚓孔的增长，但在复杂的基质酸化过程(径向流、多蚓孔、复杂酸液体系)中则表现不足。目前普遍认为蚓孔生长速度只与突破岩心时的酸液体积有关，取决于注酸速度和蚓孔尖端处酸液流速，且表现为离井筒越远，增长速度越慢，并建立了径向蚓孔生长速度的半经验关系式(Buijse and Glasbergen，2005)。

$$v_{wh} = \frac{v_j}{V_{bt,opt}} \left(\frac{v_j}{v_{j,opt}} \right)^{-1/3} \left[1 - e^{-4\left(\frac{v_j}{v_{j,opt}} \right)^2} \right]^2 \tag{5.2.11}$$

式中：v_{wh} 为蚓孔生长速率，m/s；v_j 为岩石孔隙内酸液流速，m/s；$v_{j,opt}$ 为岩石孔隙内酸液最优流速，m/s；$V_{bt,opt}$ 为蚓孔突破岩心时酸液注入的最优孔隙体积倍数，量纲一。

研究表明，最优孔隙体积倍数随渗透率的降低而降低，而最优流速与渗透率之间没有明显关系(Furui et al.，2012)。因此，当渗透率从 10.00mD 变化至 0.10mD 时，最优孔隙体积倍数将分别设置为 0.048、0.026、0.005，同时最优流速则设置为 2.3×10^{-4}m/s。

3) 多级分流精细布酸工艺参数优化

基于数值模拟结果，揭示长井段吸酸机理，明确了吸酸剖面的影响因素，根据长井段内非连续储层的吸酸剖面需求，对酸压工艺参数进行了优化。

A. 长井段吸酸机理

研究结果如图 5.2.17 所示，井筒内流速和酸液浓度分布与储层的吸酸剖面分布高度相关，而吸酸能力强的优质储层(Ⅰ+Ⅱ类储层、天然裂缝、水力裂缝等)对井筒内的酸液流向存在极强的"牵引"作用，当滑套位于吸酸能力最强的Ⅰ+Ⅱ类储层时，井筒内部的酸液剖面随时间推移较为均匀、缓慢地向两侧扩展；而当滑套位于Ⅰ+Ⅱ类储层侧面的Ⅲ类储层时，井筒内的吸酸剖面会快速地向Ⅰ+Ⅱ类储层推进，而旁侧的未解释储层方向则基本没有变化。因此，当储层物性较差或被钻井液污染失去流动能力时，吸酸口的位置会对井筒内酸液分布带来较大的影响。

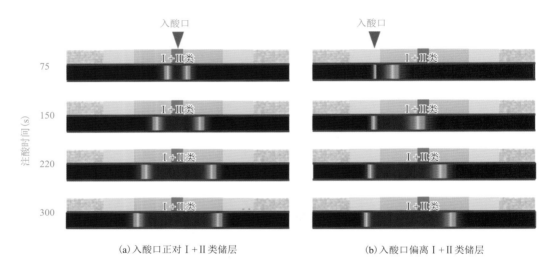

(a) 入酸口正对Ⅰ+Ⅱ类储层　　　　　　　　　　(b) 入酸口偏离Ⅰ+Ⅱ类储层

图 5.2.17　井筒内流体速度分布及储层进液剖面对照

在储层展布为集中类型时，如图 5.2.18 所示，吸酸能力较强的储层对井筒内的酸液流动呈现出类似"屏障"的效果，在吸酸能力较强的储层一侧布置进酸口时，将难以使其另一侧的储层与酸液有效接触。在储层展布为分散类型时，如图 5.2.19 所示，井筒内酸液浓度剖面高值受Ⅰ+Ⅱ类储层牵引，分布范围大幅增加。但当出酸口位于一侧时，仅出酸口对应侧方的储层及另一侧的Ⅰ+Ⅱ类储层能够有效进酸，此时，将出酸口放置于两侧吸酸能力较强的优质储层中间或采用暂堵措施时，才能保证起裂前两侧的优质储层均受到酸液的有效溶蚀。

B. 长井段吸酸剖面影响因素分析

基于建立的模型模拟均质储层条件下不同注酸排量、注酸时间对长井段吸酸剖面的影响。模拟过程中储层物性设置为均质储层，有效改造井段长度根据目标工区整体用酸强度设置为 $0.20\text{m}^3/\text{m}$ 来计算，即注酸时间结束时吸酸量大于等于 $0.20\text{m}^3/\text{m}$ 的井段为有效改造井段。模拟结果如图 5.2.20 所示，单一均质储层类型条件下，Ⅰ、Ⅱ类储层有效改造井段长度随注酸量及注酸排量的增加而增加，Ⅲ类储层在较短时间内即起裂，有效改造范围停留在 13.40m。其中注酸排量提高至 $6\text{m}^3/\text{min}$ 以上时，相同注酸量下的有效改造井段长度提升幅度明显减缓。而注酸时间增加至 30min 以上时，有效井段长度提升幅度有所降低，但增加幅度依旧明显。延长注酸时间较提高注酸排量更能够增加酸液对长井段的覆盖能力。

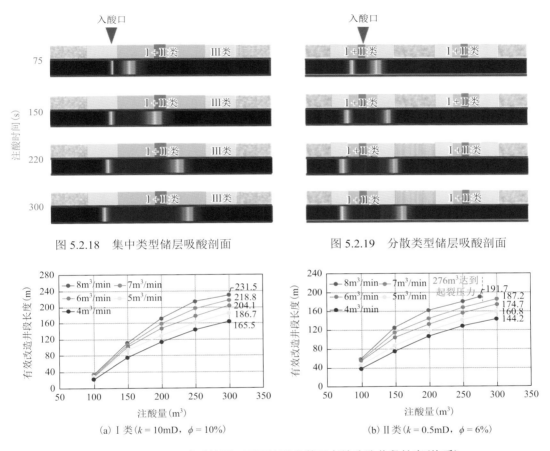

图 5.2.18　集中类型储层吸酸剖面　　　　图 5.2.19　分散类型储层吸酸剖面

(a) Ⅰ类($k = 10$mD，$\phi = 10\%$)　　　　　(b) Ⅱ类($k = 0.5$mD，$\phi = 6\%$)

图 5.2.20　不同类型储层、不同注酸参数下有效改造井段长度(均质)

C. 工艺参数优化实例

基于模型计算结果，针对彭州 6-3D 井开展注酸排量设计，以物性较好的第 6 级为例，如图 5.2.21 所示，综合考虑施工能力、储层物性及不同酸量下储层改造特征等因素，确定该段注酸排量为 $6.00\text{m}^3/\text{min}$，注酸量为 200.00m^3。

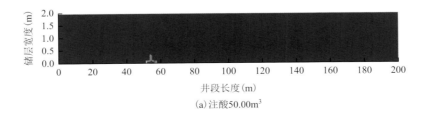

(a)注酸50.00m³

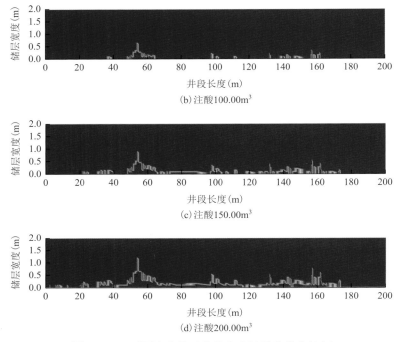

图 5.2.21　不同注酸量下井段内酸蚀蚓孔发育特征

2. 长井段酸液暂堵分流工艺优化

在长井段储层非均质、非连续分布条件下，通过滑套分流直接实现酸液覆盖所有甜点难度较大，同时酸压后单条裂缝对储层的横向控制范围有限，需要采用暂堵分流工艺迫使酸液转向，实现对全井段甜点全覆盖或增加裂缝条数增强对储层的横向控制。本节通过开展不同暂堵材料的封堵性能实验研究和暂堵分流工艺模拟，优选了暂堵材料和暂堵时机，实现了酸液的二次分流，实现长井段精细布酸。

1) 暂堵材料封堵性能实验研究

A. 暂堵颗粒封堵性能

分别在 2.00mm 缝宽与 4.00mm 缝宽条件下，对不同粒径暂堵颗粒、不同暂堵颗粒浓度的封堵性能进行实验测试，实验结果见表 5.2.6。在能够形成有效封堵的有效浓度范围内，暂堵颗粒浓度越高封堵效果越好，但整体封堵压力较小，推荐暂堵颗粒浓度＞10.00%；颗粒粒径需与裂缝尺寸匹配，当缝宽较大时，使用大粒径暂堵颗粒时虽有压力升高，但颗粒间缝隙较大，并未形成有效封堵，而使用小粒径暂堵颗粒，即便提高颗粒浓度也无法形成封堵。

表 5.2.6　暂堵颗粒封堵性能测试实验结果

裂缝宽度(mm)	颗粒粒径(目)	颗粒浓度(%)	是否建立封堵	封堵压力(MPa)
2.00	10～40	5.00	是	0.81
	10～40	10.00	是	4.37
	10～40	15.00	是	4.87
	10～40	20.00	是	5.35

裂缝宽度(mm)	颗粒粒径(目)	颗粒浓度(%)	是否建立封堵	封堵压力(MPa)
	10～40	15.00	否	—
4.00	10～40	20.00	否	—
	4	10.00	未形成有效封堵，由于颗粒过大，形成缝隙较大	0.36
	4	15.00		0.68

B. 暂堵纤维封堵性能

分别在 2.00mm 缝宽与 4.00mm 缝宽条件下，对不同暂堵纤维浓度的封堵性能进行实验测试。对比分析表 5.2.6 与表 5.2.7 中数据，结果表明相较于暂堵颗粒，采用暂堵纤维进行封堵，浓度由 1.50%提高到 2.00%，封堵压力即可显著提升，实现有效封堵，但暂堵纤维架桥封堵不稳定，容易被突破产生多次压力突变。

表 5.2.7　暂堵纤维封堵性能测试实验结果

裂缝宽度(mm)	纤维浓度(%)	封堵压力(MPa)	是否建立稳定封堵
	1.50	11.75	否
2.00	2.00	13.28	否
	2.50	20.07	是
4.00	2.50	—	否
	3.00	5.50	否

C. 颗粒 + 纤维复合暂堵材料封堵性能

纯暂堵颗粒与纯暂堵纤维均无法达到理想的封堵效果，考虑组合不同粒径暂堵颗粒与暂堵纤维，分别在 2.00mm 缝宽与 4.00mm 缝宽条件下，对不同组合下的复合暂堵材料封堵性能进行实验测试，实验结果见表 5.2.8。复合暂堵材料中大粒径暂堵颗粒架桥，小粒径暂堵颗粒充填小孔隙，暂堵纤维充填更小孔隙，封堵效果较好，并且使用较低的暂堵颗粒、暂堵纤维浓度即可实现有效封堵，推荐暂堵颗粒浓度<5%，暂堵纤维浓度<3%。

表 5.2.8　复合暂堵材料封堵性能测试实验结果

缝宽	颗粒粒径(目)	颗粒浓度(%)	纤维浓度(%)	封堵效果	封堵压力峰值(MPa)
	10～40	1.50	0.64	差	1.81
2.00	10～40	1.50	1.50	稳定	19.77
	10～40	0.64	1.50	一般	14.06
	10～40	4.00	2.00	—	—
	10～40	2.50	2.50	较差	7.64
	10～40	5.83	2.50	一般	7.39
	4	2.00	1.00	差	2.92
4.00	4	1.07	2.50	稳定	20.85
	4	2.50	2.50	稳定	20.80
	10～40 + 4 组合	2.00 + 2.00	1.50	稳定	19.19
	10～40 + 4 组合	1.00 + 3.00	1.50	稳定	17.17
	10～40 + 4 组合	3.00 + 1.00	1.50	稳定	18.64

D. 暂堵材料优选

通过对暂堵材料封堵性能测试，对不同缝宽条件下的暂堵材料进行优选，形成暂堵分流工艺，不同裂缝宽度、不同暂堵压力范围下暂堵材料推荐见表 5.2.9。

表 5.2.9　不同裂缝宽度、不同暂堵压力范围下暂堵材料推荐

4.00mm 裂缝配方推荐	2.50%纤维 + 4 目颗粒 0.625%		2.50%纤维 + 10/40 目颗粒 2.50%～5.83%	1.50%纤维 + 4 目颗粒 2.00% + 10/40 目颗粒 2.00%	
2.00mm 裂缝配方推荐	1.50%纤维 + 10/40 目颗粒 0.64%				1.50%纤维 + 10/40 目颗粒 1.50% + 80/10 目颗粒 0.50%
1.00mm 裂缝配方推荐	1.00%浓度以上的纯纤维		1.50%浓度以上的纯纤维	1.50%浓度纤维 + 80/120 目颗粒 0.64%～1.50%	
0.50mm 裂缝配方推荐				2.00%浓度以上纯纤维	
				1.00%浓度纤维 + 80/120 目颗粒 1.00%	
压力范围(MPa)	1.00～3.00	3.00～6.00	6.00～10.00	10.00～15.00	15.00～20.00

2) 暂堵时机优化

A. 未达到水力裂缝起裂条件下暂堵时机优化

如图 5.2.22 和图 5.2.23 所示，段内优质储层对称分布且出酸口正对一侧优质储层条件下，若不采用暂堵工艺，则两侧优质储层吸酸比达到 2.33，对侧优质储层吸酸量仅为 0.95m³/m(即每米井段的吸酸量为 0.95m³)，未获得有效改造。随着暂堵时间由注酸量 250m³ 提前至 100m³，两侧储层的吸酸比由 1.77 降低至 0.78；在模拟条件下，推荐暂堵时机为注酸量 150m³，在此条件下两侧储层吸酸量分别为 1.49m³/m 和 1.37m³/m，吸酸比为 1.09，均能获得有效改造。

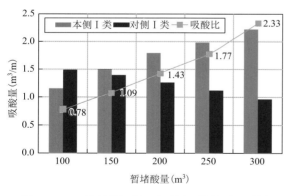

图 5.2.22　不同暂堵时机下两侧 I 类储层吸酸量

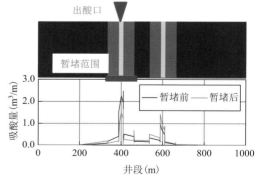

图 5.2.23　最优暂堵下吸酸剖面对比

B. 达到水力裂缝起裂条件下暂堵时机优化

如图 5.2.24、图 5.2.25 与表 5.2.10 所示，在段内优质储层对称分布且出酸口正对一侧 I 类储层条件下，若不采用暂堵工艺，则两侧 I 类储层吸酸比达到 28.76，对侧优质储层未获得有效改造，此种情况推荐采用段内暂堵工艺改善吸酸剖面。模拟条件下，推荐

暂堵时机为注酸量 150m³，在此条件下两侧储层吸酸量分别为 122.29m³ 和 83.22m³（酸压裂缝吸酸量分别为 53.01m³ 和 52.74m³），吸酸比为 1.47，均能获得有效改造。

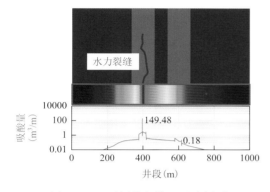

图 5.2.24　不暂堵条件下吸酸剖面　　　　图 5.2.25　最优暂堵条件下吸酸剖面

表 5.2.10　不同暂堵时机两侧储层、水力裂缝吸酸量对比

暂堵时机	两侧储层吸酸量与吸酸比			两侧水力裂缝吸酸量与吸酸比		
	本侧优质段吸酸量(m³)	对侧优质段吸酸量(m³)	吸酸比	本侧水力裂缝吸酸量(m³)	对侧水力裂缝吸酸量(m³)	吸酸比
150m³	122.29	83.22	1.47	149.48	—	—
200m³	161.14	56.61	2.85	35.94	70.37	0.51
250m³	196.19	30.85	6.36	79.35	47.12	1.68
300m³(不暂堵)	226.09	7.86	28.76	117.96	23.08	5.11

3. 长井段非连续储层精细布酸原则

1) 总体技术对策

按照"主攻甜点，精细布酸"的整体思路，综合考虑"地质甜点 + 工程甜点 + 吸酸规律"。

(1) 根据优质储层分布分段，出酸口正对优质储层。

(2) 优化滑套间距及位置，结合吸酸剖面模拟，保证酸液充分覆盖优质储层。

(3) 储层物性极差大时应强化暂堵，下一段暂堵时机应提前。

(4) 相对均质段根据酸液推进距离设置段间距，强非均质性时根据优质段数量分段。

(5) 结合储层分布特征、出水特征、含气性特征开展"一段一策"差异化设计。

2) 选段原则

综合井位分布、构造展布、测录井资料，优选含气性好、物性好、天然裂缝发育、可压性好的优质层段进行改造。

(1) 含气性。根据构造特征、气水界面，明确储层气水关系状态，包括气层、气水同层、水层的分布位置。同时根据测录井资料，优选含水饱和度低、全烃显示好的层段。

(2) 物性。综合测井解释、岩心分析资料，优选孔隙度、渗透率高的 Ⅰ ～ Ⅱ 类储层。

(3)天然裂缝。通过取心观察、成像测井解释,优选高角度缝、斜交缝发育的层段。通过常规测井解释,优选高中子、高声波时差、低密度、双侧向电阻率幅度差异大的层段。重点对裂缝发育段、钻井液漏失段进行改造。

(4)可压性。通过岩心测试、测井资料计算,优选杨氏模量低、地应力低、破裂压力低的层段进行改造。

3)分级设计对策

川西气田衬管井分级设计考虑 4 个方面的因素:甜点定点、合理间距、控制差异、工具能力。

(1)甜点定点。以出酸口位置(滑套、油管鞋)正对优质层段为基本原则,优选含气性好、Ⅰ～Ⅱ类储层集中、天然裂缝发育、钻井液漏失、可压性好的层段布置出酸口。

(2)合理间距。考虑酸液分流距离、管柱尺寸、管柱摩阻等因素,推荐出酸口间距160～230m。

(3)控制差异。以降低改造段内储层非均质性为目标,对岩性差异大、物性差异大、裂缝发育程度差异大、可压性差异大、非均质性强的层段独立设置出酸口,同时配套暂堵、转向酸等分流措施。

(4)工具能力。考虑储层应力高低、裸眼段长、管柱尺寸、滑套通径的级差、管柱摩阻及节流摩阻大小,推荐衬管井分流级数为6～9个。

5.2.4　多级交替注入深度酸压工艺

从川西海相酸液效作用距离的主控因素入手,研究了酸液深穿透机理,配套自研的深度酸压液体体系,形成了基于"胶凝酸+酸性胍胶压裂液"的多级交替注入深度酸压工艺。

1. 深度酸压主控因素分析

影响酸压效果的因素主要包括有效作用距离和裂缝导流能力两个方面。其中,影响有效作用距离的因素主要包括酸岩反应速度和酸液滤失两个方面,影响裂缝导流能力的主要因素为酸液类型及交替工艺。

1)酸岩反应速度

在酸液浓度为 20%,测试温度为 90℃、110℃、125℃的条件下,考虑到圆盘转速、酸浓度对酸液表观黏度和表面反应速率造成的影响,设定胶凝酸的实验转速为 600r/min(3.00m³/min),交联酸的实验转速为900r/min(5.05m³/min),开展旋转岩盘酸岩反应实验。

实验结果如图 5.2.26 所示,通过观察不同温度下两种酸液对岩心端面的刻蚀形态可以发现,交联酸酸岩反应后岩心端面刻蚀形态主要为平缓波纹,随着温度的增加刻蚀形态没有出现明显的变化;较之交联酸,胶凝酸酸岩反应后岩心端面刻蚀形态更加严重,四周凹陷、中间凸起。

如图 5.2.27 和图 5.2.28 所示,随着温度升高,酸岩反应速率大幅增加,实验温度增加35℃后,胶凝酸、交联酸的酸岩反应速率分别增加了 220%和 60.9%;温度每升高 10℃,胶凝酸酸岩反应速率增加 1.20～1.35 倍,交联酸酸岩反应速率增加 1.10～1.20 倍。

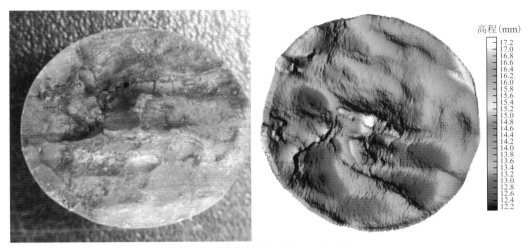

(a) 90℃下胶凝酸溶蚀形态与激光扫描成像

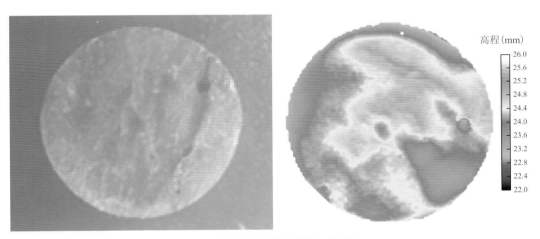

(b) 90℃下交联酸溶蚀形态与激光扫描成像

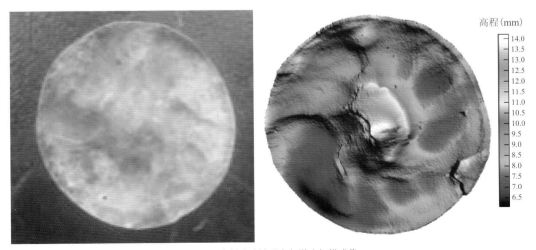

(c) 110℃下胶凝酸溶蚀形态与激光扫描成像

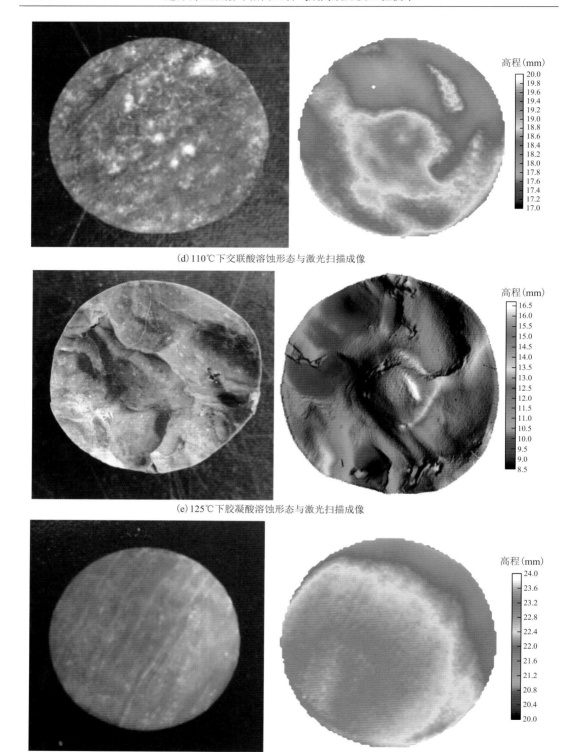

(d)110℃下交联酸溶蚀形态与激光扫描成像

(e)125℃下胶凝酸溶蚀形态与激光扫描成像

(f)125℃下交联酸溶蚀形态与激光扫描成像

图 5.2.26　不同温度下酸液对岩心端面的刻蚀形态

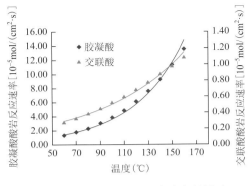

图 5.2.27　温度对酸岩反应速率的影响

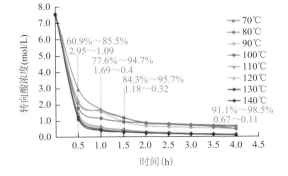

图 5.2.28　酸岩反应时间对酸液浓度的影响

2）酸液滤失

通过对雷四气藏井下岩心进行驱替实验，测试酸液在不同类型岩心中的滤失情况，研究酸液在不同类型储层中的滤失特征。由于未获取满足实验尺寸要求的Ⅰ类岩心，故对Ⅱ类、Ⅲ类岩心开展驱替实验，结果如图 5.2.29 所示。

酸液入口端有明显的溶蚀痕迹，侧面和酸液出口端基本没有变化，驱替前后质量分别减少了 0.29g 和 0.26g，说明酸液并不能沿着岩心进行长距离流动，仅在端面对岩样产生溶蚀，且溶蚀程度接近。但在Ⅱ类岩心驱替后，可以在端面发现明显的酸蚀蚓孔，说明储层物性越好，酸液滤失越强。

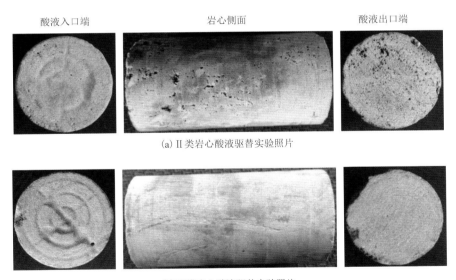

酸液入口端　　　　　　　岩心侧面　　　　　　　酸液出口端

(a)Ⅱ类岩心酸液驱替实验照片

(b)Ⅲ类岩心酸液驱替实验照片

图 5.2.29　不同类型岩心酸液驱替实验

3）酸液类型

在不同胶凝酸、交联酸酸液浓度下，通过圆盘实验，采用失重法计算酸岩反应速率，具体实验结果见表 5.2.11 和表 5.2.12，在表面反应控制区，随着酸液浓度增加，岩心失重增加，酸岩反应速率增加，相同条件下，胶凝酸的反应速率达到交联酸反应速率的 6 倍左右。

表 5.2.11　不同酸液浓度下的酸岩反应速率(胶凝酸)

转速 (r/min)	酸液浓度 (%)	温度 (℃)	失重 (g)	反应速率 $[10^{-5}\mathrm{mol}/(\mathrm{cm}^2\cdot\mathrm{s})]$
600.00	10.00	110.00	13.9769	4.5973
600.00	15.00	110.00	15.3154	5.4589
600.00	20.00	110.00	18.1873	5.9822

表 5.2.12　不同酸液浓度下的酸岩反应速率(交联酸)

转速 (r/min)	酸液浓度 (%)	温度 (℃)	失重 (g)	反应速率 $[10^{-5}\mathrm{mol}/(\mathrm{cm}^2\cdot\mathrm{s})]$
900.00	10.00	110.00	2.2105	0.7995
900.00	15.00	110.00	2.5130	0.9039
900.00	20.00	110.00	2.6685	0.9611

分别使用胶凝酸与交联酸开展酸刻蚀及导流能力测试，实验结果如图 5.2.30 和图 5.2.31 所示。从刻蚀形态与导流能力看，胶凝酸刻蚀槽道排列非常明显，岩石溶蚀量大，导流能力强；交联酸刻蚀现象不明显，岩石溶蚀量小，对导流能力的提升有限，几乎无导流能力。

4) 交替工艺

多级交替注入酸压是前置液与酸液交替注入的一种酸压工艺(Coulter and Crowe，1976)，在降温、降滤基础上，利用"黏性指进"形成差异化刻蚀(图 5.2.32)，使得液体波及的动态裂缝最大程度成为"有效裂缝"，其核心在于能否形成差异化刻蚀。

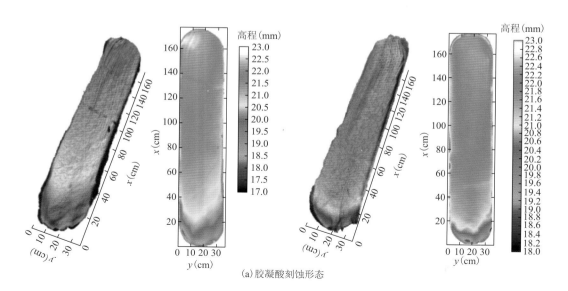

(a)胶凝酸刻蚀形态

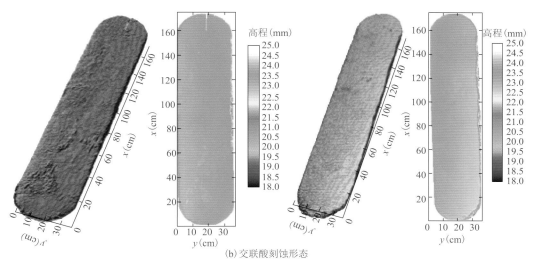

(b) 交联酸刻蚀形态

图 5.2.30　胶凝酸与交联酸刻蚀形态对比

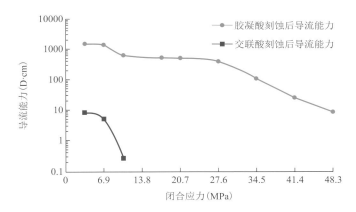

图 5.2.31　胶凝酸与交联酸刻蚀后导流能力对比

图 5.2.32　多级交替注入酸压指进效应

川西海相总体物性为低渗-致密(中值渗透率0.14mD)，化学滤失作用弱，滤失对有效作用距离的影响不占主导作用。但储层温度高(150℃左右)、酸岩反应快是影响有效作用距离有限的核心因素。在高温条件下，高黏酸液/压裂液的流变性能变差，黏度降低，进一步降低了酸液的缓速效果。川西海相应力高，目前管柱下极限排量为$5.00\sim6.00\text{m}^3/\text{min}$，部分层段为$3.00\sim4.00\text{m}^3/\text{min}$，酸液流速慢、降温有限进一步影响作用距离。因此，需要采用交替注入工艺来提高酸液有效作用距离，利用黏性指进实现非均匀刻蚀以增加有效缝长。平板交替注入实验显示，酸性胍胶+胶凝酸能够形成较好的黏性指进(图5.2.33)。

(a)压裂液+胶凝酸

(b)酸性胍胶+胶凝酸

图5.2.33　不同液体指进形态对比

2. 深度酸压工艺参数优化

针对雷四气藏薄互层、存在纵向应力差的特点，通过水力裂缝形态数值模拟与多级交替注入实验，分别对水力裂缝在缝高与缝长方向的扩展进行了工艺参数优化，实现了兼顾纵向与横向的深度改造。

1) 水力裂缝形态数值模拟

裂缝性碳酸盐岩酸压过程中，流体场主要包括流体在裂缝域(水力裂缝、天然裂缝)、基质域(基质岩体)内的流动及从裂缝域到基质域的滤失。目前多采用拟三维模型计算水力裂缝扩展，裂缝内流场实际为一维，流体在纵向上假设为不流动。而在工区水平井注入模式下，该类模型的缝内流动及裂缝入口设置存在较大的局限性。因此选择平面三维水力裂缝扩展模型作为模拟水力裂缝几何形态的主要模型。

A. 数学模型

对储层基岩进行实体建模，根据力平衡原理及弹性力学理论，建立平面三维裂缝扩展固体应力场及缝宽计算模型：

x方向：

$$\frac{\partial}{\partial x}\left[C_{11}\frac{\partial u_x}{\partial x}+C_{12}\frac{\partial u_y}{\partial y}+C_{13}\frac{\partial u_z}{\partial z}\right]+\frac{\partial}{\partial y}\left[C_{44}\frac{1}{2}\left(\frac{\partial u_x}{\partial y}+\frac{\partial u_y}{\partial x}\right)\right]+\frac{\partial}{\partial z}\left[C_{66}\frac{1}{2}\left(\frac{\partial u_z}{\partial x}+\frac{\partial u_x}{\partial z}\right)\right]$$
$$+\frac{\partial}{\partial x}\alpha P_s+\frac{\partial}{\partial y}\alpha P_s+\frac{\partial}{\partial z}\alpha P_s=0 \tag{5.2.12}$$

y方向：

$$\frac{\partial}{\partial y}\left[C_{21}\frac{\partial u_x}{\partial x}+C_{22}\frac{\partial u_y}{\partial y}+C_{23}\frac{\partial u_z}{\partial z}\right]+\frac{\partial}{\partial x}\left[C_{44}\frac{1}{2}\left(\frac{\partial u_x}{\partial y}+\frac{\partial u_y}{\partial x}\right)\right]+\frac{\partial}{\partial z}\left[C_{55}\frac{1}{2}\left(\frac{\partial u_y}{\partial z}+\frac{\partial u_z}{\partial y}\right)\right]$$
$$+\frac{\partial}{\partial y}\alpha P_s+\frac{\partial}{\partial x}\alpha P_s+\frac{\partial}{\partial z}\alpha P_s=0 \tag{5.2.13}$$

z 方向：

$$\frac{\partial}{\partial z}\left[C_{31}\frac{\partial u_x}{\partial x}+C_{32}\frac{\partial u_y}{\partial y}+C_{33}\frac{\partial u_z}{\partial z}\right]+\frac{\partial}{\partial y}\left[C_{55}\frac{1}{2}\left(\frac{\partial u_y}{\partial z}+\frac{\partial u_z}{\partial y}\right)\right]+\frac{\partial}{\partial x}\left[C_{66}\frac{1}{2}\left(\frac{\partial u_x}{\partial z}+\frac{\partial u_z}{\partial x}\right)\right]$$
$$+\frac{\partial}{\partial z}\alpha P_s+\frac{\partial}{\partial y}\alpha P_s+\frac{\partial}{\partial x}\alpha P_s=0 \tag{5.2.14}$$

式中：u_x、u_y、u_z 分别为基质岩体在 x、y、z 方向的位移，m/s；C 为基质岩体弹性常数，下标代表应力正、切方向，量纲一；α 为孔弹性系数，一般取 $0.60\sim0.80$。P_s 为孔隙压力，Pa。

水力裂缝扩展判据采用 I 型张性破坏准则（Olson，2007），当水力裂缝尖端宽度 w_{tip} 大于等于水力裂缝张开临界宽度 w_c 时，则判断为水力裂缝扩展。

$$w_{tip}\geqslant\frac{4(1-\nu^2)\sqrt{2\Delta x}K_{IC}}{0.806E\sqrt{\pi}} \tag{5.2.15}$$

式中：E 为储层岩石弹性模量，Pa；ν 为储层岩石泊松比，量纲一；K_{IC} 为储层岩石断裂韧性，$Pa\cdot m^{1/2}$；w_{tip} 为水力裂缝尖端宽度，m；Δx 为水力裂缝长度方向单元格长度，Pa。

基质域中流动类型为多孔介质渗流，水力裂缝和天然裂缝中的流体流动类型均为狭缝流动，在采用立方定律进行简化后，均采用三维微可压缩渗流方程进行描述：

基质域内流动控制方程：

$$\frac{\partial}{\partial x}\left(\frac{k_x}{\mu}\frac{\partial p}{\partial x}\right)+\frac{\partial}{\partial y}\left(\frac{k_y}{\mu}\frac{\partial p}{\partial y}\right)+\frac{\partial}{\partial z}\left(\frac{k_z}{\mu}\frac{\partial p}{\partial z}\right)=\phi C_t\frac{\partial p}{\partial t}+q_f \tag{5.2.16}$$

裂缝域内流动控制方程：

$$\frac{\partial}{\partial x}\left(\frac{w^3}{12\mu}\frac{\partial p}{\partial x}\right)+\frac{\partial}{\partial z}\left(\frac{w^3}{12\mu}\frac{\partial p}{\partial z}\right)+v_l=-\frac{\partial w}{\partial t} \tag{5.2.17}$$

式中：C_t 为油藏综合压缩系数，Pa^{-1}；q_f 为由于裂缝域内流体滤失产生的源项，$kg/(m^3\cdot s)$；ϕ 为岩石孔隙度，量纲一；w 为裂缝宽度，m；p 为天然裂缝内的流体压力，Pa；v_l 为裂缝内的流体滤失速度，m/s。

B. 水力裂缝扩展模拟

彭州 6-3D 井第 4 级、第 5 级井眼轨迹位于优质储层下方，共设置 2 个出酸口。需要针对性单点造缝，突破纵向隔层，控制上部优质储层。基于建立的水力裂缝扩展模型和目标工区垂向就地应力场（图 5.2.34），分别加载产层、夹层岩石力学参数，对不同造缝流体、不同排量条件下水力裂缝扩展形态开展模拟分析。

（1）胶凝酸造缝酸压裂缝形态模拟。设置酸液黏度 30mPa·s，注酸量固定为 300m³，分别模拟不同排量条件下（4m³/min、5m³/min、6m³/min、7m³/min、8m³/min）水力裂缝的扩展形态。由模拟结果（图 5.2.35）可以看出，当理论排量≤4m³/min 时，未突破②号隔层，裂缝偏向向下延伸，此时酸压裂缝高度 32m；当理论排量达 8m³/min，裂缝有向上突破趋势，但未能突破②号隔层，此时酸压裂缝高度 40m。

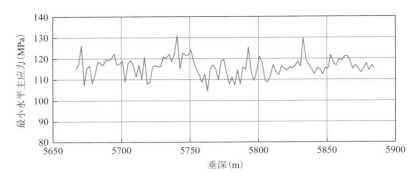

图 5.2.34　目标储层垂向就地应力场(基于同区块直井获取)

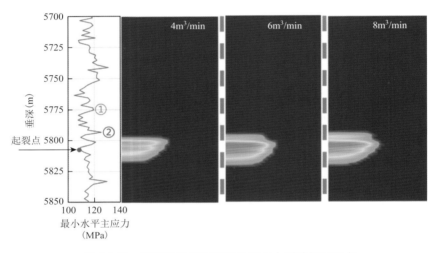

图 5.2.35　胶凝酸造缝不同排量下水力裂缝扩展形态

(2)不同造缝流体对裂缝形态影响。胶凝酸在就地应力及施工条件限制下纵向沟通能力受限,本节模拟了不同造缝流体黏度对裂缝纵向扩展形态的影响。分别设置造缝流体黏度为 30mPa·s、50mPa·s、70mPa·s、90mPa·s、110mPa·s,施工排量固定为 6m³/min,注液量按现场施工条件固定为 100m³。由模拟结果(图 5.2.36)可以看出,流体黏度≤50mPa·s,酸液难以向上突破②号隔层,但能够向下延伸至储层底部,此时酸压裂缝高度 42m;流体黏度≥70mPa·s,裂缝向上突破②号隔层,但止于①号隔层附近,此时酸压裂缝高度 61m。

2)多级交替注入参数优化

通过室内试验模拟现场酸压施工条件下酸液与裂缝壁面岩石的反应,一方面可对酸压效果进行预测;另一方面可为酸刻蚀裂缝壁面形态进行量化表征,为分析酸蚀裂缝导流能力的变化规律提供真实可靠的数据,为相关数学模型提供所需的可靠参数。实验结果如图 5.2.37 和图 5.2.38 所示,交替注入能明显提升导流能力,交替注入级数越高,差异化溶蚀越明显,沟槽越突出,初始导流能力越强,总体导流能力增加 2~4 倍;在目标区块闭合应力(48.31MPa)下,二级及三级交替注入工艺能达到产能需求。

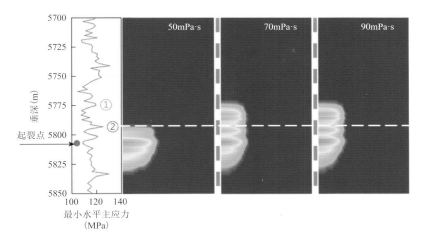

图 5.2.36　不同造缝流体黏度、不同排量下水力裂缝扩展形态

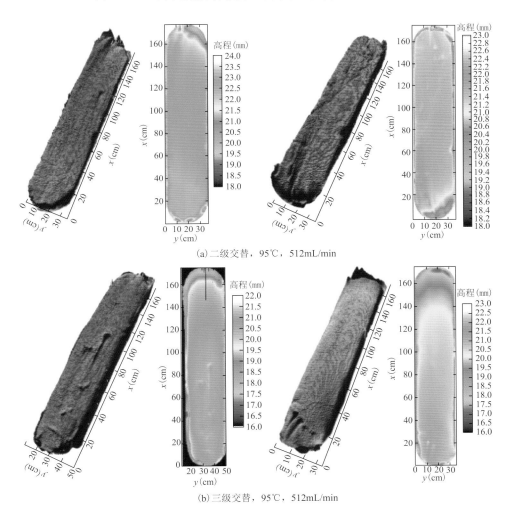

(a) 二级交替，95℃，512mL/min

(b) 三级交替，95℃，512mL/min

图 5.2.37　不同交替级数岩板刻蚀形态对比

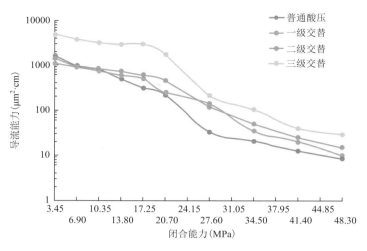

图 5.2.38　酸蚀裂缝导流能力对比图

以川西海相Ⅰ、Ⅱ类储层为目标，采用"胶凝酸＋酸性胍胶压裂液"交替注入工艺，模拟交替 3 级下不同用液强度对有效酸蚀缝长的影响。模拟结果如图 5.2.39～图 5.2.41 所示，随着用液强度增加，酸蚀缝长增加，在 16.00～18.00m³/min 达到拐点，之后继续增加液量，酸蚀缝长增加不明显。随着非反应液体比例的增加，酸蚀缝长先增加，后降低，存在最优比例。从结果来看，非反应液体最优比例为 25%～35%。基于"胶凝酸＋酸性胍胶压裂液"交替注入工艺，交替注入的裂缝，相比未交替注入，动态缝长大体相当，但有效缝长增加了 15%～20%。

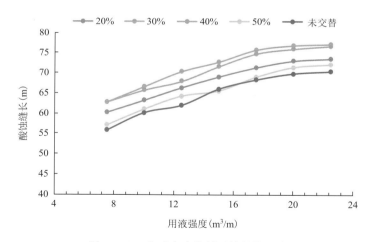

图 5.2.39　非反应液比例对缝长的影响

5.2.5　配套酸压工作液体系

川西气田雷四气藏埋深 5800～6300m，储层温度 140～155℃。第一轮开发投产井存在施工限压条件下压不开产层的难题，严重制约了后续酸压工艺的实施。如果不能找到

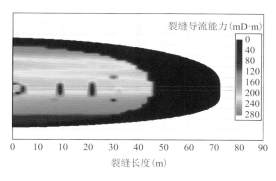

图 5.2.40　常规酸压缝长模拟

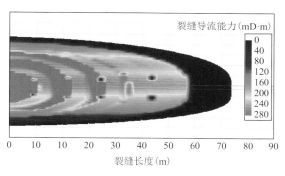

图 5.2.41　交替注入缝长模拟

有效手段压开储层，则需要升级施工装备和井口与井下管柱压力级别，从而大大增加了气藏开发和投产成本。为了降低储层破裂压力，研发了高温降破酸来弱化岩石强度。为了实现有效的深度酸压，为交替注入工艺研发了配套的基于胶凝酸与酸性胍胶压裂液的深度酸压液体体系，利用酸液在压裂液内的黏性指进效应，实现了长距离的非均匀刻蚀。

1. 高温降破酸

采用岩心流动装置和岩石力学设备建立了一套破裂压力模拟评价实验方法，在此基础上优化形成了一套溶蚀能力强、密度可调的降破酸，并创新性地合成了一种与降破酸配伍性好的高温缓蚀剂，最终建立了一套适合川西海相碳酸盐岩储层的耐高温低腐蚀降破酸体系，腐蚀速率结果见表 5.2.13。该酸液体系不仅具有良好的降低破裂压力效果，还可大幅度减少井下因腐蚀造成的安全事故。

配方：15.00%HCl + 6.50%180℃缓蚀剂（A：B = 4：1）+ 1.00%铁离子稳定剂。

N80 钢片：180℃、24h 条件下平均腐蚀速率 44.50g/（m²·h）。

P110SS 钢片：180℃、24h 条件下平均腐蚀速率 21.39g/（m²·h）。

表 5.2.13　降破酸腐蚀速率实验数据

编号	钢片材质	实验温度 （℃）	压力 （MPa）	腐蚀前质量 （g）	腐蚀时间 （h）	腐蚀后质量 （g）	腐蚀速率 [g/（m²·h）]	平均腐蚀速率 [g/（m²·h）]
615	N80	180	3	7.754	24	6.523	42.74	
616	N80	180	3	7.939	24	6.535	48.75	44.50
618	N80	180	3	7.915	24	6.705	42.01	
722	P110SS	180	3	7.719	24	7.107	21.25	
723	P110SS	180	3	7.614	24	7.005	21.15	21.39
727	P110SS	180	3	7.664	24	7.037	21.77	

2. 交替注入酸压液体体系

通过室内实验研究，形成了"胶凝酸 + 酸性胍胶压裂液"的交替注入深度酸压液体体系。常规碱性压裂液遇酸水化，难以保持足够黏度比。将自行研发的酸性胍胶压裂液用于交替注入，该体系在 120℃、2h、170s⁻¹ 下黏度为 117mPa·s，与胶凝酸混合后仍能挑挂，可保持与胶凝酸大于 4∶1 的黏度比，更有利于形成较长的酸蚀裂缝。此外，酸性胍胶伤害性更低，较常规胍胶低 10 个百分点左右，见表 5.2.14。

表 5.2.14　不同高温非碱性胍胶压裂液交联剂的性能

压裂液类型	残渣含量 (mg/L)	破胶液表面张力 (mN/m)	毛细管高度 (mm)	岩心基质伤害率 (%)	遇酸后黏度 (mPa·s)
酸性胍胶	204.00	22.84	12.00	14.50～17.70	175.00
常规胍胶	317.00	26.40～27.90	18.00～21.20	24.60～29.70	45.00

1）高温酸性胍胶压裂液

配方 1（100℃）：0.50%胍胶 GRJ-6 ＋ 0.30%杀菌剂 S-100 ＋ 0.50%黏土稳定剂 A-25 ＋ 0.50%助排剂 D-60。

配方 2（120℃）：0.60%胍胶 FJ1006 ＋ 0.10%杀菌剂 FJSJ-01 ＋ 0.30%助排剂 FJ-01 ＋ 0.30%防膨剂 FJ-05。

2）高温胶凝酸

配方 1：20.00%HCl ＋ 0.40%胶凝剂 ＋ 5.50%160℃缓蚀剂（A∶B ＝ 4∶1）＋ 1.00%铁离子稳定剂 ＋ 1.00%助排剂。

配方 2：20.00%HCl ＋ 0.80%胶凝剂 ＋ 3.50%160℃缓蚀剂（A∶B ＝ 4∶1）＋ 1.00%铁离子稳定剂 ＋ 1.00%助排剂。

高温胶凝酸主要性能指标见表 5.2.15，满足高温储层酸化的需要。

表 5.2.15　高温胶凝酸主要性能指标

项目	配方 1		配方 2	
	技术要求	检测结果	技术要求	检测结果
酸液黏度（mPa·s） （常温、170s^{-1}）	—	15.00	＞20.00	36.00
耐温耐碱切性能（mPa·s） （160℃，120min，170s^{-1}）	—	9.33	≥12.00	33.00
缓速率（%）	≥90.00	72.36	≥90.00	91.25
腐蚀速度[g/(m^2·h)]	＜200.00（160℃）	180.25	＜100.00（90℃）	12.60
铁离子稳定能力（mg/mL）	＞90.00	219.10	＞90.00	319.00

5.2.6　现场实施效果

1. 总体应用效果

雷四气藏历经两轮开发，见表 5.2.16，在第一轮大斜度井采用的笼统酸压、立体酸压工艺的基础上，第二轮发展出采用"衬管完井 ＋ 滑套定点 ＋ 多级暂堵 ＋ 交替注入"的长水平井多级分流立体酸压工艺，平均采用 8～10 级滑套分流，平均液量 2968m^3，平均酸量 2360.6m^3，平均无阻流量 222.66×10^{4}m^3/d，如图 5.2.42 所示，较第一轮立体酸压增产 66.28%。

表 5.2.16　雷四气藏开发井酸压效果统计表

开发轮次	井号	完井方式	裸眼段长(m)	工艺	酸量(m³)	油压(MPa)	测试产气(10⁴m³/d)	产水(m³/d)	无阻流量(10⁴m³/d)
第二轮	PZ5-1D	衬管	2163.50	10 级滑套分流	2550.00	30.87	95.25	0.00	325.50
	PZ6-3D		1745.00	10 级滑套分流	2430.00	30.95	73.98	0.00	224.70
	PZ6-6D		2200.00	10 级滑套分流	2488.00	35.20	62.05	0.00	212.40
	PZ6-1D		1916.00	10 级滑套分流	2435.00	28.26	64.89	0.00	177.90
	PZ5-3D		1610.70	8 级滑套分流	1900.00	30.76	60.94	0.00	172.80
第一轮	PZ4-2D	裸眼	690.77	笼统暂堵分流	970.00	24.32	47.02	0.00	100.70
	PZ8-5D	裸眼	664.00	4 段 6 级机械分段	1700.00	27.94	41.65	0.00	115.56
	PZ6-4D	裸眼	725.53	2 段 4 级机械分段	1600.00	29.67	55.08	0.00	124.40
	PZ6-2D	衬管	786.03	6 级滑套分流	1476.00	34.36	56.76	0.00	157.20
	PZ4-5D	衬管	1157.00	7 级滑套分流	1500.00	29.40	56.25	0.00	127.00
	PZ5-2D	衬管	992.00	2 级暂堵分流	1093.10	26.10	42.04	0.00	82.00
	PZ5-4D	裸眼	1222.66	4 段机械分段	1760.00	28.50	50.73	0.00	104.00
	PZ4-4D	衬管	1338.00	6 级滑套分流	2000.00	31.86	57.62	0.00	149.60
	PZ7-1D	尾管	143.00	交替注入	635.00	26.36	53.69	9.66	123.20
		裸眼	500.00	小规模酸化	280.70	30.30	47.19	75.60	107.00
	PZ3-4D	裸眼	440.82	3 段机械分段	1250.00	40.78	57.85	0.00	320.40
	PZ3-5D	尾管	88.00	交替注入	450.00	22.90	40.41	0.00	57.50
		裸眼	856.50	小规模酸化	350.00	28.70	37.67	108.00	87.15

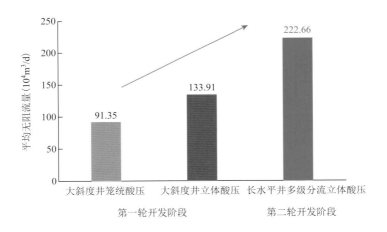

图 5.2.42　雷四气藏两轮水平井酸压工艺应用统计

2. PZ6-3D 井典型案例剖析

PZ6-3D 井采用衬管完井，研发"Φ89.00mm 小接箍油管＋新型滑套"实现 10 级滑套分级，采用"定点酸化＋多级暂堵＋交替注入"工艺，总液量 3187m³、总酸量 2430m³（降破酸 120m³、胶凝酸 2310m³），主体排量 4.00～6.00m³/min，无阻流量 224.70×10⁴m³/d。其工程地质特征典型，酸压方案对策实施效果较好。

1）地质工程特征及改造难点

A. 地质工程特征

PZ6-3D 井属四川盆地川西拗陷龙门山前构造带鸭子河构造，采用 $\Phi127.00\text{mm}$ 衬管完井，投产层段为 5752.00～7440.00m，目的层压力梯度为 1.10～1.20MPa/100m，地温梯度为 2.27～2.33℃/100m，为常温常压地层。PZ6-3D 井整体钻遇优质储层，部分井段与优质储层略有偏离；整体含气性较好，测井解释不含水；钻井方位与最小主应力夹角为 9°，有利于裂缝扩展延伸。

B. 酸压改造难点

（1）井段长，优质储层非连续分布，同时分级受限，难以充分改造。

（2）全井无漏失，天然裂缝可能欠发育。

（3）井眼轨迹中部及 B 靶点位置偏离优质储层，存在酸蚀裂缝缝高无法充分穿透隔层、无法充分改造上部优质储层段的风险。

（4）酸液规模及改造时间增加，返排时间长，残酸伤害增大。

2）甜点识别及滑套定点

基于 5.2.2 节中提出的甜点定量识别评价方法，计算 PZ6-3D 井甜点系数，结果如图 5.2.43 所示。

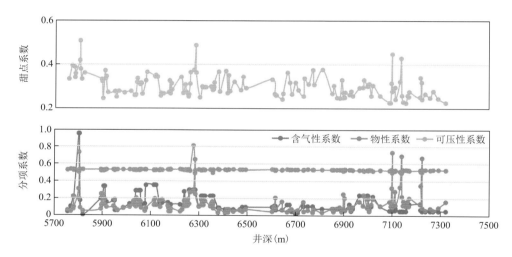

图 5.2.43　PZ6-3D 井甜点系数计算结果

基于 5.2.3 节中提出的分段定点改造技术原则，结合可压性甜点位置、滑套间距上限、段内储层厚度等因素，综合考虑实际情况，针对 PZ6-3D 井设计滑套位置如图 5.2.44 所示。

根据滑套分级结果，PZ6-3D 井单级酸压改造特征包含以下两类。

（1）针对井眼轨迹偏离段，保证酸液在长井段内的定点起裂延伸，用酸蚀裂缝从缝高、缝长方向沟通上部优质储层，实现储层的深度改造。

（2）针对钻遇优质储层段，由于甜点非连续分布，长井段存在多个甜点、多个起裂点，吸酸剖面复杂，酸压改造重点是"主攻甜点，精细布酸"，兼顾横向和纵向改造。

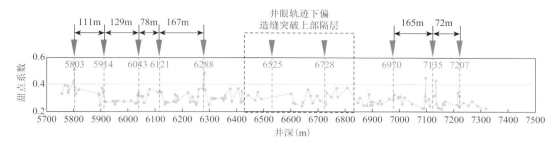

图 5.2.44　PZ6-3D 井雷口坡组滑套位置设计

3）吸酸剖面模拟及工艺参数优化

A. 吸酸剖面模拟

根据测井资料，建立 PZ6-3D 井单井地质特征模型，针对 PZ6-3D 井开展不同工况下的吸酸剖面模拟，模拟结果如图 5.2.45～图 5.2.47 所示，单点起裂后，对应位置表现出了极强的吸液能力，酸液覆盖范围小；通过复合暂堵工艺，在远处造新缝能够保证多点吸酸；通过变排量酸压，先以低于 3.00m³/min 的小排量进行酸化，扩大酸液在井筒方向的覆盖范围，后大排量酸压，使酸液作用于深部，实现立体改造。

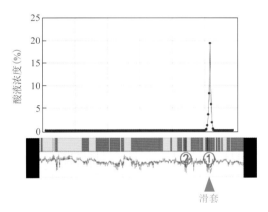

图 5.2.45　单点起裂后单点吸酸

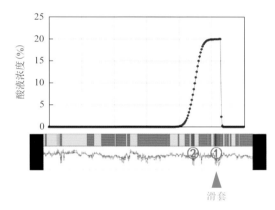

图 5.2.46　暂堵后保证多点吸酸

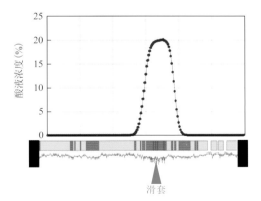

图 5.2.47　变排量酸液覆盖范围

B. 施工压力及排量预测

按 1 级出酸口位置 7220.00m、Φ89.00mm 油管，对施工压力及排量进行预测，结果见表 5.2.17 与表 5.2.18。对于 A 靶点，停泵压力小于 45.00MPa 时排量能够达到 6.00m³/min，停泵压力小于 30.00MPa 时排量能够达到 6.00m³/min。预测大部分井段排量能达到 6.00m³/min，但 B 靶点高应力段排量有所不足，且为避免压窜，应适当控制排量为 4.00～5.00m³/min。

表 5.2.17　A 靶点施工压力及排量预测

停泵压力 (MPa)	压力梯度 (MPa/m)	井底压力 (MPa)	不同排量(m³/min)下的井口施工压力(MPa)								
			2.00	2.50	3.00	3.50	4.00	4.50	5.00	5.50	6.00
17.40	0.01	75.40	25.50	28.70	32.40	36.50	41.10	46.10	51.60	57.50	63.80
23.20	0.01	81.20	31.30	34.50	38.20	42.30	46.90	51.90	57.40	63.30	69.60
29.00	0.02	87.00	37.10	40.30	44.00	48.10	52.70	57.70	63.20	69.10	75.40
34.80	0.02	92.80	42.90	46.10	49.80	53.90	58.50	63.50	69.00	74.90	81.20
40.60	0.02	98.60	48.70	51.90	55.60	59.70	64.30	69.30	74.80	80.70	87.00
46.40	0.02	104.40	54.50	57.70	61.40	65.50	70.10	75.10	80.60	86.50	92.80
52.20	0.02	110.20	60.30	63.50	67.20	71.30	75.90	80.90	86.40	92.30	98.60
58.00	0.02	116.00	66.10	69.30	73.00	77.10	81.70	86.70	92.20	98.10	104.40
管柱摩阻(MPa)			8.14	11.33	15.00	19.13	23.72	28.74	34.20	40.07	46.36

表 5.2.18　B 靶点施工压力及排量预测

停泵压力 (MPa)	压力梯度 (MPa/m)	井底压力 (MPa)	不同排量(m³/min)下的井口施工压力(MPa)								
			2.00	2.50	3.00	3.50	4.00	4.50	5.00	5.50	6.00
17.40	0.01	75.40	28.00	32.10	36.90	42.30	48.20	54.80	61.90	69.50	77.70
23.20	0.01	81.20	33.80	37.90	42.70	48.10	54.00	60.60	67.70	75.30	83.50
29.00	0.02	87.00	39.60	43.70	48.50	53.90	59.80	66.40	73.50	81.10	89.30
34.80	0.02	92.80	45.40	49.50	54.30	59.70	65.60	72.20	79.30	86.90	95.10
40.60	0.02	98.60	51.20	55.30	60.10	65.50	71.40	78.00	85.10	92.70	100.90
46.40	0.02	104.40	57.00	61.10	65.90	71.30	77.20	83.80	90.90	98.50	106.70
52.20	0.02	110.20	62.80	66.90	71.70	77.10	83.00	89.60	96.70	104.3	112.50
58.00	0.02	116.00	68.60	72.70	77.50	82.90	88.80	95.40	102.50	110.1	118.30
管柱摩阻(MPa)			10.59	14.73	19.51	24.88	30.84	37.38	44.47	52.11	60.29

C. 暂堵级数优化

第 2、3 级储层存在多个起裂点且优质储层非连续分布，第 7、8 级储层存在多个甜点、分布分散，采用"颗粒暂堵剂＋纤维"复合暂堵工艺实现缝口暂堵，根据测井资料建立储层特征地质模型，根据模拟获得的酸压裂缝参数及裂缝起裂位置，对不同暂堵级数下储层动用率和无量纲累计产量进行分析，优化暂堵级数，如图 5.2.48 和图 5.2.49 所示。

采用 1 级暂堵造双缝较单缝生产情况下无量纲累计产量提高 0.13，而由于 2 级暂堵后第 2、3 条酸压裂缝位置相对较近，且酸压裂缝长度及导流能力均相对较差，导致 2 级暂堵较 1 级暂堵无量纲累计产量仅提高 0.02，故推荐 1 级暂堵酸压，保障优质储层精准改造，充分动用储层。

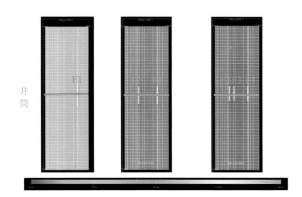

图 5.2.48　不同暂堵级数下地层压力波及

注：F1、F2、F3 分别表示裂缝 1、裂缝 2、裂缝 3

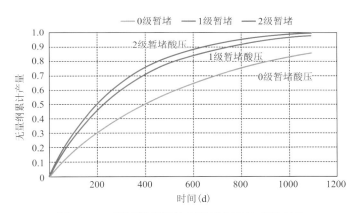

图 5.2.49　不同暂堵级数下无量纲累计产量对比

D. 差异化改造思路

根据吸酸剖面与工艺参数优化结果，针对井眼轨迹偏离段、非连续优质储层段的不同地质工程特征，形成了差异化改造思路，见表 5.2.19。

第 1 级（7220.00m）改造思路为前置降破酸，降低施工难度；限压下尽可能提高排量，沟通上部优质储层；适当规模酸液改造。

第 2、3 级（7096.00m、6990.00m）改造思路为通过变排量酸压（先小排量 3.00m³/min 酸洗，后大排量酸压），扩大酸压覆盖范围；通过暂堵保证多点吸酸。

第 4、5、6 级（6781.00m、6616.00m、6482.00m）改造思路为提高排量，充分提高纵向裂缝高度；增加交替压裂液用量，进行胶凝酸与压裂液的大规模交替。

第 7、8、9 级（6279.00m、6053.00m，5914.00m）改造思路为采用较大规模，使用复合暂堵与交替注入工艺，保证酸液在井筒方向与储层深部充分改造。

第 10 级（5803.00m）改造思路为控制规模与排量，预防压窜。

表 5.2.19　差异化改造思路

特征分类	出酸口(m)	级数	地质工程特征	酸压措施
井眼轨迹偏离段	6781.00	4	井眼轨迹向下偏离,但距离不远(最远2.00m)	①提高排量;②胶凝酸与压裂液大规模交替,增加交替压裂液用量
	6616.00	5		
	6482.00	6		
	7220.00	1	B靶点,偏离上部优质储层,最远7.00m左右	前置降破酸,考虑出水风险,适当规模、排量
非连续优质储层段	7096.00	2	钻遇优质储层,但位于下部位,甜点分散	兼顾横向和纵向改造,暂堵+交替注入,适当增加规模及压裂用量
	6990.00	3		
	6279.00	7	井眼轨迹穿过优质储层,甜点分散	较大规模,复合暂堵+交替注入
	6053.00	8		
	5914.00	9		
	5803.00	10	考虑压窜及邻井储量动用	控制规模与排量

E. 酸压参数设计

PZ6-3D 井酸压参数设计见表 5.2.20,酸压总规模 3187.00m³、酸液总量 2430.00m³(降破酸 120.00m³、胶凝酸 2310.00m³)、压裂液 757.00m³,主体排量 4.00~6.00m³/min,后四级伴注液氮 33.00m³。

表 5.2.20　酸压参数设计

层位	下储层									上储层
注入方式	Φ88.90mm 油管注入									
段数	第1段	第2段		第3段	第4段	第5段		第6段		第7段
段长(m)	255.00	312.00		281.00	178.00	321.00		197.00		73.00
级数	第1级	第2级	第3级	第4级	第5级	第6级	第7级	第8级	第9级	第10级
Ⅰ+Ⅱ类厚度(m)	9.90	150.40		7.10	—	110.10		37.90		8.20
储层厚度(m)	217.70	319.20		261.60	185.50	334.80		166.80		44.20
酸化工艺	胶凝酸化	交替注入	交替注入	交替注入	交替注入	交替注入	交替注入	交替注入	交替注入	交替注入
单级酸压规模(m³)	175.00	343.00	333.00	368.00	378.00	368.00	363.00	358.00	303.00	198.00
胶凝酸(m³)	140.00	250.00	240.00	245.00	255.00	250.00	270.00	260.00	240.00	160.00
降破酸(m³)	30.00	—	—	30.00	30.00	30.00	—	—	—	—
压裂液(m³)	5.00	93.00	93.00	93.00	93.00	88.00	93.00	98.00	63.00	38.00
暂堵剂(kg)	—	1000.00	1000.00	—	—	—	—	1000.00	1000.00	—
纤维(kg)	—	50.00	50.00	—	—	—	—	50.00	50.00	—
施工排量(m³/min)	4.00~6.00	4.00~6.00	4.00~6.00	4.00~7.00	5.00~7.00	5.00~7.00	5.00~7.00	5.00~7.00	4.00~6.00	4.00~5.00
伴注液氮量(m³)	—	—	—	—	—	9.00	8.00	8.00	8.00	8.00
酸压总规模(m³)	3187.00									
酸液总量(m³)	2430.00									

4）实施情况及压后评估

A. 酸压泵注程序

PZ6-3D 井首段预测起裂困难，包含非连续优质储层段、井眼轨迹偏离段，根据差异化改造思路与酸压参数设计，对 3 种典型井段分别按照针对性的泵注程序执行酸压施工。

首段泵注程序见表 5.2.21，采用 0.50m³/min 排量低替 30.00m³ 前置降破酸，在限压下以 2.00～6.00m³/min 排量高挤 140.00m³ 前置降破酸。

表 5.2.21　首段泵注程序

级号	序号	内容	液体	液量（m³）	排量（m³/min）	备注
第 1 级	1	低替	基液	2.00	—	—
	2	低替	降破酸	30.00	≤0.50	酸送球
	3	坐封封隔器（工具方指导下进行），清水试挤，建立连续排量后高挤				
	4	高挤	胶凝酸 1	60.00	2.00～6.00	—
	5	高挤	胶凝酸 1	80.00	2.00～6.00	—
	6	顶替	基液	5.00	1.00～3.00	—

非连续优质储层段典型泵注程序见表 5.2.22，采用胶凝酸与压裂液交替注入，在限压下以 2.00～6.00m³/min 排量高挤胶凝酸与压裂液，压裂液与酸液交替期间以 1.00～2.00m³/min 排量加入 1000.00kg 颗粒与 50.00kg 纤维混合的暂堵材料。

表 5.2.22　非连续优质储层段典型泵注程序

级号	序号	内容	液体	液量（m³）	排量（m³/min）	备注
第 2 级		投耐酸可溶球				
	8	隔离	基液	3.00	1.00～3.00	—
	9	顶替	胶凝酸 1	30.00	<1.00	酸送球
	10	高挤	胶凝酸 1	100.00	2.00～6.00	—
	11	高挤	压裂液	50.00	2.00～6.00	添加破胶剂 25.00kg
	12	高挤	基液	5.00	1.00～2.00	—
	13	暂堵	暂堵液	10.00	1.00～2.00	颗粒 1000.00kg + 50.00kg 纤维
	14	高挤	基液	30.00	1.00～2.00	—
	15	高挤	胶凝酸 2	120.00	2.00～6.00	—
	16	顶替	基液	5.00	1.00～3.00	—

井眼轨迹偏离段典型泵注程序见表 5.2.23，采用胶凝酸与压裂液交替注入，在限压下以 2.00～7.00m³/min 排量高挤 245.00m³ 胶凝酸、85.00m³ 压裂液。

表 5.2.23 井眼轨迹偏离段典型泵注程序

级号	序号	内容	液体	液量(m³)	排量(m³/min)	备注
				投耐酸可溶球		
第4级	28	隔离	基液	3.00	1.00～3.00	—
	29	顶替	降破酸	30.00	<1.00	酸送球
	30	高挤	胶凝酸2	110.00	2.00～7.00	—
	31	高挤	压裂液	85.00	2.00～7.00	添加破胶剂30.00kg
	32	高挤	胶凝酸2	135.00	2.00～7.00	—
	33	顶替	基液	5.00	1.00～3.00	—

B. 酸压施工参数

酸压施工过程中，按规范记录各阶段压力、排量、液量等数据，各级施工参数见表5.2.24，入地总液量3261.00m³，酸液量2430.00m³，主体排量5.00～6.00m³/min，施工压力31.40～87.00MPa，暂堵4级，暂堵剂4000.00kg，纤维200.00kg，平均涨压2.60MPa，伴注液氮33.00m³，停泵压力21.80～30.00MPa，平均23.98MPa。

表 5.2.24 PZ6-3D 井酸压施工参数

	第1级	第2级	第3级	第4级	第5级	第6级	第7级	第8级	第9级	第10级
出酸口位置(m)	7220.00	7096.00	6990.00	6781.00	6616.00	6482.00	6279.00	6053.00	5914.00	5803.00
单级总液量(m³)	179.00	354.00	344.00	368.00	379.00	391.00	371.00	396.00	303.00	176.00
单级酸液量(m³)	170.00	250.00	240.00	275.00	285.00	280.00	270.00	290.00	240.00	130.00
酸性胍胶交替液量(m³)	—	86.00	50.00	85.00	85.00	80.00	85.00	90.00	55.00	—
酸液排量(m³/min)	1.00～5.00	6.00	6.00	6.00～6.4	6.00	6.00	6.00	6.00	3.00～5.00	2.00～4.00
压裂液排量(m³/min)	—	2.00～6.00	2.00～6.00	4.80～5.00	5.50～6.00	4.90～6.00	2.50～6.00	5.30～5.80	5.00	—
暂堵剂(kg)	—	1000.00	1000.00				1000.00	1000.00		
纤维(kg)	—	50.00	50.00				50.00	50.00		
液氮(m³)	—	—	—	—	—	—	9.00	8.00	8.00	8.00
施工压力(MPa)	66.70～86.00	41.90～86.70	39.80～86.30	66.00～87.00	64.20～84.60	69.80～84.10	34.00～81.00	40.70～82.30	53.50～67.70	31.40～46.60
停泵压力(MPa)	30.00	24.40	23.70	21.80	22.00	23.90	23.70	22.10	23.50	24.70

施工曲线如图5.2.50所示，首段酸降明显，施工阶段压力多次出现下降，相同排量

下压降幅度 2.40～5.40MPa，限压下逐步提高排量，高挤胶凝酸阶段稳定排量 5.00m³/min，压力 86.00MPa。

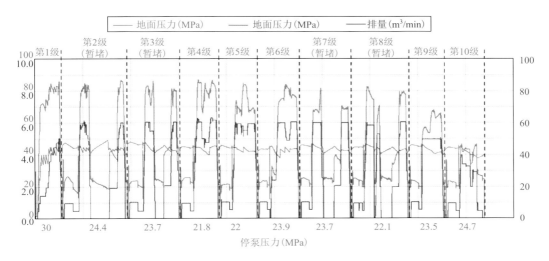

图 5.2.50　PZ6-3D 井酸压施工曲线

对于钻遇非连续优质储层段(第 2、3 级)，暂堵涨压 1.30～2.30MPa，第 2 级暂堵前后，相同排量下，施工压力上涨 4.00～5.00MPa；第 3 级暂堵后，相同排量下，施工压力上涨 3.00～4.00MPa。

对于井眼轨迹偏离段(第 4～6 级)，酸性胍胶入井后，受高黏作用，排量明显降低，井筒摩阻 10.00～15.00MPa，酸性胍胶交替前后，压力变化趋势不同，说明起到了降滤、分流、指进的作用；相同排量 6.00m³/min 下，段间施工压力差异 10.00～18.00MPa。

对于轨迹穿过优质储层、甜点分散段(第 7、8 级)，第 7 级暂堵无明显效果，相同排量下，暂堵前后压力相当；第 8 级暂堵涨压 6.60MPa，暂堵前后压力变化趋势较大，暂堵效果明显；级间差异明显，相同排量下，压力差 10MPa 左右。

对于钻遇优质储层段(第 9、10 级)，第 9 级酸性胍胶交替前后，相同排量下压力上涨 7.00～8.00MPa，起到降滤、分流、指进的作用；第 10 级酸液进入储层后，酸降不明显，相同排量下，整体施工压力相对平稳。

C. 压后评估

(1)分流效果。从各段停泵压力来看，PZ6-3D 井除首段停泵压力 30.00MPa，其余段停泵压力 21.80～24.70MPa，相邻段间差异最大达到 5.60MPa，具有较好的分流能力。

(2)井段立体动用效果。PZ6-3D 井酸压改造效果拟合分析结果见表 5.2.25，PZ6-3D 井 10 级分流立体酸压横向酸液有效覆盖总长度为 1225.00m，水平井段酸液有效改造率 63.21%，甜点有效改造率 100.00%，实现了非均质长水平井精细部分的目标。第 2～10 级酸压裂水力裂缝缝高为 29.60～44.30m，水力裂缝缝长为 77.40～114.80m，酸液有效作用距离为 48.70～67.80m；其中重点造缝沟通上部优质储层的第 4、5 级缝高分别为 43.50m 及 44.30m，实现了薄互层纵向有效改造的目标。

表 5.2.25　PZ6-3D 井酸压改造效果拟合分析结果

参数	第 1 级	第 2 级	第 3 级	第 4 级	第 5 级	第 6 级	第 7 级	第 8 级	第 9 级	第 10 级
酸化工艺	小规模酸化	交替注入		交替注入，增加压裂液用量		交替注入				较大规模交替注入
液体规模(m³)	250.00	435.00	385.00	300.00	300.00	385.00	350.00	360.00	340.00	380.00
横向改造长度(m)	92.30	136.80	128.20	57.80	49.60	183.90	153.80	189.40	137.80	95.40
水力裂缝缝高(m)	—	33.00	29.60	43.50	44.30	35.70	33.90	39.10	38.30	36.50
水力裂缝缝长(m)	—	94.30	83.50	104.30	100.90	81.70	77.40	78.30	77.40	114.80
酸液有效作用距离(m)	—	64.30	62.60	55.70	48.70	60.90	60.00	58.30	54.80	67.80

（3）暂堵效果。优选 4 级开展暂堵，各级暂堵剂用量 1000.00kg，暂堵纤维用量 50.00kg，暂堵涨压最高 6.60MPa，平均 4.60MPa，暂堵效果较好。

（4）裂缝沟通效果。第 1 级、4 级、5 级、8 级施工曲线反映有局部沟通裂缝迹象，其余段总体施工压力平稳，裂缝总体不发育。

（5）压后产能测试。PZ6-3D 井产层中部垂深 5673.50m，地层压力 62.27MPa，压后产能测试制度见表 5.2.26。

表 5.2.26　PZ6-3D 井压后产能测试制度

名称	测试制度	稳定时间(h)	油压(MPa)	产气量(10⁴m³/d)	产液量(m³/d)	折算井底流压(MPa)
系统测试第 1 制度	一级 Φ9.00mm 油嘴 + 二级 Φ15.00mm 油嘴 + Φ45.00mm 孔板	4.50	38.42	42.85	48.00	58.91
系统测试第 2 制度	一级 Φ10.00mm 油嘴 + 二级 Φ15.00mm 油嘴 + Φ45.00mm 孔板	2.50	37.60	52.13	31.00	58.70
系统测试第 3 制度	一级 Φ10.00mm 油嘴 + 二级 Φ15.00mm 油嘴 + Φ45.00mm 孔板	2.00	35.2	62.05	36.00	57.95
系统测试第 4 制度	一级 Φ14.20mm 油嘴 + 二级 Φ16.00mm 油嘴 + Φ45.00mm 孔板	2.00	30.95	73.99	52.00	56.37

对系统测试制度进行二项式产能分析，如图 5.2.51 所示，基于不同测试制度下的测试产量拟合得到 PZ6-3D 井的二项式产能方程 [式(5.2.18)]，根据产能方程计算得到无阻流量为 224.71×10⁴m³/d。

$$p_e^2 - p_{wf}^2 = 0.0663q_g^2 + 3.2399q_g \tag{5.2.18}$$

式中：p_e 为地层压力，MPa；p_{wf} 为井底流压，MPa；q_g 为产气量，10^4m³/d。

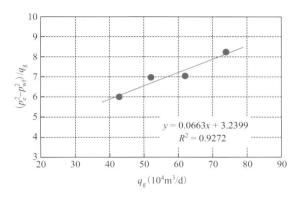

图 5.2.51　PZ6-3D 井二项式产能分析

5.3　地面密闭测试技术

地面测试流程是保证气井测试和各种工艺措施安全实施的重要装置。合格的地面测试流程系统不仅要考虑数据采集的完整性和准确性，还要考虑施工人员的人身安全。常规含硫气井地面测试流程应根据地层压力、预测产量、流体性质等参数选择流程降压级数、抗硫级别及设备指标。流程包含测试管汇台、三相分离器、热交换器、锅炉、主副放喷管线、流量计等主要设备，以满足双向放喷、计量测试、保温、正反循环压井、回浆等功能要求。

川西气田雷口坡组含硫气井采用酸压工艺改造储层，放喷测试时返排液中存在大量残酸和 H_2S。因此，与常规测试流程不同的是，川西气田地面流程中另外嵌入了密封排液处理系统、碱液喷淋系统及喷火装置，以有效隔离、消减有毒有害气体散逸对周边环境的影响。

5.3.1　含硫气井地面密闭测试技术

川西气田地面密闭测试流程为 70.00MPa EE 级两级降压测试流程，具备双向放喷、分离计量、保温、正反循环压井、捕球、控制、采集、计量、实时除硫等功能。

采气树至管汇台之间，井筒准备期间采用单油、双套连接，投产期采用双油、单套连接方式。采气树至一级管汇台之间采用 65.00mm 通径、70.00MPa 防硫法兰管线连接，在油压管路安装同等压力级别的地面安全阀(液控闸阀)。管汇台之间采用 4 条 65.00mm 通径、70.00MPa 防硫法兰管线连接。

根据返排液和同台井处理液要求，选择采用单或双防硫分离器(额定工作压力 9.80MPa，满足 H_2S 浓度 5%以上抗硫能力)。

密封排液处理系统包括实时除硫系统和在线监测系统。实时除硫系统主要设备包括 2 台混合搅拌器和 1 套泵注控制系统，1 台混合搅拌器用于注入除硫剂，控制返排液 H_2S 含量低于 5×10^{-6}mg/L，另一台混合搅拌器用于注入碱液，控制返排液 pH=8～9。泵注控制系统根据在线监测系统反馈的数据实时调整除硫剂和碱液注入量。在线监测系统采用可编程逻辑控制器（programmable logic controller，PLC）在线监测污水罐口 H_2S 含量和排出液 pH，并将信号反馈至泵注控制系统。

分离器排污口至回收罐间采用油管连接，中间闸门及转弯处需采用法兰连接。返排液回收罐群容积不小于 100.00m³，每座回收罐均具备搅拌功能。返排液外运量应大于回收量，确保连续测试。放喷口设置喷火装置，保障残余 H_2S 充分燃烧。

采用 $\Phi88.90mm\times\delta6.45mm$ 110SS 抗硫油管连接 4 条放喷管线至放喷池（至主放喷池 2 条放喷管线；二级管汇至副放喷池 2 条管线）。

保温装置（热交换器等）安装在两级节流控制管汇之间，采用 $\Phi88.90mm\times\delta6.45mm$ 110SS 抗硫油管连接。

其返排液处理过程为：返排液经井口、管汇节流降压后，进入除硫混合系统，与除硫剂反应，除去 H_2S。除硫后的流体通过分离器分离，液体进入中和混合系统，与中和剂反应，除去液体中残酸；气体经放喷管线至放喷池燃烧。液体经过中和混合系统，中和残酸后进入缓冲罐，二次分离，将分离器未分离完的游离气再次去除；流体再经过真空除气器，采用抽真空方式实现物理除硫；最后安全达标的液体由泵传输至密闭罐、污水罐，实现安全环保目标。

1. 单分离器地面密闭测试流程

对于需处理液体流量＜1000.00m³/d、气体流量＜150.00×10⁴m³/d 的测试井，选择单防硫分离器地面密闭测试流程，配套 1 条分离器测试管线和 1 条分离器泄压管线，其地面密闭测试流程如图 5.3.1 所示。

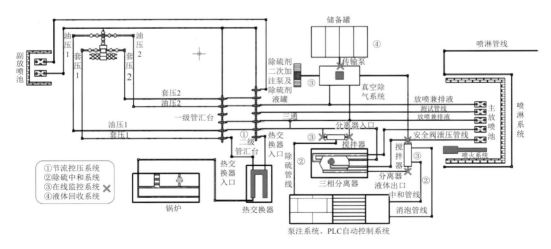

图 5.3.1　单分离器地面密闭测试流程

2. 双分离器地面密闭测试流程

对于需处理液体流量≥1000.00m³/d 或气体流量≥150.00×10⁴m³/d 的测试井，选择双分离器地面密闭测试流程(图 5.3.2)，以提升测试期间的返排液处理能力，适应高产排液及同台井共同排液要求。与单分离器地面密闭测试流程相比，其主要变化如下。

(1)串联 2 台防硫分离器，共用 1 条分离器测试管线，各配 1 条分离器泄压管线。

(2)采用 2 套排液实时除硫装置及管线，在每个分离器上端分别设置 1 支混合搅拌器和 1 条除硫管线。

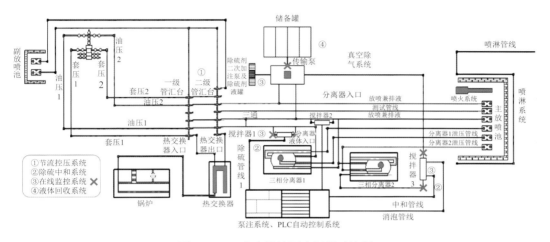

图 5.3.2　双分离器地面密闭测试流程

5.3.2　含硫气井地面密闭测试技术主要设施

含硫气井地面密闭测试流程的主要设施包括：多级节流控压保温系统、除硫中和系统、安全环保监测系统、液体回收系统和放喷燃烧系统。

1. 多级节流控压保温系统

若频繁操作井口装置来控制开关井，容易引起井口装置损坏，存在较大的安全施工隐患。因此，现场完井测试施工过程中，主要通过管汇台和热交换器来实现节流控压保温。

1)管汇台选型

天然气在管道中流动，通过骤然缩小的孔道(如孔板或针形阀的孔眼)使气压显著下降，这种现象称为节流，利用节流可以达到降压和调整流量的目的。管汇台通常采用"丰"字形结构，使用多组闸阀控制节流气嘴的开关。该结构管汇台便于测试管路的转换与隔断，可安全快速实现气嘴更换及故障检修。

2)节流级数的选择及压力温度控制

合理的降压节流流程应满足测试流体稳定、防止水化物生成、简单高效、安全可靠和保证下流装置安全工作的要求。

气嘴下流压力与上流压力的比值达到临界值时，气体通过喷嘴的流速达到临界流速，质量流量达到最大值。节流后压力通过调节油嘴或针阀的大小控制，流体温度通过锅炉换热加温，可以满足产出流体在临界流速下不生成水合物的要求。基于川西气田产出流体性质、压力、温度、产量等参数，采用二级节流。

3) 热交换器

为防止测试过程中节流降温导致测试管线冰堵，川西气田使用热交换器为地面密闭测试流程加热。

热交换器主要由筒体、气盘管及其他附件组成。其筒体由鞍式支座支撑固定，筒体外敷设保温材料；气盘管进出筒体处用盘根密封，松紧由填料压盖调节。热交换器接收由锅炉产生的高温水蒸气，经气盘管与测试流体换热，冷却后的水蒸气回流至锅炉再次加热以循环利用。

2. 除硫中和系统

除硫中和系统的主要设备包括混合搅拌器和泵注控制系统，通过在放喷流程中分别加注除硫剂、碱液对返排液中的 H_2S 和残酸进行中和，达到在线除硫的目的。

1) 混合搅拌器

混合搅拌器(图 5.3.3)工作压力 21MPa，最大液体处理量 $50m^3/h$，单只长度 1.0m。返排液与药剂同时进入混合器，冲击旋转轴承，旋转轴承在滚珠带动下，中轴连动，带动叶片与液体同时混合旋转，有效提高药剂与返排液接触反应时间，中和、除硫更充分。

图 5.3.3　混合搅拌器现场实物图

2) 泵注控制系统

泵注控制系统主要包含运行间、控制室、观察窗和注入系统，如图 5.3.4 所示。

运行间采用撬装式结构，固定安装三只矩形液罐，分别存储液碱、消泡剂和除硫剂等工作液，单罐容积 $2m^3$，罐体材质为 316L。各矩形液罐均配有不锈钢磁力泵和高压隔膜计量泵，其中不锈钢磁力泵用于将工作液泵入矩形液罐，单泵最大供液量 $6m^3/h$，最大扬程 20m；高压隔膜计量泵用于将工作液泵出矩形液罐，单泵最大供液压力 15MPa 时，排量可达 $2m^3/h$。高压隔膜计量泵出口为通径 38.10mm、承压 21MPa 的高压管线。高压管线及各型阀门的本体、阀件均为 316L 材质，配套的密封件均满足抗工作液腐蚀的要求。

控制室内安装有为全撬设备及部分外挂设备进行供配电的电气控制柜及操作按钮，配有带 PLC 控制器的操作控制台，通过操作控制台可对全撬设备运行进行自动控制。操作人员可通过台上显示屏了解工艺流程各个关键节点的工艺参数，并能对其进行实时调整。

控制室与运行间之间设有观察窗，操作人员可在控制室观察到主要设备运行状况。

本系统设计有 3 套注入系统，可分别注入 3 种不同的注剂。其主要功能是向含硫气井密闭测试流程注入不同类型的注剂。可通过监测到的返排液的流量、pH、H_2S 含量等数据，进行人工或自动调节计量泵的排量。在含硫气井密闭测试流程系统运行期间，控制系统可自动接收来自含硫气井密闭测试流程各个检测点传回的数据，通过工控系统自动调节不同注剂的注入量，随反馈数据的变化，实时调节各计量泵的排量。

图 5.3.4　泵注控制系统

3. 安全环保监测系统

安全环保监测系统包括计量系统、地面数据采集监测系统、紧急关断装置、安全泄压阀等。

1) 计量系统

在油气井的试油过程中，地层产出的流体经分离器分离后，采用气体流量计和液体流量计分别计量气体和液体流量，并与数据采集系统配套使用。天然气计量目前主要采用临界速度流量计，其具有结构简单、所取参数少、计算不复杂、计量比较准确、测气范围广等优点。其使用要求如下。

(1) 通过孔板的气流应达到临界流动(即流速等于声速)。

(2) 日产气量应大于 8000.00m^3。

(3) 流量计短节内径应与排气管线内径相同。

(4) 流量计短节下流管线直线段不小于 3m。

(5) 上流压力的监测需用标准压力表。

(6) 测气孔板的喇叭口应对准下流，且所选孔板应符合 $P_下 \leqslant 0.546 P_上$。

(7)临界速度流量计应安装在比较平直的测试管线上。

2)地面数据采集监测系统

(1)压力监测。压力监测的重点部位有井口装置、节流保温装置、分离器等。根据不同监控点设置相应的控制压力,当压力发生异常时,系统能够自动报警,以便及时进行处理,防止因压力过高,造成地面测试流程管线和设备超压,影响测试安全。

(2)温度监测。温度监测的重点部位在井口及节流保温装置的节流控制针阀、分离器处、流量计孔板等位置,实时监控测试过程中的几个降压吸热点。在温度过低时,系统会发出警报,引起操作人员的警觉,以及时实施防冰堵措施。

(3)H_2S浓度监测。在放喷测试过程中,在井口、节流保温装置、分离器、流量计等处经常有施工人员操作。流程设备连接密封处也安装有H_2S监测仪探头和报警器,随时对井口、地面测试流程等施工现场进行H_2S检测。当H_2S含量超过安全阈值时,发出警报,以确保测试的安全。

(4)地面排出流体性质的监测。定时对分离器排液出口和放喷管出口所排出的液体进行取样分析,确定排出液体性质,及时实施相应的回收处理措施,防止H_2S从排出液中溢出造成人员伤害和环境污染。

(5)测试数据的监测。在录取资料的过程中可精确地计算和监测瞬时的产量等数值。

3)紧急关断装置

紧急关断装置由液动平板阀、液压动力系统组成。在放喷测试过程中出现紧急情况时,可实现远程控制阀门开关,在高压高产条件下能够有效避免手动操作存在的安全风险。

4)安全泄压阀

地面密闭测试流程中安装的锅炉、热交换器及分离器上均设有安全泄压阀。当设备内压力突然升高来不及做出操作反应时,安全泄压阀能发挥其瞬时泄压功能,避免恶性事故的发生,保护流程设备及人员安全。

4. 液体回收系统

液体回收系统包括分离器、缓冲罐、真空除气器和储液罐等。

1)分离器

放喷测试时井内产出的天然气带有一部分液体和固体杂质,如酸液、地层水、岩屑等。这些物质不仅会腐蚀设备或堵塞测试流程,导致安全风险和施工故障,而且液相中溶解的H_2S易进入大气中,对井场及周边区域形成安全环保隐患。因此,在井内产出大量流体时,应进行气液分离处理。

气液分离器从工作原理上主要分为旋风式和重力式,地面密闭测试流程通常使用旋风式分离器。与重力式分离器相比,旋风式分离器的分离精度和分离效率较低,但因其结构尺寸小,处理量大,特别适合于测试流体的粗分离。

工作参数为:额定工作压力9.8MPa,满足H_2S浓度5%以上抗硫能力,液体处理能力1000m^3/d,气体处理能力150×$10^4 m^3$/d。

2) 缓冲罐

对分离及除硫后的液体进行二次分离，减少游离气的存在，除硫更平稳高效；同时更有利于絮状物的清理。

工作参数为：工作压力 1.35MPa，容积 20m³。实物如图 5.3.5 所示。

图 5.3.5　缓冲罐现场实物图

3) 真空除气器

真空除气器通过负压真空循环脱气，可进一步去除返排液中溶解的 H_2S。

工作参数为：容积 3m³，满足 270m³/h 流体处理能力，工作压力 1.85MPa，设计温度 –19～90℃，筒体封头材料 Q245R。实物如图 5.3.6 所示。

图 5.3.6　真空除气器现场实物图

4）储液罐

用于收集分离后的液体，一般单个罐体容积为 40m³，采用 316L 不锈钢材质。若需加入片碱，则储液罐带搅拌器和不锈钢离心泵。实物如图 5.3.7 所示。

图 5.3.7　储液罐现场实物图

5. 放喷燃烧系统

放喷燃烧系统由放喷管线、燃烧筒及喷淋管线组成。

放喷管线至少包含 4 条，其中主放喷池 2 条放喷管线，二级管汇至副放喷池 2 条管线。其尺寸、材质及扣型相关要求如下。

1）尺寸选择

高速流体在管道内流动时会发生冲蚀，产生冲蚀的最大速度称为临界冲蚀速度。根据冲蚀流速确定管道的通过能力公式如下：

$$q_e = 5.164 \times 10^4 A \left(\frac{P}{ZT\gamma_g} \right)^{0.5} \tag{5.3.1}$$

式中：q_e 为受冲蚀流速约束的油管通过能力，$10^4 m^3/d$；A 为管道截面积，m^2；P 为入口压力，MPa；T 为绝对温度，K；Z 为天然气压缩系数，量纲一；γ_g 为天然气的相对密度。

据式（5.3.1）可知，A 与 T、q_e 和 γ_g 成正比，与入口压力 P 成反比。表 5.3.1 是几种工况下的两种放喷管线临界冲蚀流量的计算结果。

表 5.3.1　两种放喷管线临界冲蚀流量的计算结果

管线内径（mm）	临界冲蚀流量（$10^4 m^3/d$）		
62.00	70.23	138.82	169.43
76.00	97.36	192.46	234.88
备注	入口压力 2MPa，入口温度 20℃，相对密度 0.56	入口压力 7MPa，入口温度 20℃，相对密度 0.56	入口压力 10MPa，入口温度 20℃，相对密度 0.56

由计算可知，采用 d76.00mm 油管能满足气产量 234.88×$10^4 m^3/d$ 的放喷要求。

2）材质选择

放喷管线与测试流体直接接触，流体中的 H_2S、CO_2 对管体存在氢脆、硫化物应力腐蚀开裂及电化学腐蚀等影响。因此，根据使用工况、相关技术标准及腐蚀评价实验结果，采气井口至第 2 个管汇台之间的放喷管线高压段，使用本体材质为 410 低合金钢的高压法兰短节连接；第 2 个管汇台之后的放喷管线采用 P100SS 油管。

3) 管线连接形式

管线高压段采用法兰连接，低压放喷段采用油管螺纹连接。

4) 燃烧筒

燃烧筒连接于地面密闭测试流程放喷管线末端，水平安装在放喷池内。其主体结构为内外双层同轴带孔筛管，端部由挡板封闭。其作用是将放喷流体沿放喷管线的高速轴向喷射调整为周向散射，降低流体动能，增大气液散逸面积，以有效避免流体的高速喷射冲击放喷池挡墙，防止喷出液体溅射，并有利于点火燃烧流体中包含的可燃气体。

5) 喷淋系统

喷淋系统安装于放喷池周缘，由潜水泵和喷淋管线组成，如图 5.3.8 所示。喷淋管线正对放喷池的方向设有排状喷嘴，可根据需要喷射清水或碱液，在燃烧火焰上方形成雾状屏障，避免燃烧烟尘和有害气体的大面积扩散。

图 5.3.8 测试放喷时放喷口喷淋喷火图

5.3.3 现场应用

含硫气井地面密闭测试流程在川西气田开发井已累计应用 13 口井 15 井次，应用效果参见 6.3.4 节，这里主要介绍现场实际采用的几种不同的地面密闭测试流程形式。

1. 彭州 6-3D 井(试气作业期间)地面密闭测试流程

如图 5.3.9 所示，该流程为彭 6-3D 井在试气作业期间安装的地面密闭测试流程，主要由 70.00MPa EE 级二级降压测试管汇、2 套抗硫三相分离器和 1 套加热装置(热交换器、锅炉)、1 套返排液计量罐、2 套返排液实时除硫装置及管线组成。井筒作业期间井口与流程采用双套单油连接。满足双向放喷、大液量排液、高产量分离计量、保温、降温、正反循环压井、在线除硫、捕球、返排液回收等功能。

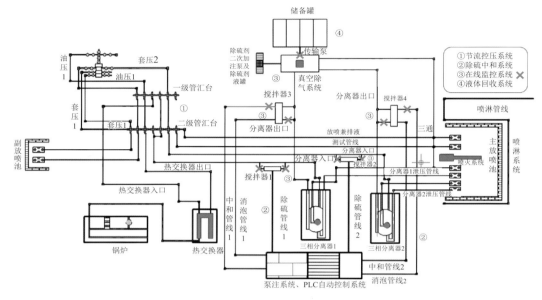

图 5.3.9　彭州 6-3D 井地面密闭测试流程

2. 彭州 6-6D 井(投产期间)地面密闭测试流程

如图 5.3.10 所示,该流程为彭州 6-6D 井在投产期间安装的地面密闭测试流程,主要由 70.00MPa EE 级二级降压测试管汇、1 套抗硫三相分离器和 1 套加热装置(热交换器、锅炉)、1 套返排液计量罐、1 套返排液实时除硫装置及配套管线组成。测试期间采用双油单套连接。

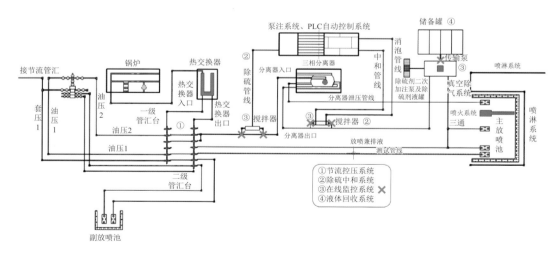

图 5.3.10　彭州 6-6D 井地面密闭测试流程

3. 彭州 5-1D 井(同台井)地面密闭测试流程

川西气田采用井组平台开发,存在放喷排液和钻井施工同台交叉作业的工况。因此,其地面密闭测试流程有所不同的地方主要体现在：彭州 5-3D 井井口经五翼 70.00MPa 分配管汇后接至彭州 5-1D 井测试流程。彭州 5-1D 井二级管汇出口副放喷管线连接至彭州 5-3D 井副节流管汇，采用钻井放喷管线作副放喷管线使用，如图 5.3.11 所示。

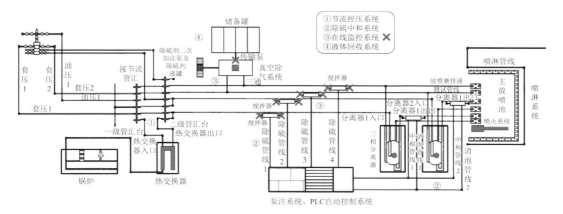

图 5.3.11　彭州 5-1D 井地面密闭测试流程

第6章 安全控制与环境保护技术

雷四气藏开发项目位于成都平原，钻井平台部署在彭州市隆丰街道、丽春镇、葛仙山镇辖区，靠近彭州市人口密集区，邻近国家中心城市——成都市，彭州市境内分布有多个重要的国家级生态环境敏感区。项目建设期间将环境敏感地区风险识别、平台井组井控技术、网电钻机减排、测试残酸返排实时除硫、钻井固废资源化利用等一大批安全生产、生态环保技术在工程设计、施工中逐一落实，有效保障项目实施过程中井控、安全、环保严格受控，打造安全环保新典范。通过持续优化、提升、改进，形成了一套适用于环境敏感地区的钻完井配套安全环保技术，具备成熟推广条件，可供国内类似气藏开发建设参考借鉴。

6.1 环境概况与风险识别

6.1.1 气田环境概况

1. 地理环境

彭州市地处成都平原与龙门山过渡地带，山、丘、坝俱全，形成了"五山、一水、四分坝"的自然格局。彭州境内地貌类型大体属四川盆地亚热带湿润气候区的"盆地北部区"，纯平原面积 423km²，平原丘陵混合面积 334km²，丘陵山地混合面积 664km²。

彭州市属亚热带湿润季风气候，四季分明，雨量充沛。地貌类型包括高、中、低山和丘陵、平原。开发项目地处成都冲洪积平原湔江冲洪积扇的中上端，处于川西平原西缘，地势上较为平坦，工农业发达。彭州市境内分布有大熊猫国家公园、四川白水河国家级自然保护区、四川彭州市飞来峰自然保护区、四川龙门山国家地质公园等重要的生态环境敏感区，但主要位于北部山区。通过开展区块周边环境敏感区调查与环境因素识别，气田站场选址避开了区域内自然保护区、森林公园、地质公园、风景名胜区及集中饮用水水源保护区等需要特殊保护的环境敏感区。

2. 水文环境

项目所在区域主要地表水系有蒙阳河、小石河、青白江、蒲阳河、人民渠，以及相关支流等，呈扇状分布全境，区内灌溉系统发达，自流灌渠呈放射状、网状分布，地表水体主要涉及饮用、农业灌溉、防洪等。气田下游人民渠为什邡市、德阳市饮用水水源，在彭州市境内划定为集中式饮用水水源准保护区。

第四系松散岩类孔隙水，含水介质为砂、孵石层，渗透性均好，导水性好，含水介质厚 7~21m，渗透系数 k 一般为 19~115m/d，该区地下水的补给来源为降水入渗、地表水入渗，通过地下径流排泄。水质属重碳酸钙型，无侵蚀性。动态水位为 2～10m。地下水径流方向为向东、东南流。除自然排泄外，区域分散农户自打水源井和小规模的村、镇、学校、政府机构、医院集中供水井，部分作为饮用水、部分作为农田灌溉；中部地区表层覆盖为粉土和黏质砂土(亚砂土)，厚度普遍小于 1m，渗透性强，降雨入渗补给条件好。

3. 人口分布

项目位于彭州市的隆丰街道、丽春镇、葛仙山镇，地势较为平坦，靠近龙门山脉，人口密集、经济较发达，工业企业欠发达，旅游资源丰富(乡村旅游为主)。区域村镇分布密集，人口密度大(约 503 人/km^2)，是中国石化元坝气田(位于阆中市、苍溪县境内)的 3 倍，且分布多个灾后重建安置点。

以彭州 6#平台为例，该平台位于葛仙山镇文林村，其所在区域为平坝农田，井口 5km范围内有行政村(社区)93 个，中小学校 7 所，人口约 19.2 万人，属典型都市近郊气田。一旦发生井喷，需要快速进行人员疏散。如井喷后出现 H$_2$S 泄漏，则将导致灾难性后果。

6.1.2　主要风险识别与对策

作为国家千亿立方米天然气生产基地和西南地区"气大庆"建设的重要组成部分，川西气田产能建设项目被列为国家产供储销体系重点督办项目和四川省重点项目。贯彻"少井高产"开发原则，部署了 6 口超长水平段水平井，平均井深 7903.00m，平均水平段长 1654.00m，最大闭合距 3321.73m，最深水平井井深超过 8200.00m，采用丛式井开发模式。为缩短建井周期，创新采用"一台六井"四钻机同时施工模式(图 6.1.1)，这是国内海相气井首次采用此类开发模式。该气田由于地处市郊人口密集区，存在都市气田综治维稳压力大、含硫气井井控环保风险高、井下喷漏塌卡复杂、超深水平井安全施工难、井工厂交叉作业管理幅度广、多方沟通协调决策运行慢、应急联动效率低等难点。

图 6.1.1　川西气田"一台六井"四钻机同时施工

1. 工程风险与管控对策

地质特征复杂，陆相地层特别是须家河组地层厚度大、岩石致密可钻性差，海相地层破碎、溶孔发育，非均质性强，受各种地质、工程因素影响，施工存在着井漏、溢流及井喷等风险。

1）井漏

井漏是在钻进、固井、测试或修井等井下作业中受地层压差影响，各种工作液（包括钻井液、水泥浆、完井液以及其他流体等）直接进入地层的一种井下复杂情况。本区域井漏易发生于雷口坡组上部地层。

2）溢流及井喷

当揭开油气层后，因异常高压等原因导致井底压力不能平衡地层压力时，易产生溢流现象，严重时可导致井喷。钻井期发生井喷会产生严重的事故，以2003年发生的罗家16H井井喷失控事故为例，该井施工过程中因井喷失控导致富含H_2S的天然气从气层沿井筒喷出地面并逸散，最终造成243人死亡、4000多人受伤，疏散转移6万多人，9.3万多人受灾，事故教训惨痛。为此，项目在设计、施工、运行管理中严格按照石油行业标准规范以及企业管理制度要求，做好防井喷、防气体泄漏工作，制定详细的应急预案并定期演练，储备完善的应急物资和装备保障，确保井控工作万无一失。

2. 环境风险与管控对策

项目位于川西平原西缘，为高含硫气田。钻完井施工重点关注各污染物控制管理（尤其是危险废物）及对项目所在区域的生态影响，特别应关注井喷、含硫天然气泄漏等突发环境事件导致H_2S泄漏对环境的影响，关注固体废物（特别是危险废物）收集、暂存、转运及处置途径的可靠性分析。

1）可能存在的大气污染分析及解决方案

（1）柴油发电机组排放的NO_x、CO及烟尘等尾气，钻完井工程施工全程采用网电，柴油机作为备用电源提供动力，为间歇性使用，且其排放的废气量小，因此对局部地区的环境影响较小。

（2）放喷测试过程中排放的SO_2，施工过程通过伴注碱液中和吸收硫化物，放喷口使用耐火砖建设挡火墙，充分灼烧放喷口燃气，因此测试放喷产生的SO_2不会对周边居民的生命和健康产生危害，加之采取放喷管道加碱中和、500m范围内的居民临时撤离等措施后，可以进一步降低放喷废气对周边居民的影响。

（3）可能发生的井喷及井喷失控产生的SO_2、H_2S及烃类气体，通过采用先进的井控技术和装备，严格执行石油行业和企业标准和制度，确保不发生井喷。

2）可能存在的水污染分析及解决方案

根据水文地质条件，如果钻井或生产过程中发生污水、废液泄漏，如钻井液泄漏、钻井井漏等，会引起严重的地表地下水污染事故。因此需要项目施工现场建立起完善的截防污措施，确保河流、水渠供水安全。根据各个建设项目场地装置、单元的特点和所处的区域及部位，按照《石油化工工程防渗技术规范》（GB/T 50934—2013）将脱硫站和天然气集输站划分为非污染防治区、一般污染防治区和重点污染防治区。

平台钻前施工时建设内外两条蓄水、排水渠，分别用于处理可能发生的场内污水外溢和场外雨水漫流、泄洪应急事件。施工期对放喷池、井口作业区、柴油储罐和污水罐周围设置围堰、钻井液循环系统区域，分别提出了防渗措施，并对钻进过程中钻井液的漏失情况保持密切监测。运营期将脱硫装置区、危废暂存间、机械热泵浓缩技术(mechanical vapor recompression，MVR)的蒸馏残渣暂存间、污泥脱水间及污泥暂存间、污水池、初期雨水收集池、雨水监控兼事故池等区域设置为重点防渗区。通过采取以上源头控制、分区防渗、污染监控及应急措施后，可有效控制项目建设对地下水环境的影响。

3. 安全控制与环境保护体系建设

1) 安全管理体系

在气田建设过程中，为推进勘探、开发项目高效运行，投资受控，更好适应增储上产、降本增效和双百亿气田建设的需要，在有限资源约束和保障安全投入有效落实的情况下，采取"项目管理部＋项目部"的模式，形成以公司机关部门为项目运行履行管理和服务职能，勘探开发工程建设项目牢固管理部履行项目运行监督和技术指导职能，彭州气田(海相)开发项目部为项目安全管控主体和工程建设实施主体的"三级"管理模式，高效、安全、精准管控项目建设。同时形成"领导、承诺和责任、策划、支持、运行过程管控、绩效评价、改进"7 个一级要素，"领导引领力、隐患排查治理、能力和培训、生产运行管理"等 37 个二级要素，定期组建专家团队，开展体系审核，审查健康、安全与环境(health，safety and environment，HSE)体系运行情况，及时发现体系运行存在的问题，采用 PDCA①循环原则，促进体系正常发展，降低作业风险，把 HSE 方针、目标分解到企业的基层单位，把识别危害、削减风险的措施、责任逐级落实到岗位人员，真正使 HSE 管理体系从上到下规范运作，体现"全员参加、控制风险、持续改进、确保绩效"的工作要求。

2) 分级管控体系

将"双重预防机制"作为公司管控风险、消除隐患、保证安全生产的重要手段，组织并建立"433"风险管控模式(4 个风险管控层级：基层级、项目部级、HSE 委员会分委会级、公司级；3 个风险分析表：每周、月度或季度、年度；3 个风险评估会议：项目部例会、分委会例会、公司例会)，重大风险项目由公司安全主管部门牵头，组织行业内专家及业务部门成立评价小组，按照危险源识别、风险评价、风险控制、效果验证与更新的专业程序，运用定性或定量的统计分析方法确定其风险严重程度，进而确定风险控制的优先顺序和风险控制措施，开展风险分级管控工作。对于识别出的各类风险，按照风险值划分管控层级，分级制定风险清单和对应管控措施，落实相应责任人，始终将安全风险管控和隐患排查治理压力贯穿于项目建设全链条中。

3) 全员安全责任制

根据"安全第一，预防为主，综合治理"的安全生产方针，结合项目管理模式，着

---

① 指按照计划(plan)、执行(do)、检查(check)、调整(action)的顺序进行质量管理。

眼于安全生产长效机制，建立全员安全生产责任制，制定从主要负责人到一线从业人员的安全生产职责，实现企业安全生产责任全员全岗位覆盖，确保安全生产压力贯穿于整个项目管理过程之中。通过总结、完善、提升，彭州气田（海相）开发项目部形成了涵盖7个业务专业、150余个执行类制度的管控体系，超百万字的项目管理手册和钻完井工程推荐做法，实现"各层级、各业务、各环节"安全管理全覆盖。

4）甲乙方一体化联合监管团队

以实现"打成井，打好井，打快井"为目标，打造甲乙方一体化联合监管团队，建立"决策领导小组、驻井监管小组"两级扁平组织机构。决策领导小组主要负责地质工程设计审查、重要施工方案论证、工艺技术变更决策、关键环节运行把关。驻井监管小组主要负责执行决策领导小组指令，抓现场运行统筹、质量监督、风险辨识及应急协调。设立"生产技术、地质跟踪、安全环保"三个保障团队，生产技术保障团队负责现场技术保障、生产组织、运行协调、风险辨识、信息上报、会议安排；地质跟踪保障团队负责现场地质跟踪、岩性研判、轨迹监测、风险预测、测录管理、储层研究；安全环保保障团队负责现场 HSE 管理、作业监管、违章查处、风险管控、固废处置、HSE 督查。

联合监管"五个一体化"运行机制。

（1）工程地质一体化：按照"工程为地质精细服务，地质为工程安全导向"理念，着眼储层展布与地质风险，紧盯目标储层钻遇率与轨迹调整风险度，重点开展地质风险提示与精细卡层，以工程地质互补相容寻求地质工程最优契合点，保障安全成井与实现地质目标双赢。

（2）技术决策一体化：按照"问题解决在当前，决策下发在现场"的策略，集各相关部门领导、各专业技术专家于一体，统一协调各方，集体论证决策，缩减管理程序，减少协调耗时，提高决策效率。

（3）风险管控一体化：按照"风险识别在日常，隐患消除在萌芽"的思路，在现场联合多专业、多工种开展风险识别及隐患治理，严格高风险作业监管及 HSE 督查，保障井工厂运行安全可控。

（4）生产运行一体化：按照"信息有效集成，资源最大共享"的目标，平台驻井小组严格实行日、周、月会制度，统一集成平台信息、调配平台资源，确保信息集成高效，资源运用充分，保障生产运行高效有序。

（5）技术保障迭代化：按照"工艺技术应用—改进—再应用—再改进"的思路，设生产技术保障团队，实施集智技术攻关与总结，顺利完成"四提一降"目标。

5）智能化管控

为强化气田建设智能管控水平，在大力发展信息化的基础上，创新形成了远程监督、远程直接作业环节监控、在线人员培训以及智能化考核等管理手段。在系统论、控制论和协同论等思想的指导下，创新构建了"互联网＋"条件下石油工程远程协同管理模式，实现了石油工程设计、施工、监督、管理和决策"五位一体"的协同管理。推动了现场施工管理向远程化、协同化、精细化、智能化管理转变；工程监督实现远程化、集约化、标准化、立体化监督；生产安全管理由事后追责向事前预防、事中管控转变，由分工分析向智能分析转变，由管理正常向管理异常转变。推动管理方式由单兵作战向协同管理转变，管理效果由依赖单个基层管理者水平向依赖甲乙方各层级管理者及专家团队水平转变。极大地提升了设计科学性、决策科学性和时效性，释放创新活力，有力地支撑了气田建设。

建立异常管控新理念，根据工程作业异常标准，结合现场实时数据，建立钻井、钻井液、录井、定向、测井、固井 6 专业 144 类异常判断标准，其中技术异常 71 类，管理异常 73 类，系统自动判定并触发技术异常、管理异常。

根据异常发生后的影响程度将异常分为四大类，从低到高依次是四级、三级、二级、一级，随着异常等级的提高，推送的管理层级越高。异常处理需在规定时间内完成，在系统上填写完成情况，实现闭环管理。若未在规定时间内完成，将会升级，由上级管理人员督促完成。

异常管理模式改变了以前全面排查的繁杂工作程序，提升了监督管理的精准度，异常即时推送、超期督办，全程记录异常发生至整改落实整个流程，实现了安全问题闭环管理，大大提升了监督管理的精准性，减轻了监督工作强度。

6.2　平台井组井控工艺技术

井控工作是一项系统工程，涉及井位选址、地质与工程设计、设备配套、维修检验、安装验收、生产组织、技术管理和现场管理等各方面，需要统筹勘探、开发、钻井、技术监督、安全、环保、物资、装备和培训等部门协调配合。川西气田第一轮实施 11 口井钻井工程，第二轮部署 6 口开发井，采用同平台多钻机井工厂模式施工，平均设计井深超 7800m，开发主要目的层为中三叠统雷口坡组四段，预测平均无阻流量超 $100 \times 10^4 m^3/d$，且高含 H_2S 等剧毒气体，属典型的超深"三高"气井。

6.2.1　平台井主要井控风险因素识别

井控工作面临油气层多、压力高、高低压同存、目的层含 H_2S 等难点，其中陆相地层沙溪庙组、千佛崖组、须四段、须三段、须二段、小塘子组和马二段实钻过程中油气显示活跃，特别是须家河组厚度大、含气层多、多压力系统，小塘子组异常高压含多套裂缝气层，小塘子组—马鞍塘组地层易漏，漏转喷风险极高。雷口坡组四段为主要目的层，裂缝发育且高含 H_2S。

1. 同平台井眼相碰井控风险

川西气田雷四气藏产能建设开发项目第二轮井共部署新井 6 口，其中彭州 5#平台 2 口井，彭州 6#平台 4 口井，采用井工厂模式施工。以彭州 6#平台为例，由图 6.2.1 可以看出，受用地手续办理制约及《丛式井平台布置及井眼防碰技术要求》(SY/T 6396—2014)要求，新部署井与待投产井的井口最近距离仅 12m 左右，新钻机布局时要考虑双分离器、双节流设备安装，且兼顾待投产井采气树保护，以及最大效率利用有限的井场面积保障设备、管线、井场道路及应急处置等满足《石油行业安全生产标准化　钻井实施规范》(AQ 2039—2012)、《钻井井场设备作业安全技术规程》(SY/T 5974—2020)等标准。

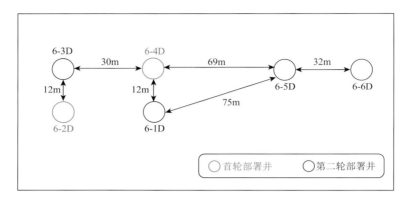

图 6.2.1　彭州 6#平台首轮和第二轮部署井

通过井眼防碰扫描，发现新部署井彭州 6-3D 井设计井眼轨迹在井深 884.40m 与邻井最小防碰距仅 8.36m（数据见表 6.2.1），钻进过程中存在井眼相碰的可能性。一旦钻穿邻井套管，可能导致井喷及 H_2S 泄漏的严重事故。因此平台先期施工井须重点防斜打直，防止井眼相碰。

表 6.2.1　彭州 6-3D 井与邻井井口、设计井眼轨迹最小间距

邻井	井口间距(m)	最近距离(m)	对应井深(m)
彭州 6-1D	33.33	33.33	0～860.00
彭州 6-2D	11.94	8.36	884.40
彭州 6-4D	30.03	29.98	80.21
彭州 6-5D	100.03	100.03	0～860.00
彭州 6-6D	130.91	130.91	0～860.00

直井段防斜打直和防碰绕障风险分析如下。

（1）井架安装后未校验，导致钻进过程中钻具管串在井眼中受力不均，发生井眼偏移，与邻井相碰。

（2）操作失误、计算偏差、随钻监测仪器误差或未按要求测斜监测井眼轨迹，导致井眼轨迹失控，与邻井相碰。

（3）实钻过程中防斜打直效果差，新钻井眼可能与邻井相碰。

（4）未及时发现钻穿邻井套管现象，如钻时加快、憋跳严重、返出岩屑中含铁屑、邻井井口压力异常变化等，发生溢流、井喷或 H_2S 泄漏事故。

2. 同平台长裸眼漏喷同存井控风险

设计三开制井身结构，导眼段尺寸 $\Phi444.5mm$，设计井深 800～1000m，封上部易漏层及浅层水。一开井眼尺寸 $\Phi333.4mm$，设计井深约 3500m，封须四段以浅地层。二开井眼尺寸 $\Phi241.3mm$，设计井深约 6100m，封马一段以上地层。二开裸眼段长达 3000m，

且地质条件复杂，上下地层压力系数差别大。须家河组—小塘子组高压裂缝气层发育，分布广，显示活跃且能量大，根据前期施工井统计分析须二段—马一段钻井液密度超过 1.88g/cm^3 极易发生井漏，存在极大的漏转喷井控风险。

3. 酸压对邻井井壁稳定性及钻井液性能的影响

平台井施工过程中，邻井雷口坡组储层已进行酸压，酸化将溶蚀和破坏碳酸盐岩层，导致近井筒地带的坍塌压力、孔隙压力、渗透率等岩石特性参数发生改变，同时酸液与碳酸盐地层反应后产生的 CO_3^{2-}（12676～21007mg/L）、HCO_3^-（27236～38662mg/L），将对新钻井的水基钻井液造成严重化学污染，钻井液性能恶化，出现严重增稠、滤失量增大、pH 降低等问题，从而导致起下钻激动压力增大，增加井漏风险；滤饼虚厚，增加黏附卡钻风险；pH 下降，增加 H_2S 逸散风险。

6.2.2　平台井井控技术

井控技术是油气田勘探开发过程中对油气井压力的控制技术，包括井控工艺和井控装置技术。针对井工厂模式井控难点，综合考虑开发效益及气田建产进度等综合因素，在同平台井控资源共享、多队伍井控应急响应、待输气井防碰等方面，摸索总结出一系列海相平台井井控特色技术，可供类似平台井借鉴。

1. 井控装备及队伍要求

井控设备是指实施油气井压力控制所需的一整套设备、仪器仪表和专用工具，是实现安全钻井的可靠保障。它包括井口防喷器、控制系统、井控管汇、内防喷工具、监测及加重系统等。在钻完井井控设备管理方面，主要开展以下管理工作。

(1)按照一流设备配套标准，严格执行开工检查验收及钻开油气层审批制度，把好井控设备和工具入场关，严禁不合格厂商工具入场。杜绝井控设备超龄使用，确保关键井控设备使用年限及检测合格率 100%。防喷器、四通、过渡短节、防喷管线、闸阀、节流管汇、压井管汇、液气分离器、防回火装置、放喷管线、排气管线等使用年限不超过 7 年，远控房出厂使用年限不超过 13 年。按设计要求安装井口装置并试压合格，各类闸板、胶芯、垫环等井控备件齐全，内防喷工具按设计要求准备齐全。各类点火装置、液面报警器运行正常，并配备环空液面检测仪和一键井控关井控制装置。全力提高信息化水平，现场联合监管项目部设有数据集成中心，形成了集视频监控、H_2S 及可燃气体和录井数据系统于一体的终端系统。

(2)加强设备日常管理，依托联合监管团队，定期开展现场井控设备日常检查，督促施工现场开展设备维护与保养，定期吹扫、验通节流、压井管汇、套管头四通等，确保井控设备本质安全。

(3)开展井控设备隐患排查，及时停用、更换不合格设备。若工区施工过程中旁通阀异常打开，及时通知停用、组织排查相关厂家产品。主动搜集其他工区井控设备使用异常情况，举一反三，排查、更换剪切全封一体化闸板、相关厂家节流管汇节流阀、井口高压软管连接方式等。

(4) 选用一流的具有甲级资质的施工队伍, 队伍关键岗位人员具有 5 年以上含硫超深气井施工经验, 单支队伍人员必须有超过 70%含硫超深井施工经验, 同时优先考虑本工区 2 口井施工经验的队伍。日常管理中, 开展承包商井控能力验证考核, 分公司及项目部在巡检、验收、专项检查过程中, 查验承包商的证件、演习的实战能力、压井施工单填报、液面监测能力等。

2. 平台井井控应急资源共享技术

钻井平台安装井间应急互通管线, 可实现钻井液快速转运, 有效提高储备物资利用效率, 实现井间应急共享目标。如单井钻遇井漏或高压气层压井等复杂时, 通过井间共享储备浆, 能保障充足的堵漏浆或压井重浆需求, 同时动员邻井施工人员进行最大限度的应急"抢险", 从而实现"单井遇险, 多支队伍人力、物资全力保障"的目标。

采用平台井井控管汇及试气放喷管线共用技术, 有效保障了井控安全, 并提高了平台井组间井控管线利用效率, 减少管线用量及占地面积。一台四钻机队伍同步施工, 如均按单井设计, 采用双节流、双液气分离器配置(图 6.2.2), 场内管线包括放喷管线、液气分离器管线及回浆管线(共计 10 条), 管线布局难度大, 且车辆、人员通行易受影响。通过设计桌面推演, 综合考虑规范标准、现场设备、钻井测试不同工序等因素优化形成并实施丛式井放喷管线方案。平台相邻井间采用"三通方墩 + 70MPa 平板阀"结构, 优化减少放喷管线 4 条。试气放喷管线共用, 直接利用钻井副放喷管线, 避免 2 条放喷管线重复拆卸和安装, 既能满足施工现场井控安全标准, 又有效减少了现场辅助工作量。

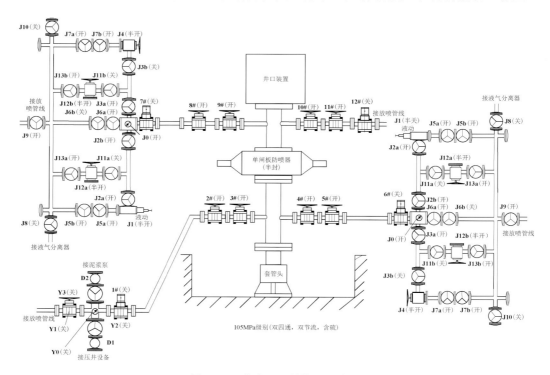

图 6.2.2　节流、压井管汇示意图

3. 丛式井组井眼防碰技术

第二轮井与第一轮完钻井上部直井段存在井眼相碰风险，以彭州 6#平台为例（图 6.2.3），同平台彭州 6-2D 井、彭州 6-4D 井已完成改造测试，待输气投产。新钻井彭州 6-3D 井与邻井彭州 6-2D 井设计井眼轨迹在井深 884.40m 处最近井眼距离仅 8.36m，钻进过程存在极大的井眼相碰可能性，一旦钻穿邻井套管，将引发井喷及 H_2S 泄漏。通过不断攻关、实践和总结，固化形成了"直井段预弯曲钻具防斜打直 + 随钻监测防碰绕障"防碰工艺技术，并配套同平台、同厂家、同型号测斜工具，泥浆出口磁铁监测，技术干部关键井段全程跟踪控时钻进，专人实时观察邻井井口压力等精细化管理模式，确保有效防碰。

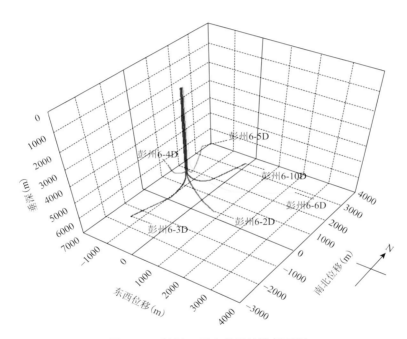

图 6.2.3　彭州 6#平台井眼轨迹剖面图

直井段防斜打直和随钻监测技术措施如下。

(1) 严格执行设备安装标准，认真校验井架水平，确保天车、转盘、井口"三点一线"，偏差小于 10mm。

(2) 平台第一口井严格执行测斜和轨迹控制要求，摸索出地层造斜规律和钻具组合防斜效果后，后续井采用类似钻具组合和钻井参数。

(3) 同平台力争使用同厂家同一型号测斜仪器和防碰扫描计算软件，以减小系统误差。针对深部地层，选用满足川西海相地层抗温抗压要求的 MWD 仪器，5000m 以浅井段采用抗温 150℃仪器，5000m 以深井段采用抗温 175℃仪器。

(4) 根据实钻轨迹方位及井斜趋势确定测斜间距，井斜角大于 1.5°时，测斜间距控制在 100m 内；井斜角为 1.0°～1.5°时，测斜间距控制在 100～150m；井斜角小于 1.0°时，测斜间距控制在 150～250m；各开次结束后均采用电子多点数据复测井眼轨迹。

(5)加强轨迹控制，使用"0.75°单弯螺杆 + 尾扶 + 短钻铤"预弯曲动力学钻具组合，施工前收集该区块及邻井直井段施工钻具组合及防斜打直效果。钻进过程中若发现井眼间距小于 10m 或分离系数小于 2，采用"1.0°～1.25°单弯螺杆 + 随钻 MWD"钻具组合进行主动轨迹控制，同时保证井眼轨迹平滑。

(6)在泥浆出口缓冲罐中加入强磁用于吸附铁屑，坐岗和岩屑录井时若发现水泥块或铁屑应立即报告司钻，及时停钻分析。

4. 长裸眼多压力系统井筒控制技术

为有效降低多井同步施工应急物资的峰值需求，采取平台井组 4 口井错时、分批开钻的思路，彭州 6-3D 井首先开钻，彭州 6-1D 井、彭州 6-5D 井、彭州 6-6D 井依次跟进，实现钻井工具及相关物资的错时使用，有利于提高平台井控应急物资互供利用效率，降低运行成本。同时后期开钻井可充分学习先施工井经验，有利于安全钻井并创造新的指标。

钻完井工程施工过程中始终坚持一级井控理念，针对小塘子组异常高压裂缝气层，通过不断攻关、实践及优化，固化形成了"主动挤堵、提前压稳"长裸眼井筒承压技术，解决了同一裸眼漏喷同存难题。须二段低压高渗井段"即打即封"，钻进过程中加入随钻堵漏剂，起钻前全裸眼段主动挤堵，精准掌握地层承压能力，稳步提高钻井液密度，进入小塘子组前全裸眼段再次验证井筒承压能力。根据地质预测，揭开小塘子组异常高压气层前提前压稳，提前优化井眼轨迹，简化钻具组合以满足钻遇异常井段便于压井或堵漏，确保安全钻穿小塘子组高压气层井段。

5. 强封堵白油基钻井液技术

针对邻井酸压对近井地带岩石的溶蚀破坏，反应残留物污染邻井钻井液，增大井漏、井喷及 H_2S 泄漏风险，选择白油基钻井液，优化形成具有较强抗污染能力的强封堵白油基钻井液体系。实钻过程中加强钻井液性能监测，异常情况及时补充乳化剂、石灰等以维持性能稳定。同时，单井储备不低于 $30m^3$ 的高油水比、高碱度、密度略高于井浆密度的油基钻井液，在受到严重污染时及时将储备的高性能油基钻井液替换至裸眼段，以保障井下安全。采用主动挤堵工艺，对实钻过程中受邻井干扰较严重高渗井段进行专项通井挤堵封闭，严防高含 H_2S 目的层漏转喷复杂情况发生。

同时，进一步优化长井段分段酸压改造方式，重点控制上储层斜井段酸压规模，降低近井带储层岩石酸蚀改变及钻井液性能污染的影响。

6.2.3　应急管理体系建设

针对井工厂多队伍同时施工、协调难度大的难点，制定丛式井井控应急联动演练预案，成立应急抢险总指挥部和应急抢险现场指挥部。应急抢险总指挥部负责审定抢险方案、应急抢险过程中重大事项的决策、下达应急抢险结束的指令以及审定抢险总结报告，提出对应急预案的修改要求。应急抢险现场指挥部负责应急抢险的现场组织工作，掌握现场险情，及时制订现场抢险方案或下步措施，按照应急抢险方案组织协调各专项组工作，负责现场突发事件的处置、审定抢险总结报告，及时向总指挥部汇报现场抢险救援情况。下设应急抢险组、治安警戒组、疏散搜救组、物资保障组、消防气防组、应急监测组、医疗救护组、后勤保障组、宣传报道组、完善善后组 10 个专项组。

钻完井施工过程中始终牢固树立"井喷失控就是责任事故，事故是可防可控的"观念，结合工区特点，依法依规建立施工现场事故和复杂险情逐级报告制度和应急响应制度，建立突发事件应急响应程序，依分级标准，按照规定的程序、时限等要求报告。

井控演练是保障实现二级井控的重要措施。通过井控演练能进一步提高员工井控意识，提升全员应对突发事件的处置能力和应急技能素质，筑牢安全防线，促进安全管理水平提升。有效的井控演练能防止井喷失控、H_2S 逸散等事故，为钻完井施工提供安全、平稳的环境。

组织开展实战化井控应急联动演练，检验钻井队、应急救援大队、项目部等各级单位的应急预案响应速度及应急处置能力。现场模拟井喷开展实战化演练，双钻机/四钻机井工厂平台按月组织井控应急联动演练(图 6.2.4)。

图 6.2.4　实战化多单位平台井组井控及 H_2S 应急联动演练

报警信号采取"声光信号结合"的方式作为井控信号，主要包括单井信号及交叉作业联动信号，分演练信号和实际处置信号两种。

1）演练报警信号

单井日常井控演练时采用报警器声光信号作为井控联络信号；上（下）半支及全平台联动井控演练时采用钻机喇叭声音信号作为井控信号。

2）井控应急处置报警信号

井控应急处置采用钻机喇叭和报警器声光信号结合的方式作为井控信号。在每个井队钻台司钻房、两个偏房顶、循环罐区域、远控台、值班房、联合办公区各安装一个"井控应急"声光报警装置，报警装置总控制按钮集成至各井队司钻操作室内。演练时不需要按长鸣喇叭，但在出现实际应急情况时，井队第一时间按照应急处置程序处置并按下声光报警装置，同时采用对讲机通知其他井队值班人员。与此同时，每支井队安装大功率警报器，处置过程中出现放喷的情况时，一支井队发出井控信号，平台其他三支井队启动警报器。

3）H_2S 泄漏信号

在单井出现 H_2S 泄漏应急情况时，发现者第一时间报告当班刹把操作者，首先由出现应急情况井队当班刹把操作者根据 H_2S 浓度发出相应的声光报警信号。

实战化演练充分验证了施工现场作业突发事件应急预案的实用性、科学性和可操作性，重点检验了参与抢险部门应急联动协调、抢险人员应急处置及应对突发事件的应急响应、协调指挥、人员联动、现场组织、物资筹备、后勤保障等多方面工作能力，加强了员工的井控防范意识和能力，切实提升了突发事故的自我防范和抢险救援能力。

6.3　残酸返排实时除硫工艺技术

酸化后返排液成分复杂，主要有残酸、H_2S 等有毒物质，稠化剂或降阻剂，钾、钙、镁各种盐类及固体悬浮物，受放喷火焰高温烘烤，固体粉末挥发、H_2S 等有毒有害气体扩散，对周围环境造成影响。川西气田通过大力技术创新，重新设计放喷测试流程，引入实时在线除硫处理系统，优选中和药剂，根据放喷情况在流程上实时加注除硫剂、碱液等，达到密闭处理目的，实现安全、高效放喷测试。

6.3.1　返排液处理存在的问题

（1）气液未分离排放。测试返排流程上气液管线未分离，前期多口井测试放喷期间，采用喷淋碱液防止酸气外泄，返排残液及喷淋碱液受高温烘烤挥发，液体中的盐类粉末随风飘散，刺激人体呼吸道。

（2）加注碱液位置不合理，碱液与残酸在分离器反应，堵塞分离器。在清理彭州 8-5D 井、彭州 3-5D 井的分离器时发现，入口处有大量的固体沉淀。在分离器前端加入的碱液在分离器内部进行中和反应，溶解达到饱和，析出沉淀物沉积在分离器中。

（3）除硫剂除硫不彻底，导致后期需进行二次处理污水。现场采用多种除硫剂（液态除硫剂、次氯酸钠、碱式碳酸锌）对返液进行除硫处理，均不能完全中和返排液中的 H_2S，搅动返排液仍能监测到超标的 H_2S。彭州 4-2D 井放喷测试结束后回收罐群（约 380m^3）及放喷池中(约 170m³ 含絮凝物)的返排液,在装车过程中采用便携式 H_2S 监测仪监测到 H_2S 浓度最大 50×10^{-6},液体 pH 为 $7 \sim 9$,返排液中 H_2S 浓度含量超标,达不到拉运标准。

6.3.2　返排液中和药剂

返排液中需要中和的有毒有害物质主要为残酸、H_2S 以及部分氯化物,对于残酸与氯化物盐类常采用碱类化学剂进行中和,H_2S 采用除硫剂中和,通过室内优选及评价实验,确定中和药剂的类型及使用量。

1. 除硫剂

1)醇胺类合成物除硫剂的合成

对市场上几种常见的除硫剂合成原料进行评价,优选一种均醇胺类合成物作为除硫剂主剂,在主剂的加量和有效浓度控制、辅剂的选择上进行实验评价,在评价性能的基础上确定一套完整的除硫剂配方。

目前,国内外使用的液体除硫剂主要为醇胺类物质通过缩合反应得到的化合物。醇胺类化合物具有活泼的物理化学性质,其中醇胺类物质主要为乙醇胺(醇胺 A)、3-甲氧基丙胺(醇胺 B)和丙胺(醇胺 C)。醇胺 C 容易对设备造成腐蚀,且性能不稳定,醇胺 B 具有一定的危险性。其理化性质和性能对比见表 6.3.1、表 6.3.2。

表 6.3.1　醇胺类物质的理化性质

性质	醇胺 A	醇胺 B	醇胺 C
20℃条件下的密度(g/cm³)	1.02	1.09	1.04
黏度(mPa·s)	24.1	196.4	101
起泡性	易起泡	易起泡	易起泡
稳定性	易降解	不易降解	易降解
水中溶解度	全溶	96.4%	全溶

表 6.3.2　醇胺类物质的性能对比

种类	优点	缺点
醇胺 A	碱性强、反应速度快	反应后有沉积物
醇胺 B	溶液浓度高、运行费用低	2B 类致癌物
醇胺 C	具有高的选择性、高的酸气负荷、低的能耗	易发生降解反应,水溶液的性能下降较快,引起溶液发泡、腐蚀等问题

不同分子结构的醇胺类合成物与 H_2S 的反应机理不同,其除硫效率和反应产物也会有较大的差异。利用乙醇胺(醇胺 A)、3-甲氧基丙胺(醇胺 B)、丙胺(醇胺 C)分别与甲醛进行胺醛缩合反应制成不同结构的醇胺类合成物除硫剂,探究不同分子结构的反应机理及除硫性能。

（1）醇胺 A 和甲醛的合成。以醇胺 A 和甲醛为原料，通过胺醛缩合反应得到的羟乙基六基化合物，简称 A，其反应机理如图 6.3.1 所示。

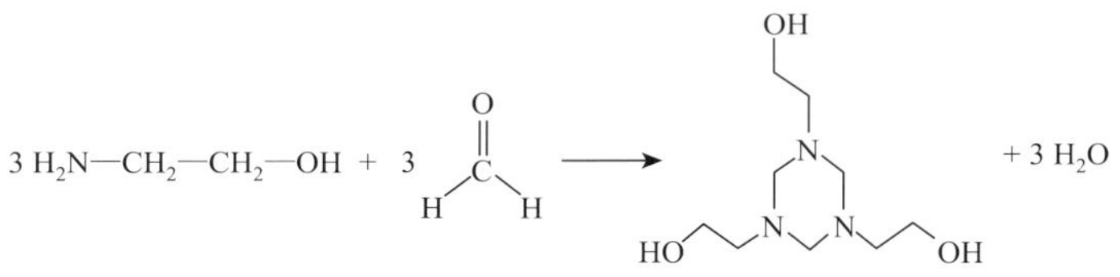

$$3 H_2N-CH_2-CH_2-OH \; + \; 3 \; \underset{H}{\overset{O}{\parallel}} \quad \longrightarrow \quad + 3 H_2O$$

图 6.3.1　醇胺 A 类合成物通式

其制备过程为：将 250mL 三口烧瓶置于水浴恒温槽中，连接好冷凝管、料液滴加器和电动搅拌装置。将一定量的醇胺 A 全部加入三口烧瓶中，开启搅拌装置并调节转速至 600r/min，开启加热装置，保持一定的温度搅拌。打开恒压滴液漏斗，然后缓慢调节甲醛水溶液的滴加速度，一般控制滴加速度在 1mL/min。当甲醛水溶液加完之后，恒温下继续反应一段时间，即得到所需的产物，对样品进行减压蒸馏提纯。加入乙酸乙酯溶液（200mL），蒸馏水（50mL）于粗产物中进行萃取，用分液漏斗静置分层，分离出水层，留下有机层；再用乙酸乙酯溶液（200mL）萃取水中的有机层，连续萃取 3 次，将洗涤得到的有机层合并，使用旋转蒸发仪进行减压蒸馏；将得到的产物使用柱色谱进行再次提纯，即可得到纯度较高的 A 除硫剂。

（2）醇胺 B 和甲醛的合成。以醇胺 B 和甲醛为原料，通过胺醛缩合反应得到三甲氧基六基化合物，简称 B，其反应机理如图 6.3.2 所示。

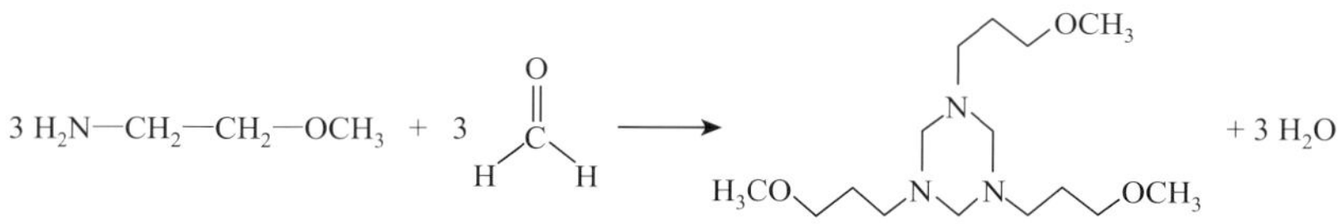

$$3 H_2N-CH_2-CH_2-OCH_3 \; + \; 3 \; \underset{H}{\overset{O}{\parallel}}H \quad \longrightarrow \quad + 3 H_2O$$

图 6.3.2　醇胺 B 类合成物通式

其制备过程为：将 250mL 三口烧瓶置于水浴恒温槽中，连接好冷凝管、料液滴加器和电动搅拌装置。将一定量的醇胺 B 和 10mL 乙醇溶液全部加入三口烧瓶中，开启搅拌装置并调节转速至 600r/min，开启加热装置，保持一定的温度搅拌。打开恒压滴液漏斗，然后缓慢调节甲醛水溶液的滴加速度（一般控制滴加速度在 1mL/min）。当甲醛水溶液滴加完之后，恒温下继续反应一段时间，即得到所需的粗产物。加入乙酸乙酯溶液（200mL）、蒸馏水（50mL）于粗产物中进行萃取，用分液漏斗静置分层，分离出水层，留下有机层；再用乙酸乙酯溶液（200mL）萃取水中的有机层，连续萃取 3 次，将洗涤得到的有机层合并，使用旋转蒸发仪进行减压蒸馏；将得到的产物使用柱色谱进行再次提纯，即可得到纯度较高的 B 除硫剂。

（3）醇胺 C 和甲醛的合成。以醇胺 C 和甲醛为原料进行胺醛缩合反应得到三丙基六基化合物，简称 C，其反应机理如图 6.3.3 所示。

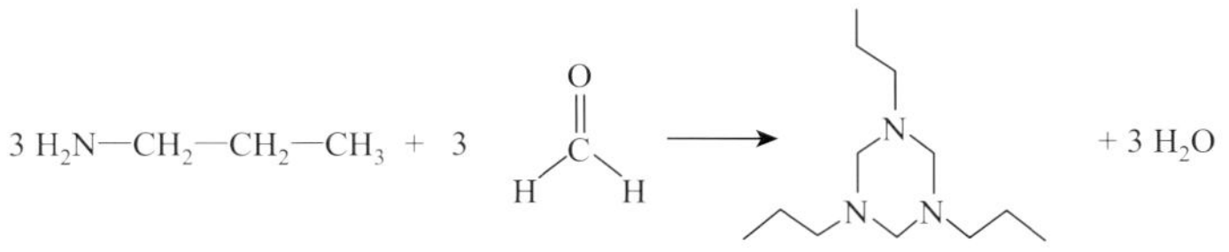

$$3\ H_2N-CH_2-CH_2-CH_3\ +\ 3\ \overset{O}{\underset{H}{\|}}\ \longrightarrow\ \ +\ 3\ H_2O$$

图 6.3.3　醇胺 C 类合成物通式

其制备过程为：将 250mL 三口烧瓶置于水浴恒温槽中，连接好冷凝管、料液滴加器和电动搅拌装置。将一定量的醇胺 C 和 10mL 乙醇溶液全部加入三口烧瓶中，开启搅拌装置并调节转速至 600r/min，开启加热装置，保持一定的温度搅拌。打开恒压滴液漏斗，然后缓慢调节甲醛水溶液的滴加速度，一般控制滴加速度在 1mL/min。当甲醛水溶液滴加完之后，恒温下继续反应一段时间，即得到所需的粗产物。加入乙酸乙酯溶液(200mL)，蒸馏水(50mL)于粗产物中进行萃取，用分液漏斗静置分层，分离出水层，留下有机层；再用乙酸乙酯溶液(200mL)萃取水中的有机层，连续萃取 3 次，将洗涤得到的有机层合并，使用旋转蒸发仪进行减压蒸馏；将得到的产物使用柱色谱进行再次提纯，即可得到纯度较高的 C 除硫剂。

2) 除硫剂的评价方法

在对除硫剂主剂进行合成后，分别对这些产品进行了性能评价。评价方法是根据盐酸与硫化钠溶液反应能生成 H_2S，在硫化钠溶液中对比加入除硫剂前后产生的 H_2S 量，以评价不同类型除硫剂的除硫效果。

实验步骤：首先在 1000mL 清水中加入 100g 硫化钠，得到硫化钠溶液。取 5mL 硫化钠溶液，依次加入清水 100mL、200mL、300mL、400mL，测定稀释后硫化钠溶液的硫化物含量。最终用测流管测得 400mL 水稀释后的硫化钠溶液硫化物含量为 3~4mg/L，原硫化钠溶液硫化物含量为 320~350mg/L。然后加入不同厂家的除硫剂到硫化钠原溶液中，根据彭州 4-2D 井返排测试除硫剂加量为 6~10L/min，返排液量每小时约为 $5m^3$，药剂加量比例约为 20∶1，加入除硫剂后再次测定原硫化钠溶液中的硫化物含量。测流管测得水中硫化物含量为 350mg/L。

由表 6.3.3 可看出，样品 A 除硫效果最好，除硫效率达到了 99.14%，且相对安全无毒，所以选择醇胺 A 和甲醛通过缩合反应得到的产物为除硫剂主剂，加入优选的 pH 调节剂、杀菌剂形成除硫剂产品。

表 6.3.3　不同除硫剂的除硫效果

序号	样品号	硫化物含量(mg/L)		除硫效率(%)	药剂加量(%)
		反应前	反应后		
1	样品 A	350	3	99.14	5
2	样品 B	350	8	97.71	5
3	样品 C	350	15	95.71	5

3) 除硫剂性能评价

A. 配伍性

在油田实际生产中,管道直接注入法是除去 H_2S 最直接、最高效的处理模式。除硫剂有可能与储层中流体不配伍,造成流体状态发生改变,在这种情况下可能会出现结垢现象,影响现场生产效率,增加开发难度,也不利于环保。经过室内实验证实,除硫剂与碱液、消泡剂、煤油、泡排剂等配伍性良好,无分层、沉淀、絮凝物。

B. 除硫性能

由表 6.3.4 可以看出,不同硫化物浓度对除硫剂加量有着明显的影响,其中硫化物含量在 100mg/L 时加入 4%除硫剂除硫效果可达到 100%,除硫后溶液中加入盐酸无 H_2S 气体生成,水溶液中硫化物含量为 50mg/L 时加入 3%除硫剂就可以完全去除水中硫化物,在硫化物含量为 20mg/L 时加入 1%除硫剂可以完全去除硫化物。在实际应用中,考虑到地层污水的复杂性和酸液影响,现场使用时可适当提高药剂加量,确保除硫效果。

表 6.3.4 除硫剂除硫性能

序号	(处理前)硫化物含量(mg/L)	除硫剂加量(%)	(处理后)硫化物含量(mg/L)	处理效率(%)
1	100	4	0	100
2	100	3	2	98
3	100	2	5	95
4	100	1	27	73
5	50	3	0	100
6	50	2	2	96
7	50	1	5	90
8	20	2	0	100
9	20	1	0	100

2. 残酸中和药剂

残酸中和药剂主要采用氢氧化钠,现场应用过程中出现反应过量、受温度影响结晶问题,其关键在于浓度过高,通过药剂结晶临界浓度、红外光谱(infrared spectrum,IR)扫描反应物等方式,确定残酸药剂加注分季节变浓度加注:冬季温度低于 10℃时加注浓度为 30%;其余季节 50%~60%(表 6.3.5)。

表 6.3.5 氢氧化钠结晶温度表

浓度(%)	5.78	10.03	14.11	18.17	21.1	23.97	25.47	30.38	32.97	38.83
温度(℃)	−5.3	−10.3	−17.2	−25.2	−23.2	−19.5	−12.6	1.6	7	15.5
浓度(%)	42.28	44.22	45.6	49.11	50.8	51.7	56.4	62.15	66.45	68.49
温度(℃)	14	10.7	5	10.3	12.3	18	40.3	57.9	63.2	64.3

6.3.3　实时在线除硫流程

实时在线除硫流程包括 PLC 控制系统、在线监测系统、混合系统、注入系统、回收系统五部分，主要设施包括静态混合搅拌器、缓冲罐、泵注控制系统、真空除气器和液碱罐。该装置可实现返排液不落地，密闭储存，及时拉运，环保安全处理；返排液终端 H_2S 监测浓度小于 5×10^{-6}；返排液中和后 pH 控制值 7～9；测试过程中全系统压力安全控制，密闭测试流程如图 5.3.9 所示。

本系统根据排液量大小(排液初期、中期、后期)及 pH、H_2S 浓度情况，可调整除硫剂、中和剂加量，在排液后期液量较少时可直接放喷，流程管线倒换便捷，压力安全可控。两级加注中和残酸、除硫，减少絮状物沉淀：通过精确自动化控制中和剂加注量，减少分离器中絮状物沉淀，同时在分离器后实现了多点去除 H_2S，更加安全环保。采用加长型混合搅拌器，中和、除硫更充分。设计缓冲罐，对分离及除硫后的液体进行二次分离，大大减少游离气的存在，除硫更平稳高效；同时缓冲罐更有利于絮状物的清理。采用真空除气器通过负压真空循环脱气，可实现返排液中溶解气的完全去除，除硫更有效。气液分离后，气体排放至喷口燃烧，分离出的液体至回收液罐群，避免了气液同时燃烧，分离器喷淋碱液优化为喷淋清水，从源头完全隔离液体中固体物质的挥发，确保安全与健康。

6.3.4　在线除硫系统现场应用

目前实时在线除硫系统现场累计应用 12 口井 14 井次，累计处理返排液 10402m³，使用除硫剂 496m³，使用碱液 1132m³，每口井使用情况详见表 6.3.6。通过在线除硫系统实时加注除硫剂、碱液对井筒返排液进行中和，环境检测井场 100m 以外未检测到 HCl，检测到 SO_2 浓度 0～4×10^{-6}，H_2S 浓度 0～3×10^{-6}，都在环境标准允许范围内。这表明优化改进的流程、加注顺序、药剂有效控制了返排液 H_2S 的浓度和 pH(浓度低于 5×10^{-6}，pH 大于 7)，达到了及时拉运标准，保障了川西气田的安全测试。

表 6.3.6　现场应用数据统计表

序号	井号	改造规模总液量(m³)		返排率(%)	返排量(m³)	除硫剂使用(m³)	碱液使用量(m³)
1	彭州 4-2D 井	1332	970(胶凝酸)；362(压裂液)	37.8	503	40	81
2	彭州 8-5D 井	2300	1700(胶凝酸)；600(压裂液)	51.8	1191	38	133
3	彭州 3-4D 井	1507	1250(胶凝酸)；257(压裂液)	28.5	430	38	78
4	彭州 3-5D	393	337(酸)；56(压裂液)	128.2	504	36	93
		695	450(酸)；245(压裂液)	49.2	342	20	58

序号	井号	改造规模总液量(m³)		返排率(%)	返排量(m³)	除硫剂使用(m³)	碱液使用量(m³)
5	彭州 7-1D 井	369	268(酸)；101(压裂液)	130.4	481	15	66
		839	650(酸)；189(压裂液)	66.6	559	35	75
6	彭州 6-2D 井	2143	1476(酸)；667(压裂液)	40.4	865	31	105
7	彭州 6-4D 井	2004	1600(酸)；404(压裂液)	52.5	1053	34	114
8	彭州 5-2D 井	1258	1093(酸)；165(压裂液)	75.9	955	36	93
9	彭州 4-5D	1954	1500(酸)；454(压裂液)	59.3	1159	49	124
10	彭州 4-4D	2529	2000(酸)；529(压裂液)	38.4	971	32	44
11	彭州 5-4D	2411	1760(酸)；651(压裂液)	58.4	1407	35	50
12	彭州 5-3D	2317	1900(酸)；417(压裂液)	72.1	1670	57	18

6.4　钻屑无害化处理与资源化利用技术

钻屑是指在钻井液循环过程中，振动筛、除砂器、除泥器、离心机等设备不断产生的不同粒度的岩屑和钻井液的混合物，含有盐、各类聚合物、重金属离子、重晶石和沥青改性物等，具有高色度、高石油类、高化学需氧量(chemical oxygen demand，COD)、高悬浮物、高矿化度等特性，是气田开发过程中产生的主要污染物。钻屑若没有得到妥善的处理，一旦渗漏、溢出，或是被水浸泡、河流冲刷，就会对周围的土壤、水源和农田造成污染。钻屑无害化处理及资源化利用技术是对钻井过程中产生的岩屑进行回收利用及处理，可有效地避免由于钻屑造成的环境污染，同时可以实现变废为宝，有效利用资源。

6.4.1　钻屑主要成分

纵向上蓬莱镇组岩性以浅灰色细粒岩屑砂岩为主，沙溪庙组岩性以灰色中粒岩屑长石砂岩为主，须家河组以浅灰色中-粗粒岩屑砂岩为主。小塘子组泥页岩以黏土矿物、石英矿物为主，且石英含量较高，普遍在 30%左右，含有少量长石、方解石等。马鞍塘组灰岩地面露头纯度较高，以方解石为主，含有少量石英、白云岩。雷口坡组以方解石、白云岩为主，含少量硬石膏(表 6.4.1～表 6.4.3)。

表 6.4.1 上部地层岩石特征表

层位	碎屑含量(%)			胶结物含量(%)			基质	
	石英	长石	岩屑	方解石	白云石	其他	样品数量	泥含量(%)
蓬莱镇组	64.53	6.08	29.39	9.8	少量	少量	85	2.47
沙溪庙组	45.90	31.34	22.76	3.79	少量	—	38	3.76
须四段	14	1	85	4	少量	少量	—	—
须三段	75	—	25	10	2	1	—	—
须二段	80	2	18	—	3	2	—	—

表 6.4.2 彭州气田 $T_3t/T_3m/T_2l$ 岩样矿物组分及含量分布测试结果

岩心编号	层位	岩性特征	样品来源	矿物组分含量(%)									
				石英石	钾长石	斜长石	方解石	白云石	菱铁矿	黄铁矿	硬石膏	重晶石	黏土矿物
1-1	T_3t	泥页岩	井下岩心	33	0	9	6	6	0	0	0	0	46
1-2	T_3t	泥页岩	井下岩心	36	0	9	3	6	0	0	0	0	46
1-3	T_3t	泥页岩	井下岩心	28	0	7	6	9	0	0	0	0	50
1-4	T_3t	泥页岩	井下岩心	35	0	5	3	6	0	0	0	0	51
1-5	T_3t	泥页岩	井下岩心	34	0	11	11	7	0	0	0	0	37
1-6	T_3t	泥页岩	井下岩心	37	0	8	4	5	0	0	0	0	46
1-7	T_3t	泥页岩	井下岩心	22	0	4	4	6	0	0	0	0	64
2-3	T_3t	泥页岩	5762m，岩屑	48	0	15	5	6	0	2	0	0	24
2-4	T_3t	泥页岩	5988m，岩屑	27	0	6	4	10	0	0	0	3	50
2-1	T_3m^1	泥页岩	井下掉块	30	0	6	0	6	0	0	0	0	58
2-7	T_3m^1	泥页岩	井下掉块	60	0	9	0	0	1	0	0	0	30
2-5	T_2m^2	灰岩	6021m，岩屑	15	0	5	44	18	0	2	0	0	16
2-6	T_3m^1	灰岩	6202m，岩屑	10	0	0	80	9	0	0	0	0	1
岩屑	T_2t^4	白云岩	5723m，鸭深1井	0	0	0	20.65	79.35	0	0	0	0	0
	T_2t^4	白云岩	5723m，鸭深1井	0	0	0	21.45	78.55	0	0	0	0	0
	T_2t^4	白云岩	5723m，鸭深1井	0	0	0	21.58	78.42	0	0	0	0	0
	T_2t^4	白云岩	5723m，鸭深1井	0	0	0	22.03	77.97	0	0	0	0	0
	T_2t^4	灰岩	5726m，鸭深1井	0	0	0	62.34	36.94	0	0	0.72	0	0
2-2	T_2t^3	灰岩	6858m，掉块	4	0	2	42	49	0	0	0	0	3

表 6.4.3　彭州气田小塘子组泥页岩黏土矿物组分及含量分布

试验编号	来样编号	黏土矿物含量(%)						伊/蒙混层比(%)		绿/蒙混层比(%)	
		蒙皂石	伊利石	高岭石	绿泥石	伊/蒙混层	绿/蒙混层	蒙皂石层	伊利石层	蒙皂石层	绿泥石层
Q1708529	1-1	0	75	0	24	1	0	15	85	0	0
Q1708530	1-2	0	77	0	22	1	0	15	85	0	0
Q1708531	1-3	0	62	0	27	11	0	10	90	0	0
Q1708532	1-4	0	71	0	24	5	0	10	90	0	0
Q1708533	1-5	0	71	0	28	1	0	10	90	0	0
Q1708534	1-6	0	73	0	27	0	0	0	0	0	0
Q1708535	1-7	0	75	0	25	0	0	0	0	0	0
Q1708543	2-8	0	71	0	19	10	0	10	90	0	0
Q1708544	2-9	0	76	0	16	8	0	10	90	0	0
Q1708545	2-10	0	73	0	23	4	0	10	90	0	0

6.4.2　钻屑烧砖资源化无害化利用技术

1. 标准烧结砖原料化学成分要求

SiO_2 是烧结砖原料中的主要成分，含量为 55%～70%，超过此含量时，原料的塑性大为降低。Al_2O_3 在制品原料中的含量以 10%～20%为宜，低于 10%时制品的力学强度降低，高于 20%时，虽然制品强度较高，但烧成温度也高，耗煤量加大，并使制品的颜色变淡。Fe_2O_3 是制砖原料中的着色剂，一般含量以 3%～10%为宜，含量过高时会降低制品的耐火度。CaO 在原料中以石灰石（$CaCO_3$）的形式出现，是一种有害物质，含量不宜超过 10%，如含量过高时将缩小烧结温度的范围。当 CaO 含量大于 15%时，烧结范围将缩小 25℃，给焙烧操作造成困难，其颗粒大于 2mm 时更易形成酥砖或引起制品爆裂，可导致坯体严重变形，或吸潮、松解、粉化等。MgO 在原料中的含量最好不超过 3%，越少越好。SO_3 在原料中的含量最好不超过 1%，越少越好。SO_3 在焙烧过程中逸出，是制品发生膨胀和产生气泡的原因。其他的含硫物也对制品有害，如 $CaSO_4$ 引起制品泛白和起霜，$MgSO_4$ 能引起制品泛霜和膨胀，影响制品的质量。标准烧结砖对黏土原料的化学成分要求见表 6.4.4。

表 6.4.4　标准烧结砖对黏土原料的化学成分要求

项目		要求程度	要求范围(%)			
			普通砖	承重空心砖	平瓦	特殊制品
化学成分	SiO_2	适宜	55～70			
		允许	50～80			
	Fe_2O_3	适宜	3～10			
		允许	2～15			

续表

项目		要求程度	要求范围(%)			
			普通砖	承重空心砖	平瓦	特殊制品
化学成分	Al₂O₃	适宜	10~20			
		允许	5~25			
	CaO	允许	0~15		0~10	
	MgO	允许	0~5			
	SO₃	允许	0~3			
烧失量		允许	3~15			

2. 钻屑制砖工艺

1) 机理及基本配方

纵向上砂岩地层以岩屑砂岩为主，部分井深砂岩钻屑的主要化学成分见表 6.4.5，据裴蒂庄(Pettijohn)1963 年对主要类型砂岩的平均化学成分分析(表 6.4.6)，岩屑砂岩主要化学成分与标准烧结砖对原料化学成分的要求范围基本一致。

表 6.4.5　砂岩钻屑的主要化学成分

取样井深(m)	主要化学成分(%)				
	SiO_2	Fe_2O_3	Al_2O_3	CaO	MgO
1731	54.3	6.0	13.2	7.2	3.1
1932	57.6	5.3	15.9	9.3	2.5

表 6.4.6　主要类型砂岩的平均化学成分(据姜在兴，2003)

砂岩类型	平均化学成分(%)								
	SiO_2	Al_2O_3	Fe_2O_3	FeO	MgO	CaO	Na_2O	K_2O	CO_2
石英砂岩	95.4	1.1	0.4	0.2	0.1	1.6	0.1	0.2	0.1
岩屑砂岩	66.1	8.1	2.8	1.4	1.4	6.2	0.9	0.3	5.0
长石砂岩	77.1	8.7	0.5	0.7	0.5	2.7	0.5	0.8	0.0

注：石英砂岩 26 个分析样品，岩屑砂岩 20 个分析样品，长石砂岩 32 个分析样品。

水基钻井液体系成分较为复杂，热重分析实验表明钻井液中的处理剂在 700℃完全分解，如图 6.4.1 所示。在制砖过程中，砖坯需要在砖窑中焙烧，温度控制在 900~1000℃、时间 36h 左右，钻屑中各种有害物质可以在烧砖温度下分解，实现无害化治理。

采用钻屑烧制成品砖必须与现场矿源进行复配使用才能达到标准烧结砖对黏土原料化学成分的要求，经过实验与现场应用，钻屑与现场矿源配比最高可达 1.5∶1。

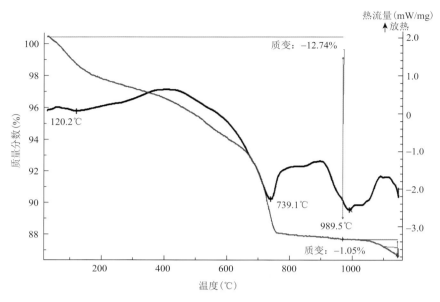

图 6.4.1　钻屑 TG-DSC 分析图谱

TG-DSC：thermogravimetry-differential scanning calorimetry，热重法-差示扫描量热法

2) 钻屑烧砖工艺

现场钻屑拉运至砖厂后，采用砖厂窑面烘干的方式对钻屑进行烘干，然后按照钻屑与现场矿源配比小于 1.5 : 1(按重量计)进行复配，复配后的原料再和块状煤按 11 : 1(按重量计)混合后，置于双齿辊式破碎机和锤式破碎机中破碎至原料粒径小于 3mm，破碎后的原料按砖厂制砖流程进行成品砖生产。

3) 钻屑烧制的成品砖质量

钻屑烧制的成品砖经四川省建材产品质量监督检验中心按《烧结普通砖》(GB/T 5101—2017)要求进行检测，检验结果表明烧制的成品砖所有指标完全合格(表 6.4.7)。

表 6.4.7　钻屑烧制的成品砖质量检测结果

序号	检验项目			单位	标准要求	检测结果	单项判定
1	强度	抗压强度	强度等级	—	MU20	MU20	合格
			平均值	MPa	≥20.0	21.0	
			变异系数	—	—	0.14	
			标准值	MPa	≥14.0	16.3	
			最小值	MPa	—	—	
2	泛霜			—	不允许出现严重泛霜	中等泛霜	合格
3	石灰爆裂			—	见国家标准(GB/T 5101—2017)	2~15mm 爆裂点 6	合格
4	抗风化性能	5h 吸水率	平均值	—	≤18%	18	—	合格
			最大值	—	≤20%	21	

序号	检验项目			单位	标准要求	检测结果	单项判定
4	抗风化性能	饱和系数	平均值	—	≤0.78%	0.85	—	合格
			最大值	—	≤0.80%	0.89	
	冻融试验		质量损失	—	≤0.2%	0	合格	合格
			冻坏情况	—	见国家标准(GB/T 5101—2017)	无冻坏	
5	尺寸偏差	长度	平均偏差	mm	±3.0	−2.2	合格
			极差	mm	≤8.0	3	
		宽度	平均偏差	mm	±2.5	−1.2	
			极差	mm	≤7.0	3	
		高度	平均偏差	mm	±2.0	−1.6	
			极差	mm	≤6.0	3	
6	外观质量		一次检验	块	≤7	6	—
			二次检验	块	—	—	合格
7	放射性		I_{Ra}	—	≤1.0	0.24	—
			I_r	—	≤1.0	0.54	合格

4) 钻屑烧制的成品砖浸出物毒性

依据我国环境保护行业标准《固体废物 浸出毒性浸出方法 醋酸缓冲溶液法》(HJ/T 300—2007)，分别用蒸馏水和浸提剂(加 5.7mL 冰醋酸至 500mL 蒸馏水中，加 64.3mL 1mol/L 氢氧化钠，稀释至 1L，配制后溶液 pH 为 4.93±0.05)对砖屑进行浸泡，模拟有害组分在正常降雨和酸雨等极端条件下从砖块浸出的情况，并将样品送至四川省地质工程勘探院集团有限公司环境工程中心进行检测。检测结果表明，无论在何种条件下，钻屑烧制的成品砖浸出液毒性均远低于《危险废物鉴别标准 浸出毒性鉴别》(GB 5085.3—2007)标准值，钻屑烧制成品砖具有环保可行性。钻屑砖浸出液毒性检测结果见表 6.4.8。

表 6.4.8　钻屑烧制的成品砖浸出液毒性检测结果

项目	砷	镉	铬	铜	铅	锌	镍
浸出最高允许浓度(mg/L)	1.5	0.3	10	50	3	50	10
成品砖蒸馏水浸泡浸出液浓度(mg/L)	0.022	0.0007	0.1956	0.0028	0.0068	0.0066	0.0012
成品砖冰醋酸浸泡浸出液浓度(mg/L)	0.093	<0.001	2.04	0.06	0.36	0.38	0.97

3. 现场应用

1) 钻屑烧砖过程简述

从钻屑的外观来看，聚合物钻井液产生的钻屑较为干净，呈现出钻屑本来的土黄色；钾石灰聚磺钻井液产生的钻屑污染严重，呈现出黑色。在钻屑制砖先导试验中，第一批砖采用下部地层的钻屑进行试验，钻屑与砖厂土的混合比例为 1∶3；第二批砖是采用上部地层的钻屑进行试验，钻屑与砖厂土的混合比例为 1∶2。采用 135m³ 钻屑共计制砖约 15×10⁴ 匹，制出砖的质量、外观均与砖厂的其他砖一致(图 6.4.2)。

图 6.4.2　烧制的成品砖

2) 成品砖质量检测

钻屑烧制的两批成品砖(表 6.4.9)分别送到四川省建材产品质量监督检验中心和四川省地质工程勘探院集团有限公司环境工程中心，对成品砖的质量和浸出液毒性进行了检测，检测结果表明钻屑烧制的成品砖所有指标完全合格，其浸出液毒性远低于《危险废物鉴别标准　浸出毒性鉴别》(GB 5085.3—2007)标准值，且满足《污水综合排放标准》(GB 8978—1996)一级排放标准，充分说明钻屑烧制成品砖具有环保可行性。

表 6.4.9　钻屑烧制的成品砖送样明细

制砖钻屑来源	用于浸出液毒性检测的成品砖代号	用于质量检测的成品砖尺寸
一开钻屑	1 号	200mm×85mm×40mm
二开钻屑	2 号	200mm×110mm×40mm

钻屑制砖技术开辟了钻井废弃物无害化处置、资源化利用的新思路，避免了钻井废弃物填埋处理带来的环保安全隐患，对于保护生态环境、推动企业可持续发展、保障国家油气工业长期稳定具有非常重要的现实意义，目前已在中石化西南工区大面积推广应用。

6.4.3　水泥窑协同处置钻屑资源化无害化利用技术

1. 硅酸盐水泥生产主要原料

我国水泥行业最常见的产品为硅酸盐水泥，它的主要成分为 $3CaO \cdot SiO_2$(硅酸三钙)、$2CaO \cdot SiO_2$(硅酸二钙)、$3CaO \cdot Al_2O_3$(铝酸三钙)、$4CaO \cdot Al_2O_3 \cdot Fe_2O_3$(铁铝酸四钙)，其中

CaO 含量占 62%～67%，SiO_2 含量占 20%～24%，Al_2O_3 含量占 4%～7%，Fe_2O_3 含量占 2%～6%。生产硅酸盐水泥的主要原材料有两类，一类是石灰石质原料，以 $CaCO_3$ 为主要成分，是水泥熟料中 CaO 的主要来源，如石灰石、白垩、灰岩、贝壳等，石灰石质原料质量要求见表 6.4.10，一般 1t 熟料需要 1.4～1.5t 石灰石干原料，生料约占 80%。另一类是黏土质原料，含碱和碱土的铝硅酸盐，主要成分为 SiO_2，其次为 Al_2O_3，含少量 Fe_2O_3，一般情况下 SiO_2 的含量占 60%～67%，Al_2O_3 含量占 14%～18%，是水泥熟料中 Al_2O_3、Fe_2O_3 的主要来源。黏土质原料主要有黄土、黏土、页岩、泥岩、粉砂岩及河泥等，黏土质原料质量要求见表 6.4.11，1t 熟料需要 0.3～0.4t 黏土质原料，在生料中占比 11%～17%。

表 6.4.10　石灰石质原料质量要求

石灰石质原料	CaO (%)	MgO (%)	Na_2O (%)	SO_3 (%)	Cl^- (%)
一级品	>48	<2.5	<1.0	<1.0	<0.015
二级品	45～48	<3.0	<1.0	<1.0	<0.015
泥灰岩	35～45	<3.0	<1.0	<1.0	<0.015

表 6.4.11　黏土质原料质量要求

品级	硅酸率 (%)	铁率 (%)	MgO (%)	SO_3 (%)	Cl^- (%)
一级品	2.7～3.5	1.5～3.5	<3.0	<2.0	<0.015
二级品	2.0～2.7	不限	<3.0	<2.0	<0.015

2. 钻屑制水泥工艺

超深层潮坪相碳酸盐岩产出岩屑的主要成分为含铝、镁等物质的黏土硅酸盐矿物和以石灰石为主的碳酸盐矿物，与硅酸盐水泥生产所需主要原料基本一致，可以作为生产水泥的原料。水泥窑协同处置水基钻屑技术是在 1400℃以上的高温下将石灰石彻底分解成 CO_2 和碱性的 CaO，稳定的高温燃烧可分解钻屑中的有害物质，焚烧过程中产生的固体废渣和重金属颗粒在高温煅烧下会成为融玻璃体，急冷后可制成水泥熟料，钻屑可实现无害化处理、资源化利用。

采用钻屑制水泥工艺流程如下。

(1) 钻屑转运到预处理场后，通过自然晾干及自然晾晒对钻屑进行脱水处理，含水率控制在 30%以下。

(2) 将处理后的钻屑、活性 CaO 及铁矿粉按一定比例混合，混合物用皮带输送到双齿辊式破碎机和球磨机中进行破碎，破碎后的原料经皮带输送到固废料仓中。

(3) 固废粉体按质量比不高于 5%输送至原水泥生料线上，与原生料各组分在均化罐中混合均匀，并依次输送至预热系统、煅烧系统，最后经箅冷机处理后，得到水泥熟料产品。

(4) 冷却后的熟料加入适量的石膏共同磨细至粉末状，再经储存和均化后制成水泥。

3. 钻屑制水泥现场应用及环保性

采用钻屑制得的水泥产品质量符合《通用硅酸盐水泥》（GB 175—2007）要求，见表 6.4.12。厂区内 SO_2、NO_2、颗粒物监测结果满足《环境空气质量标准》（GB 3095—2012）中的二级标准要求，见表 6.4.13；颗粒物、SO_2 和氮氧化物等的排放浓度均满足《水泥工业大气污染物排放标准》（GB 4915—2013）要求，见表 6.4.14；二噁英类、氯化氢、氟化物等的排放浓度均满足《水泥窑协同处置固体废物污染控制标准》（GB 30485—2013）要求，见表 6.4.15，表明钻屑作为原料烧制水泥的工艺，符合环保要求。

表 6.4.12　钻屑烧制的水泥质量检测结果

序号	检验项目		单位	标准要求	检测结果
1	烧失量		—	≤5.00%	4.33%
2	SO_3		—	≤3.50%	2.75%
3	MgO		—	≤5.00%	2.19%
4	Cl^-		—	≤0.06%	0.035%
5	比表面积		m^2/kg	≥300	357
6	凝结时间	初凝时间	min	≥45	256
		终凝时间	min	≤600	324
7	安定性	沸煮法	—	合格	合格
		雷氏法	—	合格	—
8	抗折强度	3d	MPa	≥4.0	5.6
		28d	MPa	≥6.5	—
9	抗压强度	3d	MPa	≥22.0	33.6
		28d	MPa	≥42.5	51

表 6.4.13　厂区内污染物监测结果

监测结果		样品数	浓度范围 （mg/m^3）	超标率(%)	标准 （mg/m^3）	判定结果
SO_2	1h 平均	25	0.007～0.015	0	≤0.5	达标
NO_2	1h 平均	25	0.053～0.069	0	≤0.2	达标
PM_{10}	24h 平均	8	0.080～0.149	0	≤0.15	达标
$PM_{2.5}$	24h 平均	8	0.057～0.065	0	≤0.075	达标

表 6.4.14　窑尾收尘排气筒污染物排放监测结果

监测项目	单位	监测结果	标准值
颗粒物排放浓度	mg/m^3	13～20	30
SO_2 排放浓度	mg/m^3	15～22	200
氮氧化物排放浓度	mg/m^3	130～145	400

表 6.4.15　烟囱出口污染物排放监测结果

检测项目	单位	国家标准值	添加钻屑前	添加钻屑后
二噁英类	ngTEQ/m^3	0.1	0.0376	0.00825
氯化氢	mg/m^3	10	2.76	5.2
氟化物	mg/m^3	1	0.07	0.13

6.4.4　油基钻屑随钻减量技术

1. 技术原理

油基钻屑随钻减量技术属于干馏热解工艺，其工作原理是在无氧或微负压环境下，对油基岩屑(含油废弃物)进行间接加热，不会产生二噁英，在干馏和热解的作用下，将油转化为油蒸气、不凝性气体和炭；与焚烧处理方法最大的区别是焚烧为氧化反应，而干馏热解为还原反应，产生的废气量也小。

干馏热解过程分为两个阶段，第一阶段蒸发蒸馏阶段：温度低于 400℃时，占总含油量约 95%的低沸点的轻质烃从油基岩屑中挥发出来。第二阶段热解阶段：温度超过 500℃时烃分子会由于热活化而生成自由基，发生一系列自由基反应，一方面向着生成小分子烃类的裂解方向进行，另一方面向结焦生炭的缩合方向进行，最终生成油、水、不凝气和焦质砂砾四种产物。

2. 技术优势

油基钻屑随钻减量技术优势如下。

(1)设备撬装模块化、安装移运方便、占地面积小(三个撬，约 90m^2)。

(2)"远程控制 + 本地控制"方式，实现连续作业。

(3)能够高效回收油基岩屑中的基础油(回收率可达 95%以上)。

(4)处理过程中不添加任何化学试剂，不产生二次污染。

(5)废气处理符合国家环保要求。

(6)物料在缺氧状态下采用辐射加热形式，不与物料接触，不会有二噁英产生。

(7)处理完的物料渣经过专利设计的密闭出料单元冷却后输出，所以没有异味产生。

(8)整个处理过程可实现自动化控制、自动监控预警，实现数字化、可视化操作，操作简单方便。

(9)能耗较低(设备运行功率小于 300kW)。

(10)资源化利用：回收油可作为油基泥浆基础油回用；回收水用于冷却物料；不凝气加压后进入燃烧炉回用；处理后的残渣可作为水泥厂水泥生产的掺料进行资源化利用或送往危废治理厂处置。

3. 室内试验

采用该项技术对现场油基钻屑进行处理，处理后的钻屑含油检测结果见表 6.4.16，含油量不到 0.1%。采用回收油配制油基钻井液，配制方法如下。

(1)先按配方把计算好数量的主乳化剂、辅乳化剂、增黏剂、降失水剂和润湿剂一起加入基油中，并充分搅拌和剪切，以形成稳定的乳化液。

(2)在另一个罐中按要求配好盐水，直到所加的盐全部溶解(一般为 25%～35% $CaCl_2$ 盐水)。将 $CaCl_2$ 盐水加入已配好的乳化液中，一开始就应进行强有力的搅拌混合以便尽快形成乳状液。

(3)按需加入重晶石粉，调整钻井液密度至 $1.50g/cm^3$，再高速搅拌 30min 以上，测破乳电压。从表 6.4.17 可以看出，采用回收油配制的钻井液，破乳电压大于 400V，满足配浆要求。

表 6.4.16 固相残渣含油分析

井号	威 202-H10-1 井	塔探 1 井
干馏热解后固相含油量	0.082%	0.075%
	0.095%	0.079%
	0.086%	0.078%

表 6.4.17 油基钻井液体系配方性能评价

配方编号	密度 (g/cm³)	破乳电压 (V)	塑性黏度 (mPa·s)	动切力 (Pa)	初切力与终切力 (Pa)	不同转速档位下的黏度计读数		动塑比
						φ6	φ3	
1#	1.50	804	68	8	3.5、6.5	1.5	0.5	0.1176
2#	1.54	711	22	0.5	1、2	2	1	0.0227
备注	①150℃×16h 热滚后，冷却至 60℃下测定性能； ②1#配方：0#柴油+25%$CaCl_2$ 盐水(浓度为 20%)+0.6%主乳+1.8%辅乳化剂+2%有机土+4%降滤失剂+2%润湿剂+2%CaO+重晶石； ③2#配方：回收油+25%$CaCl_2$ 盐水(浓度为 20%)+0.6%主乳+1.8%辅乳化剂+2%有机土+4%降滤失剂+2%润湿剂+2%CaO+重晶石							

4. 现场试验

该技术在彭州 4-4D 井开展了现场先导试验，共处理油基钻屑约 8t，处理后固相含油量仅为 0.01%，回收油相约 900L，并全部用于现场重新配液。回收油配制的钻井液性能与白油配制的钻井液性能基本相当，满足现场施工要求(表 6.4.18)。

表 6.4.18 油基钻井液体系配方性能评价

配方编号	密度 (g/cm³)	破乳电压(V)	塑性黏度 (mPa·s)	动切力 (Pa)	初切力与终切力(Pa)	不同转速档位下的黏度计读数						动塑比
						φ600	φ300	φ200	φ100	φ6	φ3	
1#	2.20	620	61	10.5	4、4	143	82	60	35	8	7	0.1721
2#	2.30	526	80	8.5	3、4	177	97	69	40	7	6	0.1063
备注	①150℃×16h 热滚后，冷却至 50℃下测定性能； ②1#配方：80%白油+3%主乳化剂+1%辅乳化剂+3%润湿剂+1.5%有机土+3%CaO+1.5%有机褐煤+3%油基封堵剂+20%$CaCl_2$ 盐水(浓度为 20%)+重晶石； ③2#配方：80%回收油+3%主乳化剂+1%辅乳化剂+3%润湿剂+1.5%有机土+3%CaO+1.5%有机褐煤+3%油基封堵剂+20%$CaCl_2$ 盐水(浓度为 20%)+重晶石											

采用油基钻屑随钻减量技术，与外送至油基钻屑专业治理公司处置相比，有以下几方面的优势。

(1)能够实现油基钻屑中昂贵的基础油回收利用，减少资源浪费。

(2)能够进行现场随钻处理，设备简单，占地面积小，处理后油基钻屑含油量小于0.5%，能大幅降低油基钻屑外送运输过程中的环保风险。

(3)按照钻屑含液量20%计算，平均每吨钻屑可减少钻屑处理量0.2t，回收油用于配浆，可节约基础油用量，经济效益显著。

采用油基钻屑随钻减量化技术，经处理的固相含油量等指标，符合四川省市场监督管理局发布的《天然气开采含油污泥综合利用后剩余固相利用处置标准》(DB51/T 2850—2021)，可在符合环保管理要求的工区推广应用。

参 考 文 献

薄克浩，2018. 页岩孔喉颗粒封堵理论及模拟研究[D]. 青岛：中国石油大学(华东).

陈瑶棋，杨洁，何焱，2021. 川西气田超深水平井随钻轨迹控制技术[J]. 天然气技术与经济，15(4)：
　　52-56.

杜培伟，王其春，2021. 弹性自愈合水泥浆对环空带压的修复作用及应用[J]. 石油化工应用，40(9)：
　　21-25.

杜征鸿，李林，黄贵生，等，2019. 川西海相难钻破碎地层超深水平井轨道设计[J]. 石油钻采工艺，41(5)：
　　562-567.

冯定，陈文康，孙巧雷，等，2020. 组合油管对水平井修井管柱下入能力的影响研究[J]. 工程设计学报，
　　27(1)：51-58.

高德利，黄文君，李鑫，2019. 大位移井钻井延伸极限研究与工程设计方法[J]. 石油钻探技术，47(3)：1-8.

高元，桑来玉，杨广国，等，2016. 胶乳纳米液硅高温防气窜水泥浆体系[J]. 钻井液与完井液，33(3)：
　　67-72.

郭建华，李黔，高自力，2006. 高温高压井 ECD 计算[J]. 天然气工业，26(8)：72-74，166.

郭建华，佘朝毅，唐庚，等，2011. 高温高压高酸性气井完井管柱优化设计[J]. 天然气工业，31(5)：70-72，
　　120-121.

郭新江，2015. 元坝超深高含硫生物礁大气田安全有效开发技术[J]. 中外能源，20(11)：41-52.

郭新江，蒋祖军，胡永章，2012. 天然气井工程地质[M]. 北京：中国石化出版社.

韩烈祥，2019. 川渝地区超深井钻完井技术新进展[J]. 石油钻采工艺，41(5)：555-561.

何金钢，康毅力，游利军，等，2011. 流体损害对页岩储层应力敏感性的影响[J]. 天然气地球科学，22(5)：
　　915-919.

何龙，2016. 元坝气田钻井工程井筒完整性设计与管理[J]. 钻采工艺，39(2)：1，6-8.

何龙，胡大梁，2014. 元坝气田海相超深水平井钻井技术[J]. 钻采工艺，37(5)：8，28-32.

何莹，刘璇，方思权，等，2022. 超深薄储层水平井轨迹控制优化技术及应用[J]. 石油化工应用，41(3)：
　　87-93.

胡大梁，欧彪，何龙，等，2020. 川西海相超深大斜度井井身结构优化及钻井配套技术[J]. 石油钻探技
　　术，48(3)：22-28.

胡顺渠，许小强，蒋龙军，2011. 四川高压气井完井生产管柱优化设计及应用[J]. 石油地质与工程，25(2)：
　　89-91，137.

胡永章，2012. 影响元坝气田超深井钻井提速的工程地质因素及技术对策[J]. 中外能源，17(4)：53-58.

黄万书，许剑，廖强，等，2014. 元坝高含硫气藏井筒内水合物预测与防治技术[J]. 科学技术与工程，
　　14(19)：228-232.

黄霞，程礼军，李克智，等，2012. 川东北地区碳酸盐岩储层深度酸压技术[J]. 天然气与石油，30(3)：
　　40-44，100-101.

贾鹏飞，苏成鹏，方思权，等，2021. 川西气田中三叠统雷口坡组储层段灰岩薄夹层的识别及对钻井轨
　　迹优化指导[J]. 石油地质与工程，35(3)：30-34.

江波，任茂，王希勇，2019. 彭州气田 PZ115 井钻井提速配套技术[J]. 探矿工程(岩土钻掘工程)，46(8)：
　　73-78.

姜在兴，2003. 沉积学[M]. 北京：石油工业出版社.

姜政华，孙钢，陈士奎，等，2022. 南川页岩气田超长水平段水平井钻井关键技术[J]. 石油钻探技术，50（5）：20-26.

蒋祖军，郭新江，王希勇，2011. 天然气深井超深井钻井技术[M]. 北京：中国石化出版社.

孔凡群，张庆生，魏鲲鹏，等，2011. 普光高酸性气田完井管柱设计[J]. 天然气工业，31（9）：76-78，138-139.

兰凯，熊友明，闫光庆，等，2011. 川东北水平井储层井壁稳定性及其对完井方式的影响[J]. 吉林大学学报（地球科学版），41（4）：1233-1238.

乐宏，吴鹏程，梁婕，等，2021. 裂缝发育页岩地层水平井钻井气液重力置换规律[J]. 天然气工业，41（12）：90-98.

黎洪珍，刘萍，刘畅，等，2015. 川东地区高含硫气田安全高效开发技术瓶颈与措施效果分析[J]. 天然气勘探与开发，38（3）：10，43-47.

李春林，李榕，夏家祥，2012. 川西海相深井取心难点分析与对策[J]. 钻采工艺，35（6）：113-115.

李国锋，刘洪升，张国宝，等，2012. ZD-10暂堵剂性能研究及其在普光气田酸压中的应用[J]. 河南化工，29（5）：23-26.

李真祥，王瑞和，高航献，2010. 元坝地区超深探井复杂地层固井难点及对策[J]. 石油钻探技术，38（1）：20-25.

李振英，慈建发，曹学军，2012. 元坝海相长兴组气藏深穿透酸压工艺[J]. 天然气技术与经济，6（3）：45-47，79.

梁大川，李健，杨柳，1999. 泥页岩表面水化和渗透水化的实验研究[C]//中国石油学会. 中国石油学会99年度钻井液完井液技术研讨会论文集. 张家界：中国石油学会.

梁坤，张霞玉，2019. 川西海相超深井高效钻井技术研究及应用[J]. 内蒙古石油化工，45（1）：67-69.

廖世钊，2019. 彭州海相井长裸眼固井技术研究与应用[C]//中国石油学会天然气专业委员会. 第31届全国天然气学术年会（2019）论文集. 合肥：中国石油学会天然气专业委员会.

刘厚彬，孟英峰，李皋，等，2010. 泥页岩水化作用对岩石强度的影响[J]. 钻采工艺，33（6）：18-20，152-153.

刘茂森，付建红，白璟，2016. 页岩气双二维水平井极限延伸能力研究[J]. 科学技术与工程，16（10）：29-33.

刘其明，朱铁栋，2017. 三压力剖面计算在彭州气田复杂情况预防中的应用[J]. 天然气技术与经济，11（6）：31-34.

刘伟，2020. 川西气田须家河组致密坚硬地层钻井提速关键技术[J]. 天然气技术与经济，14（5）：44-51.

刘向君，罗平亚，2004. 岩石力学与石油工程[M]. 北京：石油工业出版社.

刘向君，梁利喜，2015. 油气工程测井理论与应用[M]. 北京：科学出版社.

刘言，王剑波，龙开雄，等，2014. 元坝超深水平井井身结构优化与轨迹控制技术[J]. 西南石油大学学报（自然科学版），36（4）：131-136.

龙学，曹学军，李晖，等，2010. 多级交替注入酸压工艺在大湾地区的应用[J]. 油气田地面工程，29（12）：27-28.

路保平，丁士东，何龙，等，2019. 低渗透油气藏高效开发钻完井技术研究主要进展[J]. 石油钻探技术，47（1）：1-7.

罗向东，罗平亚，1992. 屏蔽式暂堵技术在储层保护中的应用研究[J]. 钻井液与完井液，9（2）：1-2，19-27.

马光曦，2016. 高温高压井ECD校核与控制技术研究[D]. 北京：中国石油大学.

毛帅，孟英峰，李皋，等，2017. 川西须家河组岩心可钻特性研究与实验评价[J]. 地下空间与工程学报，13（S2）：529-537.

彭红利，刘其明，欧彪，等，2021. 川西气田雷口坡组井壁稳定性机理研究[J]. 中外能源，26（8）：51-56.

戚斌，龙刚，熊昕东，2011. 高温高压气井完井技术[M]. 北京：中国石化出版社.

乔领良，胡大梁，肖国益，2015. 元坝陆相高压致密强研磨性地层钻井提速技术[J]. 石油钻探技术，43（5）：44-48.

全家正，邓富元，汤明，2020. 彭州海相含硫超深井尾管固井难点及技术对策[J]. 钻采工艺，43（3）：17-19.

石兴春，曾大乾，张数球，2014. 普光高含硫气田高效开发技术与实践[M]. 北京：中国石化出版社.

石兴春，武恒志，刘言，2018. 元坝超深高含硫生物礁气田高效开发技术与实践[M]. 北京：中国石化出版社.

宋林静，2018. 液压丢手旋转尾管悬挂器的研制[D]. 北京：中国石油大学.

孙欢，朱明明，张勤，等，2022. 长庆油田致密气水平井超长水平段安全钻井完井技术[J]. 石油钻探技术，50（5）：14-19.

孙金声，蒲晓林，2013. 水基钻井液成膜理论与技术[M]. 北京：石油工业出版社.

唐嘉贵，2015. 川西海相超深井优快钻井技术[J]. 天然气技术与经济，9（2）：41-43，79.

唐瑞江，李文锦，王勇军，等，2011. 元坝气田超深高含硫气井测试及储层改造关键技术[J]. 天然气工业，31（10）：32-35，116.

唐颖，邢云，李乐忠，等，2012. 页岩储层可压裂性影响因素及评价方法[J]. 地学前缘，19（5）：356-363.

唐宇祥，廖成锐，2015. 四川盆地元坝气田钻井液转化为完井液的工艺技术[J]. 天然气工业，35（5）：73-78.

万夫磊，刘素君，刘宝军，2020. 大兴场构造复杂深井井身结构设计[J]. 钻采工艺，43（6）：124-127.

王汉卿，胡大梁，黄河淳，等，2020. 川西气田雷口坡组气藏超深大斜度井钻井关键技术[J]. 断块油气田，27（4）：513-516.

王青，2015. 彰武、九龙山地区防漏堵漏工艺研究[D]. 成都：西南石油大学.

王宗宝，汪加亮，2015. 川西海相超深井钻井技术研究[J]. 产业与科技论坛，14（16）：46-48.

魏浩光，2022. 纳米液硅防窜水泥浆体系性能研究及应用[J]. 科技和产业，22（4）：385-388.

伍贤柱，万夫磊，陈作，等，2020. 四川盆地深层碳酸盐岩钻完井技术实践与展望[J]. 天然气工业，40（2）：97-105.

席岩，李方园，王松，等，2021. 利用预应力固井方法预防水泥环微环隙研究[J]. 特种油气藏，28（6）：144-150.

谢坤良，邓宁奇，张天翼，2018. 关于预应力固井技术的探讨[J]. 中国石油和化工标准与质量，38（12）：179-180.

谢强，李皋，何龙，等，2022. 川西彭州地区雷四段储集层构造裂缝特征及定量预测[J]. 新疆石油地质，43（5）：519-525.

邢星，吴玉杰，张闯，等，2020. 超深水平井钻井水力参数优选[J]. 断块油气田，27（3）：381-385.

胥豪，吴春国，毛洪伟，等，2020. 彭州海相大斜度定向井技术难点与对策[J]. 中外能源，25（S1）：20-28.

薛丽娜，周小虎，严焱诚，等，2013. 高温酸性气藏油层套管选材探析：以四川盆地元坝气田为例[J]. 天然气工业，33（1）：85-89.

杨博仲，汪瑶，叶小科，2018. 川西地区复杂超深井钻井技术[J]. 钻采工艺，41（4）：27-30.

杨广国，高元，陆沛青，等，2019. 高温防窜乳液水泥浆体系研究与应用[J]. 化学工程与装备，（6）：89-92.

杨洁，2021. 川西气田三开旋转导向工艺适应性分析[J]. 内蒙古石油化工，47（5）：43-45.

杨洁，董波，郑义，等，2021. 川西气田二开长裸眼固井质量保障工艺[J]. 石油地质与工程，35（6）：81-85.

杨廷玉，黎洪，2012. 川东北高含硫气井测试作业安全控制技术浅谈[J]. 油气井测试，21（3）：72-75，78.

于培志，徐国良，2014. 钻井液实验与指导[M]. 北京：地质出版社.

袁艳丽，2019. 川西海相雷四上亚段溶蚀储集层录井随钻评价技术[J]. 录井工程，30（3）：106-111，188-189.

张冠林，徐星，赵聪，等，2020. 国内外高温高压尾管悬挂器技术新进展[J]. 断块油气田，27（1）：113-116，130.

张继尹，肖国益，李玉飞，等，2017. 金马—鸭子河构造带超深井钻井技术难点及对策[J]. 钻采工艺，40（4）：113-115.

赵金洲，许文俊，李勇明，等，2015. 页岩气储层可压性评价新方法[J]. 天然气地球科学，26（6）：1165-1172.

郑力会，张明伟，2012. 封堵技术基础理论回顾与展望[J]. 石油钻采工艺，34（5）：1-9.

钟汉毅，2012. 聚胺强抑制剂研制及其作用机理研究[D]. 青岛：中国石油大学（华东）.

钟森，任山，黄禹忠，等，2014. 元坝超深水平井纤维暂堵酸化技术[J]. 特种油气藏，21（2）：138-140，158.

朱国，冯宴，刘兴国，2014. 元坝高含硫气田水合物实验研究[J]. 化学工程与装备，（1）：46-48，52.

朱弘，2015. 元坝地区固井技术难点与对策探讨[J]. 石油地质与工程，29（3）：119-121.

Buijse M，Glasbergen G，2005. A Semiempirical model to calculate wormhole growth in carbonate acidizing[C]. The SPE Annual Technical Conference and Exhibition，Dallas，Texas，USA.

Coulter A W，Crowe C W，Barrett N D，et al.，1976. Alternate staged of pad fluid and acid provide improved leakoff control for fracture acidizing[C]. The SPE Annual Fall Technical Conference and Exhibition，New Orleans，Louisiana，USA.

Furui K，Burton R C C，Burkhead D W W，et al.，2012. A comprehensive model of high-rate matrix-acid stimulation for long horizontal wells in carbonate reservoirs：Part I—Scaling up core-level acid wormholing to field treatments[J]. SPE Journal，17（1）：271-279.

Olson J E，2007. Fracture aperture，length and pattern geometry development under biaxial loading：A numerical study with applications to natural，cross-jointed systems[J]. Geological Society，London，Special Publications，289（1）：123-142.